future arquitecturas s.l. 编

未来建筑竞标 中国 第6辑
交通网络

FUTURE ARQUITECTURAS COMPETITIONS CHINA 6
TRANSPORT NETWORKS

图书在版编目 (CIP) 数据

未来建筑竞标. 中国. 第6辑：交通网络：汉英对照 / 西班牙未来建筑出版社编. 一杭州：浙江大学出版社，2012.11
ISBN 978-7-308-10791-4

Ⅰ. ①未… Ⅱ. ①西… Ⅲ. ①建筑设计—世界—现代—图集 Ⅳ. ①TU206

中国版本图书馆CIP数据核字（2012）第267223号

浙江省版权局著作权合同登记图字：11-2012-101号

未来建筑竞标 中国 第6辑 交通网络

FUTURE ARQUITECTURAS COMPETITIONS CHINA 6 TRANSPORT NETWORKS

future arquitecturas s.l. 编

责任编辑 张凌静 李峰伟
封面设计 future arquitecturas s.l. 未来建筑
出版发行 浙江大学出版社
（杭州天目山路148号 邮政编码：310007）
（网址：http://www.zjupress.com）
印 刷 杭州多丽彩印有限公司
开 本 889mm×1194mm 1/8
印 张 30
字 数 384千
版印次 2012年11月第1版 2012年11月第1次印刷
书 号 ISBN 978-7-308-10791-4
定 价 300.00元

future 未来
ARQUITECTURAS 建筑

主编 · DIRECTORS AND PUBLISHERS
Gerardo Mingo Pinacho · Gerardo Mingo Martínez (西)

联合主办单位 · CO-SPONSORS
浙江大学建筑工程学院 · ZUCCEA
浙江大学建筑设计研究院 · ADRZU
西班牙未来建筑 · future arquitecturas s.l.

联合出版 · CO-PUBLISHERS
浙江大学出版社 Zhejiang University Press

执行编辑 · MANAGING EDITOR
Gabriela Vélez Trueba (西) · gabriela@arqfuture.com

图形 · LAYOUT
Carlos de Navas Paredes (西)

图形制作 · GRAPHIC PRODUCTION
Tamara García Garrido (西) · tamara@arqfuture.com
左雯莎 Zuo Wensha · news@arqfuture.com

中国地区公司合伙人 · CORPORATE PARTNER IN CHINA
赵磊 Zhao Lei · leizhao@arqfuture.com
地址 address: 中国杭州下城区文晖路303号
浙江交通集团大厦11楼
postal code 邮编: 310014
电话 telephone: +86 571 85303277
手机 cell phone: +86 13706505166

美洲地区公司合伙人 · CORPORATE PARTNER IN AMERICA
Santiago Vélez (厄) · svelez@arqfuture.com
地址 address: c/ Portugal E10-276 y 6 de Diciembre, 2do piso
Quito · Ecuador
电话 telephone: +593 98036427

行政人员 · ADMINISTRATION
Belén Carballedo (西) · belen@arqfuture.com

销售部 · DISTRIBUTION DEPARTMENT
曾江福 Zeng Jiangfu
手机 cell phone: 13564489269
电话 telephone: 20 65877188

广告 · ADVERTISING
china@arqfuture.com

future arquitecturas
Rafaela Bonilla 17, 28028
Madrid, Spain

www.arqfuture.com

序言

天际的云彩
去经受大自然的考验

西班牙建筑师拉菲尔 · 莫内欧(1996年普利茨克建筑奖获得者)最近在其演讲中自问道：*“代代更替，语言的概念会在近代建筑中得以实现吗？我们能有通用语言吗？”* 马丁·海德格尔等哲学家认为 “有语言的地方只有一个世界”。语言是人们相互理解的方式，实际上把同种建筑语言中此类代码放在其他建筑语言中的结果便是形成了古典主义和现代主义。古典主义努力在各方面都做到恰到好处，因此“创造”一词是根本不存在的。现代运动在雷姆·库哈斯的论断中找到了答案，他的论断引领了向20年前的精华的回归， “我再也不会现代了”。

我们生活在这样一个时代：社会空间被侵占，个性被扭曲；怀疑论压倒了语言；建筑的公共地位的原始性和表现使得必须创造一种新的语言，作为都市化和伦理理念的标识。需要从美观、舒适、功用、参与、伦理思考等的知识中学习到新的视角。建筑步入具有严重经济危机的时代，需要立即对建筑行业的边界进行扩张和创造，从而与社会重新对接。

“暴风雨中蕴藏着无限机会，” 马丁·海德格尔说。

Prefacio

NUBARRONES EN EL HORIZONTE
Sobreponerse al Tiempo de la Naturaleza

Recientemente el arquitecto español Rafael Moneo, Pritzker 1996, se preguntaba impartiendo una conferencia: *Todas las generaciones abren camino, pero ¿tiene vigencia la noción del lenguaje en la arquitectura contemporánea? ¿Podemos vivir con un lenguaje compartido?* Filósofos como Martin Heidegger consideran que "solo hay mundo donde hay lenguaje". El lenguaje es el lugar de comprensión entre personas y al codificar en una misma lengua arquitectónica, surgieron entre otros el clasicismo y el movimiento moderno. El clasicismo, intenta tener la razón en todos los sentidos y por tanto la palabra "inventar" no existe. Y el movimiento moderno tiene su respuesta en la afirmación de Rem Koolhaas que marcó hace ya veinte años la vuelta a lo esencial, "nunca más volveré a ser moderno".

Vivimos una época en la que se están llevando a cabo usurpaciones de los espacios sociales y falsificación de identidades; en donde el escepticismo aventaja al leguaje; en donde la naturalidad y el desempeño de la condición pública de servicio de la arquitectura, obligan a inventar nuevos leguajes como muestra de urbanidad y compromiso ético. Belleza, placer, utilidad, participación, ética, contemplación,... aprender a mirar desde el conocimiento. La arquitectura camina hacia nuevos espacios obligada por la profunda crisis económica que reclama momentos de invención y ampliación de las clásicas fronteras del oficio de la arquitectura para su reconexión con la sociedad.

"Todo lo grandioso nace en medio de una tempestad" Martin Heidegger dice.

Preface

CLOUDS ON THE SKYLINE
To Withstand the Time of Nature

Recently, the Spanish architect Rafael Moneo, 1996 Pritzker, asked himself in a lecture: *"All generations will emerge, but does the notion of language come into force in contemporary architecture? Can we live with a shared language?"* Philosophers like Martin Heidegger believe that "there is only one world where there is language". Language is the place of understanding between people and the fact that these codes in the same architectural language, ended, among others, in classicism and modernism. Classicism tries to be right in all senses and so the word "invent" does not exist. And the modern movement has its answer in Rem Koolhaas assertion which guided the return to the essential twenty years ago, "I will never be modern again".

We live in an era where the social spaces are being usurp and identities falsified; where scepticism overtakes language; where the naturalness and performance of the public status of architecture, force to invent new languages as a sign of urbanization and ethical commitment. Beauty, pleasure, utility, participation, ethical contemplation... to learn to look from the knowledge. Architecture walks into new spaces obliged by the deep economic crisis that demands moments of invention and expansion of the traditional boundaries of the profession of architecture to reconnect with society.

"Everything great comes amid a storm," Martin Heidegger said.

目录 Contents

联运车站 · 卢戈
ESTACIÓN INTERMODAL · LUGO
INTERMODAL STATION · SPAIN

联运车站 · 圣地亚哥 · 德 · 孔波斯特拉
ESTACIÓN INTERMODAL · SANTIAGO DE COMPOSTELA
INTERMODAL STATION · SPAIN

San Cristobal联运车站 · 阿 · 格鲁尼亚
ESTACIÓN INTERMODAL DE SAN CRISTOBAL · A CORUÑA
SAN CRISTOBAL INTERMODAL STATION · SPAIN

联运车站 · 奥伦塞
ESTACIÓN INTERMODAL · OURENSE
INTERMODAL STATION · SPAIN

新游轮码头 · 里斯本
NUEVA TERMINAL DE CRUCEROS · LISBOA
NEW LISBON TERMINAL CRUISE · PORTUGAL

20#地铁站 · 索非亚
ESTACIÓN DE METRO 20 · SOFIA
METRO STATION 20 · BULGARIA

时事 NEWS

浙大足迹
Diario de la Universidad de Zhejiang
Journal of Zhejiang University

浙江大学建筑工程学院现有规划、建筑、土木、水利四大学科，基本涵盖了国家基本建设领域的全部学科，涉及到建筑、市政、交通、水利、铁道、港口与海洋工程等主要产业领域。在学科上具有良好的互补性和交叉性，为学科发展奠定了良好的基础。

El College of Civil Engineering and Architecture of Zhejiang University abarca muchas tipologías dentro de la construcción nacional incluyendo: diseño y construcción, ingeniería municipal, tranporte, conservación del agua, ferrocarril e ingeniería portuaria y de costas. Y apoya en la fase de construcción con Planeamiento Regional y Urbano, Arquitectura, Ingeniería Civil e Hidraúlica para integrar la producción, el aprendizaje y la investigación.

The College of Civil Engineering and Architecture of Zhejiang University has a wide coverage of the fields of national capital construction including: building design and construction, municipal engineering, transportation, water conservancy, railway and harbor and offshore engineering. And it supports construction with Regional and Urban Planning, Architecture, Civil Engineering and Hydraulic Engineering to have the integration of production, learning and research.

唐仲英基金会中国中心·吴江

Centro de La Fundación de Cyrus Tang
China Center of Cyrus Tang Foundation

董丹申 Dong Danshen · 杨易栋 Yang Yidong · 滕美芳 Teng Meifang · 林再国 Lin Zaiguo

象山行政商务中心二期·宁波

Centro Administrativo y Financiero de Xiangshan (Fase II)
Xiangshan Administrative and Business Center (Phase II)

董丹申 Dong Danshen · 钱锡栋 Qian Xidong · 翁智伟 Weng Zhiwei · 周俊 Zhou Jun · 贾茜 Jia Qian
宣万里 Xuan Wanli

象山行政商务中心二期·宁波

Centro Administrativo y Financiero de Xiangshan (Fase II)
Xiangshan Administrative and Business Center (Phase II)

董丹申 Dong Danshen · 钱锡栋 Qian Xidong · 翁智伟 Weng Zhiwei · 周俊 Zhou Jun · 贾茜 Jia Qian
宣万里 Xuan Wanli

广东电网生产调度中心·广州

Centro de Producción Eléctrica y Programación de Guangdong
Guangdong Power Grid Production Scheduling Center

董丹申 Dong Danshen · 陈建 Chen Jian · 李云平 Li Yunping · 朱晓东 Zhu Xiaodong · 陶竞进 Tao Jingjin
郑佩佩 Zheng Peipei

广东电网生产调度中心·广州

Centro de Producción Eléctrica y Programación de Guangdong
Guangdong Power Grid Production Scheduling Center

董丹申 Dong Danshen · 陈建 Chen Jian · 李云平 Li Yunping · 朱晓东 Zhu Xiaodong · 陶竞进 Tao Jingjin
郑佩佩 Zheng Peipei

浙江大学建筑设计研究院始建于1953年，是国家重点高校中最早成立的甲级设计研究院之一。业务范围有高层、超高层的大型办公、宾馆、商业综合体、行政办公楼；学校校园规划与设计；影剧院、图书馆、博物馆等文化建筑；居住区规划与设计；体育建筑；医院类建筑；城市设计；智能建筑设计、室内设计；风景园林与景观设计；市政公用工程；岩土工程；幕墙设计；古建筑和近现代建筑的维修保护、文物保护规划等。

Architectural Design and Research Institute of Zhejiang University se fundó hace más de medio siglo en 1953, y ha sido uno de los primeros institutos de diseño con el Grado A entre las universidades punteras. Su actividad cubre edificios en altura, oficinas, hoteles, complejos financieros y edificios administrativos, planeamiento y diseño de campus, cines, bibliotecas, museos y otros edificios culturales, comunidades residenciales, equipamientos deportivos, hospitales, diseño urbano, diseño interior, paisajismo, ingeniería pública municipal, ingeniería geotécnica, proyectos de muros cortina, protección y mantenimiento de edificios antiguos y modernos, protección de reliquias, etc.

Architectural Design and Research Institute of Zhejiang University was founded more than half a century ago in 1953, it has been one of the earliest Grade-A design institutes established among state key universities. The business covers high-rise or super high-rise large office, hotel, business complex and administrative office building; planning and design of campus; cinema, library, museum and other cultural buildings; residential community planning and design; construction of sports facilities; construction of hospital; urban design; intelligence architectural design, indoor design; landscape architecture and landscape design; municipal public engineering; geotechnical engineering; curtain walling design; maintenance and protection of ancient building and modern building, planning of cultural relics protection, etc.

德清联合国全球地理信息管理论坛永久性会址 · 湖州

Residencia Principal del Foro de Información Global Geoespacial de las Naciones Unidas en Deqing
Permanent Address for Forum on United Nations Global Geospatial Information Management in Deqing

吴震陵 Wu Zhenling · 陈冰 Chen Bing · 章嘉琛 Zhang Jiachen

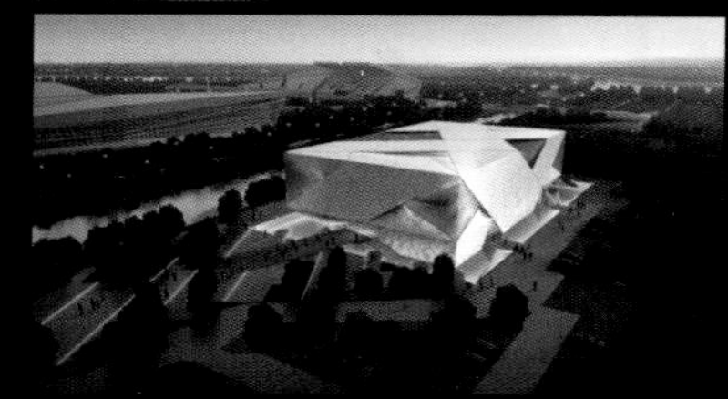

南通市通州区城市展览馆 · 江苏

Pabellón Municipal de Exposiciones en el Distrito de Tongzhou
Nantong Municipal Exhibition Pavilion in Tongzhou District

张永青 Zhang Yongqing · 马迪 Ma Di · 金鑫 Jin Xin

芜湖市奥体公园二期工程 · 安徽

Parque Olímpico de Ceportes en Wuhu (Fase II)
Olympic Sports Park in Wuhu (Phase II)

鲁丹 Lu Dan · 张燕 Zhang Yan · 冯小辉 Feng Xiaohui · 袁洁梅 Yuan Jiemei · 章慕悫 Zhang Muque

苏州市吴中区市民文化广场 · 江苏

Plaza Cultural para Los Ciudadanos de Suzhou en el Distrito de Wuzhong
Suzhou Culture Square for Citizens in Wuzhong District

曾勤 Zeng Qin · 彭怡芬 Peng Yifen · 吉喆 Ji Zhe · 王嵩 Wang Song

淮安市淮阴大剧院 · 江苏

Gran Ópera Huai'an Huaiyin
Huai'an Huaiyin Grand Opera

孙啸野 Sun Xiaoye · 王嵩 Wang Song

椒江滨海工业园区城市规划展览馆 · 浙江

Edificio Expositivo de Jiaojiang para Planeamiento Urbano en el Parque Industrial Binhai
Jiaojiang Exhibition Building for Urban Planning in Binhai Industrial Park

沈济黄 Shen Jihuang · 陈帆 Chen Fan · 王晶晶 Wang Jingjing · 李镇潇 Li Zhenxiao

唐仲英基金会中国中心·吴江

Centro de la Fundación de Cyrus Tang · Wujiang
China Center of Cyrus Tang Foundation · China

董丹申 Dong Danshen · 杨易栋 Yang Yidong · 滕美芳 Teng Meifang · 林再国 Lin Zaiguo

委托项目 encargo commission

平面布局和空间渗透研究
DISTRIBUCIÓN Y PENETRACIÓN DEL ESPACIO
LAYOUT AND SPACE PENETRATION

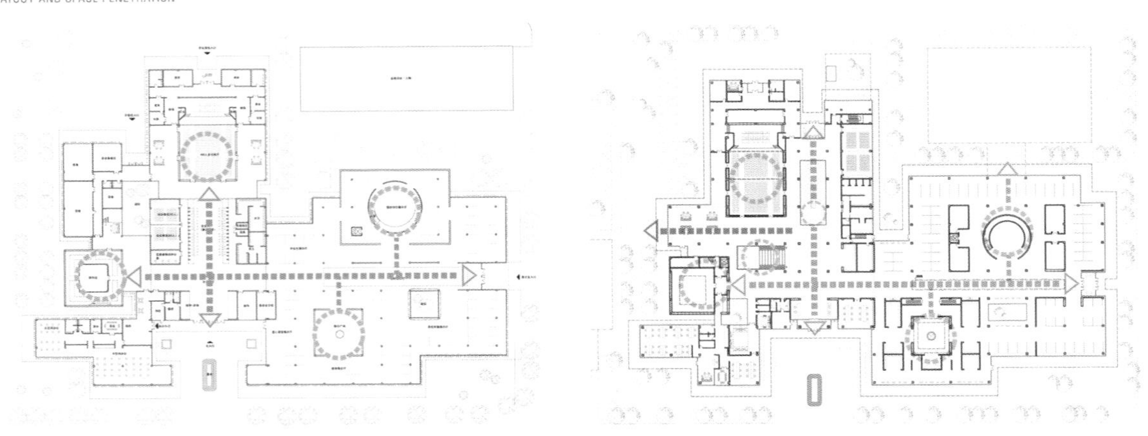

统分结合的思想不同区域可以独立使用
ESPACIOS DIFERENTES SE UTILIZAN INDEPENDIENTEMENTE CON LA COMBINACIÓN DE CENTRALIZACIÓN Y DESCENTRALIZACIÓN
DIFFERENT SPACES CAN BE USED INDEPENDENTLY THROUGH COMBINATION OF CENTRALIZATION AND DECENTRALIZATION

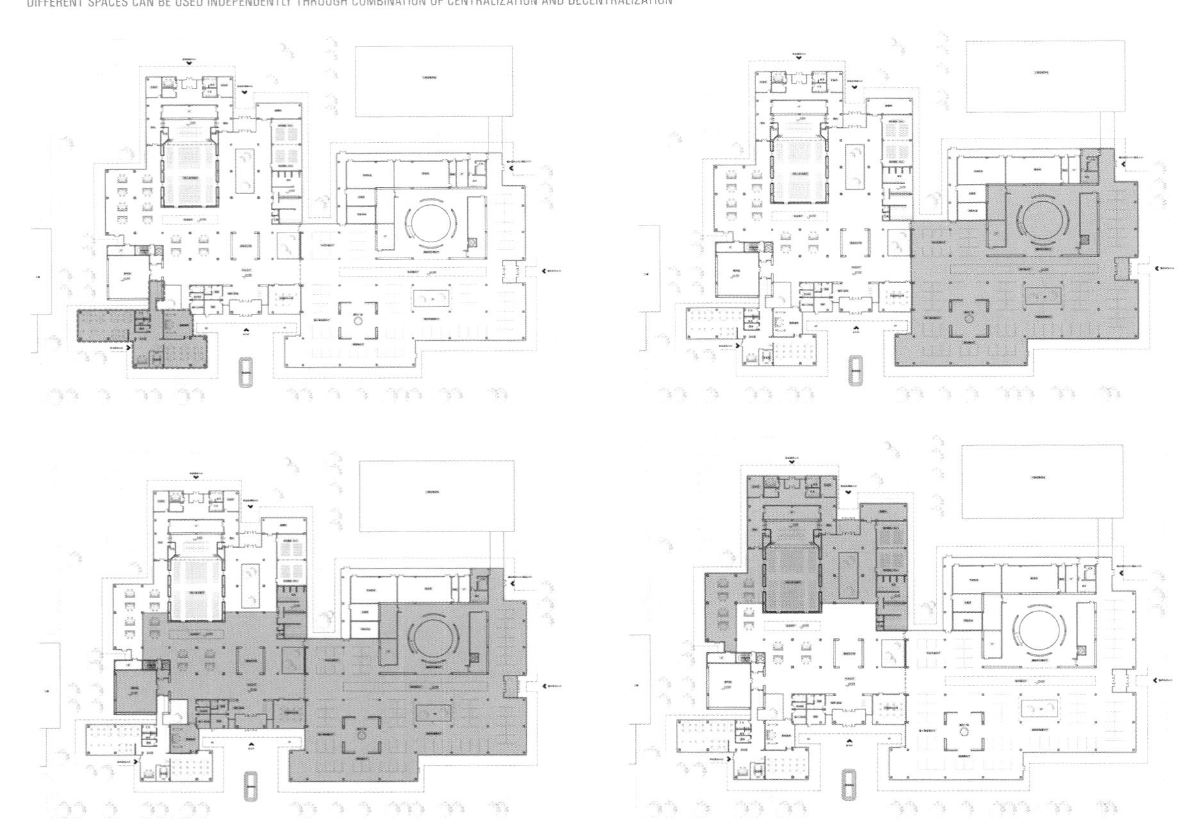

本项目集展览、办公、会议和培训多种功能于一体。最大的挑战在于没有任务书的情况下建筑师和业主共同努力完成整个设计。设计中有机的建筑轮廓线不仅仅是引入景观，削弱建筑体量，更是考虑到连接不久之后二期、三期建筑的建造，最终形成一个有序的整体。

最大化利用周边的景观，将整个室内空间与室外景观渗透贯通，形成流动的空间体验。

整个项目绿色生态节能方面也是重要的设计要素，通过一系列主动和被动的措施营造一个“绿色建筑”。

Este proyecto engloba las funciones expositivas, de espacio público, de convenciones y aprendizaje. El mayor reto ha sido que arquitectos y clientes completen el proyecto sin un programa concreto. Su forma orgánica considera no sólo “un escenario prestado” para aligerar la masa edificatoria, sino la fase 2 y 3 del edificio para que formen un todo.
Maximizar el paisaje circundante dentro del proyecto mediante la penetración y conexión entre el espacio interior y exterior para crear una experiencia espacial fluida.
Los aspectos relacionados con la conservación energética y ecológica también han sido importantes; se obtiene un “edificio verde” mediante acciones pasivas y activas.

This project integrates the functions of exhibition, official business, convention and training. The greatest challenge by far is for the architects and owners to jointly complete the whole design without a set task. The organic building outline takes into consideration not only the “borrowed scenery” to weaken the building mass, but also the future 2nd- and 3rd-phase buildings in forming a whole in an orderly fashion.
Maximizing the surrounding landscape in the layout assists the penetration and connection between indoor space and outdoor landscape to form a flowing space experience.
The ecological and energy-conservation aspects of the whole project are also key design elements; a “green building” is achieved through an array of active and passive measures.

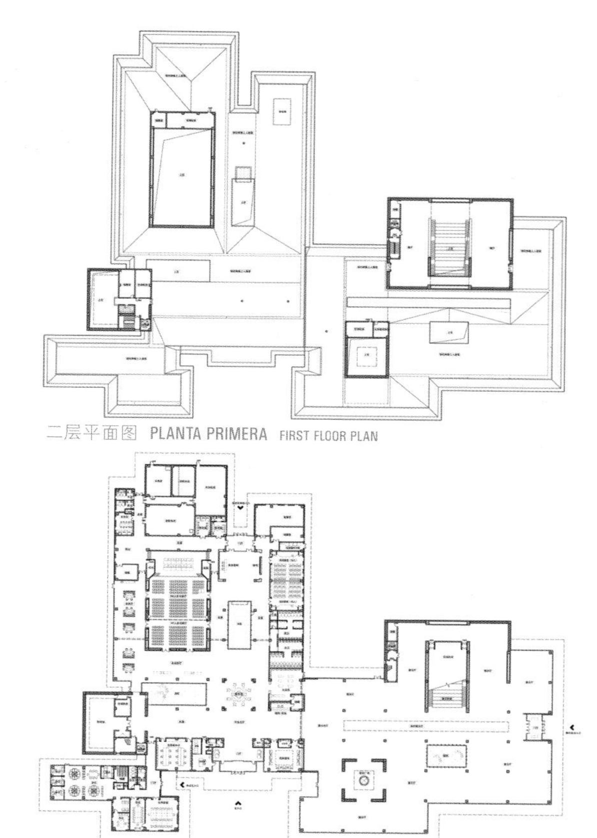

二层平面图 PLANTA PRIMERA FIRST FLOOR PLAN

底层平面图 PLANTA BAJA GROUND FLOOR PLAN

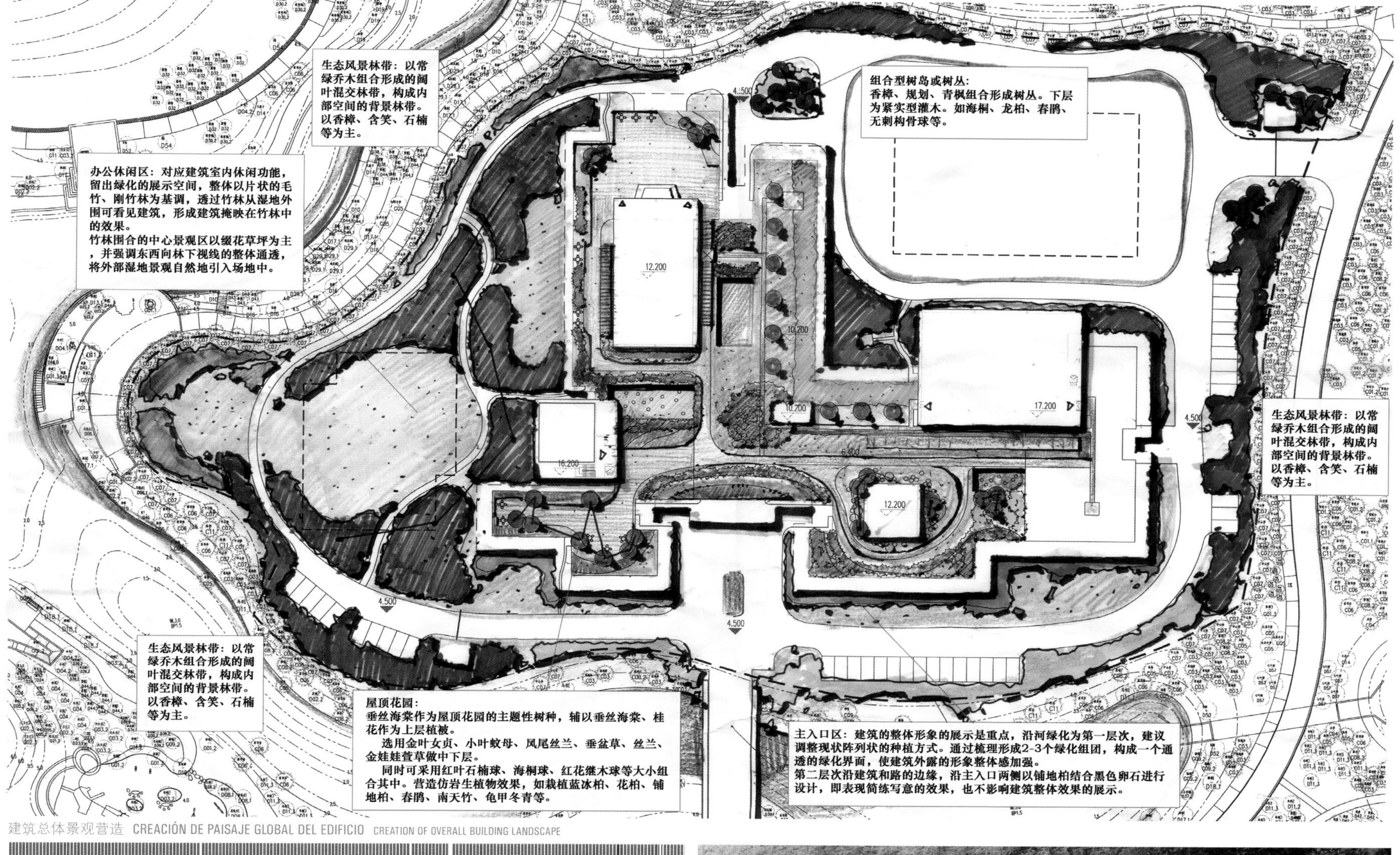

建筑总体景观营造 CREACIÓN DE PAISAJE GLOBAL DEL EDIFICIO CREATION OF OVERALL BUILDING LANDSCAPE

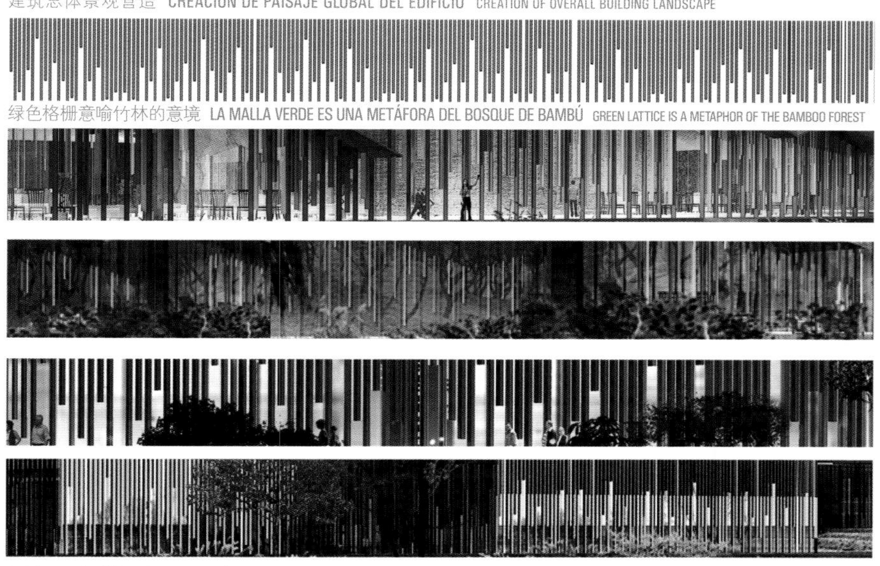

绿色格栅意喻竹林的意境 LA MALLA VERDE ES UNA METÁFORA DEL BOSQUE DE BAMBÚ GREEN LATTICE IS A METAPHOR OF THE BAMBOO FOREST

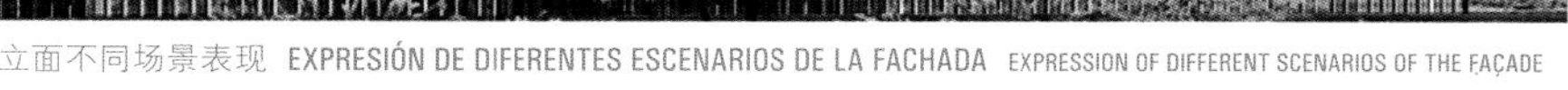

立面不同场景表现 EXPRESIÓN DE DIFERENTES ESCENARIOS DE LA FACHADA EXPRESSION OF DIFFERENT SCENARIOS OF THE FAÇADE

象山行政商务中心二期 · 宁波

Centro Administrativo y Financiero de Xiangshan (Fase II) · Ningbo
Xiangshan Administrative and Business Center (Phase II) · China

董丹申 Dong Danshen · 钱锡栋 Qian Xidong · 翁智伟 Weng Zhiwei · 周俊 Zhou Jun · 贾茜 Jia Qian · 宣万里 Xuan Wanli

国内投标中标 ganador en concurso nacional national competition winner

理念一：城市设计理念 CONCEPTO UNO: CONCEPTO SOBRE EL DISEÑO URBANO CONCEPT ONE: CONCEPT ON URBAN DESIGN

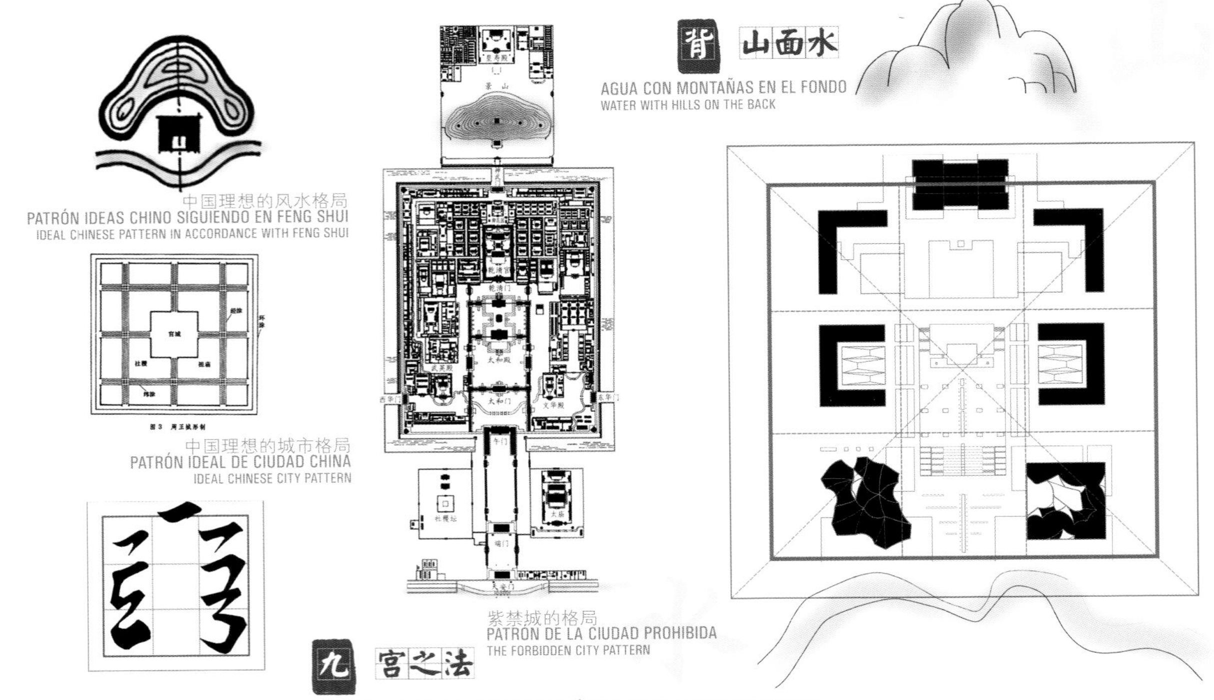

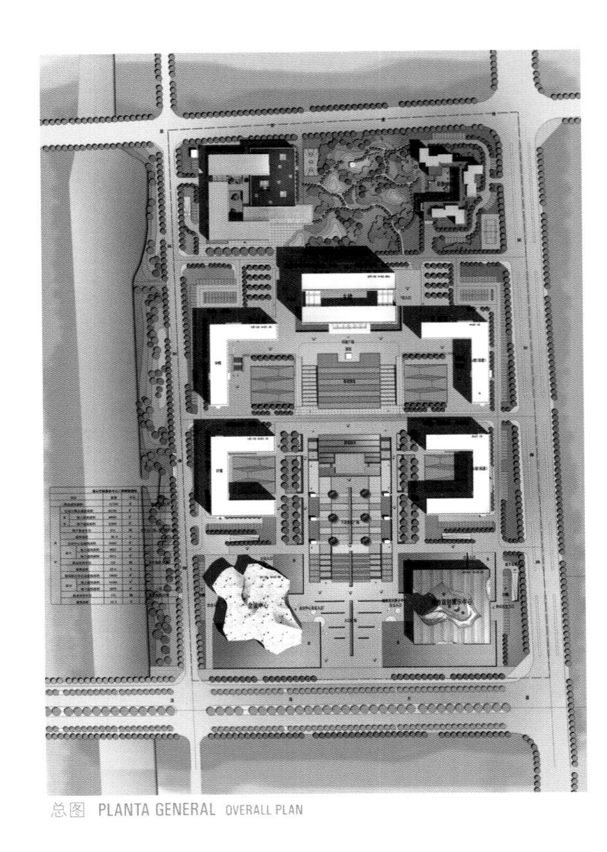

总图 PLANTA GENERAL OVERALL PLAN

理念二：主楼设计理念 CONCEPTO DOS: CONCEPTO DEL DISEÑO DEL EDIFICIO PRINCIPAL CONCEPT TWO: CONCEPT ON DESIGN OF THE MAIN BUILDING

主楼方案1 PROPUESTA PRINCIPAL DEL EDIFICIO 1 MAIN BUILDING PROPOSAL 1

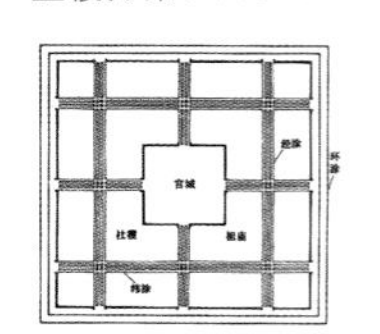

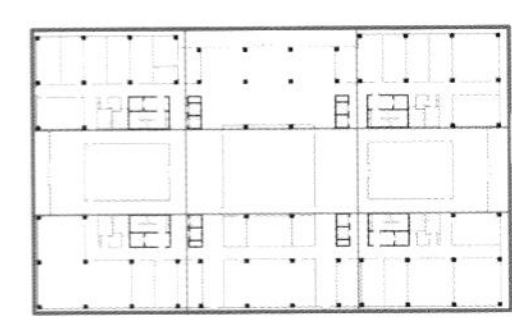

九宫之规用于平面
PATRÓN DE NUEVE ESPACIOS PARA DISTRIBUCIÓN
NINE-GRID PATTERN FOR LAYOUT

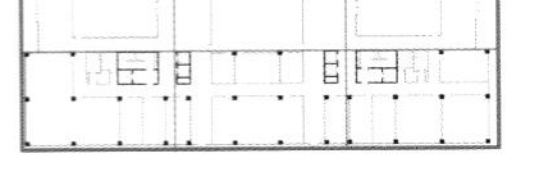

九宫之规用于立面
PATRÓN DE NUEVE ESPACIOS PARA LA FACHADA
NINE-GRID PATTERN FOR FAÇADE

主楼方案2 PROPUESTA PRINCIPAL DEL EDIFICIO 2 MAIN BUILDING PROPOSAL 2

九 曲回纹
NUEVE LÍNEAS CURVAS
NINE-CURVED LINES

龙蟠其身，九曲成形
ESPIRALES DE DRAGÓN ALREDEDOR DEL CUERPO
DRAGON COILS AROUND THE BODY

九曲回纹用于形体
9 LÍNEAS CURVAS PARA LA FORMA Y ESTRUCTURA
NINE-CURVED LINES FOR FORM AND STRUCTURE

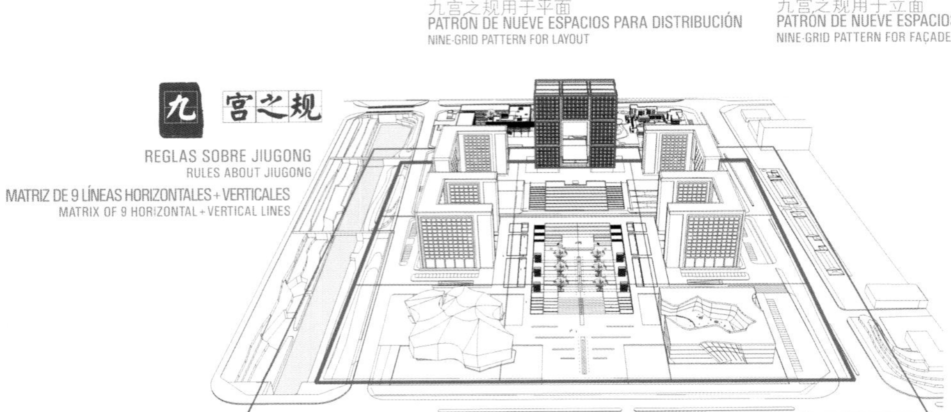

形制严谨、庄重 FORMA PRECISA Y DIGNA PRECISE AND DIGNIFIED SHAPE

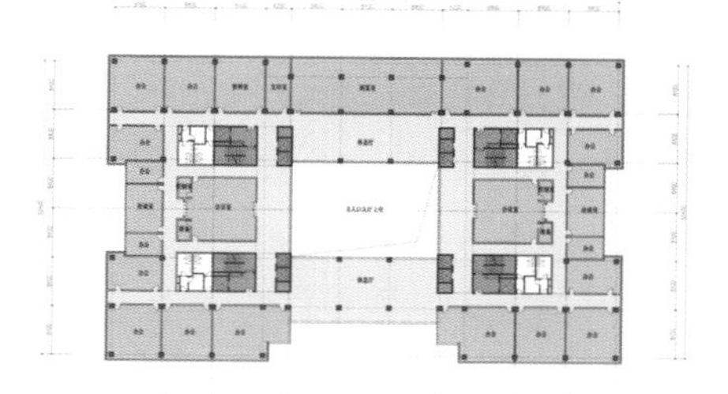

三层平面图 PLANTA SEGUNDA SECOND FLOOR PLAN

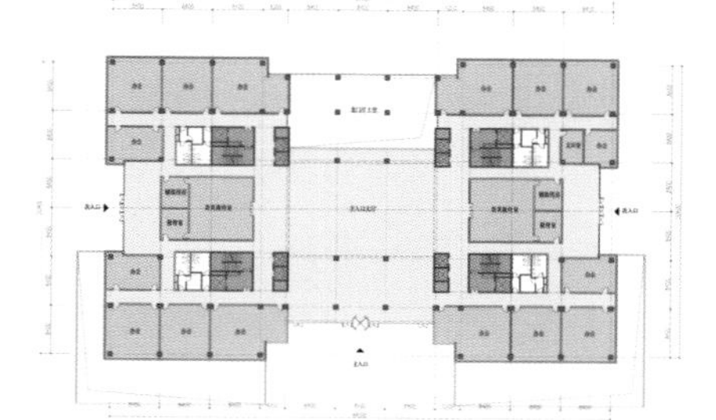

二层平面图 PLANTA PRIMERA FIRST FLOOR PLAN

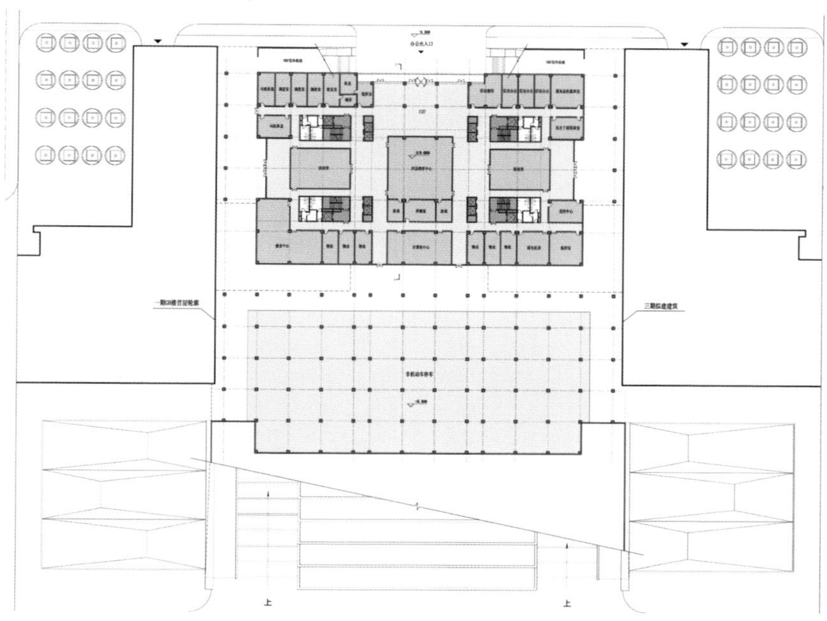

底层平面图 PLANTA BAJA GROUND FLOOR PLAN

九宫之法理论和方法一直影响着中国古代城市的建设，特别是都城的基本规划思想和城市格局，行政中心单体建筑很多，分期建设，每座建筑又规模不一，性质各异，有大型广场、山、水等景观空间，怎样使零散的元素组成完整和谐的整体空间成为设计的关键。我们以“九宫之法，背山面水”的理念组织整个行政中心，化零为整，创造出一个“城”的概念。由此形成的行政中心形制严谨、稳重，充分传承了中国传统文化中“礼”的精华，又在此基础上融入了现代的元素，不失创造性。

La teoría y método del "patrón de nueve mallas (Jiugong)" ha sido siempre un referente para la construcción de las ciudades ancestrales chinas ya que es un patrón fundamental para el planeamiento de la ciudad, especialmente para la capital. El centro administrativo engloba edificios independientes con distintos tamaños y naturalezas diversas construidas durante fases diferentes, así como el paisaje y las plazas de gran escala, las montañas y el agua, combinan estos elementos dispares en un conjunto armonioso. Para la organización del centro administrativo, consideramos la teoría del "patrón de nueve mallas y la confrontación del agua y las montañas al fondo", y las conjugamos para obtener un concepto de "ciudad". La forma del centro administrativo da la sensación de precisión y dignidad, demostrando la quinta esencia de la "etiqueta" de la cultura tradicional china y manifestando su creatividad mediante la adición de elementos modernos.

The theory and methods of the "nine-grid pattern (Jiugong)" has always exerted a bearing on the construction of ancient Chinese cities as its fundamental planning thinking and city pattern, especially for the capital. The Administrative Center encompasses many independent buildings with varying sizes and different natures constructed during different phases, as well as such landscape space as large-scale squares, mountains and water, so how to combine these disparate elements into a harmonious whole is critical to the design. For the organization of the Administrative Center, we take the theory of "nine-grid pattern and fronting water and with hills on the back", and assemble the parts into a whole to achieve a concept of "city". The shape of the Administrative Center gives an impression of precision and dignity, fully demonstrating the quintessence of the "etiquette" of the traditional Chinese culture and manifesting its creativity with the addition of modern elements.

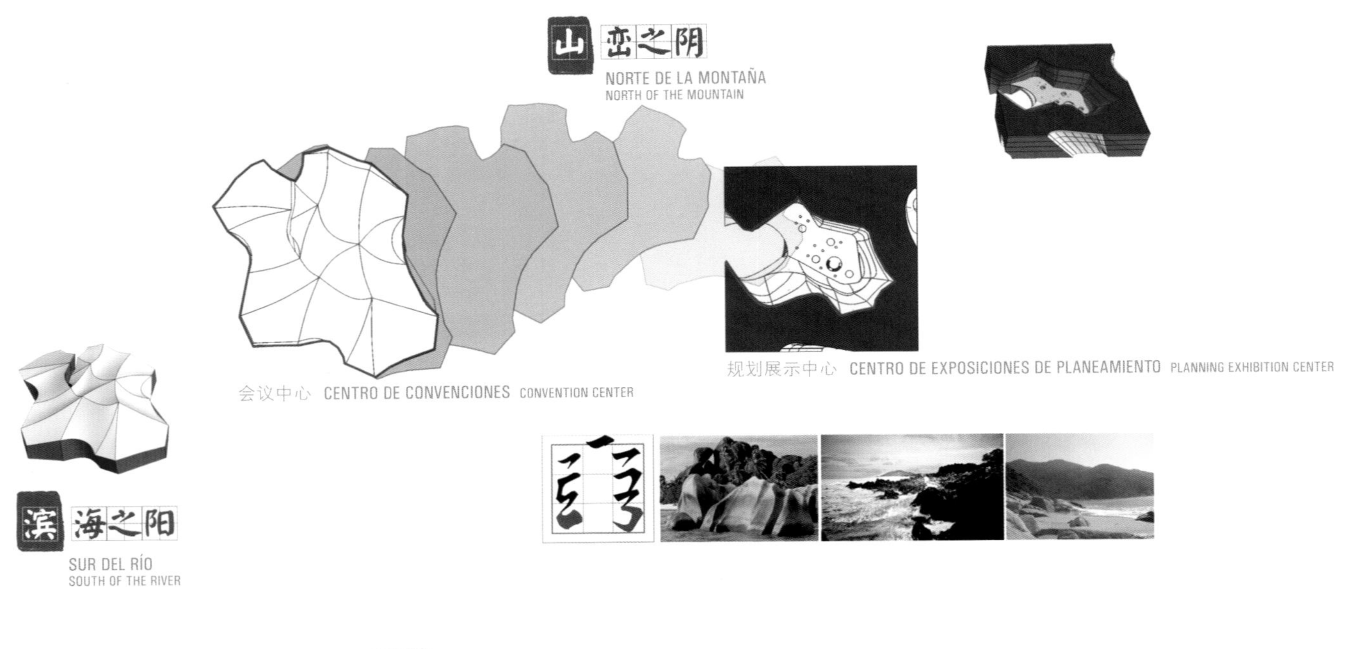

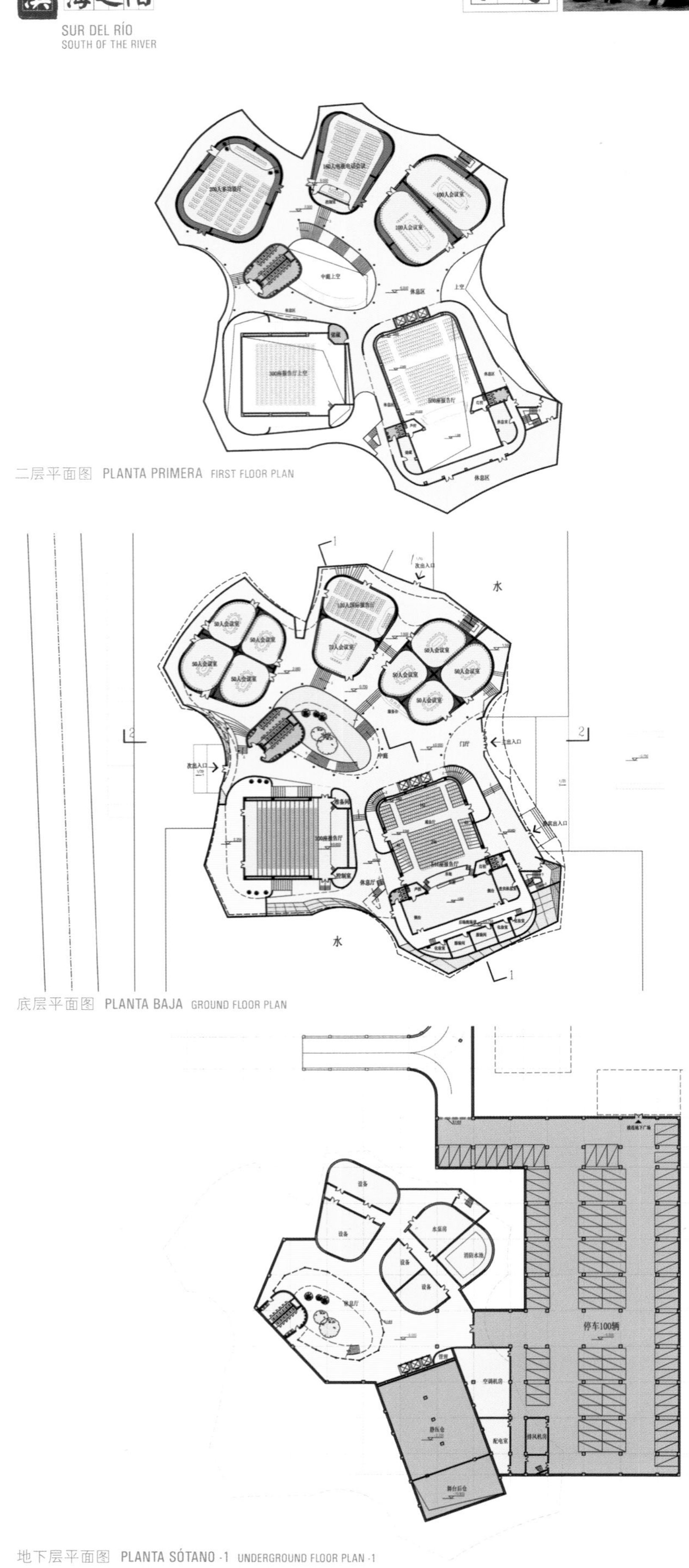
二层平面图 PLANTA PRIMERA FIRST FLOOR PLAN

底层平面图 PLANTA BAJA GROUND FLOOR PLAN

地下层平面图 PLANTA SÓTANO -1 UNDERGROUND FLOOR PLAN -1

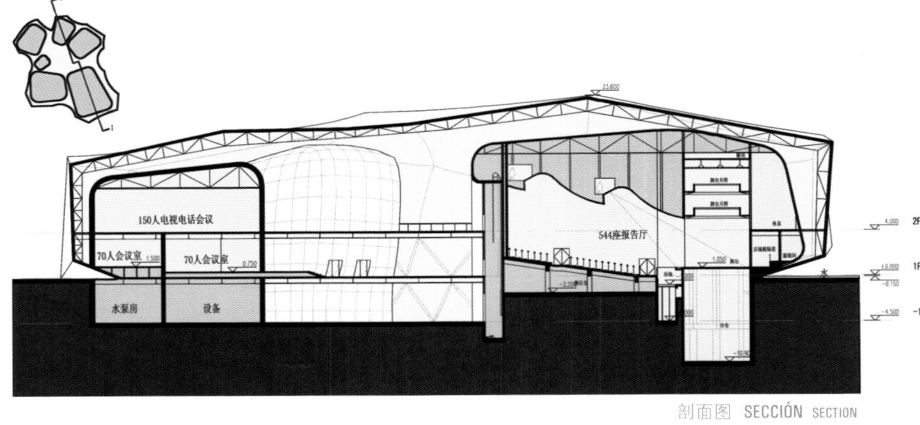

剖面图 SECCIÓN SECTION

东立面图 ALZADO ESTE EAST ELEVATION

西立面图 ALZADO OESTE WEST ELEVATION

会议中心与规划展示中心在九宫的形制内东西相向，为了形成统一的整体的空间意象并体现一定的地域特色，设计循“阴阳”之法，一阴一阳，隔道相望。会议中心的外立面如从水雾之中升腾而起，如滨海跃起之阳，穿孔板肌理使建筑光芒斑驳，如被海浪冲刷一般。

El Centro de Convenciones y el Centro de Planeamiento y Exposiciones se miran dentro de la trama de Jiugong. Para que formen una imagen espacial integrada con rasgos regionales, el proyecto sigue los métodos del "Yin-Yang" y ubica los edificios de forma opuesta a través del río. La fachada es la imagen de un edificio que emerge del agua como el sol de la mañana; la textura de placas perforadas infieren al edificio un brillo intenso, como si estuviera bañado por las olas.

The Convention Center and the Planning and Exhibition Center face each other within the Jiugong matrix. In order to form an integrated space imagery with certain regional characteristics, the design follows the methods of "Yin-Yang" and locates the two buildings opposite to each other across the river. The façade is an image of a building rising above the water just like the morning sun; the perforated plate texture infuses the building with a glittering sheen, as if it were being washed by the waves.

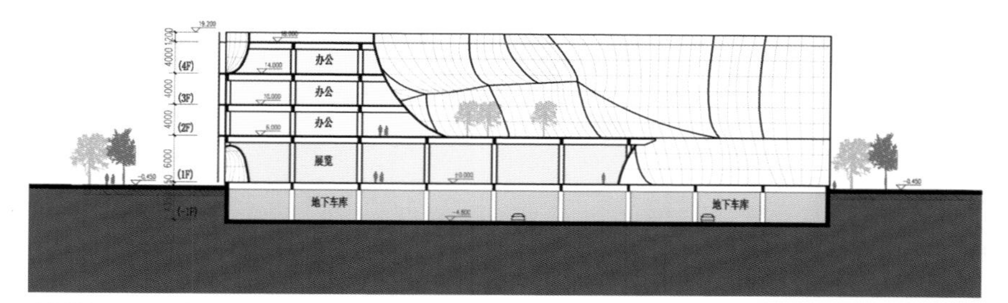

剖面图 A-A SECCIÓN A-A SECTION A-A

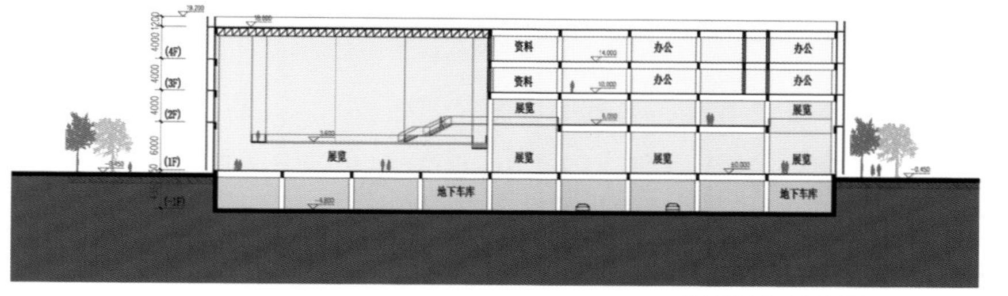

剖面图 B-B SECCIÓN B-B SECTION B-B

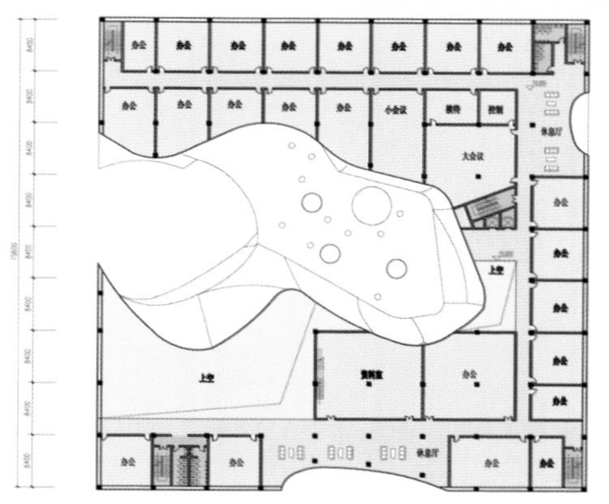

三层平面图 PLANTA SEGUNDA SECOND FLOOR PLAN

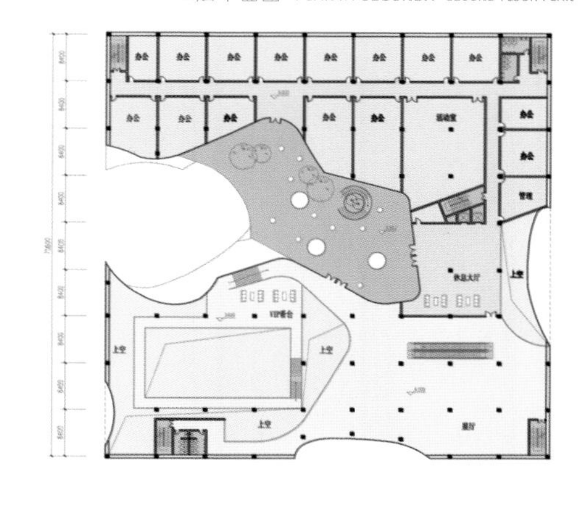

二层平面图 PLANTA PRIMERA FIRST FLOOR PLAN

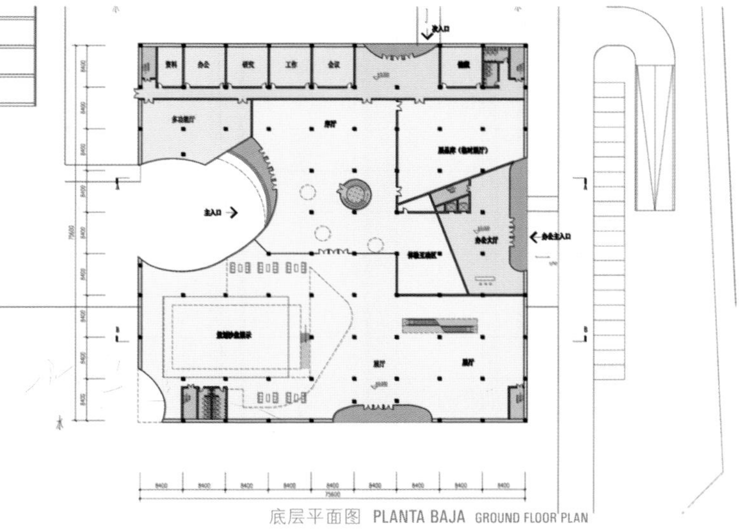

底层平面图 PLANTA BAJA GROUND FLOOR PLAN

广东电网生产调度中心·广州

Centro de Producción Eléctrica y Programación de Guangdong · Guangzhou
Guangdong Power Grid Production Scheduling Center · China

董丹申 Dong Danshen · 陈建 Chen Jian · 李云平 Li Yunping · 朱晓东 Zhu Xiaodong · 陶竞进 Tao Jingjin · 郑佩佩 Zheng Peipei

投标方案一 propuesta de concurso 1 competition proposal 1

体量分析 ANÁLISIS DE MASA MASS ANALYSIS

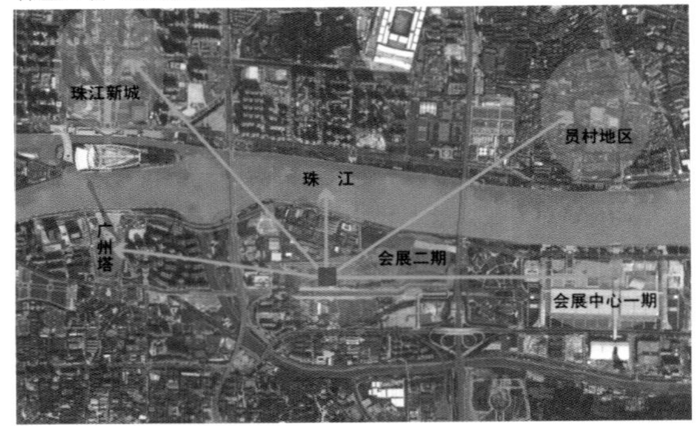

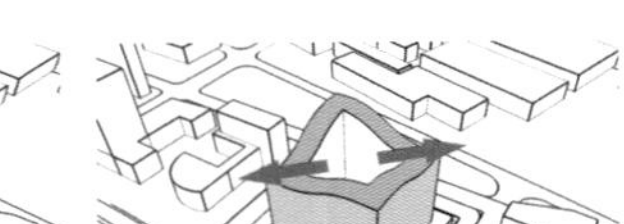

建筑东北方向与员村地区隔江相望。
LA PARTE NORESTE DEL EDIFICIO MIRA HACIA EL PUEBLO DE YUAN A TRAVÉS DEL RÍO
THE NORTHEASTERN SIDE OF THE BUILDING FACES YUAN VILLAGE ACROSS THE RIVER

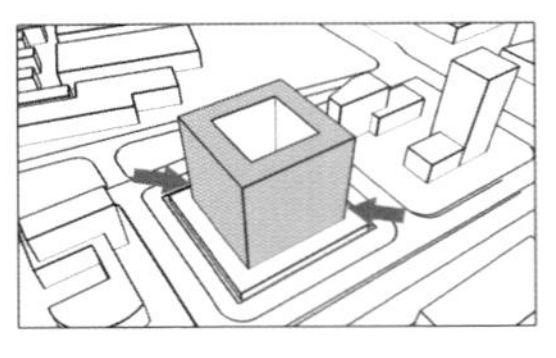

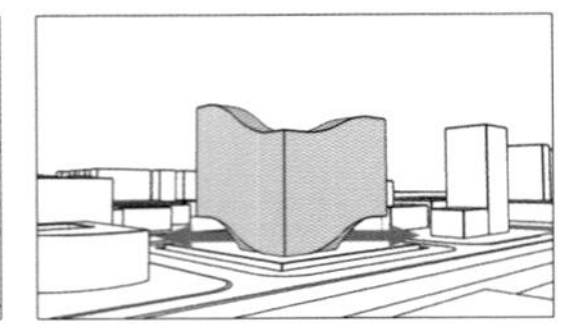

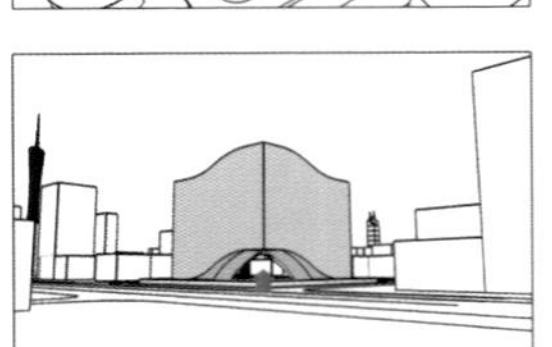

建筑西北方向与珠江新城隔江相望，互成对景。
LA PARTE NOROESTE DEL EDIFICIO MIRA HACIA EL NUEVO DISTRITO DE ZHUJIANG A TRAVÉS DEL RÍO, FORMANDO UNA ESCENA ORGÁNICA.
THE NORTHWESTERN SIDE OF THE BUILDING FACES ZHUJIANG NEW DISTRICT ACROSS THE RIVER, FORMING AN ORGANIC SCENE. .

设计理念 CONCEPTO DE PROYECTO DESIGN CONCEPT

云山蝶谷
MONTAÑA DE NUBES Y VALLE DE MARIPOSAS
CLOUD MOUNTAIN AND BUTTERFLY VALLEY

建筑功能分配
DISTRIBUCIÓN DE FUNCIONES
DISTRIBUTION OF FUNCTIONS

建筑功能流转
TRANSFORMACIÓN DE FUNCIONES
TRANSFORMATION OF FUNCTIONS

能量之环
ANILLO DE ENERGÍA
RING OF ENERGY

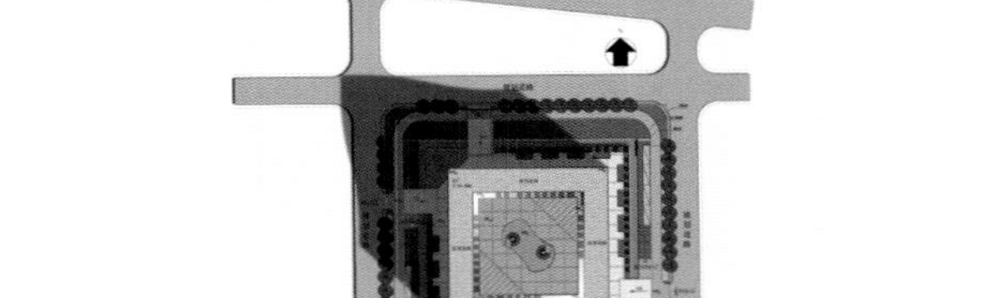

总图 PLANTA GENERAL OVERALL PLAN

1. “云山蝶谷”

建筑从东北及西南方向看犹如蝴蝶展翅，寓意电力人积极进取，敢于开拓的精神。

2. “能量之环”

中心的整体设计形象犹如“能量之环”，以“环”的形态将复杂的功能用房顺畅地连接起来，形成效率高、服务及时、保障可靠的现代化办公建筑模式。

1. “Montaña de nubes y Valle de la Mariposa”
El edificio, visto desde un ángulo que va desde el noreste al suroeste parece una mariposa que abre sus alas, expresando el espíritu agresivo y pionero de sus empleados.
2. “Anillo de Energía”
El diseño global del Centro sigue la forma de un “Anillo de Energía”, que con la forma de un “Anillo” conecta las complejas funciones para conformar un moderno edificio con eficiencia, buen servicio y confianza.

1. “Cloud Mountain and Butterfly Valley”
The building, seen at an angle from the north-east to the south-west, looks like a butterfly spreading out its wings, expressing the aggressive and pioneering spirit of the staff.
2. “Ring of Energy”
The overall design of the Center follows the shape of a “Ring of Energy”, with the form of a “Ring” connecting the complex functions to form a modern office building with efficiency, prompt service and reliability.

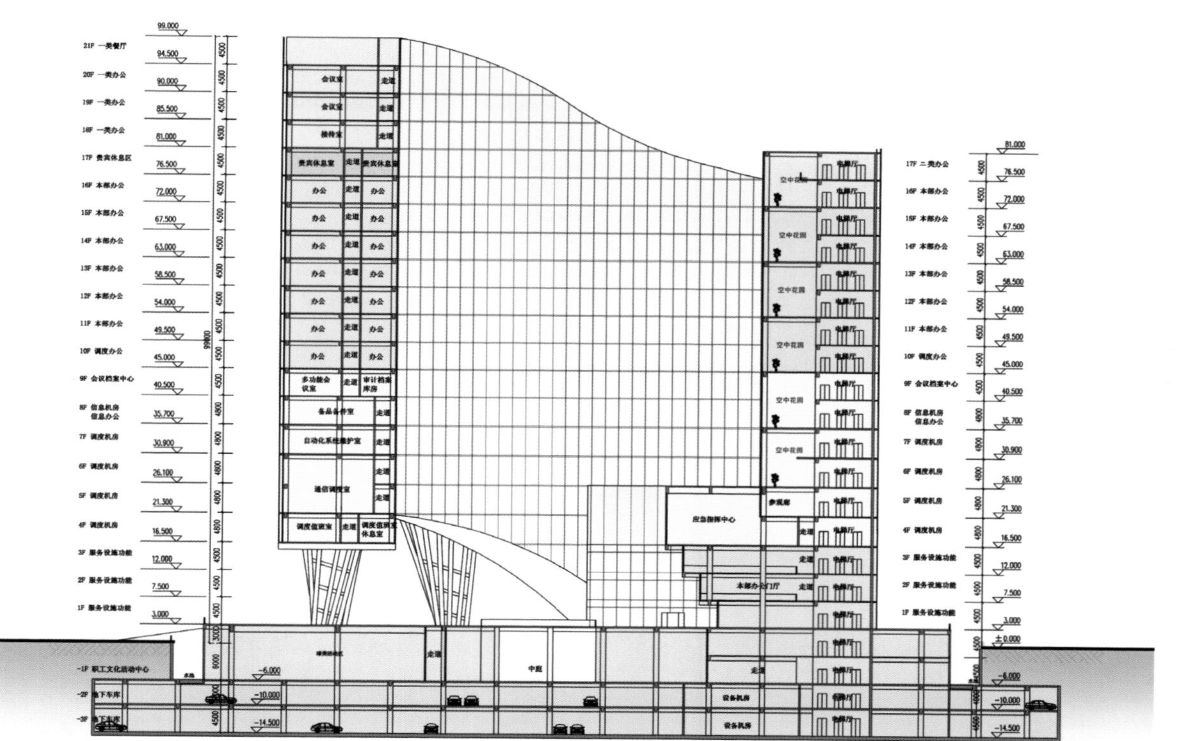
剖面图 SECCIÓN SECTION

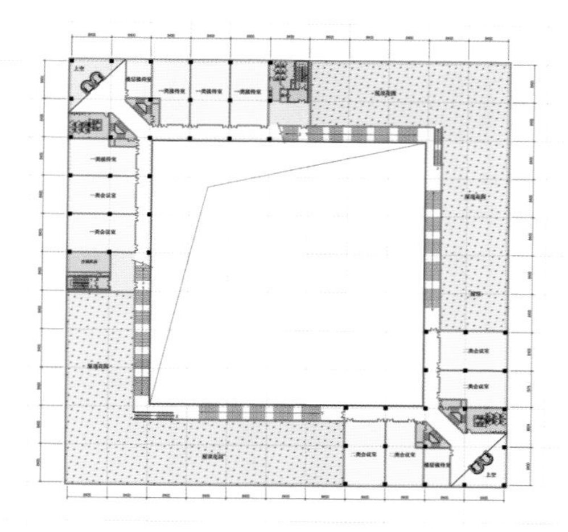
十九层平面图 PLANTA 18 FLOOR PLAN 18

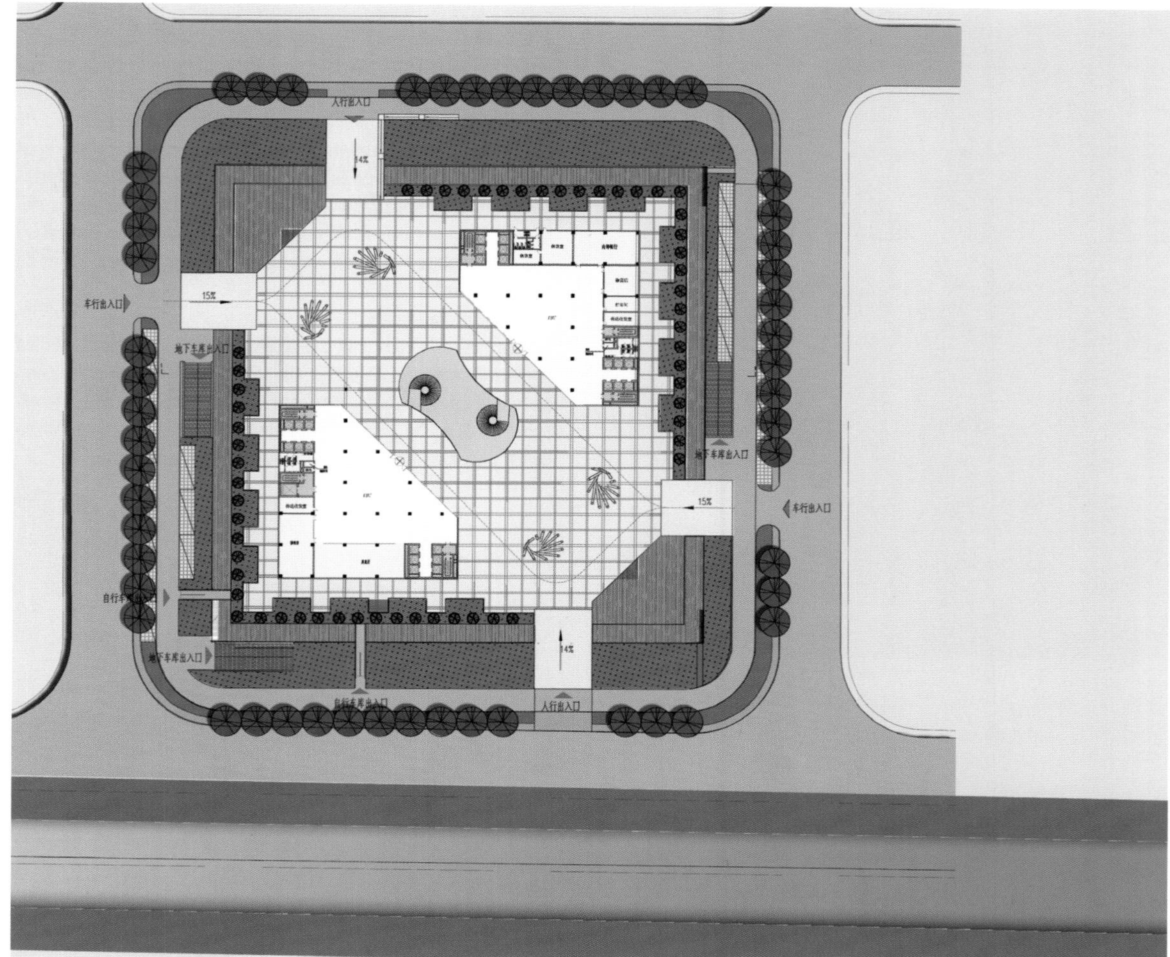
底层平面图 PLANTA BAJA GROUND FLOOR PLAN

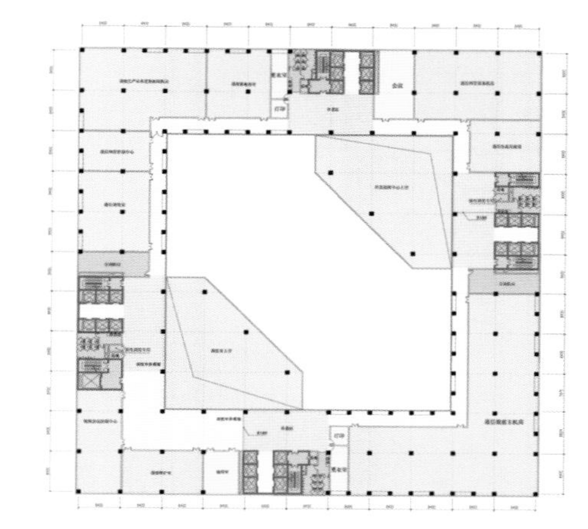
五层平面图 PLANTA 4 FLOOR PLAN 4

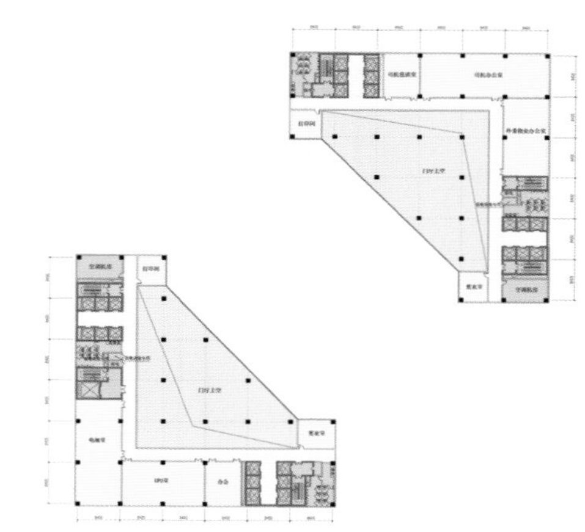
二层平面图 PLANTA 1 FLOOR PLAN 1

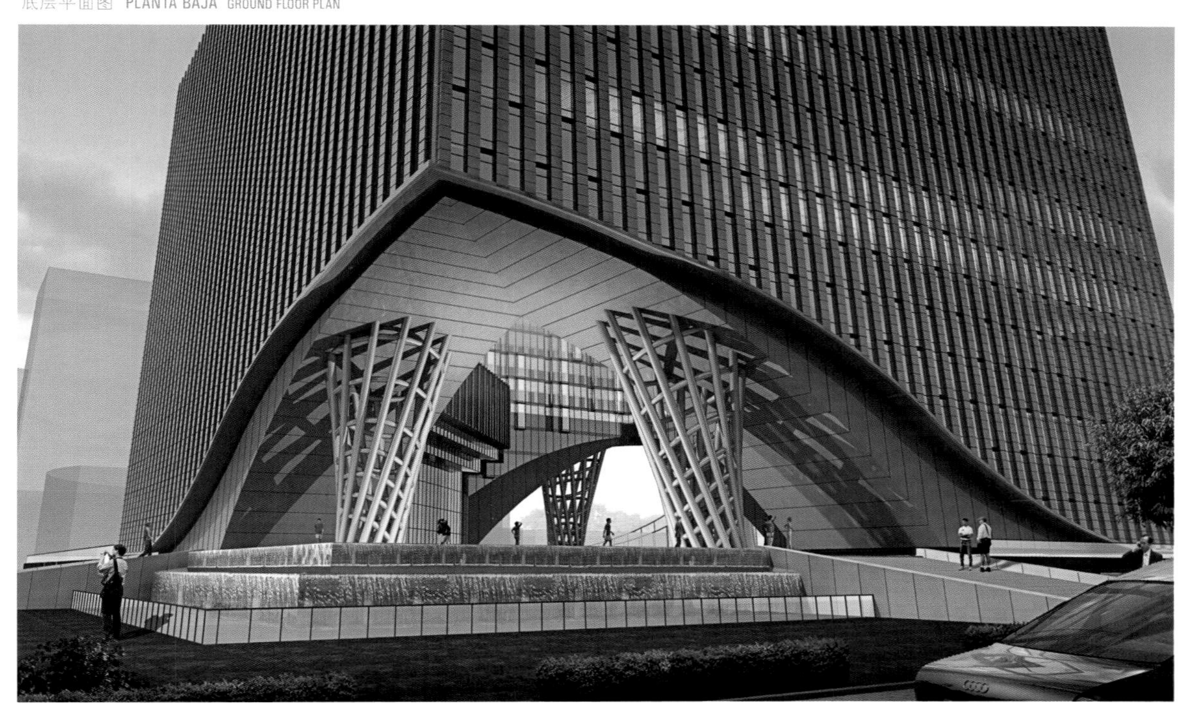

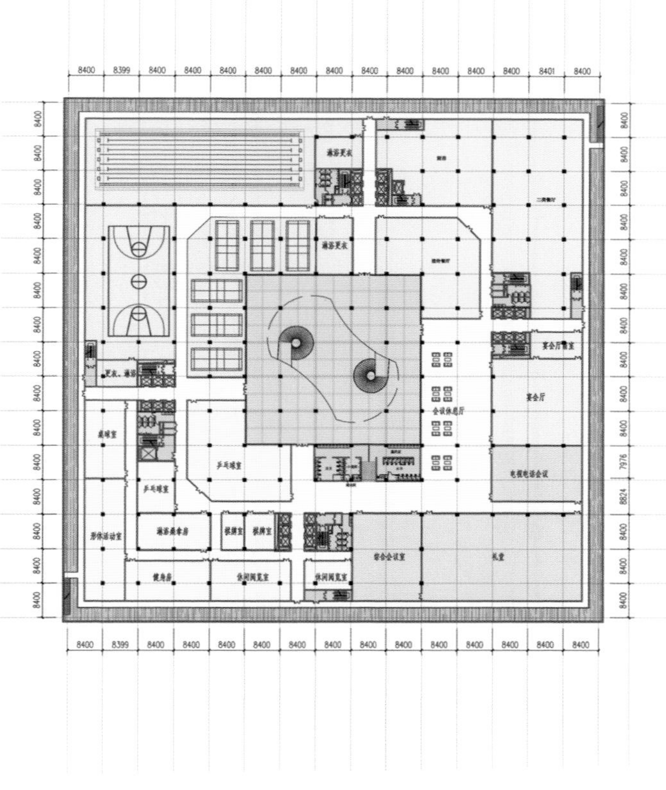
地下一层平面图 PLANTA SÓTANO -1 UNDERGROUND FLOOR PLAN -1

广东电网生产调度中心·广州

Centro de Producción Eléctrica y Programación de Guangdong · Guangzhou
Guangdong Power Grid Production Scheduling Center · China

董丹申 Dong Danshen · 陈建 Chen Jian · 李云平 Li Yunping · 朱晓东 Zhu Xiaodong · 陶竞进 Tao Jingjin · 郑佩佩 Zheng Peipei

投标方案一 propuesta de concurso 2 competition proposal 2

设计理念 CONCEPTO DEL PROYECTO DESIGN CONCEPT 营城 CIUDAD BRILLANTEMENTE ILUMINADA BRILLIANTLY ILLUMINATED CITY

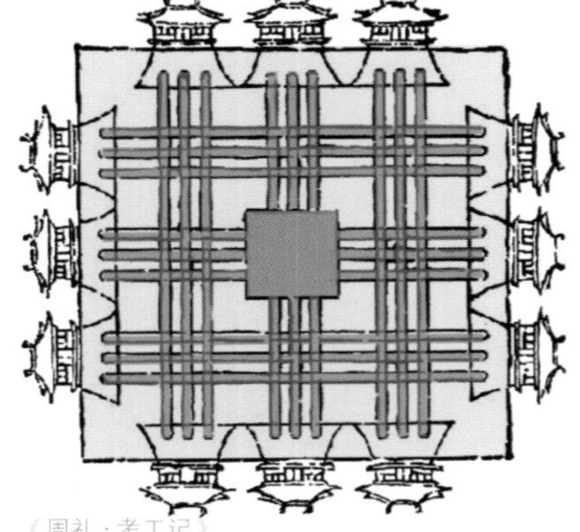

《周礼·考工记》
LOS RITOS DE ZHOU, DE LAS CEREMONIAS
THE RITES OF ZHOU · RECORDS OF TRADES

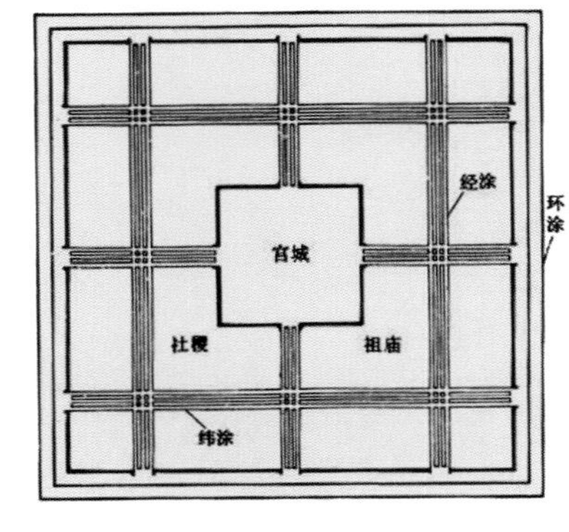

皇城分析图
ANÁLISIS DIAGRAMÁTICO DE LA CIUDAD IMPERIAL
ANALYTICAL DIAGRAM OF THE IMPERIAL CITY

尊
ZUN
ZUN

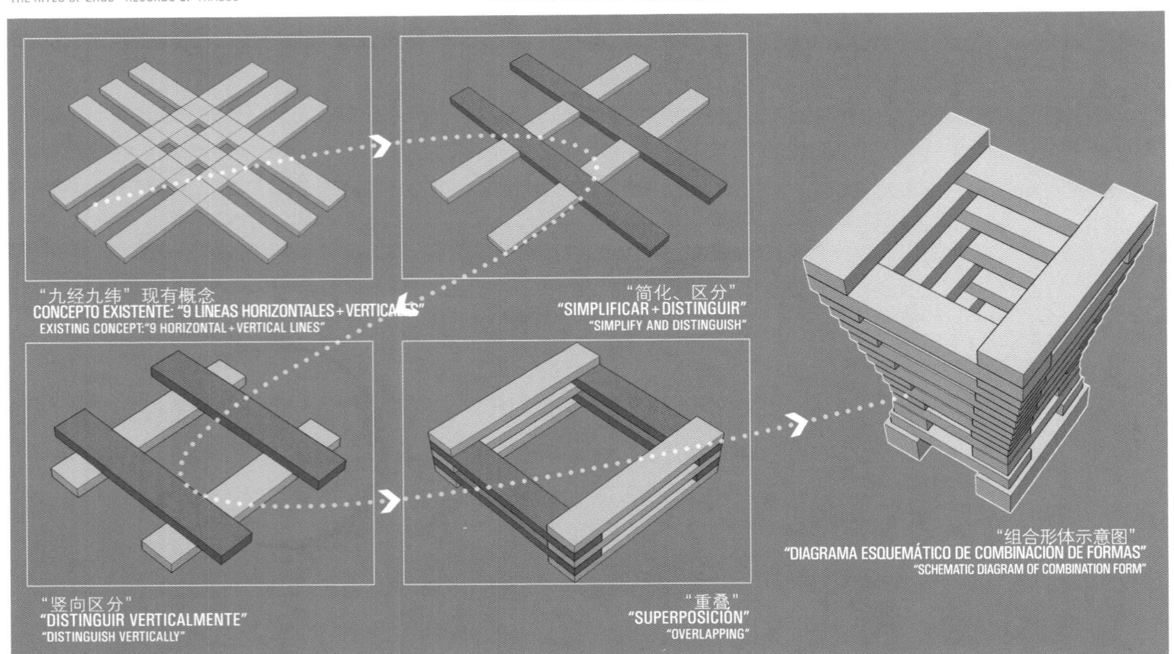

1、“灯火营城”

《周礼·考工记》中曾提出城市的理想形态："匠人营国，方九里，旁三门。国中九经九纬……"，"方九里"中的方正布局能够彰显建筑的尊贵与典雅，"九经九纬"诠释了怎样运用水平交通均匀地将各功能空间联系起来。

2、“东方至尊”

"尊"代表了中国古代最高等级的青铜礼器，其外形上下宽，中间窄，有着圆润而又有力度的曲线形态。其上宽的形态使建筑获得更多良好江景视线的建筑面积，下宽形态可满足大量的调度、信息机房的需求。

1. Ciudad brillantemente iluminada"

Ritos de Zhou o de las Ceremonias propuso una forma ideal para el planeamiento urbano: "El arquitecto plantea una ciudad de forma cuadrada con una circunferencia, con tres puertas en cada lado y con nueve líneas horizontales y verticales separadas de igual forma...". La distribución de cuatro lados dentro de la "circunferencia de li-9" ha demostrado ampliamente el prestigio y aspectos elegantes de un edificio; y las "nueve líneas horizontales y verticales" implican la interconexión de varios espacios funcionales a través de cruces de niveles.

2. "Supremacía Orental"

El "zun", considerado como una vasija de bronce sagrada de la China ancestral, conforma las partes alta, baja y medias con curvas completas y rígidas. La parte alta ancha del edificio maximiza las espléndidas vistas del río, y las formas inferiores satisfacen la demanda de cuartos de programación y máquinas.

1. "Brilliantly Illuminated City"

The Rites of Zhou · Records of Trades proposed an ideal form for urban planning: "The architect plans a square-shaped city within a circumference li-9, with three doors for each side, and with nine horizontal and vertical lines equally spaced...". The foursquare layout indicated in the "circumference of li-9" has amply demonstrated the prestigious and elegant aspects of a building; and the "nine horizontal lines and nine vertical lines" implies the interconnection of various functional spaces through level crossing.

2. "Oriental Supremacy"

The "zun", regarded as a top-drawer bronze sacrificial vessel in ancient China shapes the top and bottom parts and narrow middle part, with full and strong curves. The wide top of the building maximizes the splendid river-view building areas, and the lower shape can satisfy the huge demands of scheduling and machine rooms.

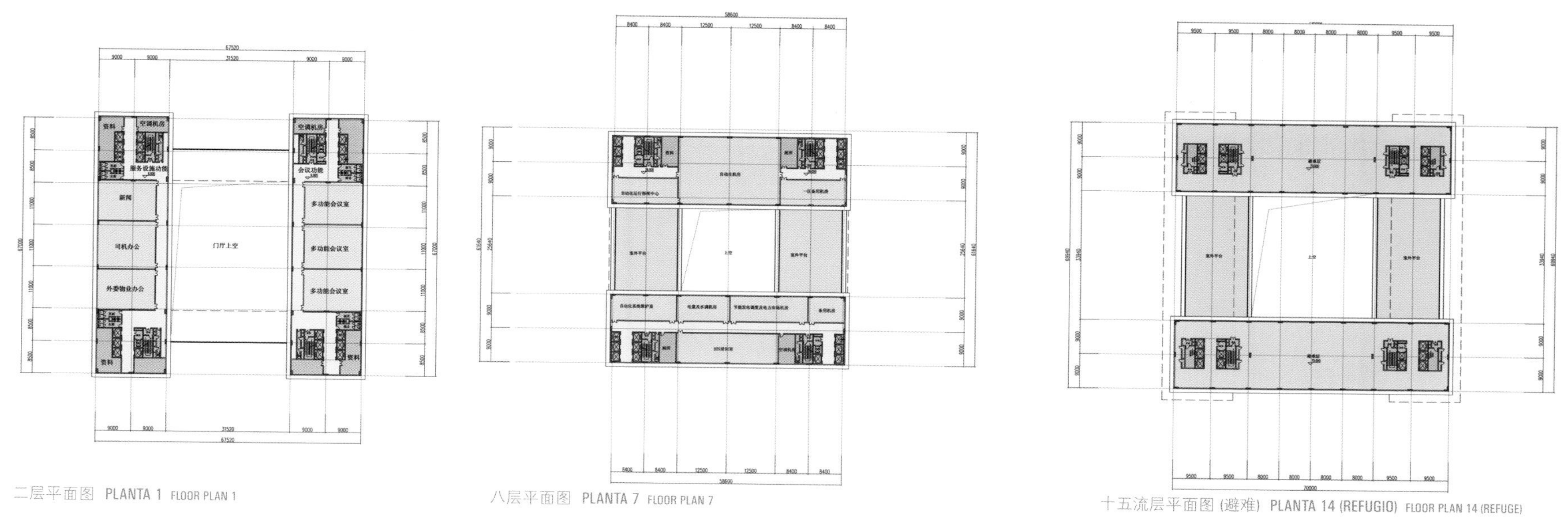

二层平面图 PLANTA 1 FLOOR PLAN 1

八层平面图 PLANTA 7 FLOOR PLAN 7

十五流层平面图 (避难) PLANTA 14 (REFUGIO) FLOOR PLAN 14 (REFUGE)

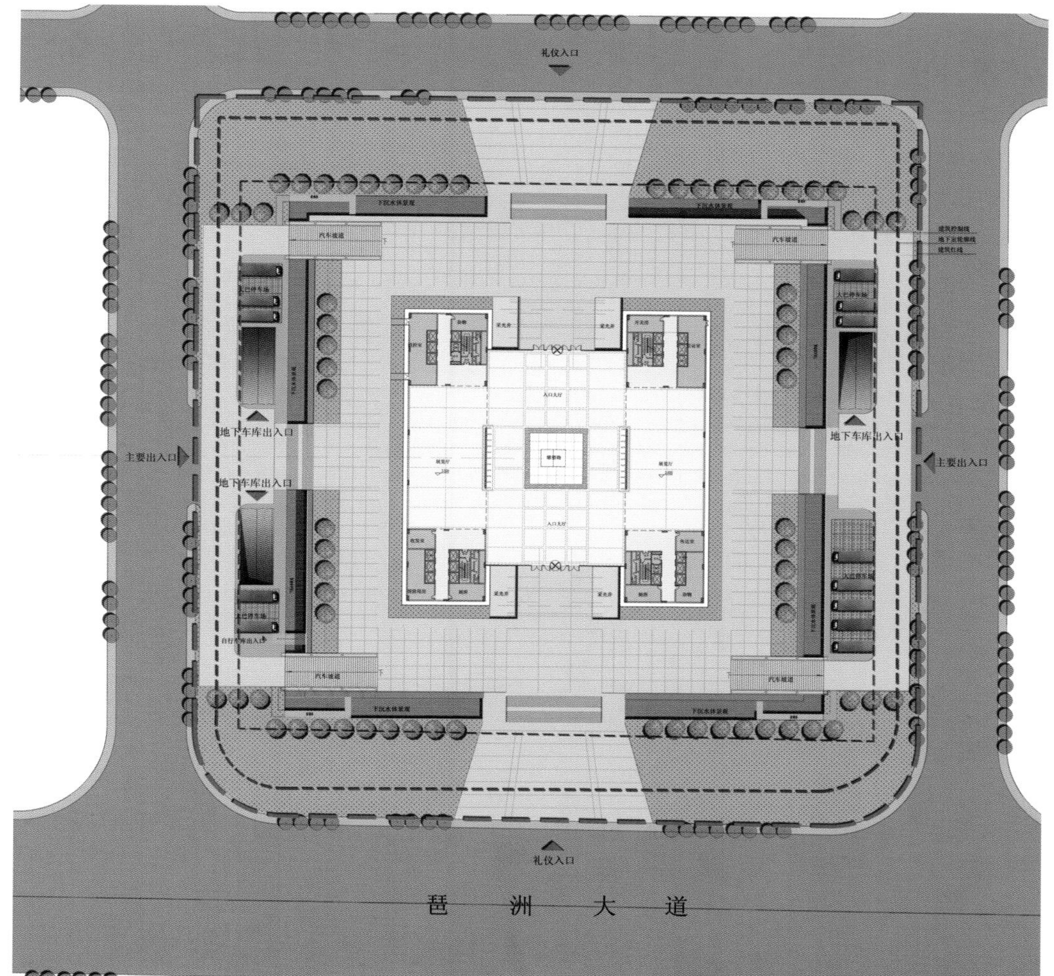

底层平面图 PLANTA BAJA GROUND FLOOR PLAN

餐厅夹层平面图
ENTREPLANTA · RESTAURANTE
MEZZANINE · RESTAURANT

自行车夹层平面图
ENTREPLANTA · APARCAMIENTO DE BICICLETAS
MEZZANINE · BICYCLE PARKING

地下一层平面图 PLANTA SÓTANO -1 UNDERGROUND FLOOR PLAN -1

剖面图 SECCIÓN SECTION

德清联合国全球地理信息管理论坛永久性会址·湖州

Residencia Principal del Foro de Información Global Geoespacial de Las Naciones Unidas en Deqing · Huzhou
Permanent Address for Forum on United Nations Global Geospatial Information Management in Deqing · China

吴震陵 Wu Zhenling · 陈冰 Chen Bing · 章嘉琛 Zhang Jiachen

方案设计 propuesta design proposal

击云破晓 凤舞九天

RUPTURA A TRAVÉS DE LAS NUBES, Y LOS FENIX BAILAN EN EL CIELO
BREAK THROUGH THE CLOUDS, AND THE PHOENIXES DANCE IN THE SKY

云的意向 INTENCIÓN DE LAS NUBES INTENTION OF THE CLOUDS

凤的意向 INTENCIÓN DE LOS FÉNIX INTENTION OF THE PHOENIXES

建筑静卧于人工湖中，四周环绕静谧的水面，与周边的湖水浑然一体，犹如一朵漂浮在空中的祥云。建筑表皮以镂空的金属云彩花纹纵横交织，光线能够透过表皮渗透到室内，使得室内光影斑驳，大气精致，呈现出“梦幻般”的室内效果。

Felizmente apoyado sobre el lago artificial, se funde cuidadosamente con el agua del lago como una nube suspendida en el aire. La fachada del edificio se compone de patrones de metal perforado entremezclados horizontal y verticalmente, creando dispersas sombras en el espacio interior – una imagen que parece un sueño.

Lying peacefully on the artificial lake, it seamlessly blends into the lake water as an auspicious cloud suspended above the air. The building façade is made of vertical and horizontal interweaving patterns of decorative hollowed-out metal, so that the light can penetrate the skin into the indoor space, splashing dappled shadows on the indoor space - a "dreamlike" image.

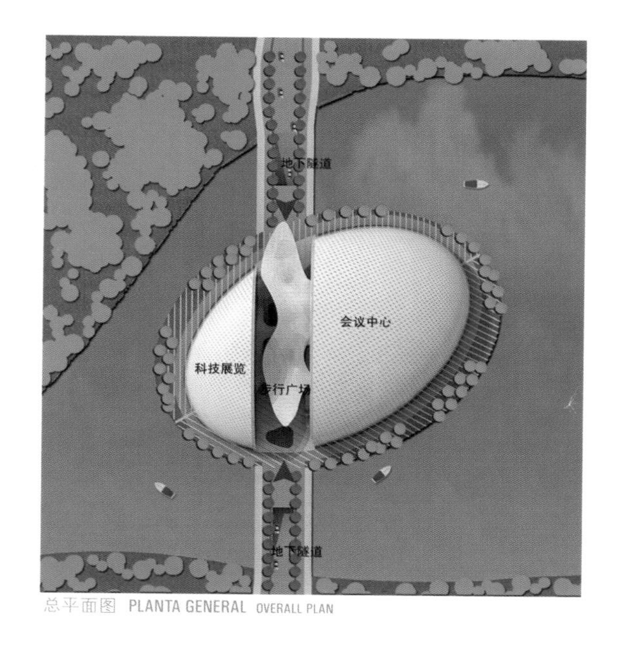

总平面图 PLANTA GENERAL OVERALL PLAN

击云破晓，凤舞九天
EL FÉNIX ROMPE A TRAVÉS DE LAS NUBES Y BAILA EN EL CIELO
PHENIX BREAKS THROUGH THE CLOUDS AND DANCES IN THE SKY

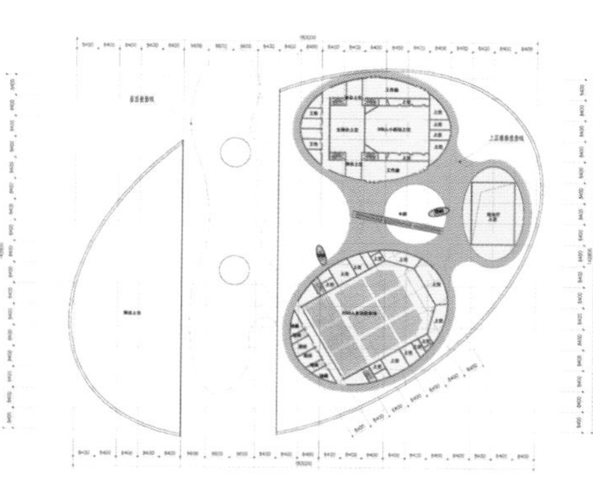

三层平面图 PLANTA SEGUNDA SECOND FLOOR PLAN

地下层平面图 PLANTA SÓTANO UNDERGROUND FLOOR PLAN

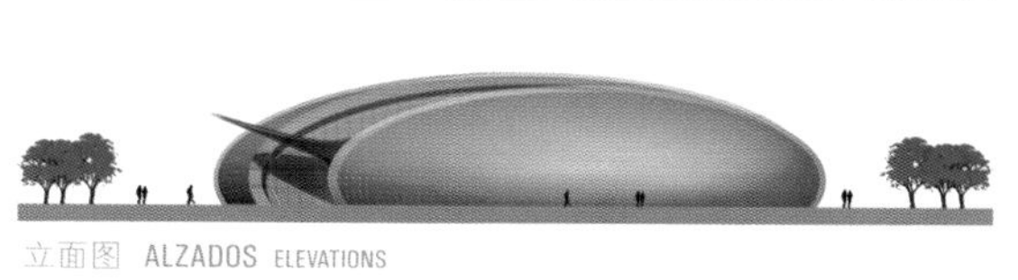

立面图 ALZADOS ELEVATIONS

二层平面图 PRIMERA PLANTA FIRST FLOOR PLAN

底层平面图 PLANTA BAJA GROUND FLOOR PLAN

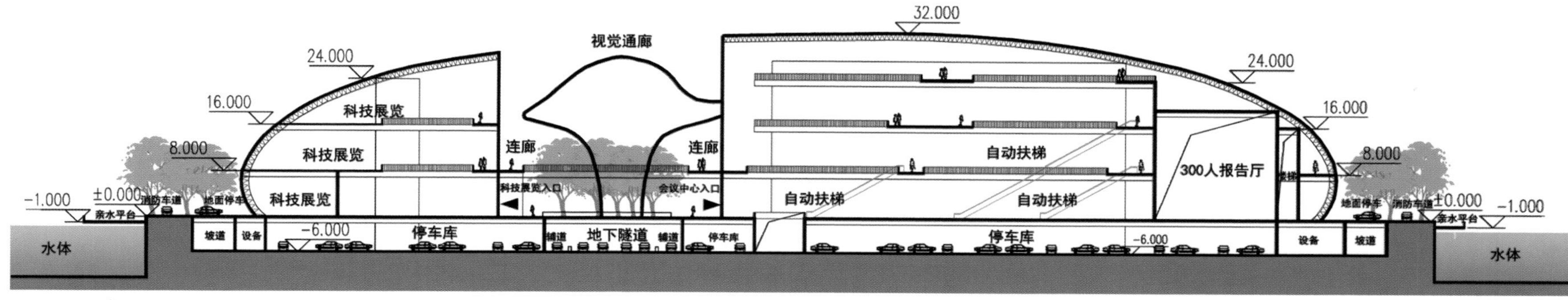

剖面图 SECCIÓN SECTION

南通市通州区城市展览馆·江苏

Pabellón Municipal de Exposiciones en el Distrito de Tongzhou · Jiangsu
Nantong Municipal Exhibition Pavilion in Tongzhou District · China

张永青 Zhang Yongqing · 马迪 Ma Di · 金鑫 Jin Xin

方案设计 propuesta design proposal

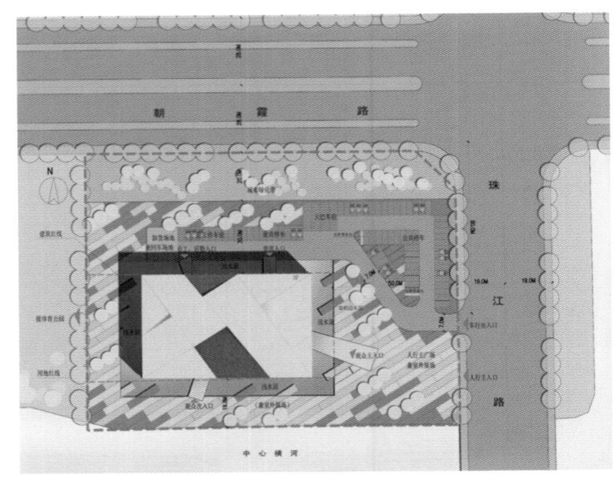

总平面图 PLANTA GENERAL OVERALL PLAN

立意 CONCEPCIÓN CONCEPTION

城市——本身就是各种生活元素动态交织的过程
URBANO – INVOLUCRA UNA CONEXIÓN DINÁMICA DE VARIOS ELEMENTOS VIVOS
URBAN – INVOLVES DYNAMIC WEAVING OF VARIOUS LIVING ELEMENTS
通州——被誉为“中国纺织名城”
DISTRITO TONGZHOU – PREMIADO COMO UN FAMOSO DISTRITO ARQUITECTÓNICO DE CHINA
TONGZHOU DISTRICT – BE HONORED AS FAMOUS ARCHITECTURAL DEVELOPMENT DISTRICT OF CHINA
城市展览馆——展现城市文脉成就，编织城市发展梦想
PABELLÓN URBANO –EXPONE EL CONTEXTO URBANO Y TEJE LOS SUEÑOS DEL DESARROLLO URBANO
URBAN PAVILION – EXHIBITS URBAN CONTEXT AND WEAVES THE DREAM OF URBAN DEVELOPMENT

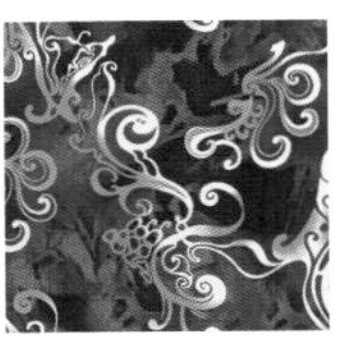

印花布 ESTAMPADO CALICO

1. 编织城市、编织梦想：

通州被誉为“中国纺织名城”，这使得“编织”这个灵感跃然浮现于案台。我们尝试将“编织”演变成一种立面设计手段，发现她整体统一而又充满趣味。

2. “印花布”：

享誉全国的通州“蓝印花布”已成为国家级非物质文化遗产。方案将这一城市特色融入立面设计之中，通过印蚀或者投影在局部立面形成图案肌理。

3. 城市礼盒：

与其说是城市展览馆，更可以把她称作城市送给市民的礼盒。里面不仅仅承载着城市的文脉与成就，更描绘着通州市民的梦想和城市发展的蓝图。

4. 水中方舟

盐文化与运河文化贯穿了通州城市的发展史。

因此，方案环绕建筑设置浅水面，使城市展览馆看似从水中升起的方舟，以建筑语言隐喻着通州历史的由来。

1. Tejer la ciudad y el sueño:
Tongzhou, conocida como una “famosa ciudad textil de China”, trae al frente la inspiración del “tejido”. Nos esforzamos por transformar el “tejido” en un método para diseñar la fachada para descubrir su integridad y aspectos interesantes.
2. “Estampado”:
El “trapo blanco con diseños en color azul”, muy famoso en China, ha sido incluido en la Lista de Patrimonio Cultural Intagible de China; este esquema trata de integrar este tema a la fachada convirtiéndose en una textura a través de la impresión o proyección.
3. Caja Urbana:
No es tanto un pabellón municipal de exposiciones como una caja de regalo para los ciudadanos de Tongzhou. Potencia la historia cultural y los logros de la ciudad, y más aun, determina los sueños de los ciudadanos y huella para el desarrollo urbano.
4. Arca en el Agua:
Por tanto, el esquema plantea una lámina de agua alrededor del edificio para demostrar figuradamente el pabellón expositivo como un arca que emerge del agua a través del lenguaje de la arquitectura.

1. To weave the city and the dream:
Tongzhou, known as a “famous textile city in China”, brings alive the inspiration of “weaving”. We endeavor to transform “weaving” into a method to design the façade to discover its integrity and interesting aspects.
2. “Calico”:
The “blue cloth with design in white”, famous far and wide in China, has been included in the Intangible Cultural Heritage List in China; this scheme aims to integrate this feature into the façade design by becoming a pattern texture through printing or projection.
3. City Box:
It is not so much a municipal exhibition pavilion as a gift box for the citizens of Tongzhou. It carries forward the cultural history and achievements of the city, and, to a greater extent, points the way towards the dreams of the citizens and blueprint for the urban development.
4. Ark in Water:
The culture of salt and canal has always been part of the development history of Tongzhou.
Thus, the scheme plans a shallow pool of water around the building to figuratively demonstrate the exhibition pavilion as an ark rising from the water through the language of architecture.

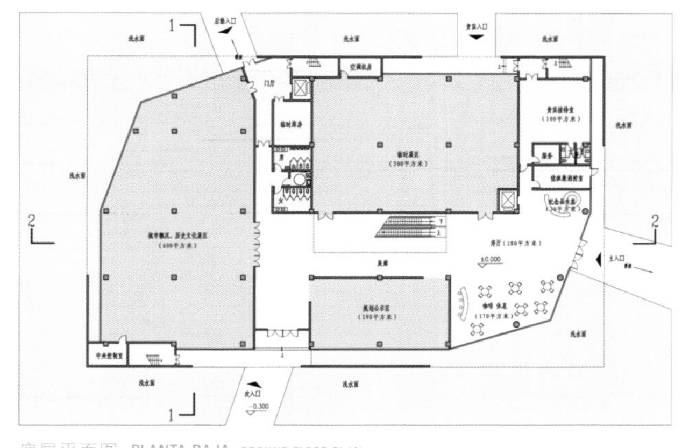

底层平面图 PLANTA BAJA GROUND FLOOR PLAN

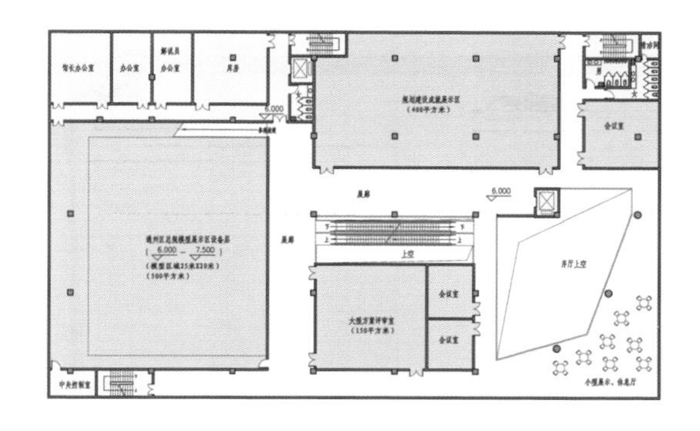

二层平面图 PLANTA PRIMERA FIRST FLOOR PLAN

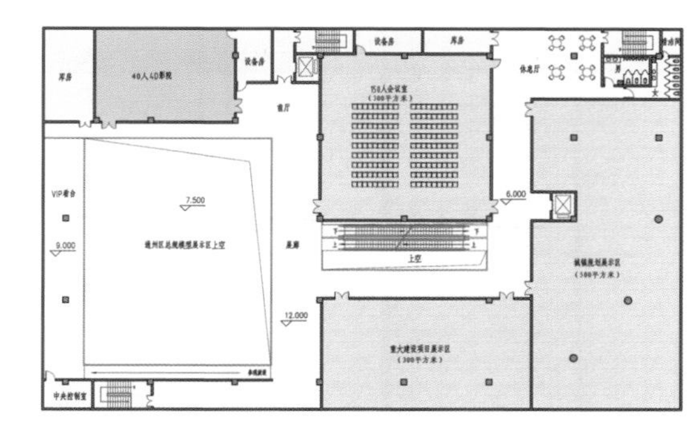

三层平面图 PLANTA SEGUNDA SECOND FLOOR PLAN

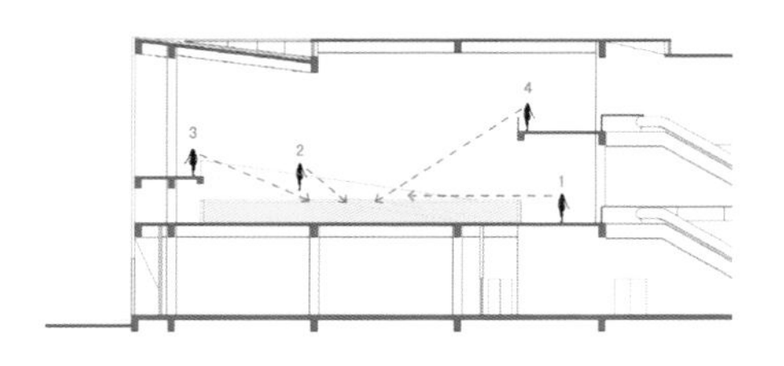

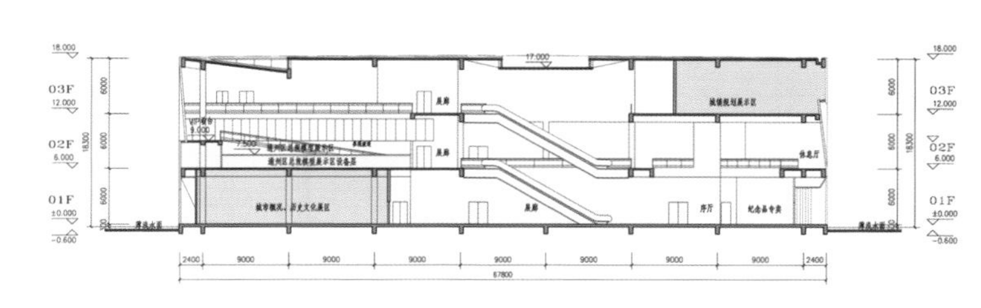

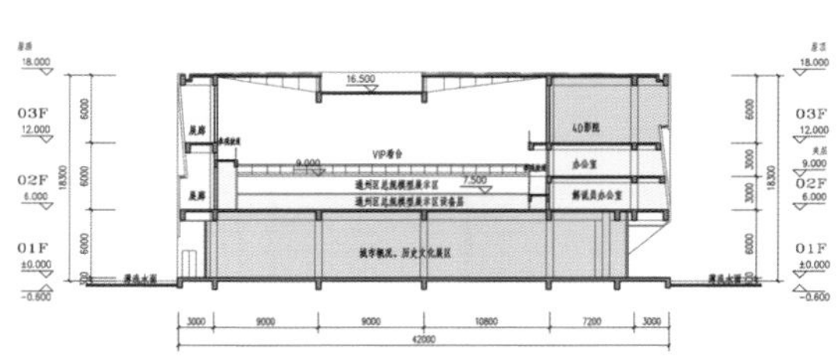

剖面图 SECCIONES SECTIONS

多媒体投影墙
MURO DE PROYECCIÓN MULTIMEDIA
MULTIMEDIA PROJECTION WALL

三层俯视看台
GRADA SUPERIOR DE LA TERCERA PLANTA
THIRD FLOOR OVERHEAD STAND

VIP看台
STAND VIP
VIP STAND

参观坡道
RAMPA DE VISITAS
VISITING RAMP

自动扶梯
ESCALERA MECÁNICA
ESCALATOR

参观坡道
RAMPA DE VISITAS
VISITING RAMP

三层展廊
GALERÍA DE LA TERCERA PLANTA
THIRD FLOOR GALLERY

二层展廊
GALERÍA DE LA SEGUNDA PLANTA
SECOND FLOOR GALLERY

总规模型参观流线设计
DISEÑO DE LA RUTA PARA VISITAR LA MAQUETA DEL PLAN DIRECTOR
MASTER PLAN MODEL VISITING ROUTE DESIGN

Parque Olímpico de Deportes en Wuhu (Fase II) · Anhui
Olympic Sports Park in Wuhu (Phase II) · China

鲁丹 Lu Dan · 张燕 Zhang Yan · 冯小辉 Feng Xiaohui · 袁洁梅 Yuan Jiemei · 章慕悫 Zhang Muque

方案设计 propuesta design proposal

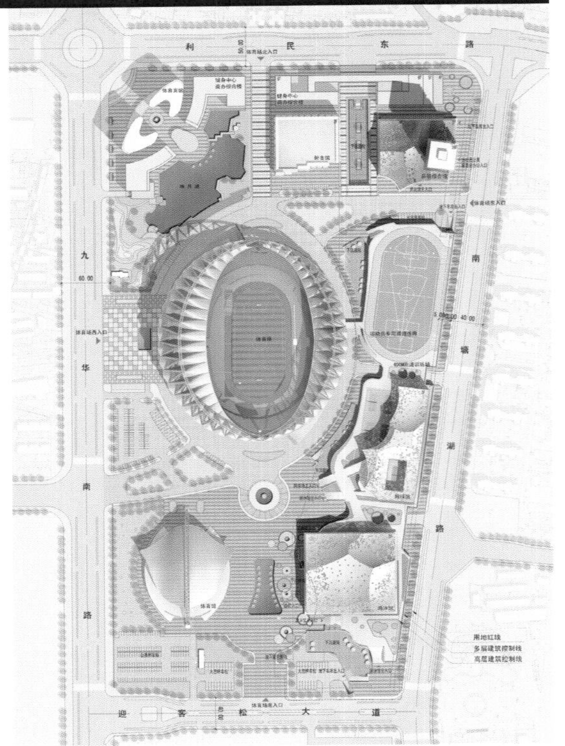

总平面图 PLANTA GENERAL OVERALL PLAN

设计将二期三个场馆围绕主体育场灵活布置，既有较好的围合关系，又有相互通透的对应空间，把几个较大的建筑体量处理得新颖而又富有韵律感，连绵起伏、自由飘逸，极好地呼应了基地的环境特点。设计恰似一只只翩翩起舞的精灵，晶莹剔透，在基地中营造出欢快的气氛。三个主要场馆形体上有所区分而不失关联。三个场馆如同三个优美的音符，跳动在整个奥体公园之中。

El proyecto tiene una disposición flexible en la segunda fase de sus tres sedes que rodean el estadio, un resultado que promueve un mejor cerramiento y conexiones mutuas; el tratamiento de las masas relativamente grandes presenta la sensación de una imagen rítmica con formas ondulantes y fluidas, que responden a la topografía. Es una escena de elfos de vidrio que bailan en el cielo. Las tres sedes son distintas pero están interconectadas. Son simplemente placenteras notas musicales dentro del parque olímpico deportivo.

The design achieves a flexible arrangement of the three 2nd-phase venues around the main stadium, a result which promotes a better enclosure structure and mutual connections; the treatment of the several relatively large building masses presents a sense of a rhythmical image with undulating and flowing features, which respond to the topography. It is a scene of a series of crystal clear elfins dancing in the sky. The three main venues are different yet interconnected. They are just like pleasing musical notes pulsating in the Olympic Sports Park.

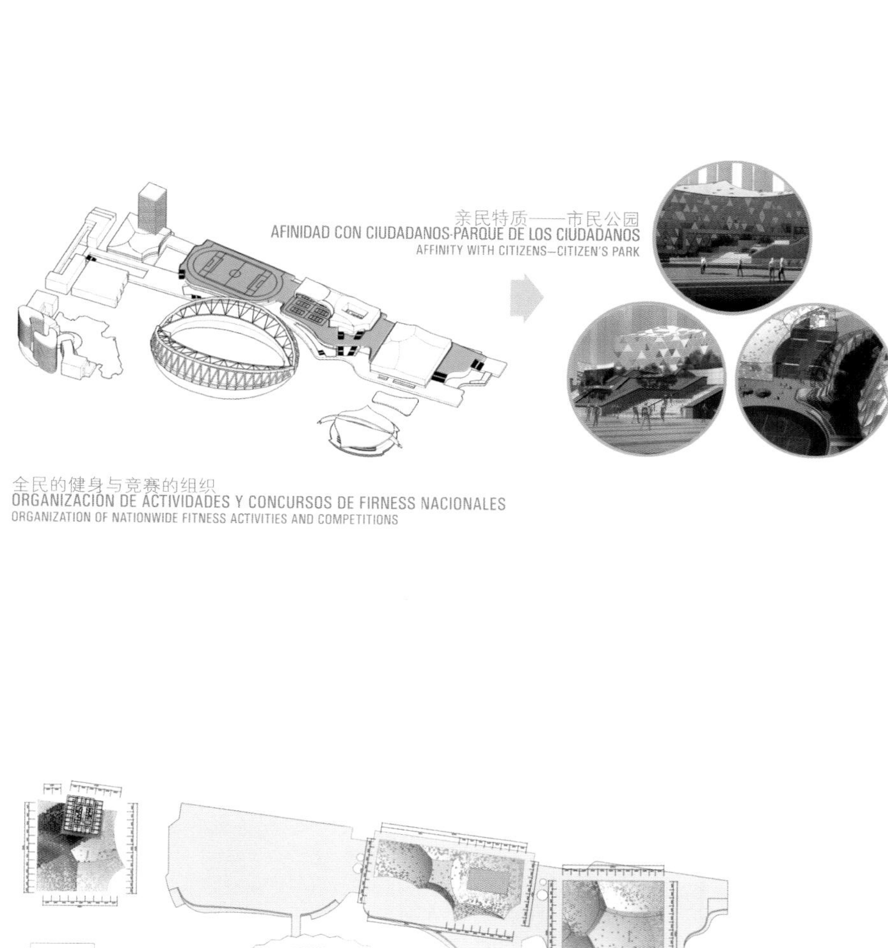

全民的健身与竞赛的组织
ORGANIZACIÓN DE ACTIVIDADES Y CONCURSOS DE FIRNESS NACIONALES
ORGANIZATION OF NATIONWIDE FITNESS ACTIVITIES AND COMPETITIONS

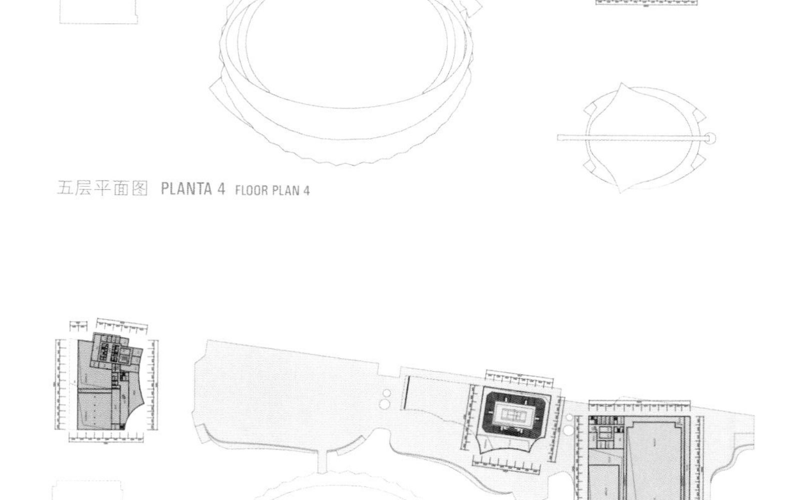

五层平面图 PLANTA 4 FLOOR PLAN 4

四层平面图 PLANTA 3 FLOOR PLAN 3

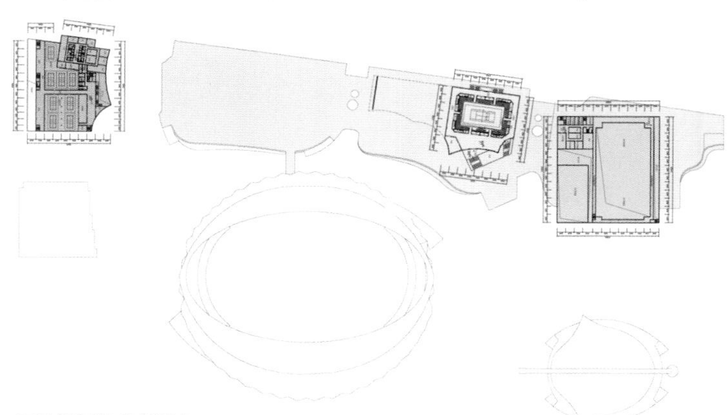

三层平面图 PLANTA 2 FLOOR PLAN 2

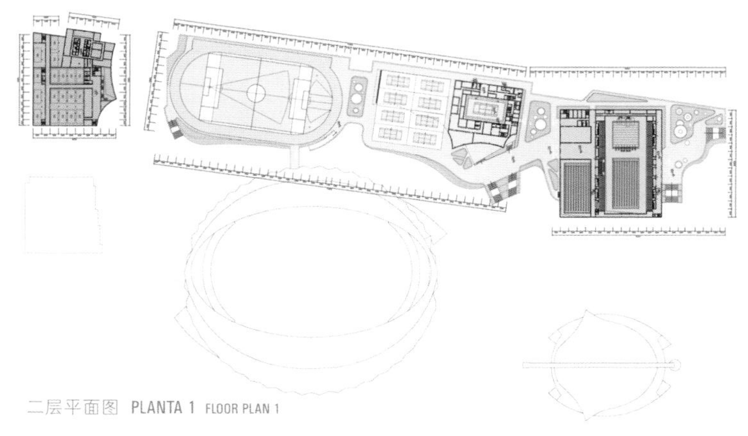

二层平面图 PLANTA 1 FLOOR PLAN 1

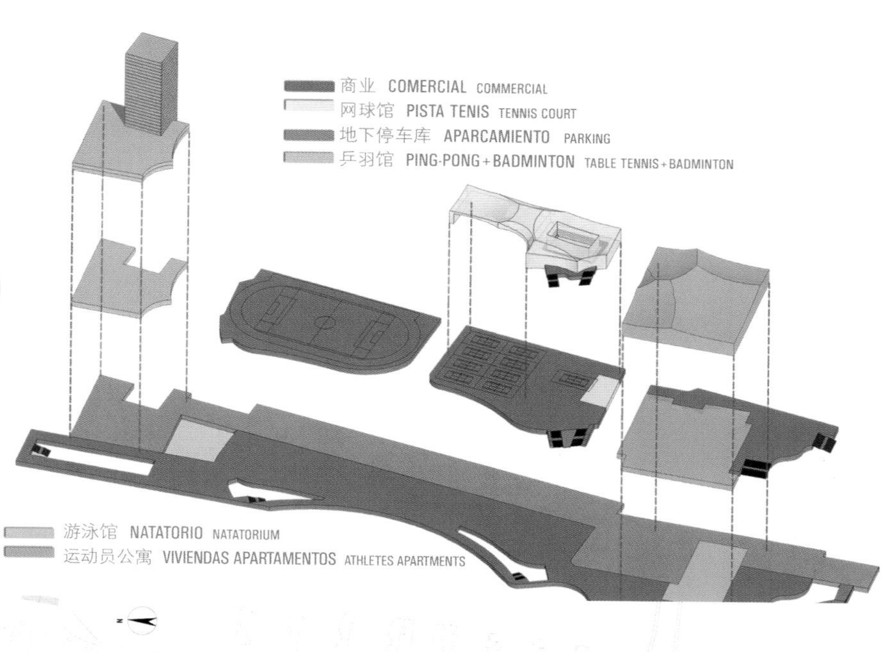

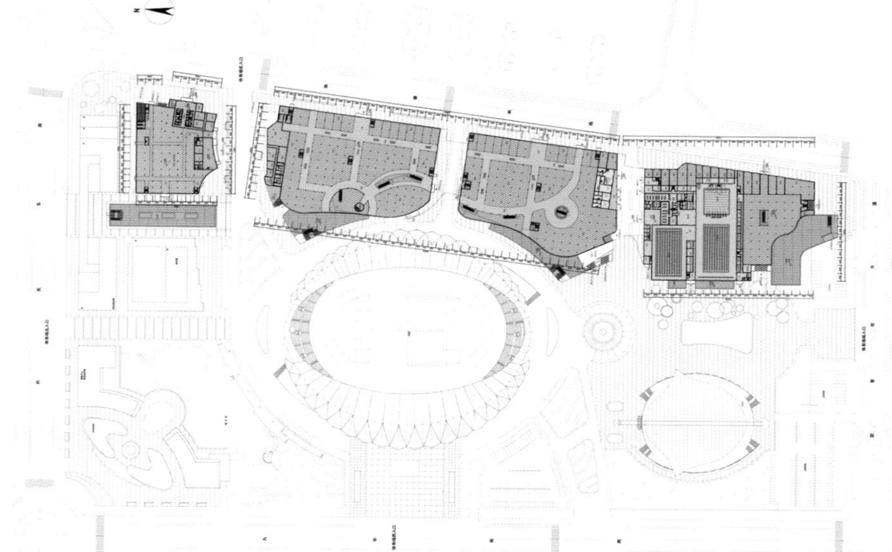

底层平面图 PLANTA BAJA GROUND FLOOR PLAN

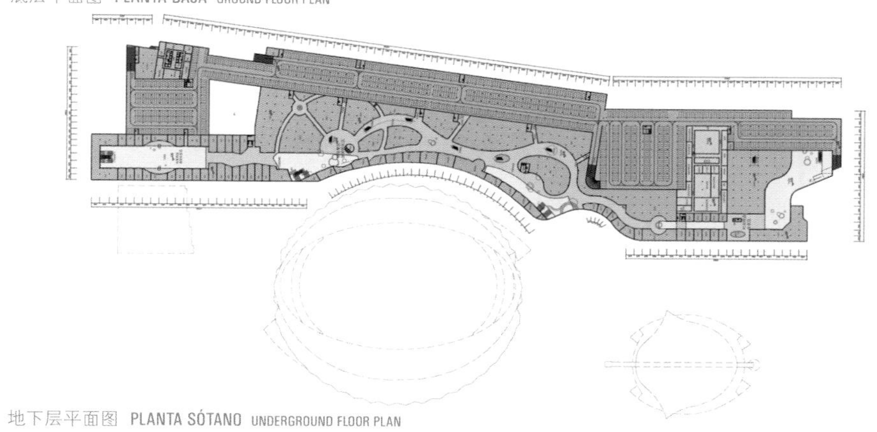

地下层平面图 PLANTA SÓTANO UNDERGROUND FLOOR PLAN

立面图 ALZADOS ELEVATIONS

苏州市吴中区市民文化广场·江苏

Plaza Cultural para Los Ciudadanos de Suzhou en el Distrito de Wuzhong · Jiangsu
Suzhou Culture Square for Citizens in Wuzhong District · China

曾勤 Zeng Qin · 彭怡芬 Peng Yifen · 吉喆 Ji Zhe · 王嵩 Wang Song

概念设计方案 propuesta conceptual conceptual design proposal

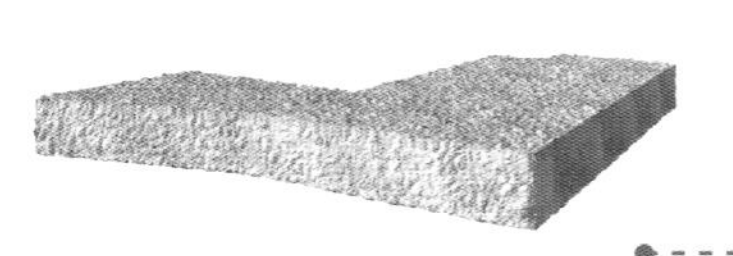

基地 BASE BASE

形体升起 FORMAS EMERGENTES RISING SHAPES

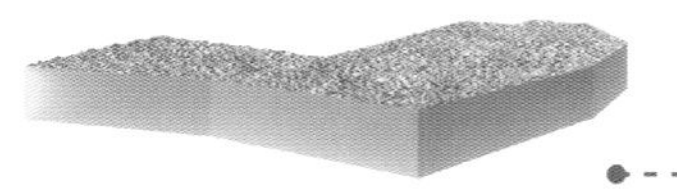

城市 CIUDAD CITY

优化面向城市界面 OPTIMIZAR EL INTERFAZ PARA LA CIUDAD OPTIMIZING THE INTERFACE TO THE CITY

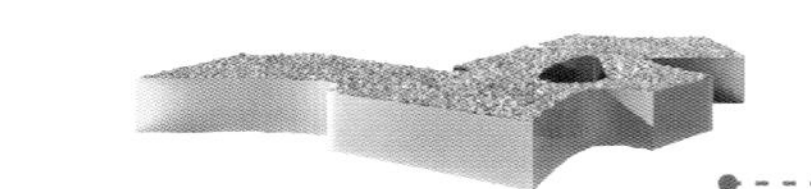

广场 PLAZA PLAZA

创造广场与中庭 CREANDO LA PLAZA Y EL PATIO CREATING SQUARE AND COURTYARD

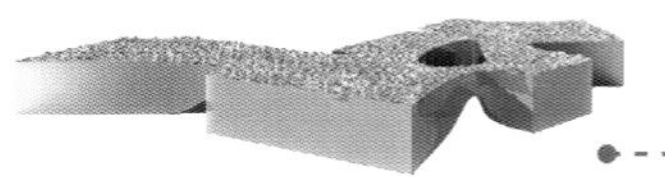

街道 CALLE STREET

创造街巷空间 CREANDO LA CALLE Y EL CALLEJÓN CREATING STREET AND ALLEY SPACE

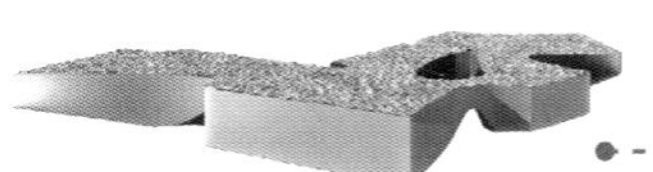

室内 INTERIOR INTERIOR

创造室内体验空间 CREANDO UN ESPACIO INTERIOR DE EXPERIMENTACIÓN CREATING INDOOR EXPERIENCE SPACE

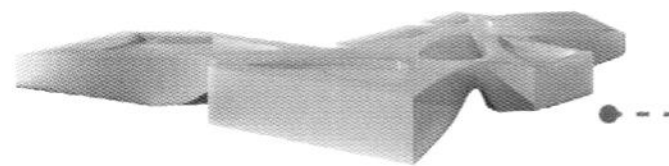

屋面 CUBIERTA ROOF

创造屋面绿化广场 CREANDO CUBIERTA-PLAZA VERDE CREATING ROOF-TOP GREEN SQUARE

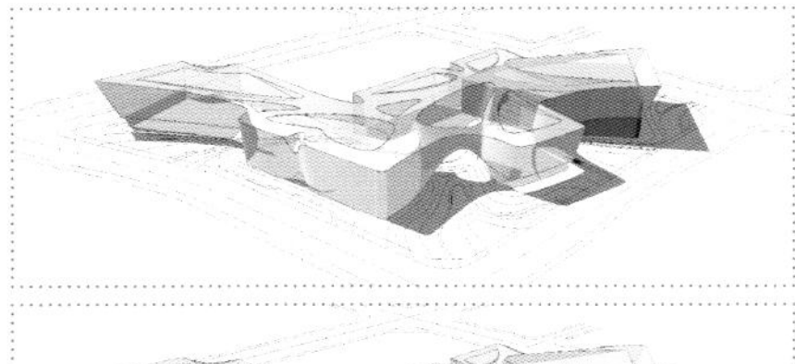

大剧院&会议中心 TEATRO+CENTRO CONFERENCIAS THEATER+CONFERENCE CENTER

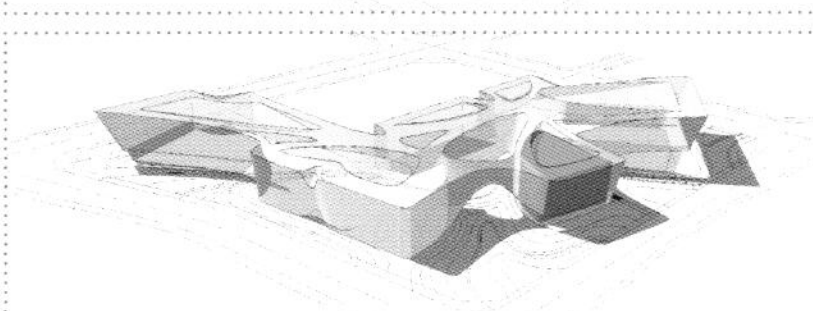

青少年活动中心 CENTRO JUVENIL YOUTH CENTER

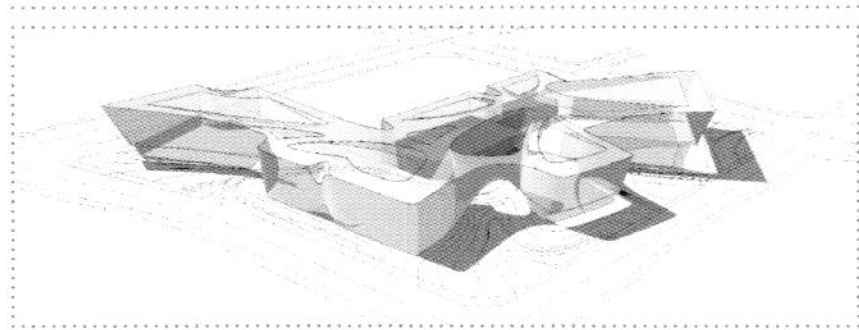

档案馆 ARCHIVOS ARCHIVES

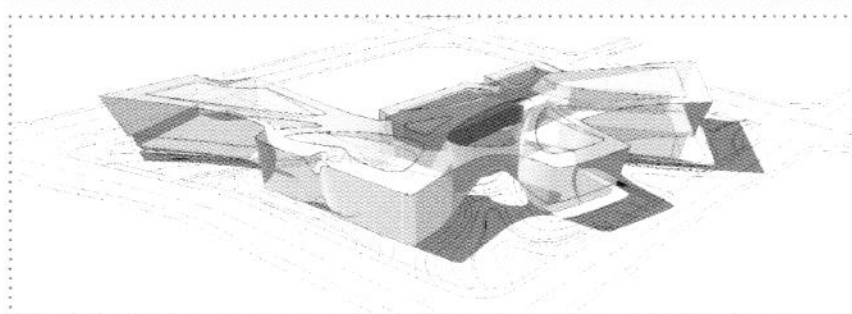

城建档案馆 ARCHIVOS DE CONSTRUCCIÓN CONSTRUCTION ARCHIVES

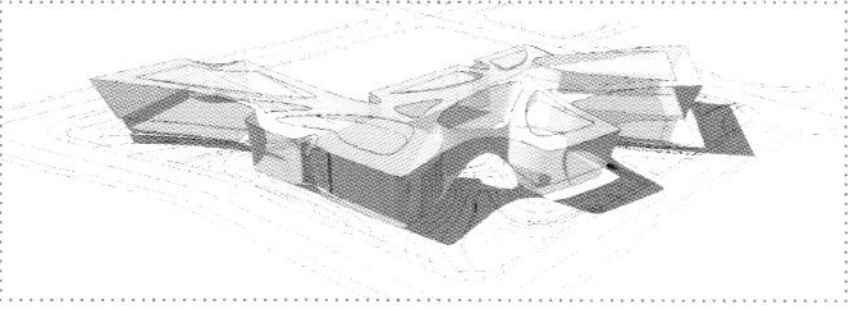

文化中心 CENTRO CULTURAL CULTURE CENTER

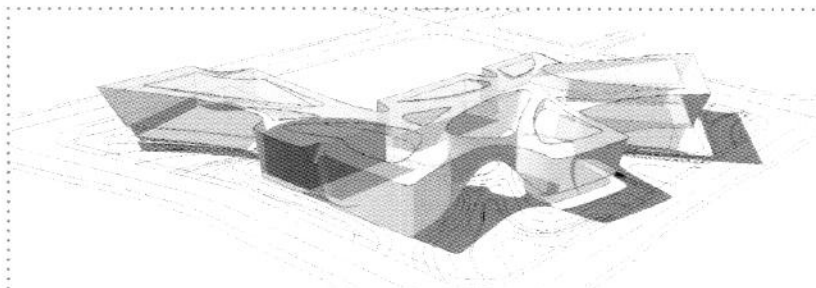

规划展示馆 EXPOSICIÓN DE PLANEAMIENTO PLANNING EXHIBITION

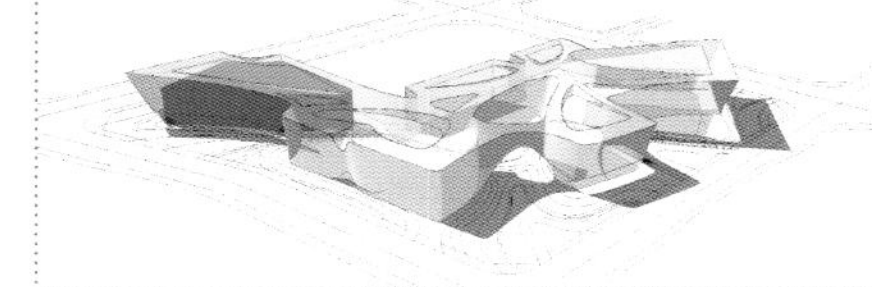

图书馆 BIBLIOTECA LIBRARY

总平面图 PLANO DIRECTO OVERALL PLAN

白墙黛瓦已属姑苏，太湖峻峰当归吴中。文化广场建筑群恰如一枚未经雕琢的湖石，已在这里搁置了许久。自然物在不经意间将这枚宝物雕琢成了一幅动人的诗画。

Paredes de cal blanca y cubiertas de teja gris para Suzhou y picos puros del lago Taihu para Wuzhong. Los edificios de la plaza parecen piedras en bruto que se han asentado durante décadas. El mundo natural ha esculpido este tesoro como un poema de casualidad.

Whitewashed walls and grey tiled-roof are for Suzhou and sheer peaks of Taihu Lake for Wuzhong. The square buildings seem as uncut stones sitting quietly for ages. The natural world has carved this treasure into a poem in a moment of casualness.

四层平面图 PLANTA 3 FLOOR PLAN 3

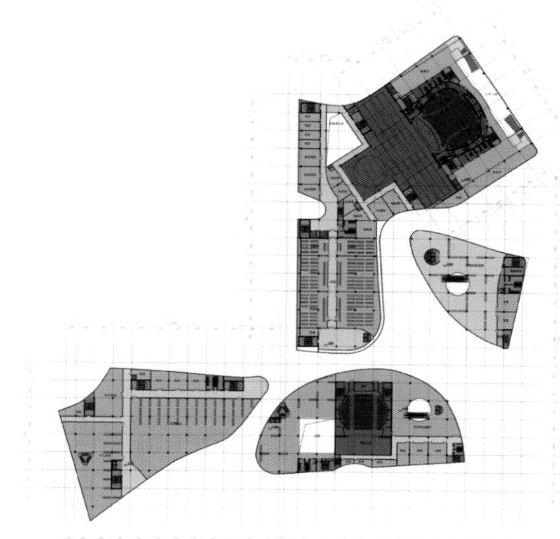

二层平面图 PLANTA 1 FLOOR PLAN 1

地下一层平面图 PLANTA SÓTANO 1 UNDERGROUND FLOOR PLAN 1

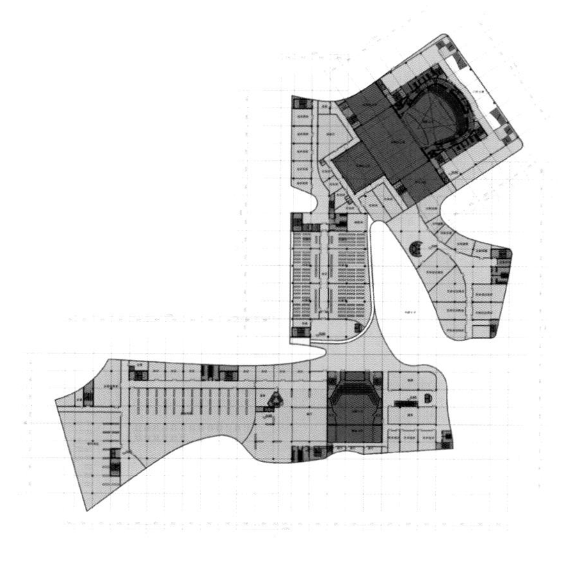

三层平面图 PLANTA 2 FLOOR PLAN 2

底层平面图 PLANTA BAJA GROUND FLOOR PLAN

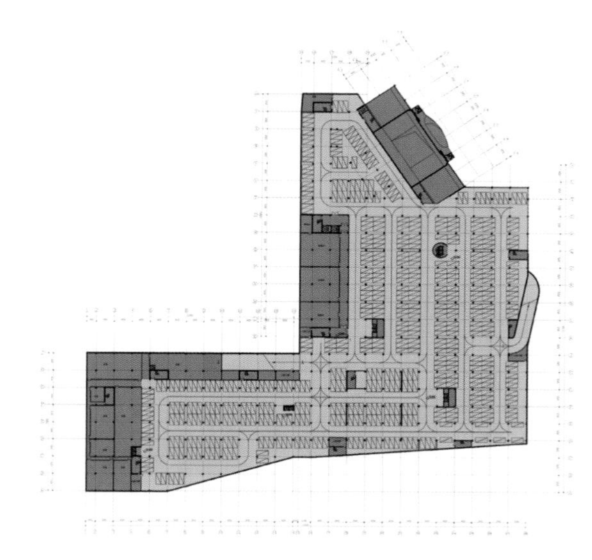

地下二层平面图 PLANTA SÓTANO 2 UNDERGROUND FLOOR PLAN 2

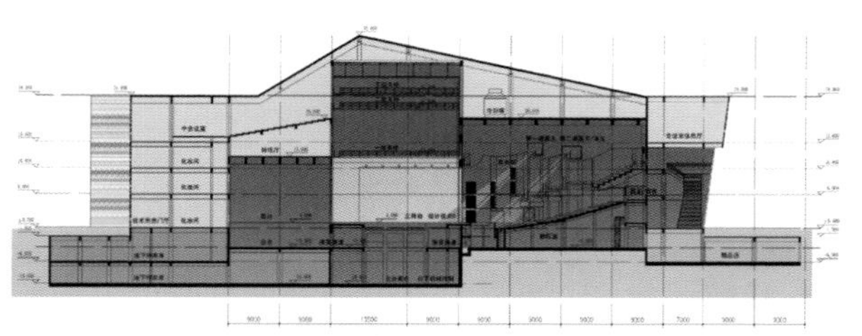

大剧院及会议中心剖面图 SECCIÓN · TEATRO + CENTRO CONFERENCIAS SECTION · THEATER + CONFERENCE CENTRE

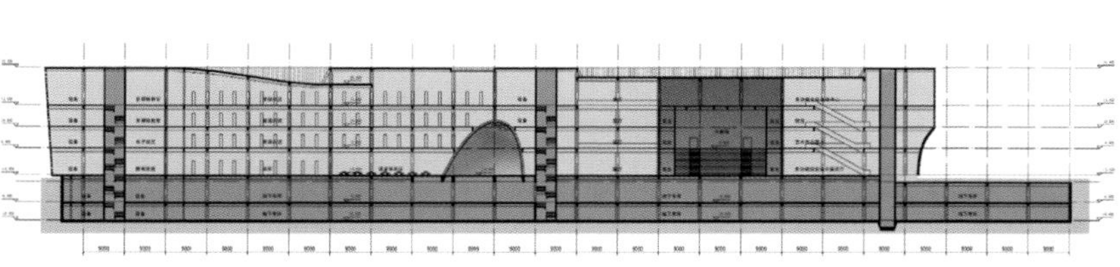

图书馆、规划展示馆及文化中心剖面图 SECCIÓN · BIBLIOTECA, EXPOSICIÓN DE PLANEAMIENTO + CENTRO CULTURAL SECTION · LIBRARY, PLANNING EXHIBITION + CULTURE CENTRE

西立面图 ALZADO OESTE WEST ELEVATION

南立面图 ALZADO SUR SOUTH ELEVATION

东立面图 ALZADO ESTE EAST ELEVATION

北立面图 ALZADO NORTE NORTH ELEVATION

淮安市淮阴大剧院·江苏

Gran Ópera Huai'an Huaiyin · Jiangsu
Huai'an Huaiyin Grand Opera · China

孙啸野 Sun Xiaoye · 王嵩 Wang Song

方案设计 propuesta design proposal

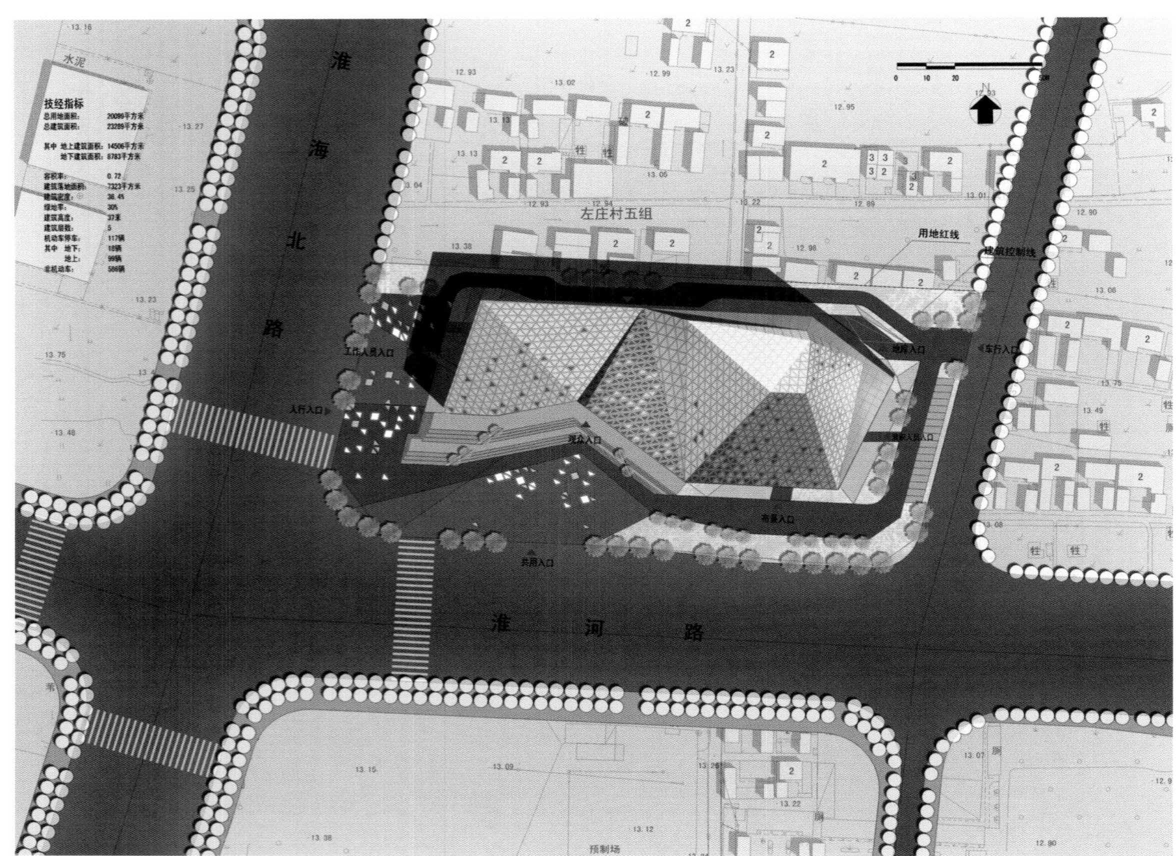

区块位置 PLANO DE SITUACIÓN SITE PLAN

我们通过类似“钻石切割”的形式操作，得到契合环境、符合功能、空间丰富的建筑形体。在此基础上，以“全息”概念将各面继续细分，形成无数三角形组成的精致表皮，通过采用金属、玻璃等不同材质，形成丰富、热烈且具有层次的建筑立面。晶莹剔透的玻璃表皮随机镶嵌在金色金属板中，将“金玉满堂”的剧院气氛从内部映射到外部。

Un edificio cuya forma es consistente con el entorno. El programa y espacios se conforman siguiendo el método de “corte del diamante”. El concepto de la “holografía” se subdivide para crear pieles triangulares que fomentan una fachada rica, viva y multicapa que utiliza diferentes materiales como el metal, vidrio etc. La piel de vidrio transparente y brillante se entremezcla con las placas metálicas doradas al azar, de manera que la atmósfera “dorada y de jade presente en el vestíbulo” de la Ópera se transporte hacia el exterior.

A building forms which is consistent with the environment. The program and spaces are shaped following the method of “diamond cutting”. “Holography” concept is subdivided to create triangular skins which promote a rich, lively and multi-level façade using different materials, such as metals, glass etc. The transparent and glittering glass skin interweaves into the golden metal plate randomly, so that the “gold and jade present in the hall” atmosphere of the Opera turns into outside.

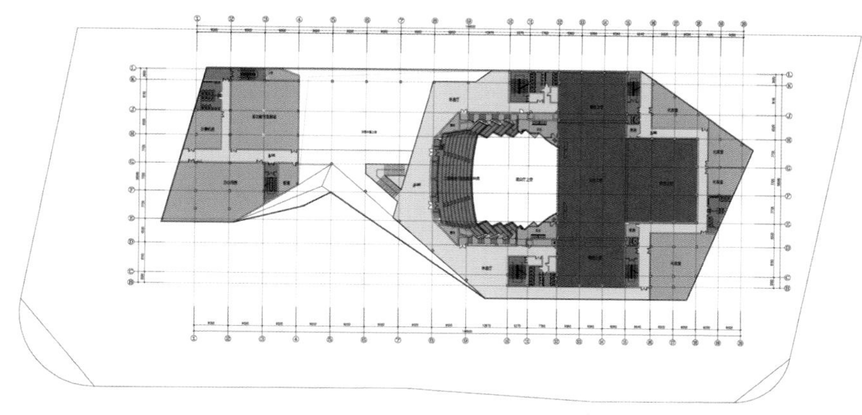

三层平面图 PLANTA SEGUNDA SECOND FLOOR PLAN

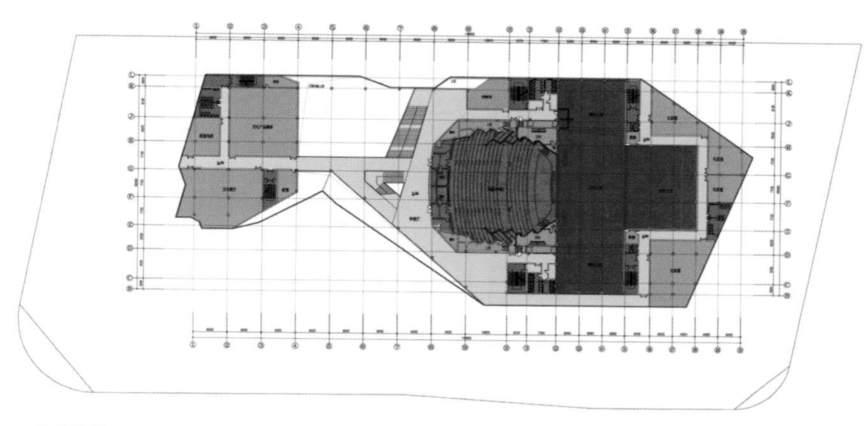

二层平面图 PLANTA PRIMERA FIRST FLOOR PLAN

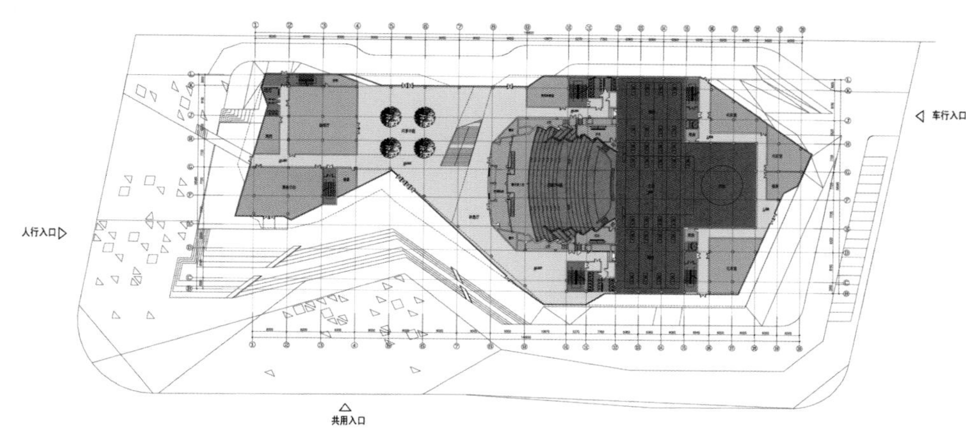

底层平面图 PLANTA BAJA GROUND FLOOR PLAN

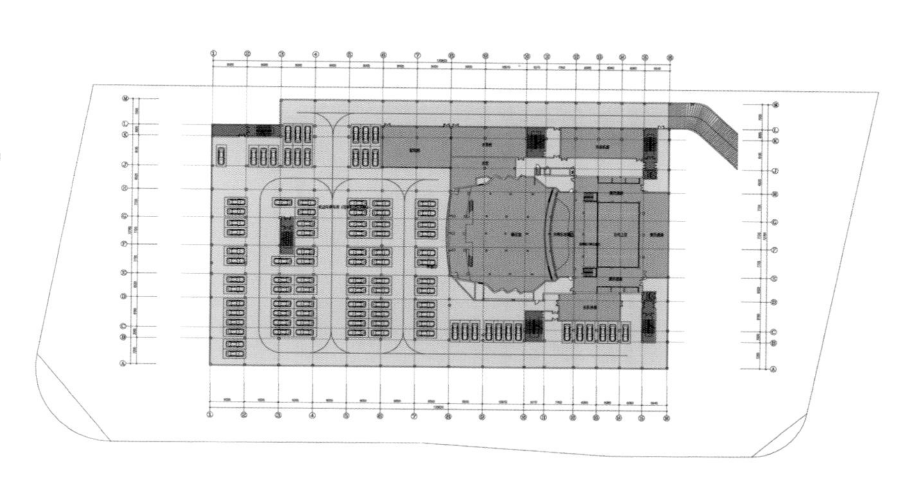

地下层平面图 PLANTA SÓTANO UNDERGROUND FLOOR PLAN

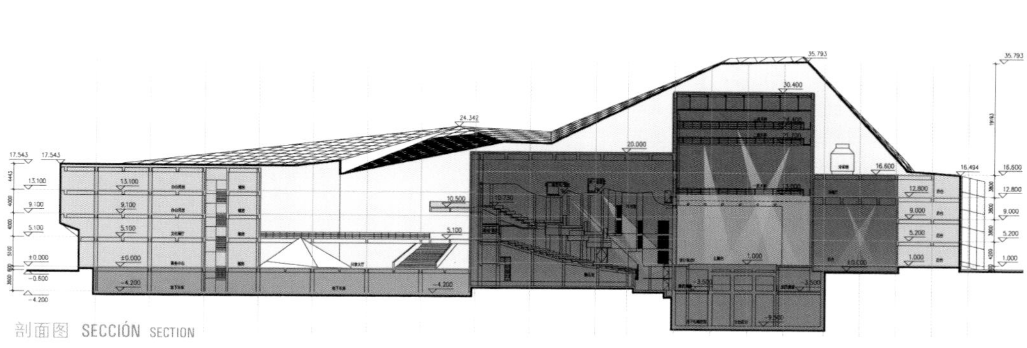

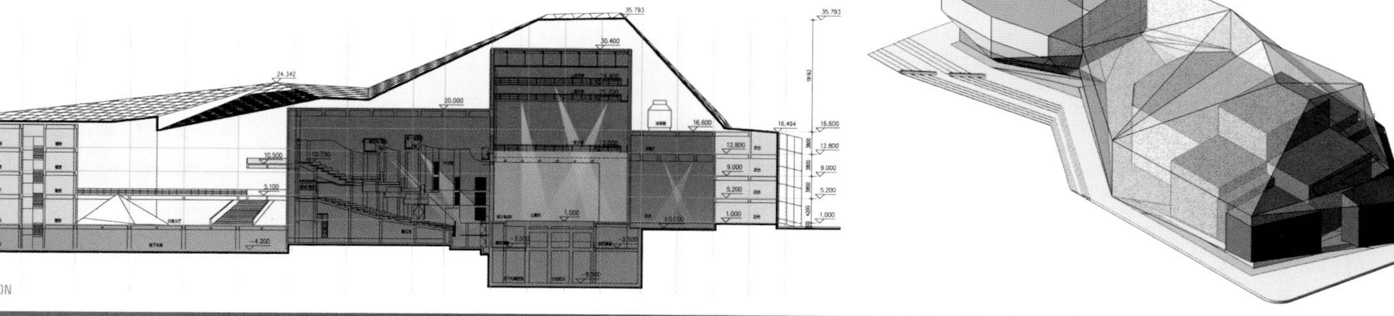

剖面图 SECCIÓN SECTION

椒江滨海工业园区城市规划展览馆 · 浙江

Edificio Expositivo de Jiaojiang para Planeamiento Urbano en el Parque Industrial Binhai · Zhejiang
Jiaojiang Exhibition Building for Urban Planning in Binhai Industrial Park · China

沈济黄 Shen Jihuang · 陈帆 Chen Fan · 王晶晶 Wang Jingjing · 李镇潇 Li Zhenxiao

委托项目 encargo commission

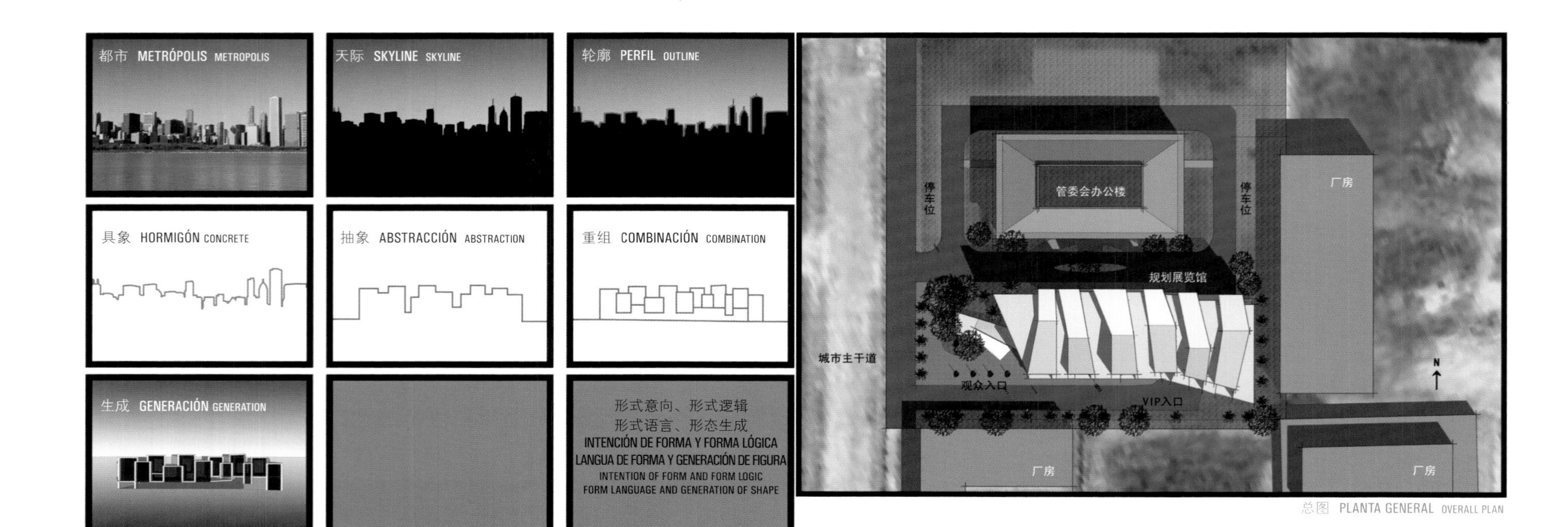

总图 PLANTA GENERAL OVERALL PLAN

如何打造一个既完整统一又丰富多彩的造型体，是我们工作的核心内容。于是，“城市”——自然成为引导设计的起点，随后的工作便顺理成章地沿着“具象——抽象——重组——生成”这一步骤一蹴而就。

Nuestra prioridad principal es cómo conformar un espacio con funciones unificadas y variadas. Consecuentemente, la “ciudad” se convertirá de forma natural en el punto de partida del proyecto, y el trabajo resultante progresará gradualmente de acuerdo con el procedimiento basado en “concreto-abstracción-combinación-generación”.

Our key priority is how to set up a space with unified and multifarious functions. Consequently, the “city” will naturally become the starting point of the design, and the subsequent work will progress gradually in accordance with the procedure based on “concrete–abstraction–combination–generation”.

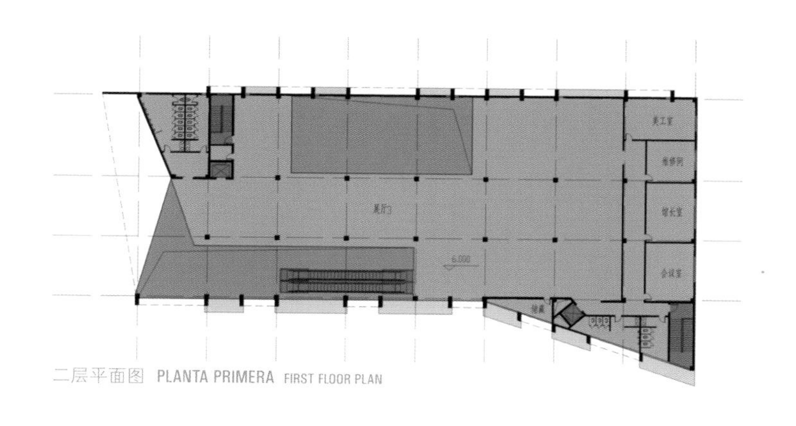

二层平面图 PLANTA PRIMERA FIRST FLOOR PLAN

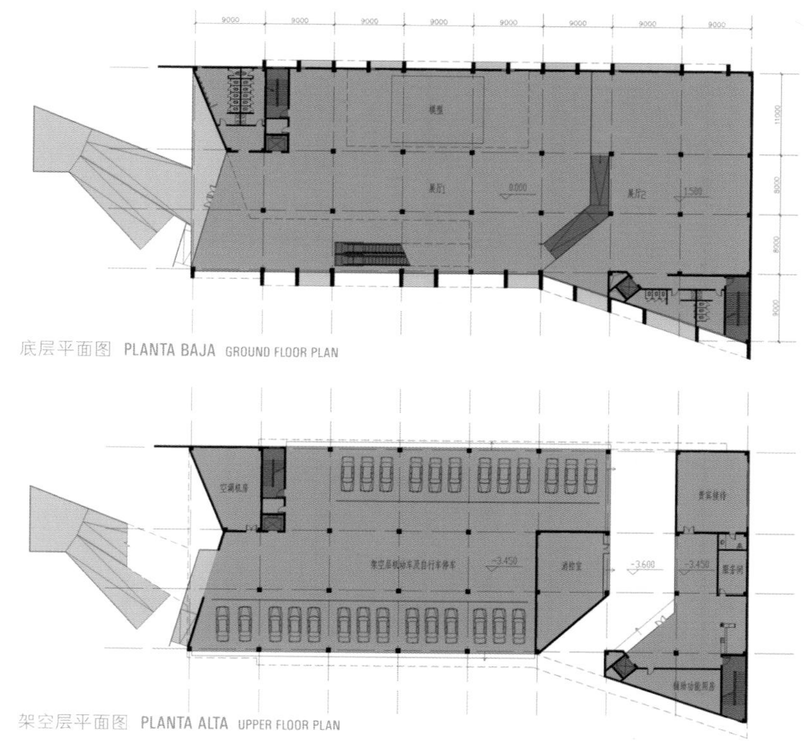

底层平面图 PLANTA BAJA GROUND FLOOR PLAN

架空层平面图 PLANTA ALTA UPPER FLOOR PLAN

伦敦阁楼农场堡垒

Loft Londres Torre de Granja

Loft London Farm Tower

垂直农场：建筑与自然相结合

人口增长和城市中心化，导致人们对房地产市场和食物需求的增长。一个可能的解决方案就是建造垂直农场。AWR举办这个竞赛旨在设计一种位于泰晤士河畔的新式摩天大楼，以融入城市天际线之中。该竞赛要求设计一个具有居住功能的垂直农场。在市中心，人们对住房和公共区域仍有强劲的需求，而在商业区公共交通网络使得该位置极具战略意义。

Cultivo Vertical: arquitectura y naturaleza trabajando juntas

El crecimiento de la población y la centralización urbana conllevan a la incesante demanda de actividad inmobiliaria y de alimentos. Una posible solución es el cultivo vertical. AWR lanzó este concurso para proyectar un nuevo tipo de rascacielos en el frente del Támesis, dentro de este nuevo perfil de la ciudad. El concurso requería el diseño de una granja vertical con uso residencial. Dentro de la ciudad, aún existe una gran demanda de viviendas y funciones públicas en el centro donde la presencia del transporte convierte a estos lugares en espacios muy estratégicos.

Vertical Farming: architecture and nature working together

Population growth and urban centralization lead to increased demand for real estate market and food. One possible solution is vertical farming. AWR launched this competition to design a new kind of skyscraper on the Thames waterfront, inserted into the new city skyline. The competition required the design of a vertical farm with a residential use. In the city there is still a strong demand for housing and for public functions, while in downtown areas where the presence of public transportation makes the site extremely strategic.

1 一等奖 primer premio first prize
Insung Son · Jaejin Lee · Younseok Hwang
Soohyun Suh · Hyunohkim (建筑师)
(韩国 Korea)

VAWA
(竞标代码)

2 二等奖 segundo premio second prize
Victoria Hamilton · Mihail-Andrei Jipa
Lilia Obletsova · Kimberley Stott (建筑师)
(英国 United Kingdom)

Vertical Fields
(竞标代码)

3 三等奖 tercer premio third prize
Jason Butz · Christina Galati · Akshita Sivakumar (建筑师)
(美国 USA)

Cultivated Carousel
(竞标代码)

m 荣誉提名奖 mención honorífica honourable mention
Susan Prado Agee · James Roberto Bowers
Abelardo Gutiérrez González (建筑师)
(墨西哥 Mexico)

Nature Reclaims Everything
(竞标代码)

m 荣誉提名奖 mención honorífica honourable mention
Park Cheol Gu · Kang Young · Kim Hyeong Uk
Park Jee Won (建筑师)
(韩国 Korea)

Breathing Vertical Farm
(竞标代码)

m 荣誉提名奖 mención honorífica honourable mention
Hugo Fonseca Loureiro · Darion Arash Ebrahimzadeh
Liam Azordegan (建筑师)
(英国 United Kingdom)

London City Farm
(竞标代码)

m 荣誉提名奖 mención honorífica honourable mention
Kevin Chu (建筑师)
(中国 China)

Vertical + Horizontal Farm Tower
(竞标代码)

m 荣誉提名奖 mención honorífica honourable mention
Luis Monteiro Ferreira · Diana Ramos · João Sanches (建筑师)
(葡萄牙 Portugal)

London's Farm Tower
(竞标代码)

Insung Son · Jaejin Lee
Younseok Hwang · Soohyun Suh · Hyunohkim(建筑师)

一等奖 **primer premio** first prize (韩国 **Korea**)

VAWA
(竞标代码)

1.

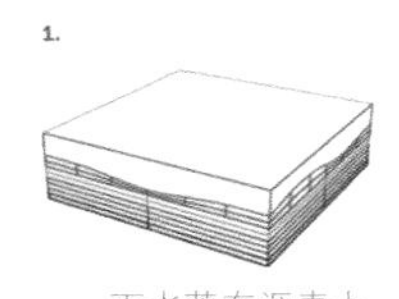

雨水落在沥青上
LLUVIA SOBRE ASFALTO
RAIN FALLS ON ASPHALT

2.

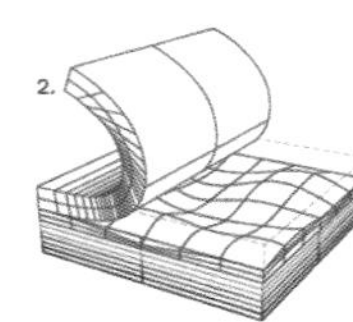

除掉沥青
DESPEGAR EL ASFALTO
TEAR UP ASPHALT

3.

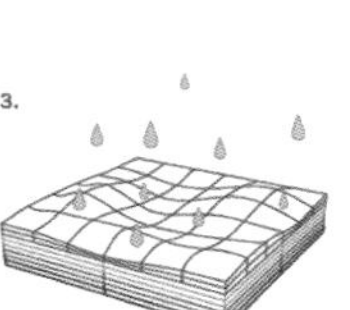

美化后的地面
SUELO AJARDINADO
LANDSCAPED EARTH

4.

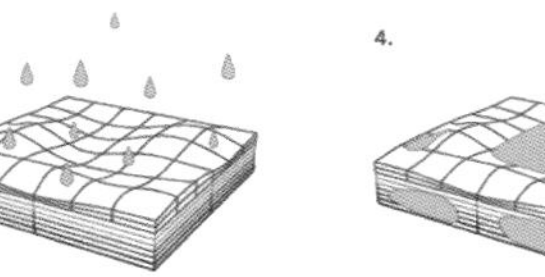

土壤吸水
LA TIERRA SUCCIONA EL AGUA
EARTH SUCKS THE WATER

5.

植树
PLANTACIONES
PLANTING

6.

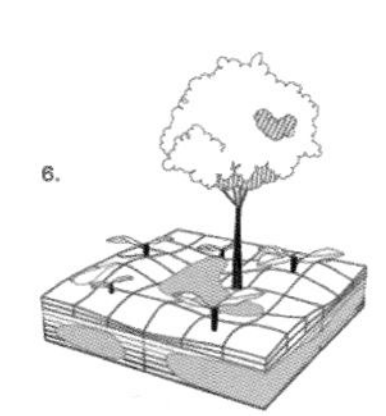

破土而出的嫩枝
BROTES EMERGEN DEL SUELO
SPROUTS EMERGE FROM EARTH

概念图表 **DIAGRAMA CONCEPTUAL** CONCEPT DIAGRAM

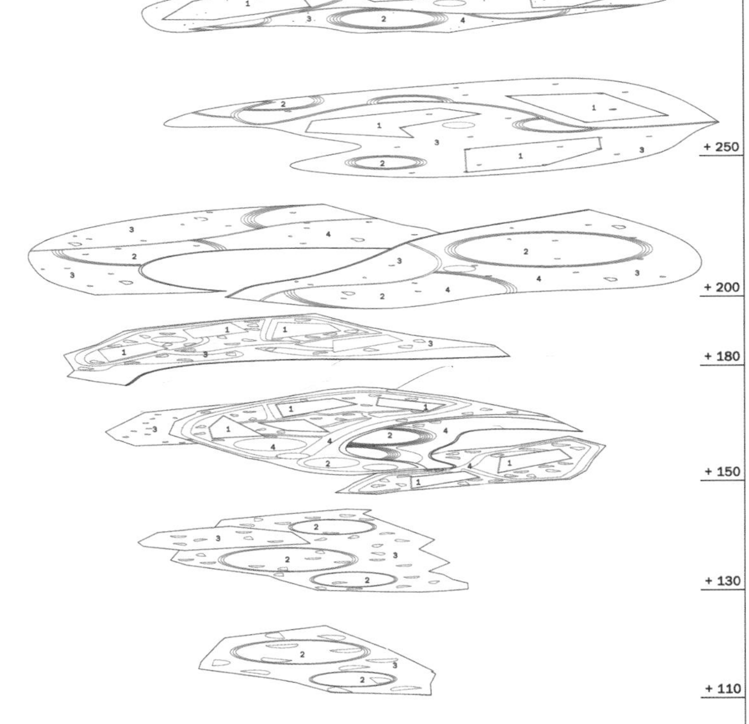

1 吊床(住房) **HAMACA (VIVIENDAS)** HAMMOCK (HOUSING)
2 农场(置于各个楼层) **GRANJA (PARA CADA PLANTA)** FARM (FOR EACH FLOOR PLAN)
3 栽培地区(PAC体系) **ÁREAS CULTIVADAS (SISTEMA PAC)** CULTIVATED AREAS (PAC SYSTEM)
4 广场(公共农场+垂直公园) **ÁGORA (AGRICULTURA PÚBLICA+PARQUE VERTICAL)** AGORA (PUBLIC FARMING+VERTICAL PARK)

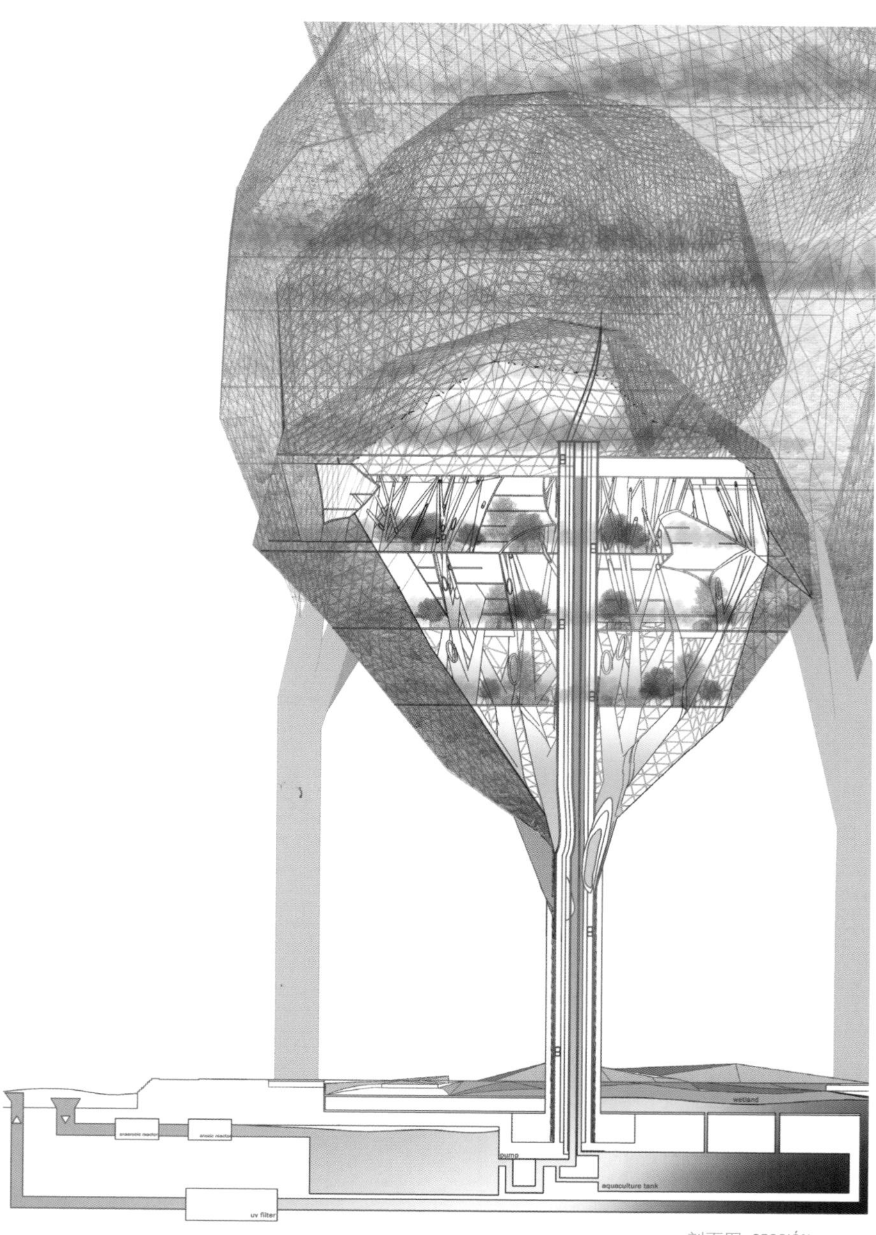

剖面图 SECCIÓN SECTION

根据之前的“3D行业”，我们提出了“3S行业”。自动化、系统化流程及基于质量的产品——这将维护建筑业及农业的未来。据估计，在伦敦，10万户左右的住房面临河水泛滥的危险，高达68万户面临地表水泛滥的危险。我们必须借助于打造绿色空间，避免河水泛滥。我们想去除城市中的混凝土和沥青，以便使地面土壤能够吸水，让居民能够种植、收获自己的庄稼。我们设想的**垂直农场，可以为我们提供足够的绿色空间**、食物以及大自然原生态的体验。

Partiendo de la actual "industria 3D", proponemos una "industria 3S"; automatizada, de procesos sistematizados y con productos de calidad que preservará el futuro de nuestra arquitectura y agricultura. Se estima que en Londres, alrededor de 100.000 propiedades sufren el riesgo de inundación del río y hasta 680.000 de inundación de aguas superficiales. Debemos utilizar el espacio verde para prevenir y evitar el sobre crecimiento de los ríos. Queremos desprendernos del asfalto y el hormigón de la ciudad para que el suelo pueda absorber agua, y que los ciudadanos puedan plantar y cultivar sus propias plantas. Hemos pensado en una **granja vertical que proporcione el espacio verde suficiente,** alimentos, y una experiencia natural.

From the former "3D industry", we propose a "3S industry"; automated, systemized processes, and products based on quality which will preserve the future of our architecture and agriculture. It is estimated that in London around 100,000 properties are at risk from river flooding and up to 680,000 at risk from surface water flooding. We must use the green space to prevent and avoid overflow of rivers. We want to remove the concrete and asphalt from the city so that the ground can absorb water, and allow the citizens to plant and harvest their own plants. We have thought about **a vertical farm that could provide us with sufficient amount of green space,** food, and natural experience.

1

结构架构体系
SISTEMA DEL MARCO ESTRUCTURAL
STRUCTURE FRAME SYSTEM

吊床(住宅区)
HAMACA (ÁREA RESIDENCIAL)
HAMMOCK (HOUSING AREA)

农场区
ÁREA DE LA GRANJA
FARM AREA

生态表皮系统
SISTEMA DE ECO-PIEL
ECO-SKIN SYSTEM

Future Team @ RHWL

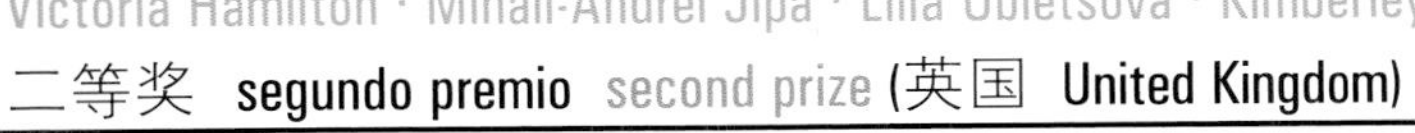

Victoria Hamilton · Mihail-Andrei Jipa · Lilia Obletsova · Kimberley Stott (建筑师)

二等奖 segundo premio second prize (英国 United Kingdom)

Vertical Fields
(竞标代码)

索引式分层
CAPAS INDEXADAS
INDEXING LAYERING

项目
PROGRAMA
PROGRAM

传统·创新
TRADICIÓN INNOVACIÓN
TRADITION · INNOVATION

可透性
PERMEABILIDAD
PERMEABILITY

激活边缘
ACTIVAR LOS BORDES
ACTIVATE THE EDGES

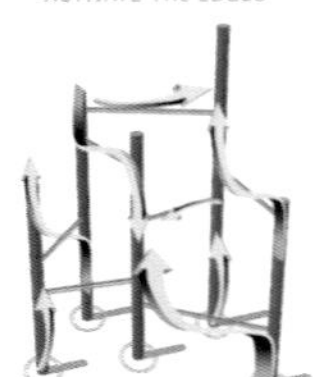

连通性+结构稳定性
CONECTIVIDAD+ESTABILIDAD ESTRUCTURAL
CONNECTIVITY+STRUCTURAL STABILITY

宏观+微观规模
MACRO+MICRO ESCALA
MACRO+MICRO SCALE

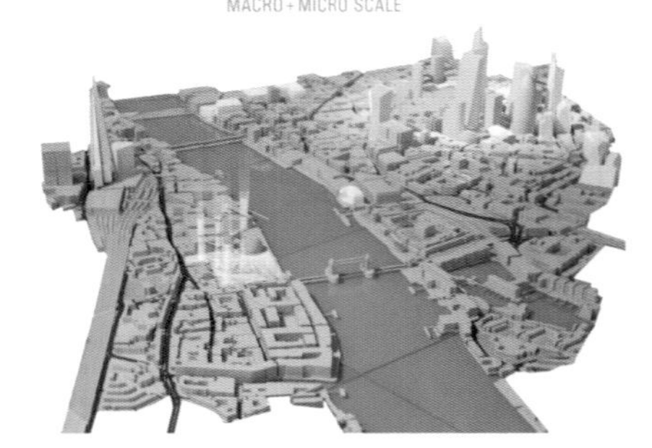

城市地标性建筑
ICONOS URBANOS
URBAN LANDMARKS

该项目提供了一种都市生活新方式，个人及家庭与"气培法"食物种植的方式和谐发展。公寓成为隐秘的农产品实验室。余下的食物可拿到市场上销售。市场其实就是一个架高的"地面"平台——能使人联想起过去食品生产方式的被架高的公共区域。五个居住/农场大厦通过过街天桥相互连接，等同于抬高了街面，给居住者提供了公用区域。该项目采用传统田地的形式，将其作为一种社交模式，将居住者和食物生产联系起来，以符合当代居民的生活方式。

El proyecto es una nueva formulación de la vida urbana donde los individuos y familias cohabitan con métodos de producción alimentaria aeropónica. Las viviendas se hacen herméticas y producen laboratorios. La comida excedente se vende en el mercado. El mercado se define mediante un plano de planta baja "elevado"; una pradera elevada que ofrece espacio que recuerda a los métodos pasados de producción alimentaria. Las cinco torres residenciales/granjas se conectan por pasarelas que elevan el nivel de calle y proporcionan espacios comunes para los residentes. Las praderas tradicionales se utilizan para generar formas y un modelo social donde el vínculo entre personas y producción alimentaria se reinventa para acoplarse a la forma de vida contemporánea.

The project is a new formulation of urban living in which individuals and families cohabit with methods of aeroponic food production. Apartments become hermetic and produce laboratories. Surplus goods are offered for sale in the market. The market is defined by a raised "ground" plane; an elevated field, offering a public space reminiscent of past food production methods. The five residential/farm towers are connected by sky bridges that bring the street level up and provide communal spaces for the residents. Traditional fields are used to generate shapes and as a social model in which the link between people and food production is reinvented to suit contemporary lifestyle.

平面布局 DISTRIBUCIÓN DE PISO FLAT LAYOUT

农场 GRANJA FARM
天桥 PUENTES CONECTORES LINKING BRIDGES
市场 MERCADO MARKET
地下室 SÓTANO BASEMENT
垂直流线 CIRCULACIÓN VERTICAL VERTICAL CIRCULATION
住宅区 RESIDENCIAL RESIDENTIAL
住宅阳台 BALCÓN RESIDENCIAL RESIDENTIAL BALCONY

分布 DISTRIBUCIÓN DISTRIBUTION

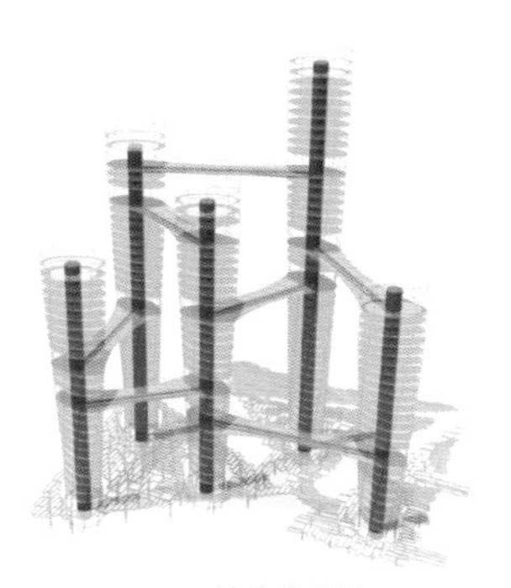

结构化用地 CAMPO ESTRUCTURAL STRUCTURAL FIELD

朝阳方位 ORIENTACIÓN SOLAR SOLAR ORIENTATION

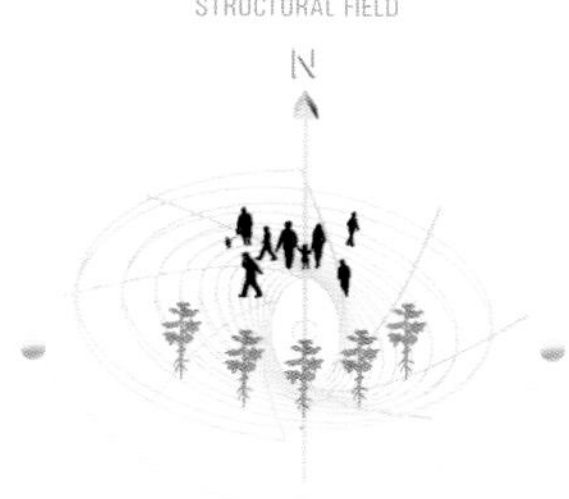

鱼菜共生 ACUAPONIA AQUAPONICS

灰水循环使用 RECICLAJE AGUAS GRISES GREY WATER RECYCLING

可持续交通 TRANSPORTE SOSTENIBLE SUSTAINABLE TRANSPORTATION

BGKS

Jason Butz · Christina Galati · Akshita Sivakumar (建筑师)

三等奖 tercer premio third prize (美国 USA)

Cultivated Carousel

(竞标代码)

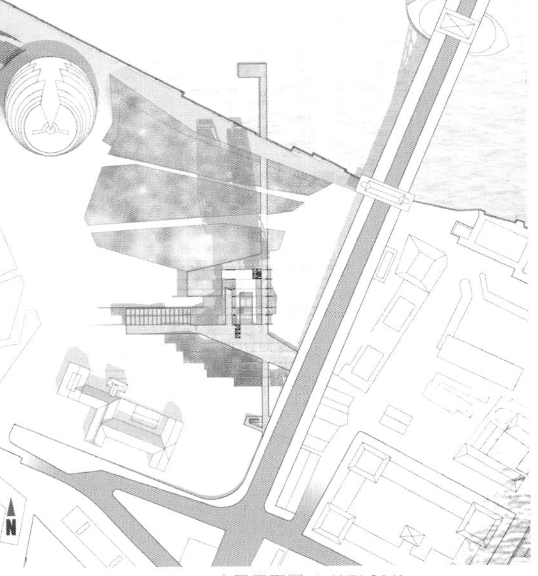

底层平面图 PLANTA BAJA GROUND FLOOR PLAN

英国公开市场的食品交换一直以来都是英国社会的支柱，该项目以当代的新兴方式对其进行了诠释。**规范的封闭式市场融合了乡村风味和城市特点，四周以安全的围墙作保护** 并在18世纪末取代了开放式的公开市场。该项目将市场打造成垂直的形式，居民、蔬菜及海藻类，还有手工艺品在这里会聚，相互之间不断地交流、互动。

El proyecto es una interpretación contemporánea de cómo el intercambio de comida en los mercado públicos Británicos ha sido durante mucho tiempo el sustento de la sociedad. Con la rápida sustitución de los mercados públicos abiertos a finales del siglo XVIII, los mercados cerrados **albergan la mezcla de lo bucólico con lo urbano dentro de un espacio seguro.** El proyecto traduce este lenguaje del mercado a una forma vertical, para crear la confluencia de gente, verduras y algas, y un ambiente artístico como resultado de las múltiples interacciones de los tres primeros.

The project is a contemporary interpretation of how the exchange of food in Britain's public market halls has long been the anchor of society in London. Quickly replacing open public markets in the late 18th century, the organized enclosed market halls **embody the mixture of the bucolic and the urban within a safe enclosure.** The project translates this language of the market hall to a vertical form, to create a confluence of people, vegetables and algae, and crafts environments that result from various interactions of the three.

居住单元 UNIDADES RESIDENCIALES RESIDENTIAL UNITS

= 垂直市场 MERCADO VERTICAL VERTICAL MARKET

= 生活实验室 LABORATORIO VIVO LIVING LABORATORY

剖面图 SECCIÓN SECTION

Studio Synthesis + Red Machine

Susan Prado Agee · James Roberto Bowers · Abelardo Gutiérrez González (建筑师)

荣誉提名奖 mención honorífica honourable mention (墨西哥 Mexico)

Nature Reclaims Everything

(竞标代码)

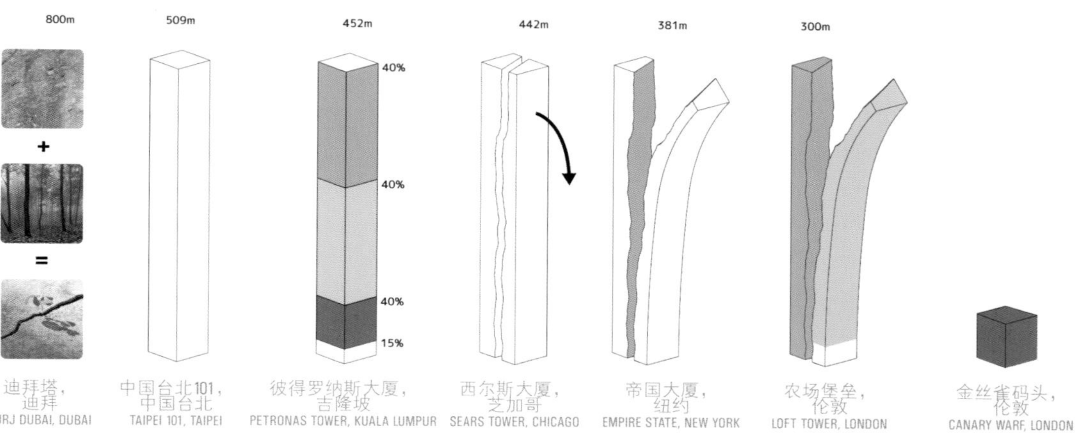

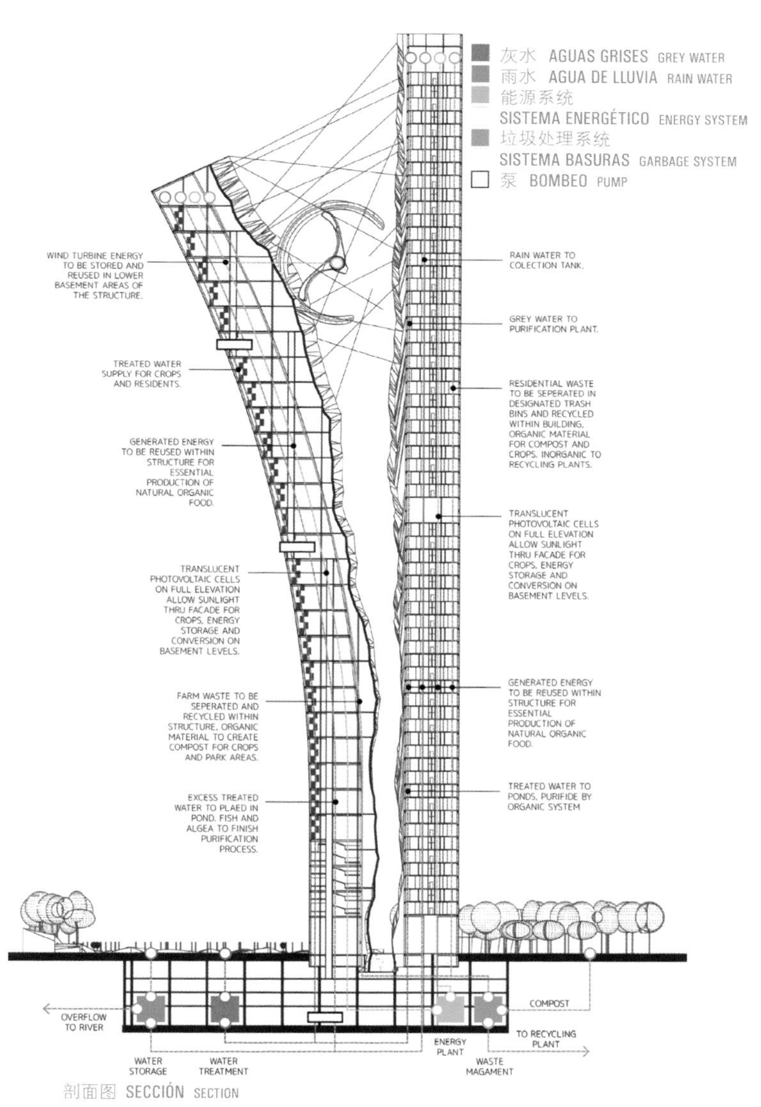

剖面图 SECCIÓN SECTION

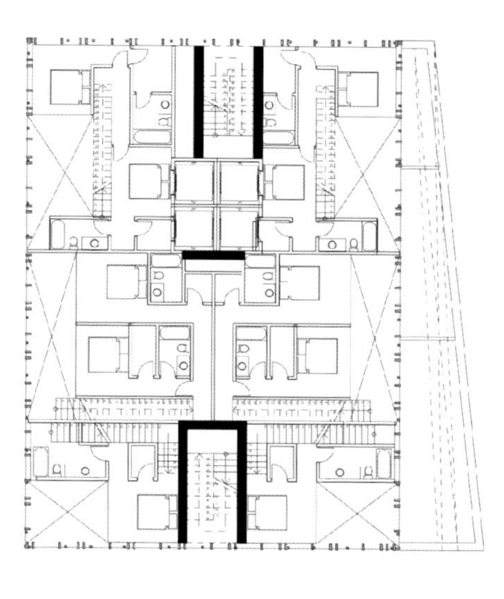

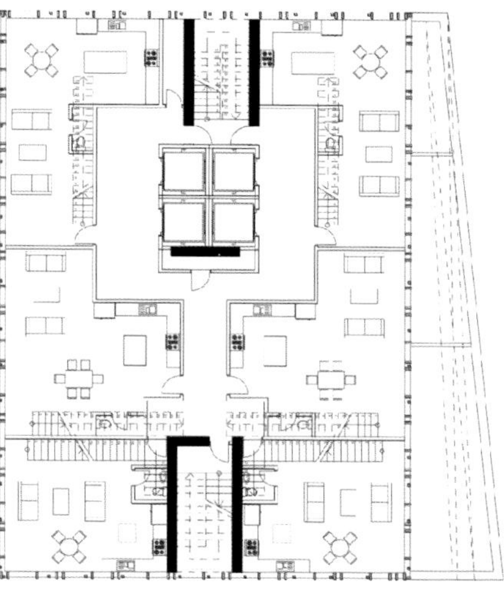

平面图 PLANTAS FLOOR PLANS

该建筑的设计理念为在混凝土结构中留出空隙，使植物得以存活，这是对大自然万物在最为恶劣的环境下是否能够茁壮成长所进行的仿真模拟。其另一个特定功能是，可以使垂直农场的各层皆实现通风和光照。该农场可生产的食物包括水果、蔬菜、粮食、家禽、鱼类和乳制品。**废物分类和回收利用可将大厦的碳足迹降至中和点。**有机废物可作为堆肥使用，并为粮食和建筑周围的公园提供肥料。

Conceptualizado como una escisión de hormigón donde florece la vegetación, este edificio emula la habilidad de la naturaleza para prosperar en los ambientes más adversos. También tiene una función específica que permite la ventilación e iluminación en todos los niveles de la granja vertical. La producción alimentaria in situ incluye frutas, verduras, grano, aves, peces y productos diarios. **La separación de residuos y el reciclaje reduce la huella del carbono del edificio** hasta un punto neutral; los residuos se utilizan para abonar el lugar y fertilizar cultivos y parques alrededor del edificio.

Conceptualized as a split in concrete where vegetation flourishes, this building emulates nature's ability to thrive in the harshest environments. It also has a very specific function allowing for ventilation and sunlight to reach every level on the vertical on farm. On site food production includes fruits, vegetables, grains, poultry, fish and dairy products. **Waste separation and recycling bring down the tower's carbon footprint** to a neutral point; organic waste is composted on site and reused to fertilize crops and park areas around the building.

Park Cheol Gu · Kang Young
Kim Hyeong Uk · Park Jee Won (建筑师)

荣誉提名奖 **mención honorífica** honourable mention (韩国 **Korea)**

Breathing Vertical Farm
(竞标代码)

鉴于当前的农业技术，**需要109公顷的土地才能满足不断增长的人口对粮食的需求。**要想找到一块如此大面积的可用于种植粮食的土地是不太现实的。在室内种植粮食的想法也已经提出很久了。一直以来，番茄、草莓以及各种药草均在温室里种植。为了给下一代提供粮食，我们必须找到一种新的室内种植方式。我们建议采用“垂直农场”这种新的解决方案。垂直农场提供了一个可持续性的环境，其“人造山”提供了四季风景，以及“自然山脉”中的树林和岩石。

Considerando la tecnología agraria de hoy, se necesitan 109 hectáreas de terreno para proporcionar comida a la población creciente. Es imposibe encontrar un espacio de este tamaño que se pueda utilizar para la producción de cultivos. El cultivo interior no es un concepto nuevo. Tomates, fresas, y varios tipos de plantas crecen en invernaderos desde hace tiempo. Para proporcionar alimentos para futuras generaciones, es esencial un nuevo método de agricultura interior. Sugerimos una Granja Vertical como solución. Nuestra granja vertical proporciona un medioambiente sostenible, donde la "montaña artificial" refleja los escenarios de cada temporada, árboles y rocas de la "montaña natural".

Considering the agricultural technology of today, 109 hectares of land is needed to provide food for the growing population. It is impossible to find a land of this size that could be used for the production of crops. Growing crops indoors is not a new concept. Tomatoes, strawberries, and various kinds of herbs have been grown in greenhouses for a long time. To provide food crops for the next generation, a new method of indoor agriculture is essential. We suggest Vertical Farm as the new solution. Our vertical farm provides a sustainable environment, where the "artificial mountain" reflects the seasonal sceneries, trees and rocks of the "natural mountain".

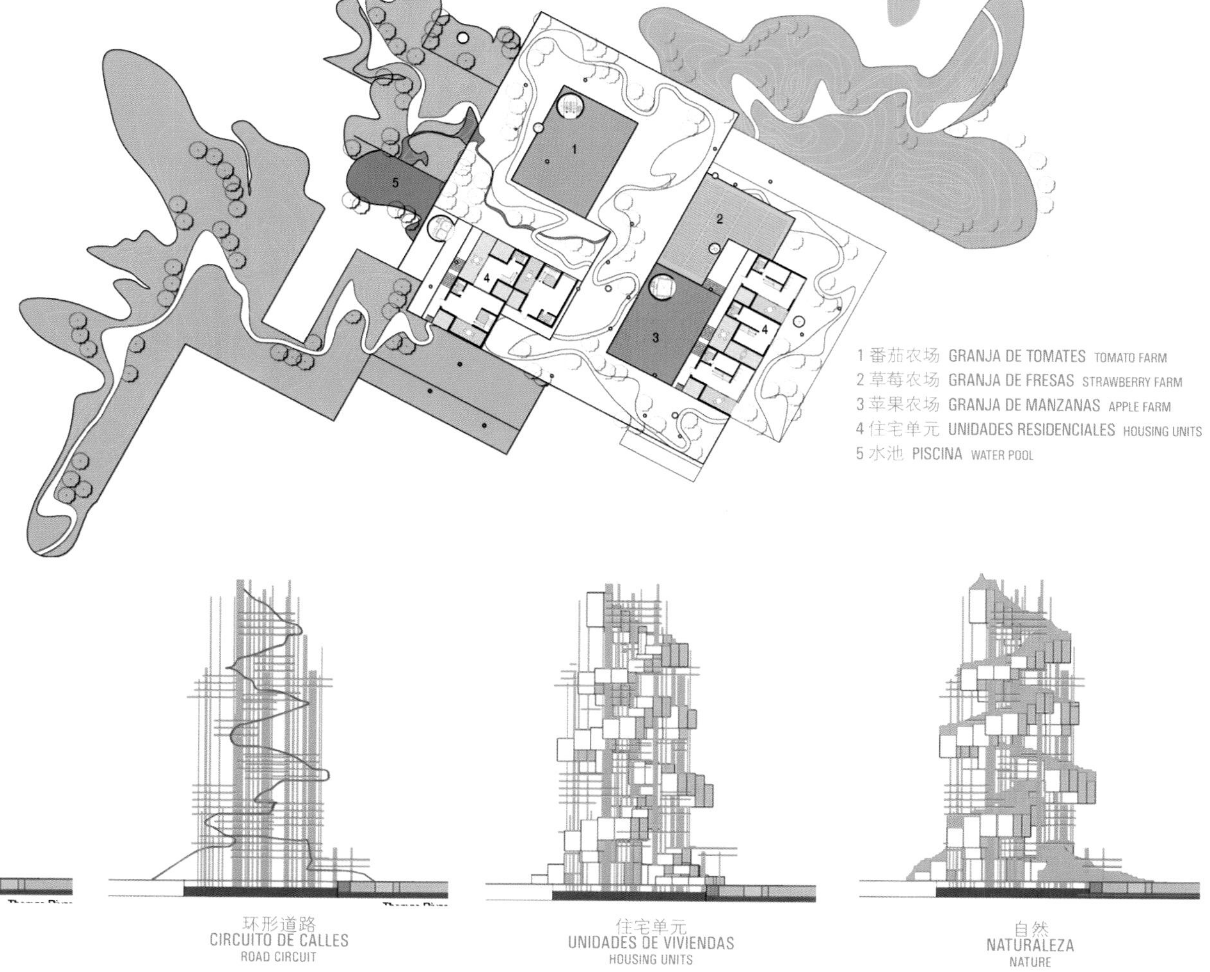

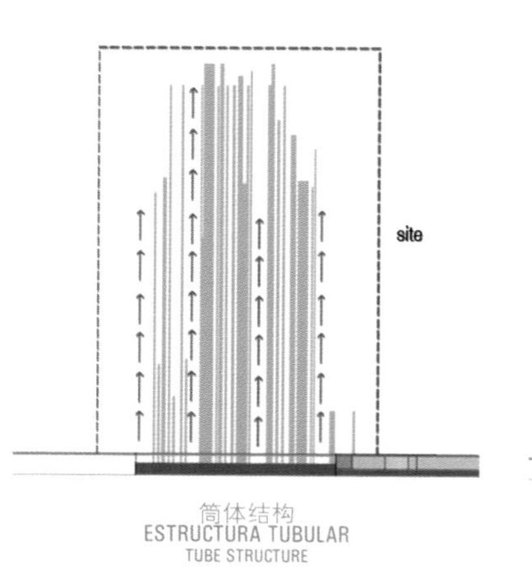

筒体结构
ESTRUCTURA TUBULAR
TUBE STRUCTURE

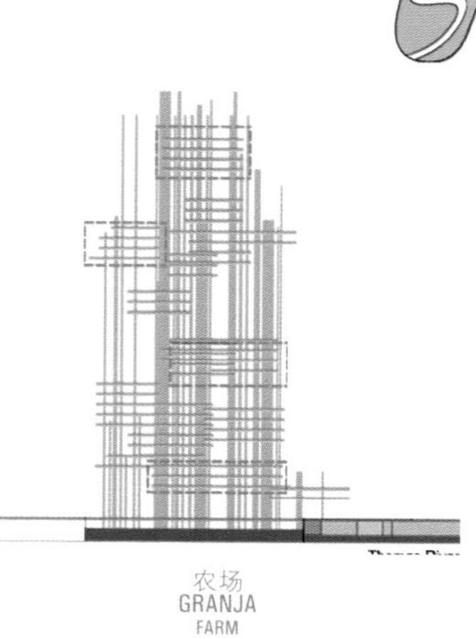

农场
GRANJA
FARM

环形道路
CIRCUITO DE CALLES
ROAD CIRCUIT

住宅单元
UNIDADES DE VIVIENDAS
HOUSING UNITS

自然
NATURALEZA
NATURE

Hugo Fonseca Loureiro · Darion Arash Ebrahimzadeh Liam Azordegan (建筑师)

London City Farm (竞标代码)

荣誉提名奖 **mención honorífica** honourable mention (英国 **United Kingdom**)

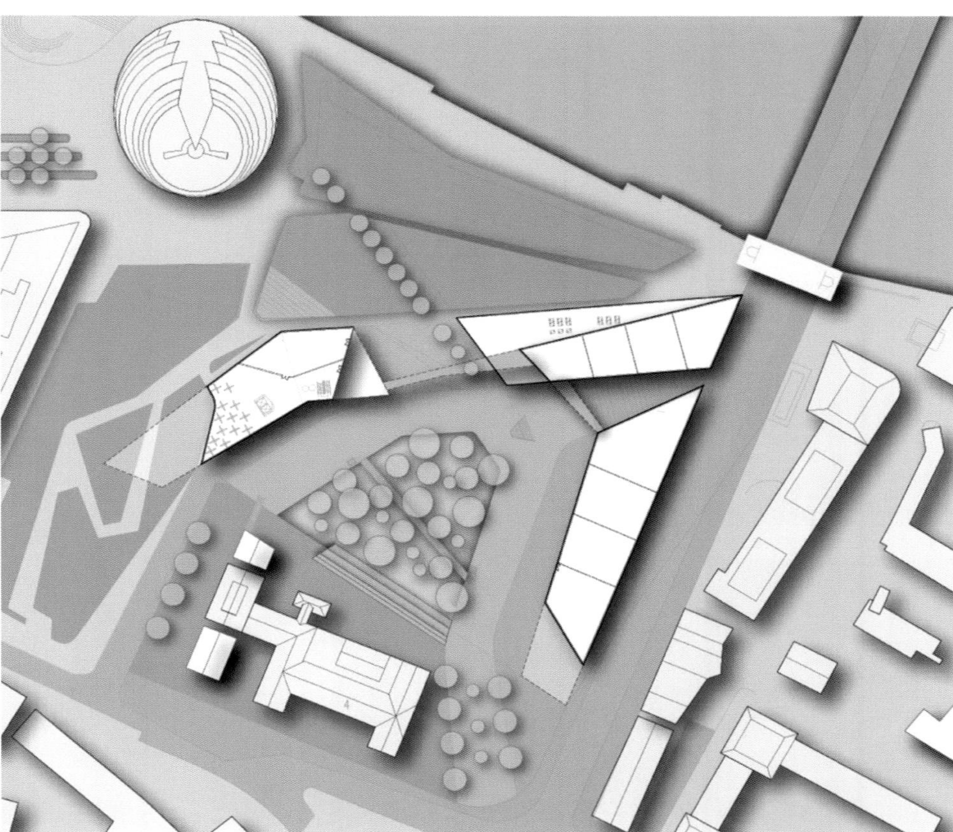

底层+景观平面图 PLANTA BAJA+PLANO DE PAISAJE GROUND FLOOR+LANDSCAPE PLAN

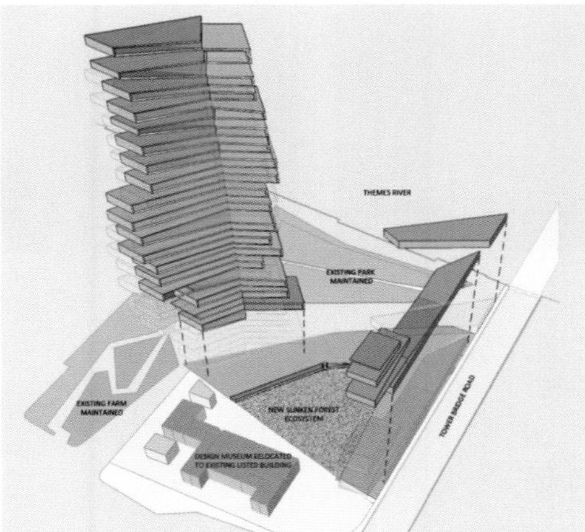

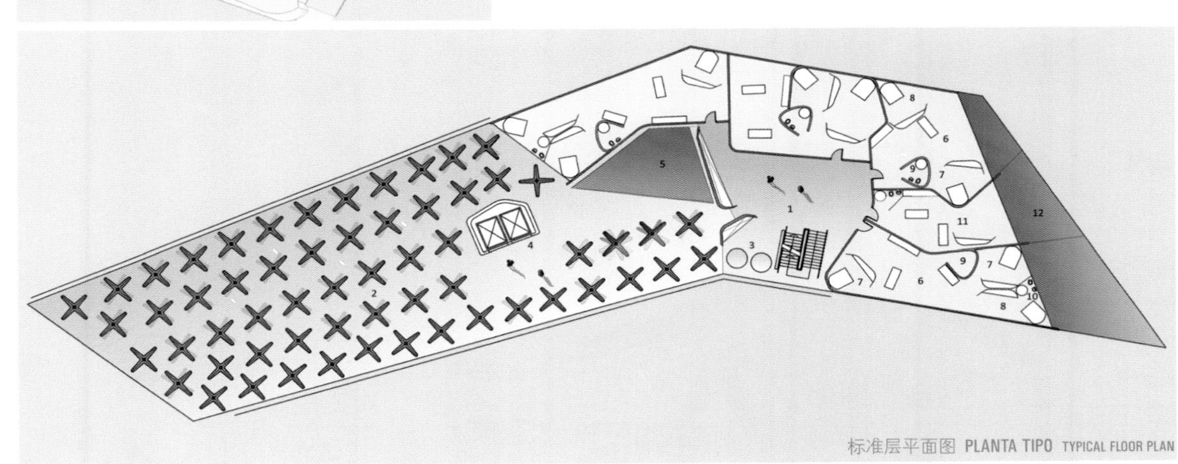

标准层平面图 PLANTA TIPO TYPICAL FLOOR PLAN

该设计的想法源于处于不断自由流动状态的带状结构，它可将整个场地连接起来。在地面层，该带状建筑可作为一个平台景观，通过水平调节、改变人行道路线及视点和引进商业活动，与场地相呼应。带状结构延伸至平台外面，高度不断增加，最后形成一个垂直农场——**将农村饲养和都市生活融为一体。**

El proyecto se guía por la idea de un lazo de movimientos libres que pretende coser todo el ámbito. En el nivel de planta baja el lazo forma un paisaje como un podio que responde al lugar mediante el ajuste de los niveles, enmarcando los flujos peatonales y las vistas, y organizando las funciones comerciales. A partir del podio, el lazo continua, escalando en altura y forma para culminar en una torre vertical, que alberga la **integración del cultivo rural con la vida urbana.**

The design is driven by the idea of a continuous free-flowing ribbon which attempts to thread the site together. At ground level the ribbon forms a podium landscape which responds to site by level adjustments, framing pedestrian routes and views, and organizing commercial functions. From off the podium the ribbon continues, escalating in height and forming to culminate in a vertical tower, which houses **an integration of rural farming and urban living.**

FABLAB Design

Kevin Chu (建筑师)

荣誉提名奖 **mención honorífica** honourable mention (中国 **China**)

Vertical + Horizontal Farm Tower

(竞标代码)

区块位置 PLANO DE SITUACIÓN SITE PLAN

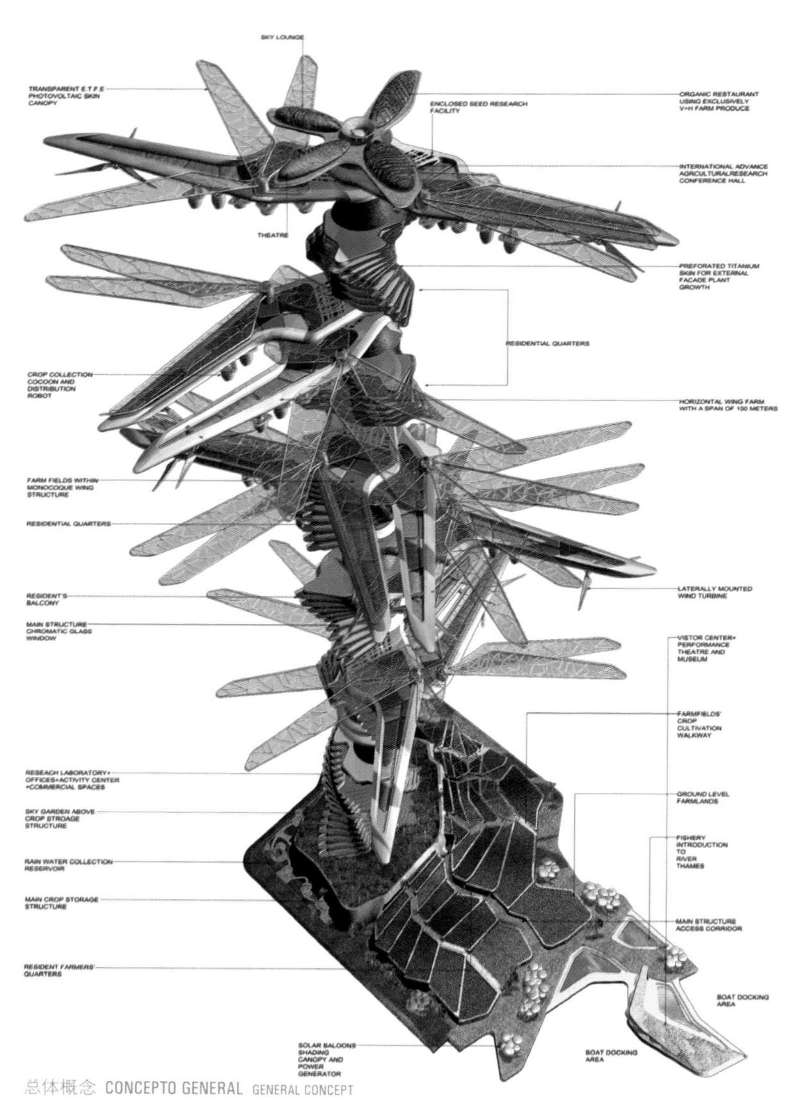

总体概念 CONCEPTO GENERAL GENERAL CONCEPT

目前，建筑内的所有绿色节能技术正**处于实验阶段**：太阳能氦气球、ETFE透明光伏表皮、外侧安装的风力涡轮机，以及用以吸收伦敦市所排放的二氧化碳、表皮由植物覆盖的围护体系。由于建筑表皮由植物覆盖，建筑的外观和颜色可随四季的变化而变化。

Toda la tecnología energética verde de la estructura está **en fase de experimentación** ahora: Globos Solares de Helio, Piel Transparente Fotovoltaica E.F.T.E., Turbinas de viento laterales además de un Sistema de Recubrimiento exterior de plantas que absorben la admisión de CO_2 de Londres. Como la piel estructural se cubrirá en el tiempo con plantas, el edificio cambiará su textura y color atendiendo a las cuatro estaciones.

All of the green energy technologies within the structure are **under experimentation stage** at present: Solar Helium Balloons, ETFE Transparent Photovoltaic Skin, Laterally Mounted Wind Turbine as well as Plant Covered External Cladding System that absorbs surrounding CO_2 admission of London. Since the structure's skin will eventually be covered with plants, the building will change in texture and color according to the four seasons.

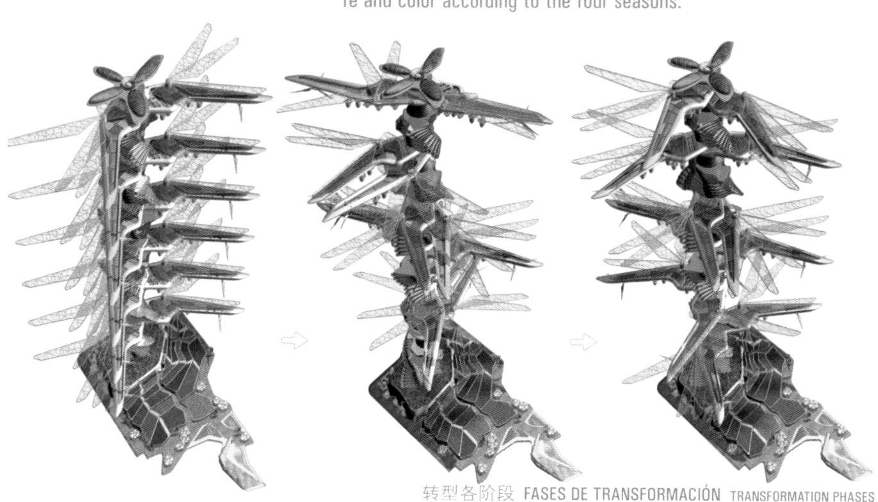

转型各阶段 FASES DE TRANSFORMACIÓN TRANSFORMATION PHASES

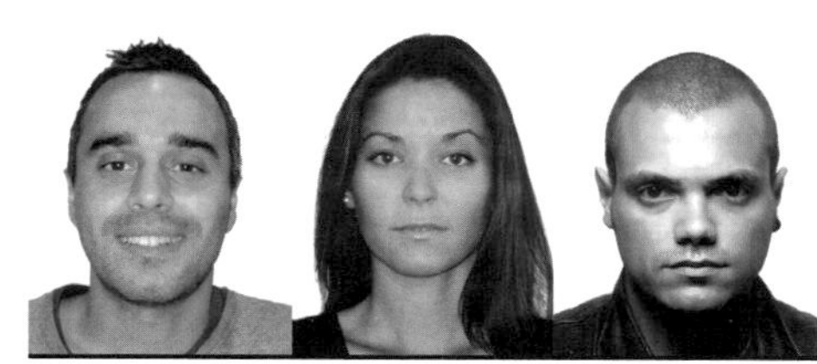

Luis Monteiro Ferreira · Diana Ramos João Sanches (建筑师)

荣誉提名奖 mención honorífica honourable mention (葡萄牙 Portugal)

London's Farm Tower (竞标代码)

区块位置 PLANO DE SITUACIÓN SITE PLAN

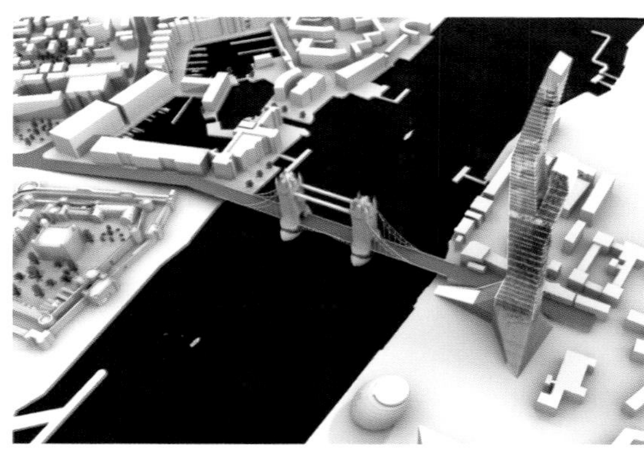

这些结构如何展示自己呢？它们有什么外形限制呢？它们能成为全世界城市的标志吗？它们能提升城市生活质量和都市空间吗？该提议将更多地关注这方面的问题，而非技术问题。

该建筑采用了与"树"相同的形式逻辑。以单一的中心点为基础，牢固稳定地向上而建，转而再一分为二。北面的分支用作住宅，可鸟瞰伦敦市景，南面为悬浮式花园，与垂直农场形成统一体。这种分离有助于建造一个悬浮的外部人工湖。所有的建筑表皮可吸纳足够多的雨水。建筑的透明性可以使自然光直达处于生长期的农作物，使其成为这个**不断变化的表皮**的另一个主要元素。

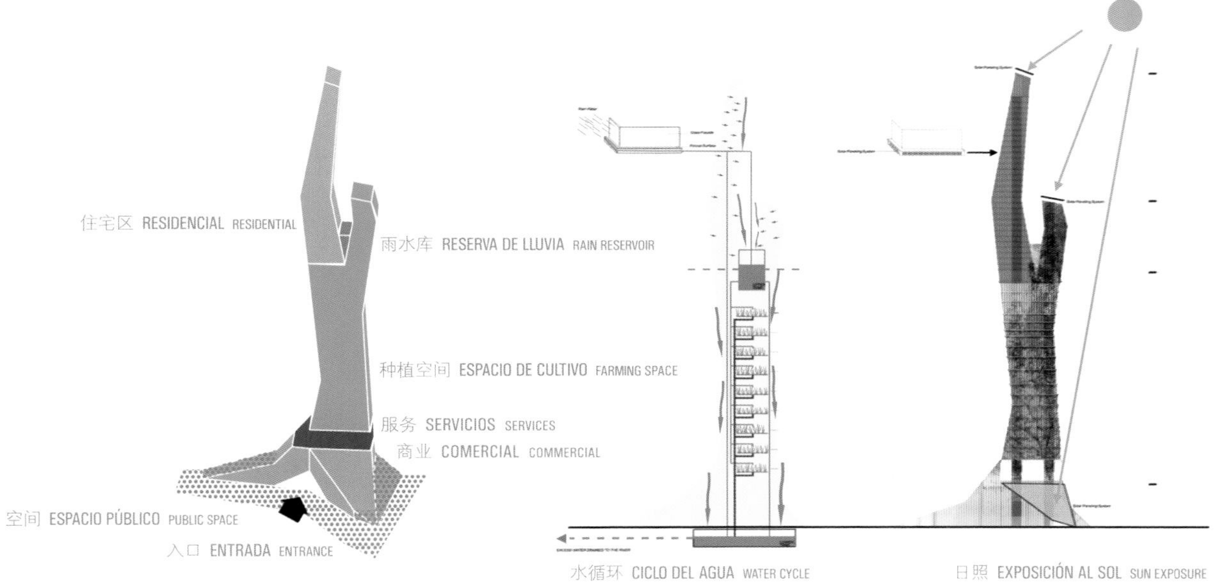

水循环 CICLO DEL AGUA WATER CYCLE

日照 EXPOSICIÓN AL SOL SUN EXPOSURE

¿Cómo se pueden manifestar estas estructuras? ¿Cuáles son sus límites formales? ¿Pueden convertirse en marcas de la ciudad en todo el mundo? ¿Pueden mejorar la vida y espacio urbano? La propuesta trata de basarse más en esta parte del problema que en cuestiones técnicas extensivas.

El edificio importa la lógica de la forma del árbol. Emergiendo firmemente de un núcleo único, se divide en dos. La rama norte como estructura residencial, abriendo vistas hacia la ciudad de Londres, y la sur como un jardín suspendido, como continuación de la granja vertical. Esta separación permite la creación de un lago exterior artificial suspendido. Todas las fachadas del edificio se conciben para retener la mayor cantidad de agua de lluvia. La transparencia de la estructura permite que la luz natural llegue a los cultivos en crecimiento, convirtiéndolos en el elemento principal de esta composición de **fachada siempre cambiante y mutable.**

How can these structures manifest themselves? What are their formal limits? Can they become marks in cities throughout the world? Can they improve city life and urban space? The proposal tries to focus more on the problem of this part , rather than extensive technical issues.

The building imports the same formal logic of the tree. Firmly arising from a single core, it divides itself into twobranches. The north branch as a residential structure, opening views to the city of London, and the south as a suspended garden, in a continuum with the vertical farm. This separation allows the creation of an outside artificial suspended lake. All the building façades are conceived to retain the biggest possible amount of rain water. The transparency of the structure allows for natural light to reach the growing crops, making them also the main element of this **ever changing, mutable façade composition.**

南立面图 FACHADA SUR SOUTH FAÇADE

东立面图 FACHADA ESTE EAST FAÇADE

concursos 竞标项目 competitions

表参道商业街的时尚博物馆 · 东京
Museo de la Moda en la calle Omotesando · Tokyo
Fashion museum in Omotesando street · Japan

竞标 · concurso · competition
表参道商业街的时尚博物馆
Museo de la Moda en la calle Omotesando
Fashion museum in Omotesando street

竞标类型 · tipo de concurso · competition type
国际公开竞标
concurso abierto internacional
open international competition

项目地点 · localización · site area
东京 · 日本 Tokyo · Japan

主办方 · órgano convocante · promoter
Arquitectum · 竞赛及活动网站 Arquitectum · competition and events

获奖者 premios · awards

一等奖 · primer premio · **first prize**
INOA (International Network of Architecture)(建筑师事务所)
Dong Hoon Lee · Hirofumi Hizume · Ayaka Tanabe
Hiroyuki Kano (建筑师)

二等奖 · segundo premio · **second prize**
Simon Bidal · Valentin Thevenot (建筑师)

三等奖 · tercer premio · **third prize**
TAKENAKA CORPORATION(建筑师事务所)
Yasuhiro Yoshida · Masafumi Yanada · Yoko Okuyama (建筑师)

荣誉提名奖 · mención honorífica · **honourable mention**
Ahmed Belkhodja · Alexandre Carpentier (建筑师)

荣誉提名奖 · mención honorífica · **honourable mention**
MUS architects (建筑师事务所)
Adam Zwierzynski · Anna Porebska (建筑师)

荣誉提名奖 · mención honorífica · **honourable mention**
Abreowong Etteh (建筑师)

荣誉提名奖 · mención honorífica · **honourable mention**
You-Chang Jeon · Haejun Jung · Minjae Kim · Seungwook Kim Sangbum Son (建筑师)

荣誉提名奖 · mención honorífica · **honourable mention**
EH-ARCHITECTS (建筑师事务所)
Ton Evers · Frank Hooijkaas (建筑师)

荣誉提名奖 · mención honorífica · **honourable mention**
Luis Fernandes (建筑师)

荣誉提名奖 · mención honorífica · **honourable mention**
AARCHITEKTAI (建筑师事务所)
Darius Čiuta · Martynas Pilvelis · Viktoras Mažeikis
Gintaras Auželis (建筑师)

荣誉提名奖 · mención honorífica · **honourable mention**
KNEstudio (建筑师事务所)
Kevin Erickson (主持建筑师及伊利诺伊大学香槟分校助理教授 principal + assistant professor University of Illinois at Urbana-Champaign)
Johann Rischau · Brodie Bricker · Akira Hirosawa · Marc Rutzen (建筑师)

荣誉提名奖 · mención honorífica · **honourable mention**
UNOAUNO spazioArchitettura (建筑师事务所)
Marino La Torre · Alberto Ulisse (建筑师)

合作 (c) Chiara Pirro · Giulio Mandrillo · Alessandro De Cata

日程安排 · fechas · schedule

招标 · Convocatoria · Announcement	11.2009
评审结果 · Fallo de jurado · Jury´s results	03.2010

评审团 · jurado · jury

François Blanciak (法国 France)
Julian Worrall (澳大利亚 Australia)
Ryoji Suzuki (日本 Japan)
Yoshiaki Akasaka (日本 Japan)
Yosuke Hayano (日本 Japan)

该项目的目的是为东京最为时尚的地区设计一座**100米高的博物馆**，包括具有20世纪时尚历史风格的展区。

El objetivo fue proyectar un **museo de 100 metros de altura** para la calle más actual y de moda de Tokyo, con áreas expositivas de la historia de la moda del siglo XX.

The aim was to design a **100-meter high museum** for Tokyo's most fashionable district, containing exhibition areas of the 20th century fashion history.

表参道商业街的时尚博物馆 · 东京

Museo de la Moda en la calle Omotesando · Tokyo

Fashion Museum in Omotesando street · Japan

一等奖 · Primer Premio · First Prize

fashion branch (竞标代码)

INOA (International Network of Architecture) (建筑师事务所)

Dong Hoon Lee · Hirofumi Hizume · Ayaka Tanabe · Hiroyuki Kano (建筑师)

U型管道

盘旋而上的U型管道代表了各个年代，在这里，参观者可看到各式各样的空间和展品。通过对不同样式的管道进行改变、组合，形成新的空间。

TUBOS EN FORMA DE U

Los visitantes se encuentran una variedad de espacios y exposiciones con tubos en forma de U que representan cada etapa emergiendo hacia arriba y girando. Existen nueva aperturas que se crean transformando y combinando diferentes tipos de tubos.

U-SHAPED TUBES

Visitors will encounter a variety of spaces and exhibits as U-shaped tubes representing each age rising upwards and twisting. There are new openings which are created by transforming and combining different types of tubes.

概念 CONCEPTO CONCEPT

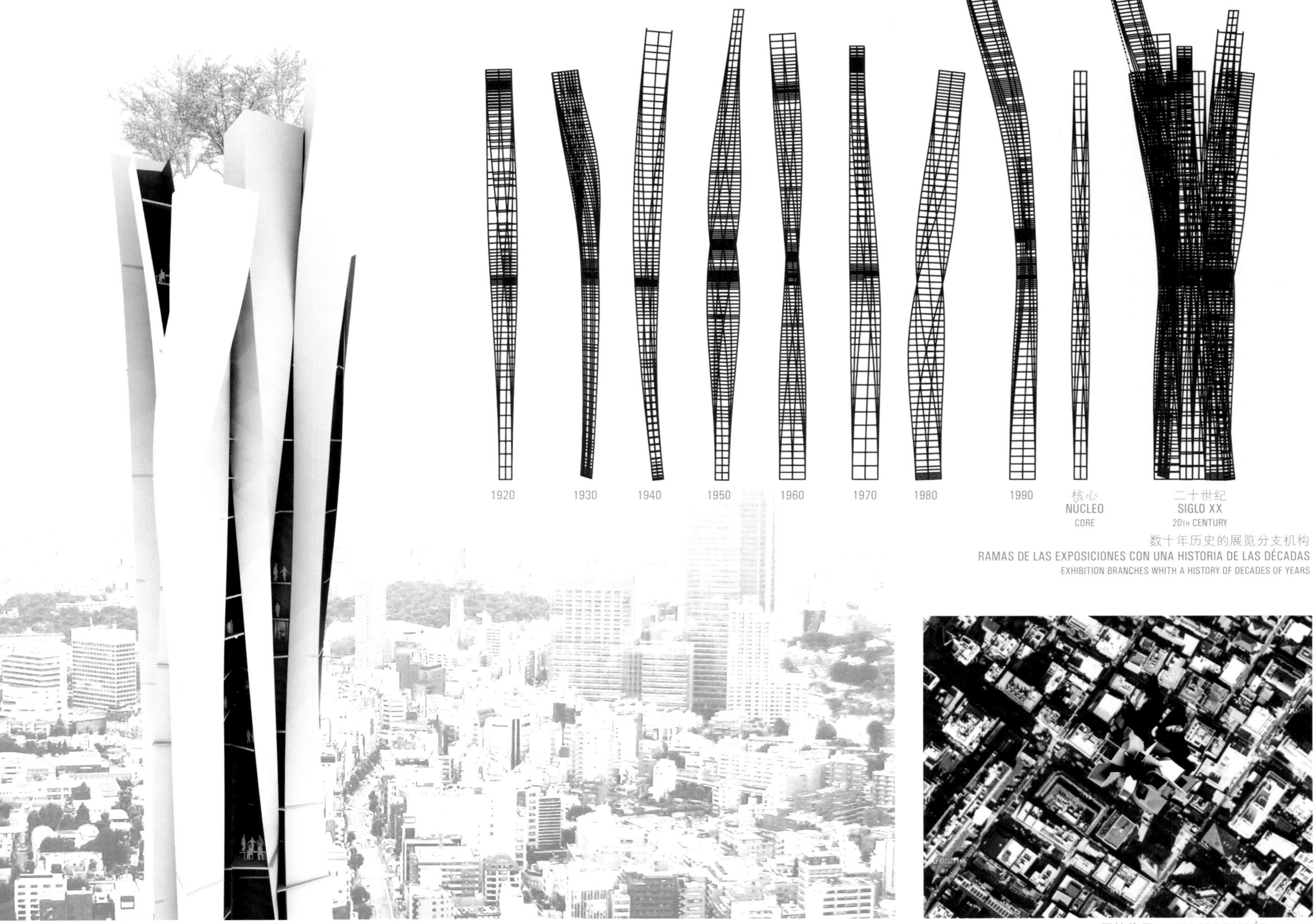

数十年历史的展览分支机构
RAMAS DE LAS EXPOSICIONES CON UNA HISTORIA DE LAS DÉCADAS
EXHIBITION BRANCHES WHITH A HISTORY OF DECADES OF YEARS

区块位置 PLANO DE SITUACIÓN SITE PLAN

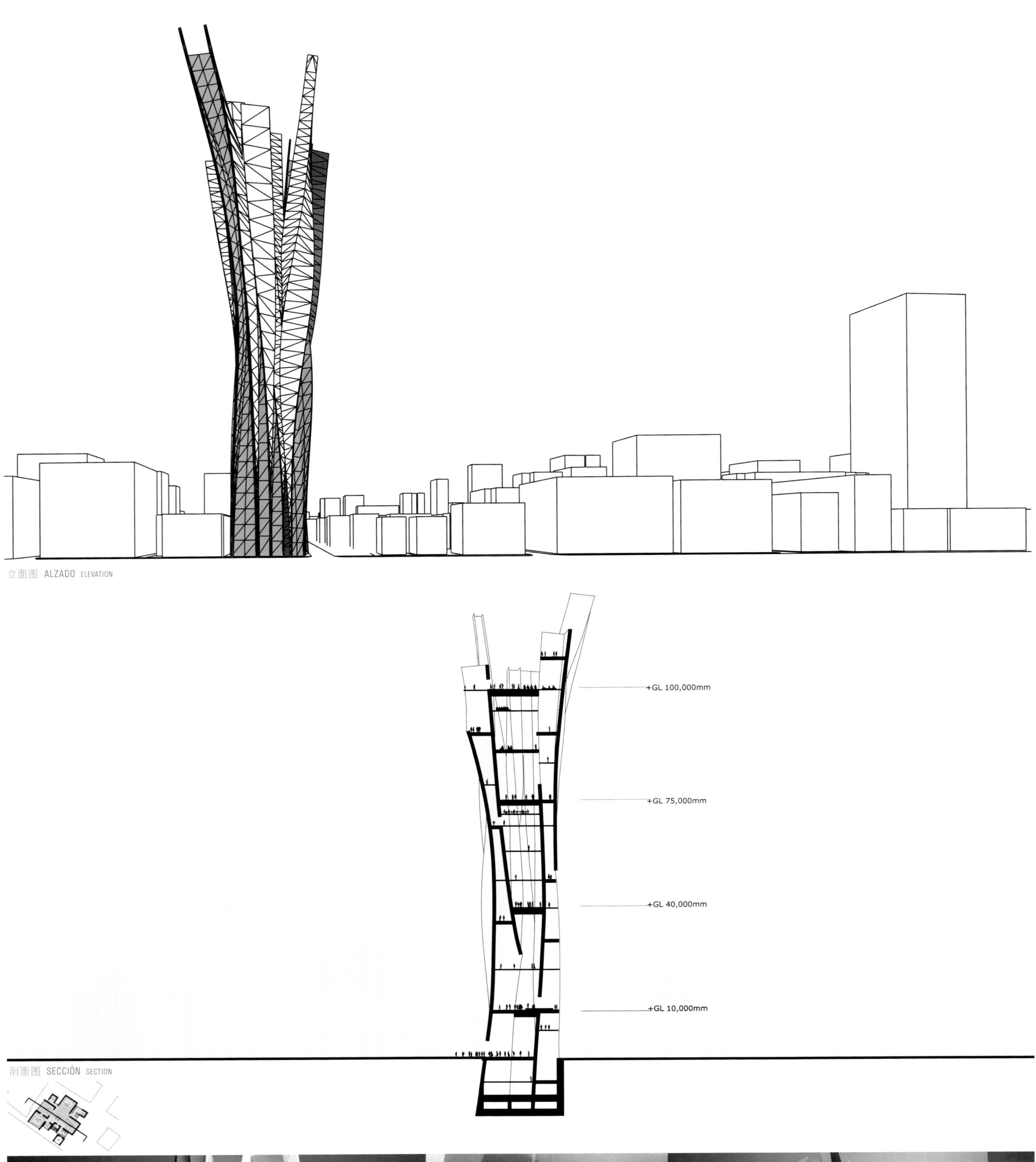
立面图 ALZADO ELEVATION
+GL 100,000mm
+GL 75,000mm
+GL 40,000mm
+GL 10,000mm
剖面图 SECCIÓN SECTION

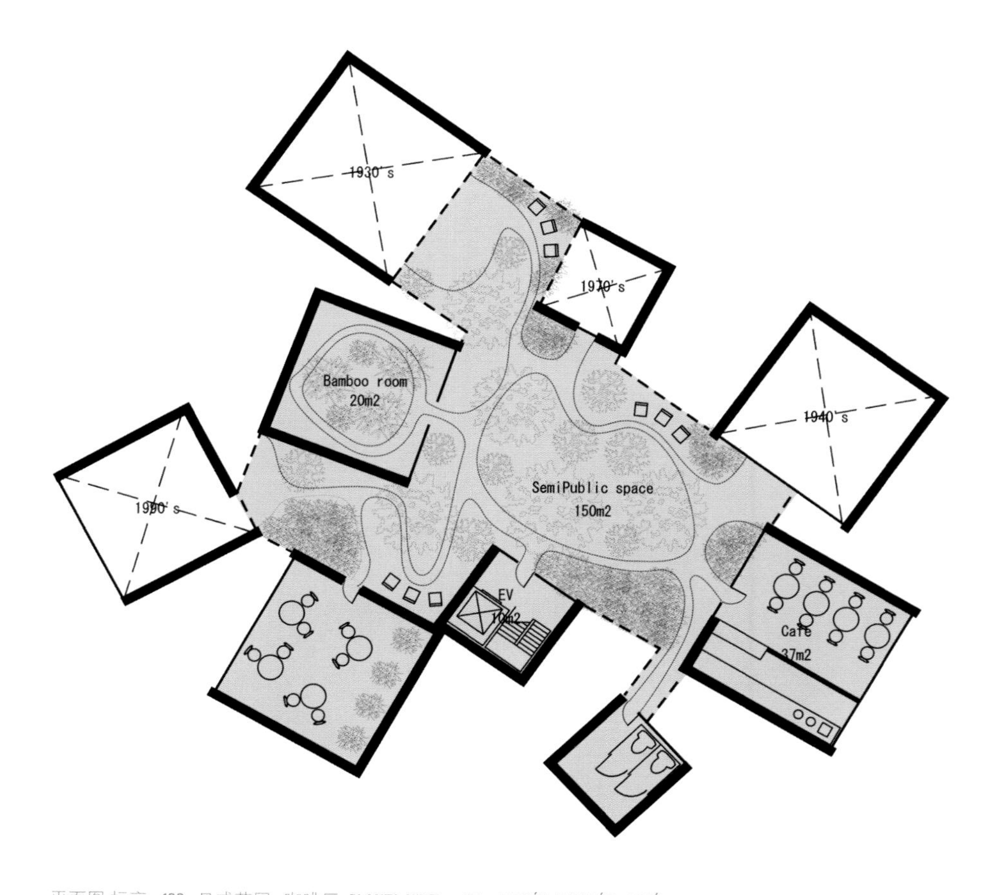

平面图 标高 +100m 日式花园+咖啡厅 PLANTA NIVEL +100m JARDÍN JAPONÉS+CAFÉ FLOOR PLAN LEVEL +100m JAPANESE GARDEN+CAFE

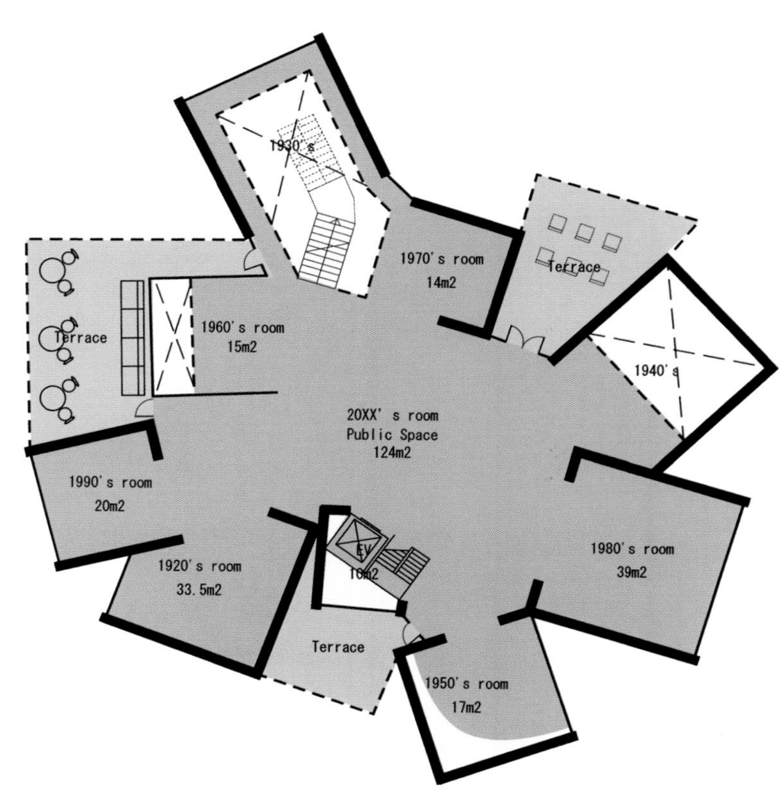

平面图 标高 +75m 大型开放空间 PLANTA NIVEL +75m ESPACIOS ABIERTOS-GRANDES FLOOR PLAN LEVEL +75m OPEN-LARGE SPACES

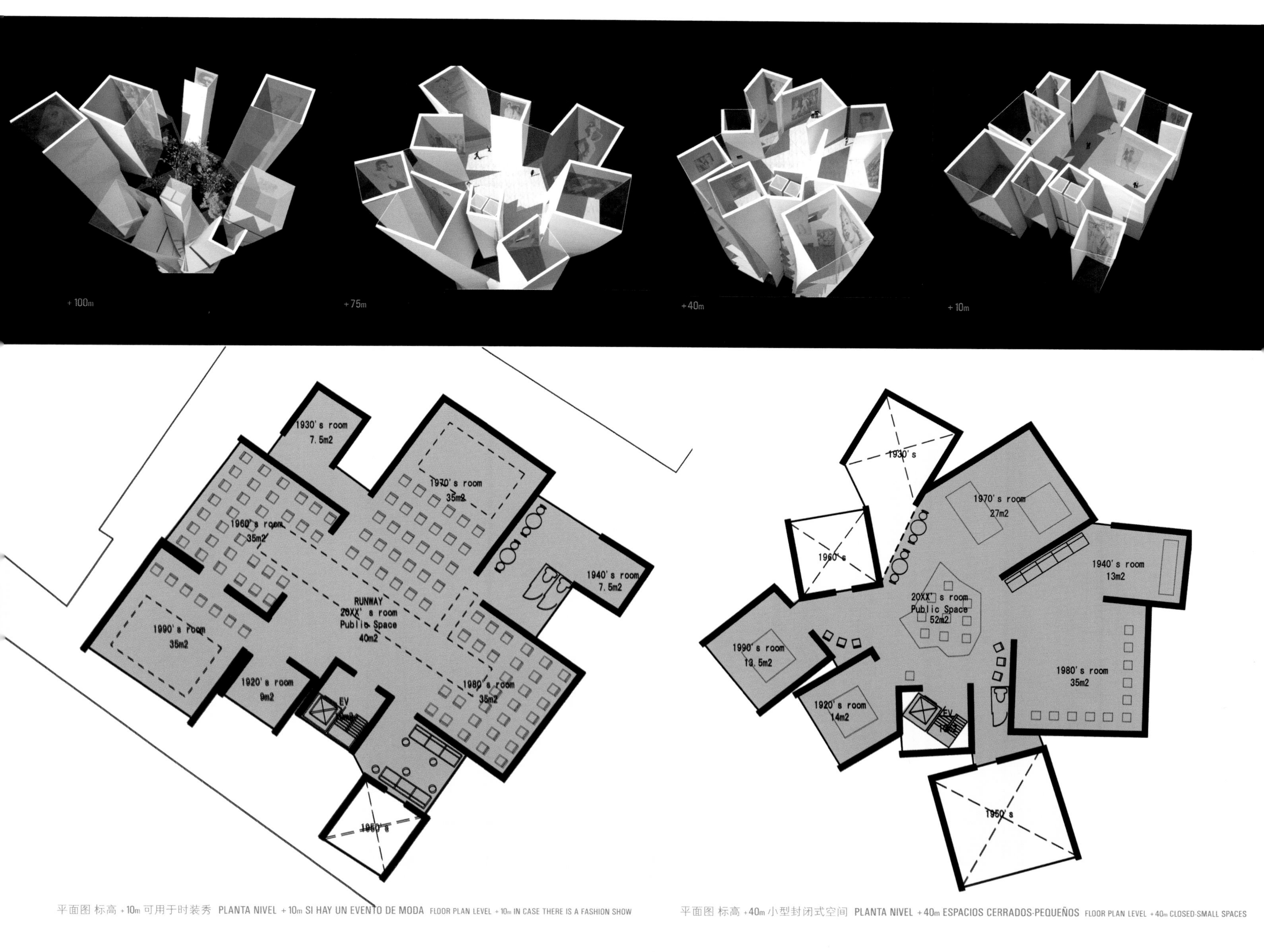

平面图 标高 +10m 可用于时装秀 PLANTA NIVEL +10m SI HAY UN EVENTO DE MODA FLOOR PLAN LEVEL +10m IN CASE THERE IS A FASHION SHOW

平面图 标高 +40m 小型封闭式空间 PLANTA NIVEL +40m ESPACIOS CERRADOS-PEQUEÑOS FLOOR PLAN LEVEL +40m CLOSED-SMALL SPACES

表参道商业街的时尚博物馆 · 东京

Museo de la Moda en la calle Omotesando · Tokyo

Fashion Museum in Omotesando street · Japan

二等奖 · **Segundo Premio** · Second Prize

113456 (竞标代码)

Simon Bidal · Valentin Thevenot (建筑师)

东京城市形体 FORMA URBANA DE TOKYO TOKYO URBAN FORM

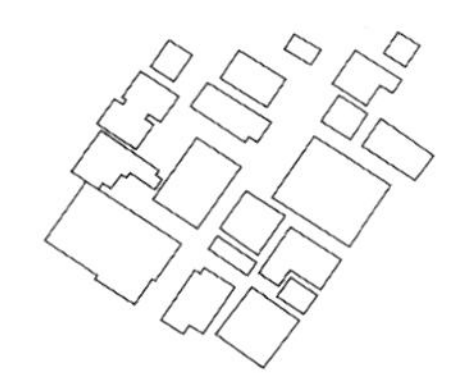

在中间 ENTRE MEDIAS IN BETWEEN

位于表参道的大厦 TORRE EN OMOTESANDO TOWER IN OMOTESANDO

公共空间 ESPACIO PÚBLICO PUBLIC SPACE

垂直秀台 PASARELA VERTICAL VERTICAL CATWALK

实与虚

考虑到表参道为东京的人行道，该大厦采用垂直扩建方式。垂直人行道的概念取自于从街面至大厦顶端的架空区域。在建筑上半部分，该处空间未被使用，成为博物馆的一扇窗户。

LLENOS Y VACÍOS

Considerando Omotesando como la pasarela de Tokyo, esta torre será su extensión vertical. El concepto de pasarela vertical se forma mediante un espacio vacío que empieza en el nivel de calle hasta la parte alta de la torre. En la parte superior del edificio, este espacio no se materializa y se convierte en la ventana del museo.

SOLID AND VOIDS

Considering Omotesando as Tokyo's catwalk, this tower will be its vertical extension. The concept of a vertical catwalk is formed through an empty space which starts from the street level to the top of the tower. In the upper part of the building this space never materializes and becomes the museum's window.

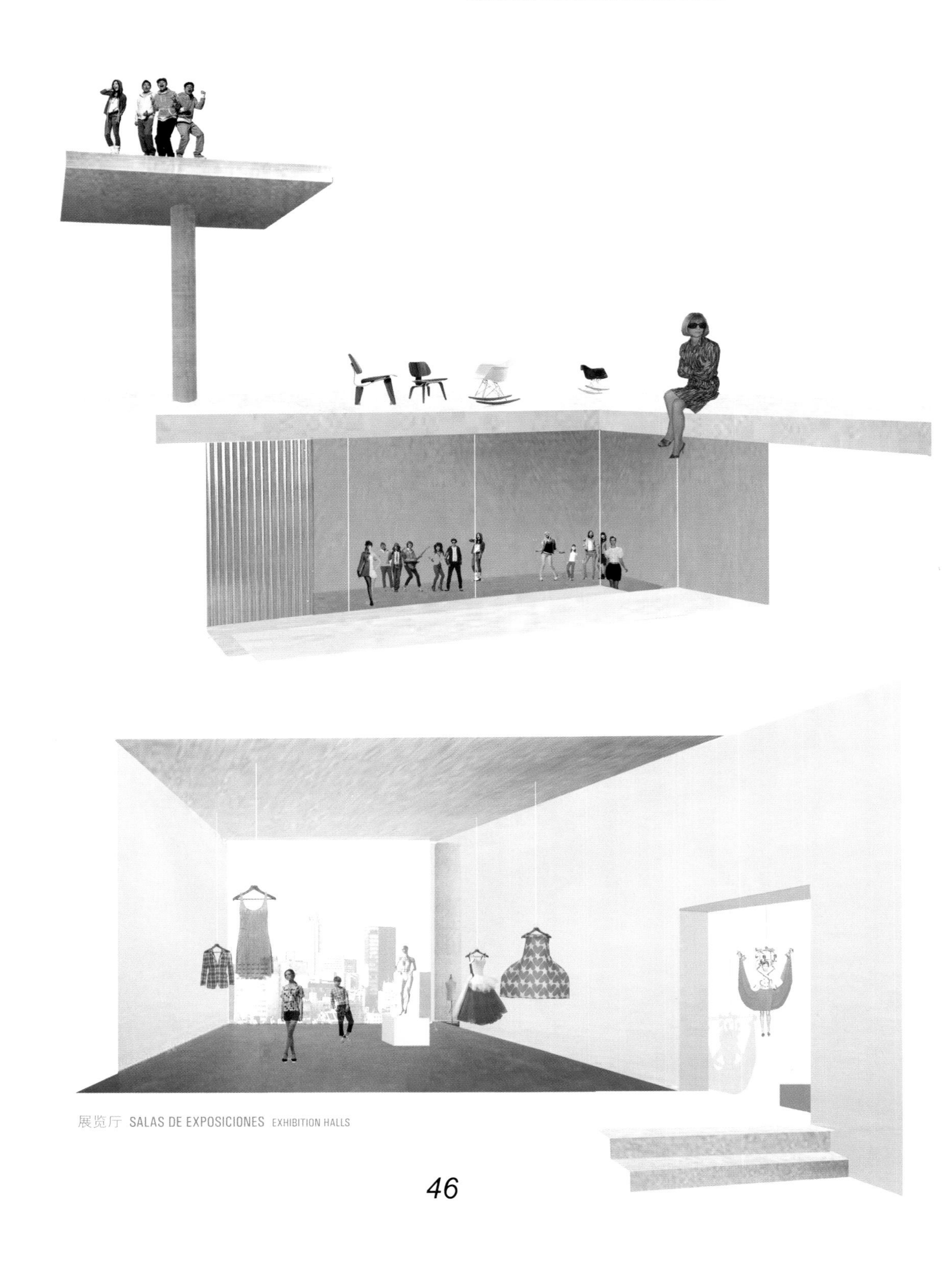

展览厅 SALAS DE EXPOSICIONES EXHIBITION HALLS

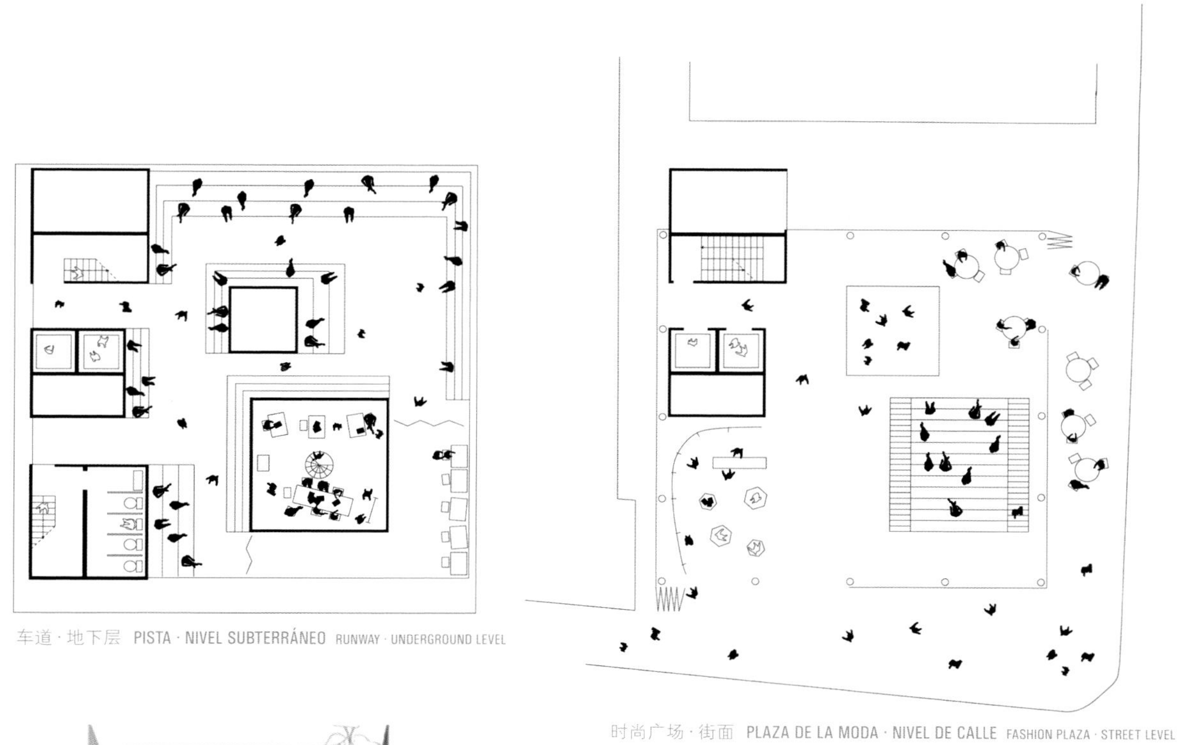

车道 · 地下层 PISTA · NIVEL SUBTERRÁNEO RUNWAY · UNDERGROUND LEVEL

时尚广场 · 街面 PLAZA DE LA MODA · NIVEL DE CALLE FASHION PLAZA · STREET LEVEL

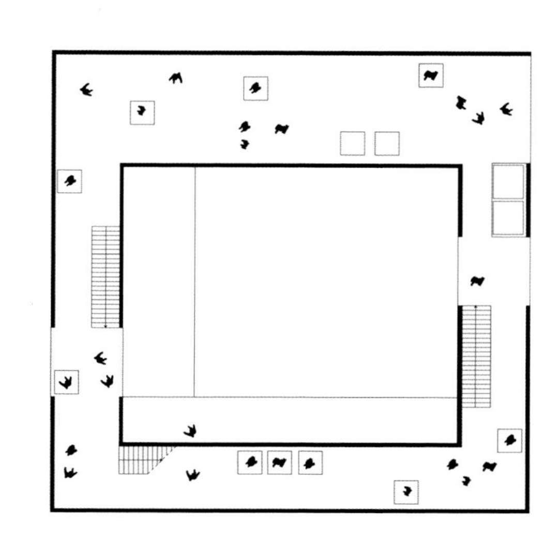

展览厅 · 主要体量 SALA EXPOSICIONES · VOLUMEN PRINCIPAL EXHIBITION ROOM · MAIN VOLUME

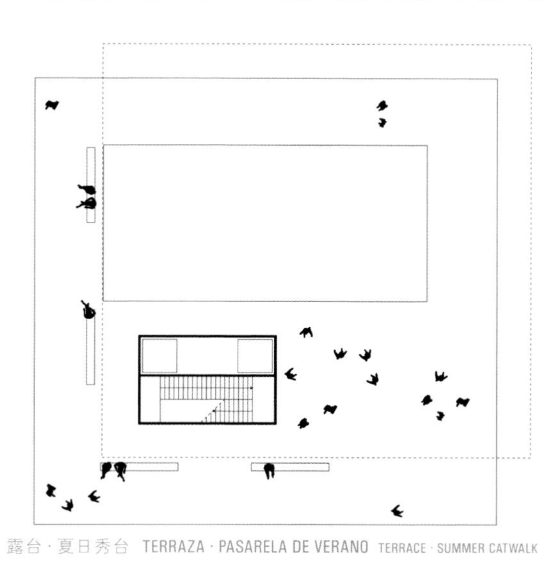

露台 · 夏日秀台 TERRAZA · PASARELA DE VERANO TERRACE · SUMMER CATWALK

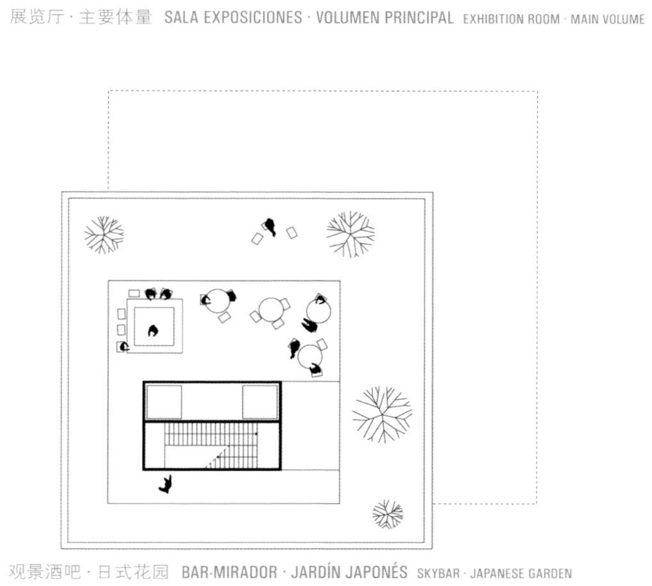

观景酒吧 · 日式花园 BAR-MIRADOR · JARDÍN JAPONÉS SKYBAR · JAPANESE GARDEN

表参道商业街的时尚博物馆 · 东京

Museo de la Moda en la calle Omotesando · Tokyo

Fashion Museum in Omotesando street · Japan

三等奖 · **Tercer Premio** · Third Prize

113940 (竞标代码)

TAKENAKA CORPORATION (建筑师事务所)

Yasuhiro Yoshida · Masafumi Yanada · Yoko Okuyama (建筑师)

轮廓

100米高的塔楼博物馆宛然一个怪物，将对世界产生重大影响。其轮廓为"iegata"形式，在全世界均能找到其身影。其设计图与日本传统的小型房子"tanoji"相仿。建筑表皮采用传统的材料和技术。

UNA SILUETA

Una Torre-Museo de 100 metros de altura tendrá un poderoso impacto en el mundo, como un mounstruo. Su silueta es "iegata", una forma que se encuentra por todo el mundo. Su planta es como "tanoji", una casa mínima de Japón. La expresión de su superficie se compone de materiales y técnicas tradicionales.

A SILHOUETTE

One hundred meters high Tower-Museum will have powerful impact on the world, like a monster. Its silhouette is "iegata", a form that is found all over the world. Its plan is like "tanoji", a traditional minimal house in Japan. Its surface expression is made by traditional materials and techniques.

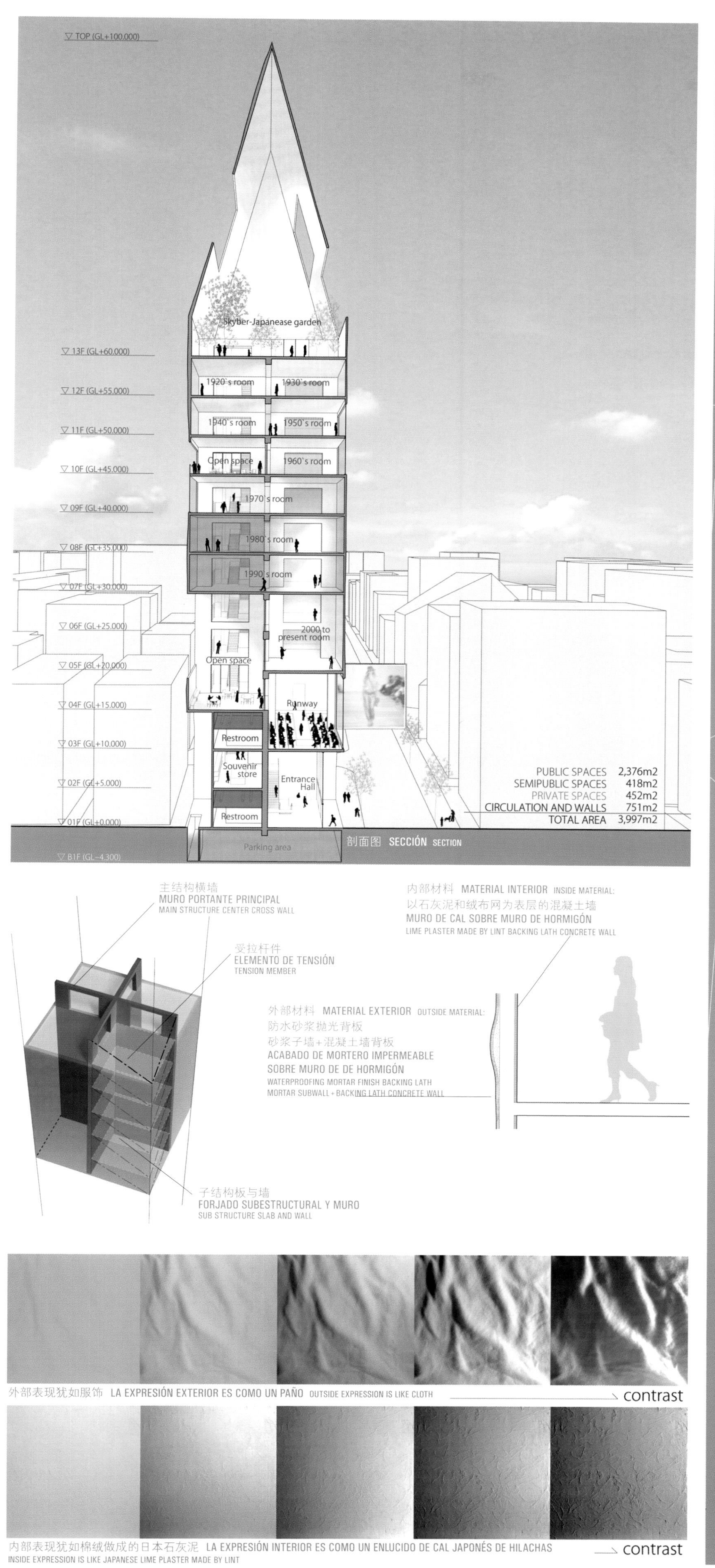
▽ TOP (GL+100.000)
▽ 13F (GL+60.000)
▽ 12F (GL+55.000)
▽ 11F (GL+50.000)
▽ 10F (GL+45.000)
▽ 09F (GL+40.000)
▽ 08F (GL+35.000)
▽ 07F (GL+30.000)
▽ 06F (GL+25.000)
▽ 05F (GL+20.000)
▽ 04F (GL+15.000)
▽ 03F (GL+10.000)
▽ 02F (GL+5.000)
▽ 01F (GL+0.000)
▽ B1F (GL-4.300)
Skyber-Japanease garden
1920`s room
1930`s room
1940`s room
1950`s room
Open space
1960`s room
1970`s room
1980`s room
1990`s room
2000 to present room
Open space
Runway
Restroom
Souvenir store
Entrance Hall
Restroom
Parking area
PUBLIC SPACES 2,376m2
SEMIPUBLIC SPACES 418m2
PRIVATE SPACES 452m2
CIRCULATION AND WALLS 751m2
TOTAL AREA 3,997m2
剖面图 SECCIÓN SECTION
主结构横墙
MURO PORTANTE PRINCIPAL
MAIN STRUCTURE CENTER CROSS WALL
受拉杆件
ELEMENTO DE TENSIÓN
TENSION MEMBER
内部材料 MATERIAL INTERIOR INSIDE MATERIAL:
以石灰泥和绒布网为表层的混凝土墙
MURO DE CAL SOBRE MURO DE HORMIGÓN
LIME PLASTER MADE BY LINT BACKING LATH CONCRETE WALL
外部材料 MATERIAL EXTERIOR OUTSIDE MATERIAL:
防水砂浆抛光背板
砂浆子墙+混凝土墙背板
ACABADO DE MORTERO IMPERMEABLE
SOBRE MURO DE DE HORMIGÓN
WATERPROOFING MORTAR FINISH BACKING LATH
MORTAR SUBWALL+BACKING LATH CONCRETE WALL
子结构板与墙
FORJADO SUBESTRUCTURAL Y MURO
SUB STRUCTURE SLAB AND WALL
外部表现犹如服饰 LA EXPRESIÓN EXTERIOR ES COMO UN PAÑO OUTSIDE EXPRESSION IS LIKE CLOTH
contrast
内部表现犹如棉绒做成的日本石灰泥 LA EXPRESIÓN INTERIOR ES COMO UN ENLUCIDO DE CAL JAPONÉS DE HILACHAS
INSIDE EXPRESSION IS LIKE JAPANESE LIME PLASTER MADE BY LINT
contrast

2000 to present room
EV
六层平面图 PLANTA 5 FLOOR PLAN 5
Skyber-Japanease garden
Bar
Restroom
十三层平面图 PLANTA 12 FLOOR PLAN 12
2000 to present room
五层平面图 PLANTA 4 FLOOR PLAN 4
1920`s room
1930`s room
十二层平面图 PLANTA 11 FLOOR PLAN 11
Open space
window display
四层平面图 PLANTA 3 FLOOR PLAN 3
1940`s room
1950`s room
十一层平面图 PLANTA 10 FLOOR PLAN 10
Seating area
Runway
Restroom
window display
Backstage area
三层平面图 PLANTA 2 FLOOR PLAN 2
Open space
1960`s room
十层平面图 PLANTA 9 FLOOR PLAN 9
Souvenir store
Administrative offices
二层平面图 PLANTA 1 FLOOR PLAN 1
1970`s room
九层平面图 PLANTA 8 FLOOR PLAN 8
Entrance Hall
Restrooms
DA
freight EV
Loading area
sub etrance
底层平面图 PLANTA BAJA GROUND FLOOR PLAN
1980`s room
八层平面图 PLANTA 7 FLOOR PLAN 7
1 2 3 4 5 6 7 DA
Parking area
freight EV 8 9 10
Storage room
地下一层平面图 PLANTA -1 FLOOR PLAN -1
1990`s room
七层平面图 PLANTA 6 FLOOR PLAN 6

表参道商业街的时尚博物馆 · 东京

Museo de la Moda en la calle Omotesando · Tokyo

Fashion Museum in Omotesando street · Japan

荣誉提名奖 · Mención Honorifica · Honourable Mention

Ahmed Belkhodja · Alexandre Carpentier (建筑师)

内层表皮 外层内容

我们提议构建一种无明晰立面或无清晰轮廓的建筑。其结构采用混合体，典雅、简朴以呼应城市氛围，给周边行人提供壮观的视觉体验，这就是该建筑的特色。该混合体以一种表达方式，或隐藏，或显露，或衬托博物馆的内涵。

PIEL INTERIOR, CARNE EXTERIOR

Proponemos una torre sin una fachada clara o forma. Su estructura es una malla que define su presencia, una simplicidad elegante hacia la ciudad y una experiencia espectacular para los peatones de los alrededores. Esta malla oculta, revela y soporta los contenidos del museo con un simple gesto.

INNER SKIN, OUTER FLESH

We propose a tower without a clear façade or form. Its structure is a mesh which defines its presence, an elegant simplicity towards the city and a spectacular visual experience for the nearby pedestrians. This mesh hides, reveals, and supports the contents of the museum in a single gesture.

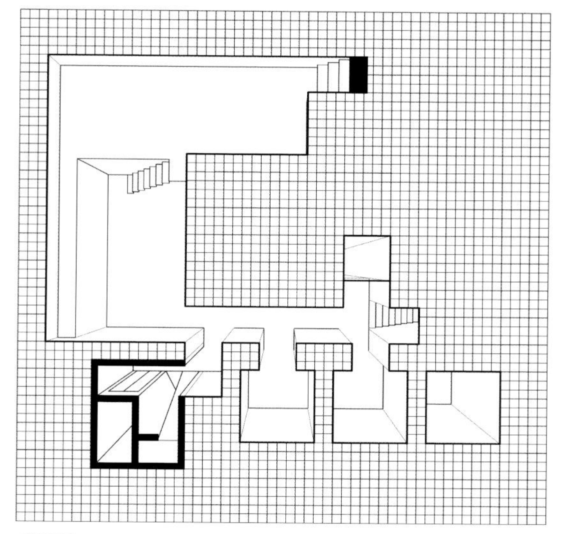

平面图 +82.7m NIVEL +82.7m LEVEL +82.7m

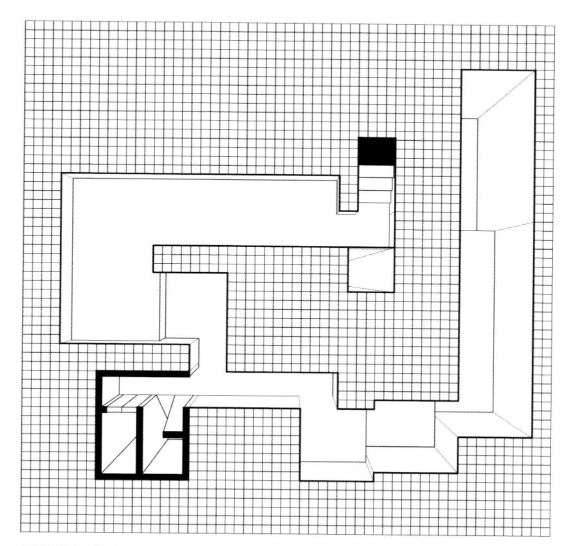

平面图 +61.8m NIVEL +61.8m LEVEL +61.8m

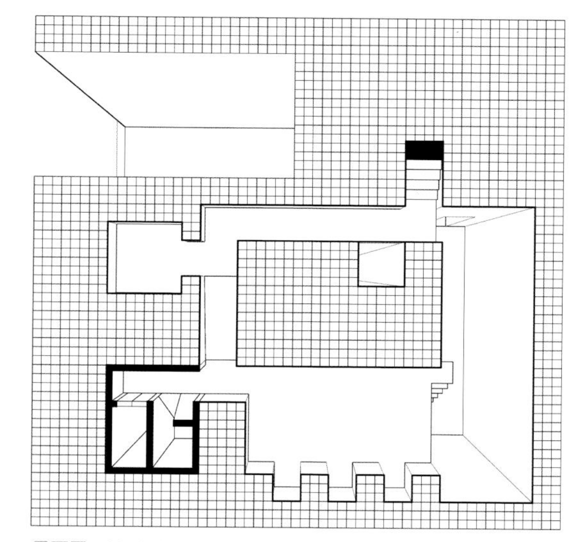

平面图 +44m NIVEL +44m LEVEL +44m

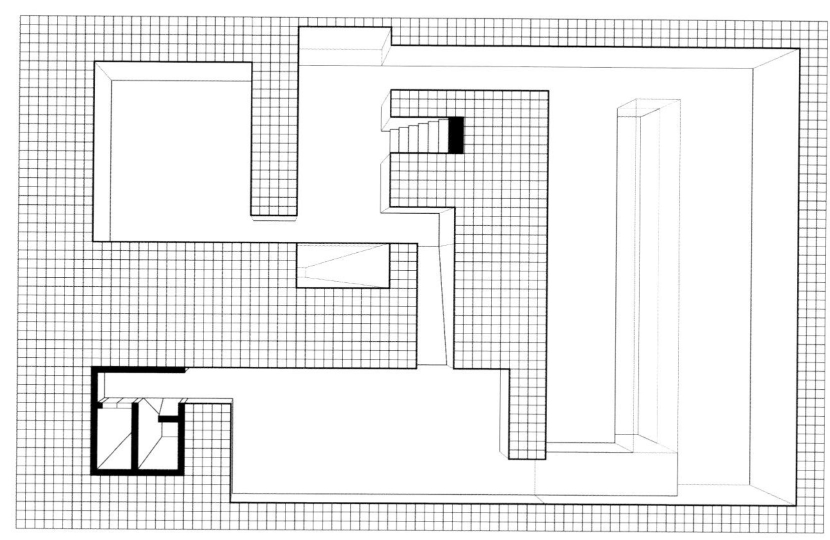

平面图 +20.3m NIVEL +20.3m LEVEL +20.3m

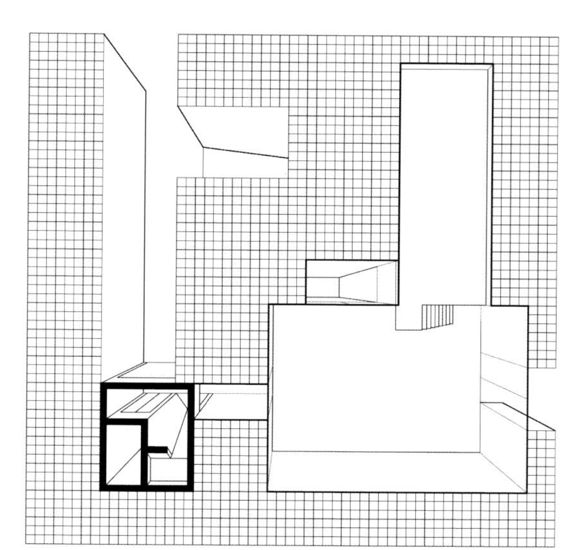

平面图 +2.4m NIVEL +2.4m LEVEL +2.4m

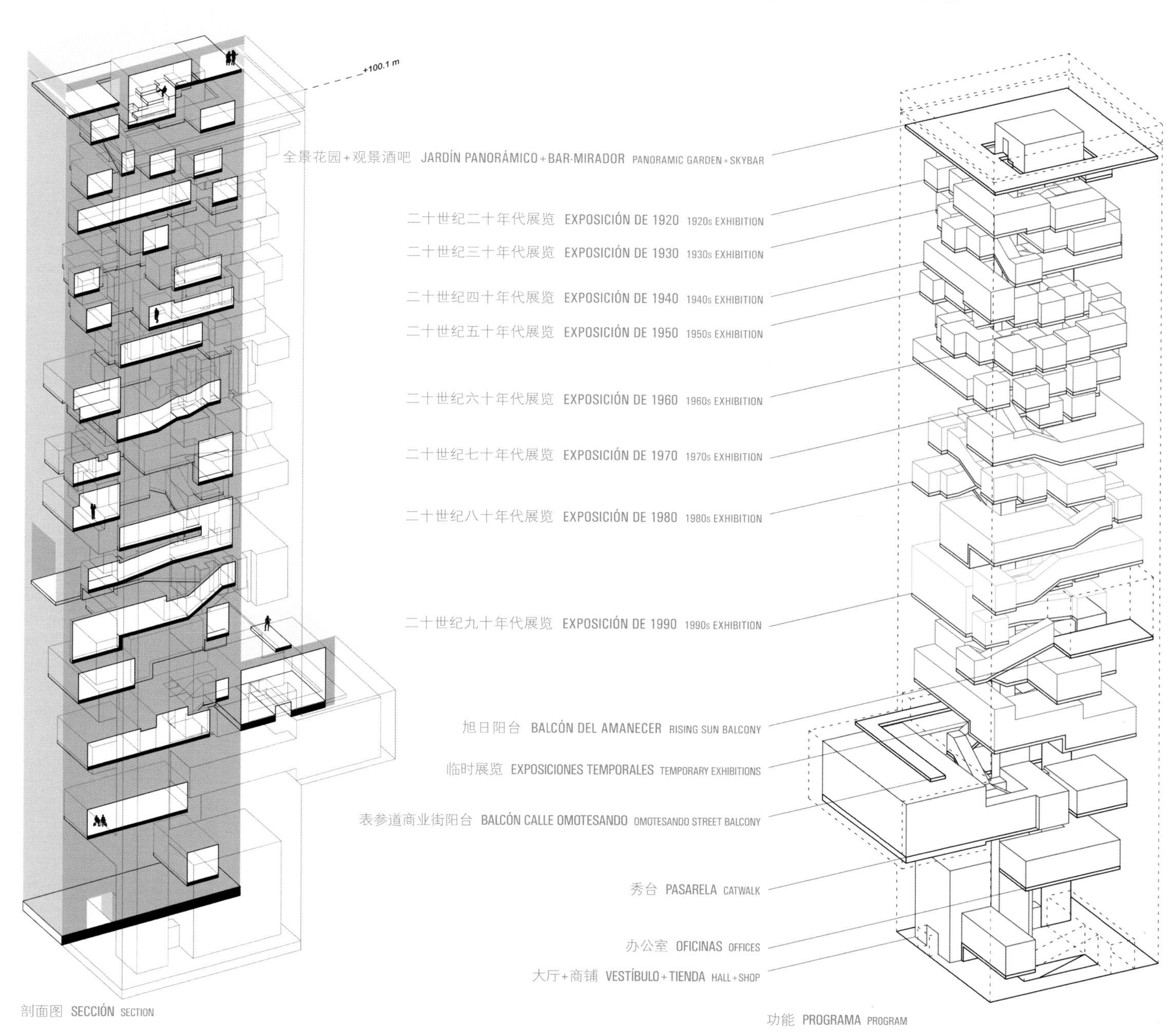

剖面图 SECCIÓN SECTION

功能 PROGRAMA PROGRAM

表参道商业街的时尚博物馆 · 东京

Museo de la Moda en la calle Omotesando · Tokyo

Fashion Museum in Omotesando street · Japan

荣誉提名奖 · **Mención Honorifica** · Honourable Mention

MUS architects (建筑师事务所)

Adam Zwierzynski · Anna Porebska (建筑师)

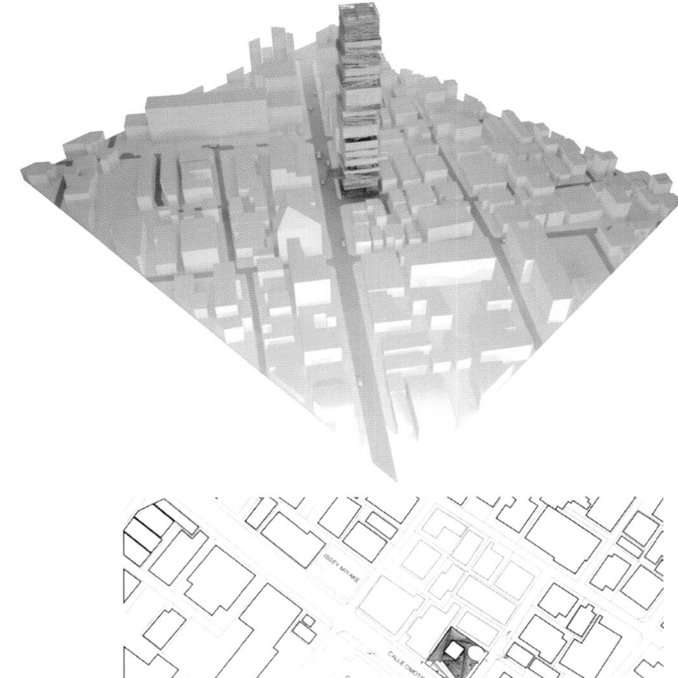

区块位置 PLANO DE SITUACIÓN SITE PLAN

基本形状

该地块可视为一张弹性织物，根据对设计项目的分析，可通过拉伸、提拉、扭曲等方式做成所期望的形状。如何在一个空间逼仄、人口稠密的区域，将人们吸引到其内部呢？博物馆为22层高的垂直建筑(地面19层)。其结果就是基于功能，对“有计划的广块”进行层层叠合。

FORMAS BÁSICAS

La parcela se ha tratado como una malla elástica, que se puede estirar hacia arriba y se puede girar para conformar la forma deseada, basándonos en el análisis del programa. ¿Cómo podemos crear en una parcela pequeña, en una trama muy densa, un espacio que atraiga gente a su interior? El museo se conforma verticalmente con 22 niveles (19 sobre rasante). El resultado es un "apilamiento" funcional de capas – "plazas programáticas".

BASIC SHAPES

The plot has been treated as an elastic fabric, which can be stretched, pulled upwards and twisted so as to form the desired shape, based on the design-programme analysis. How to create on a small plot, in densely urbanized city tissue, a space that would be drawing people into its interior? The museum has been set up vertically on 22 levels (19 above the ground level). The result is a functional "pile" of layers – "programmatic squares".

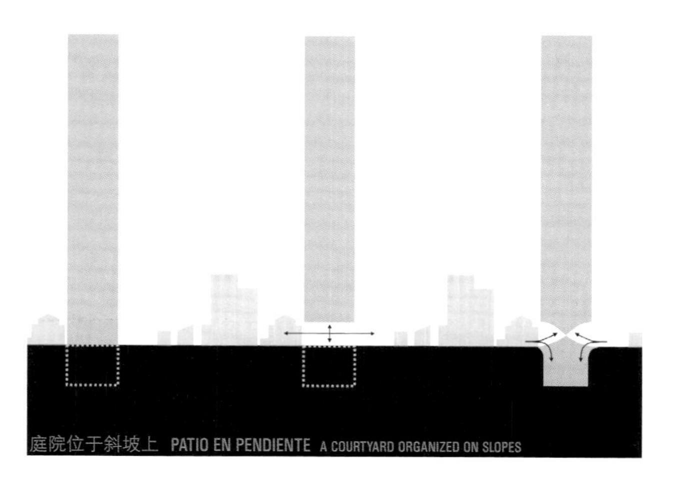

庭院位于斜坡上 PATIO EN PENDIENTE A COURTYARD ORGANIZED ON SLOPES

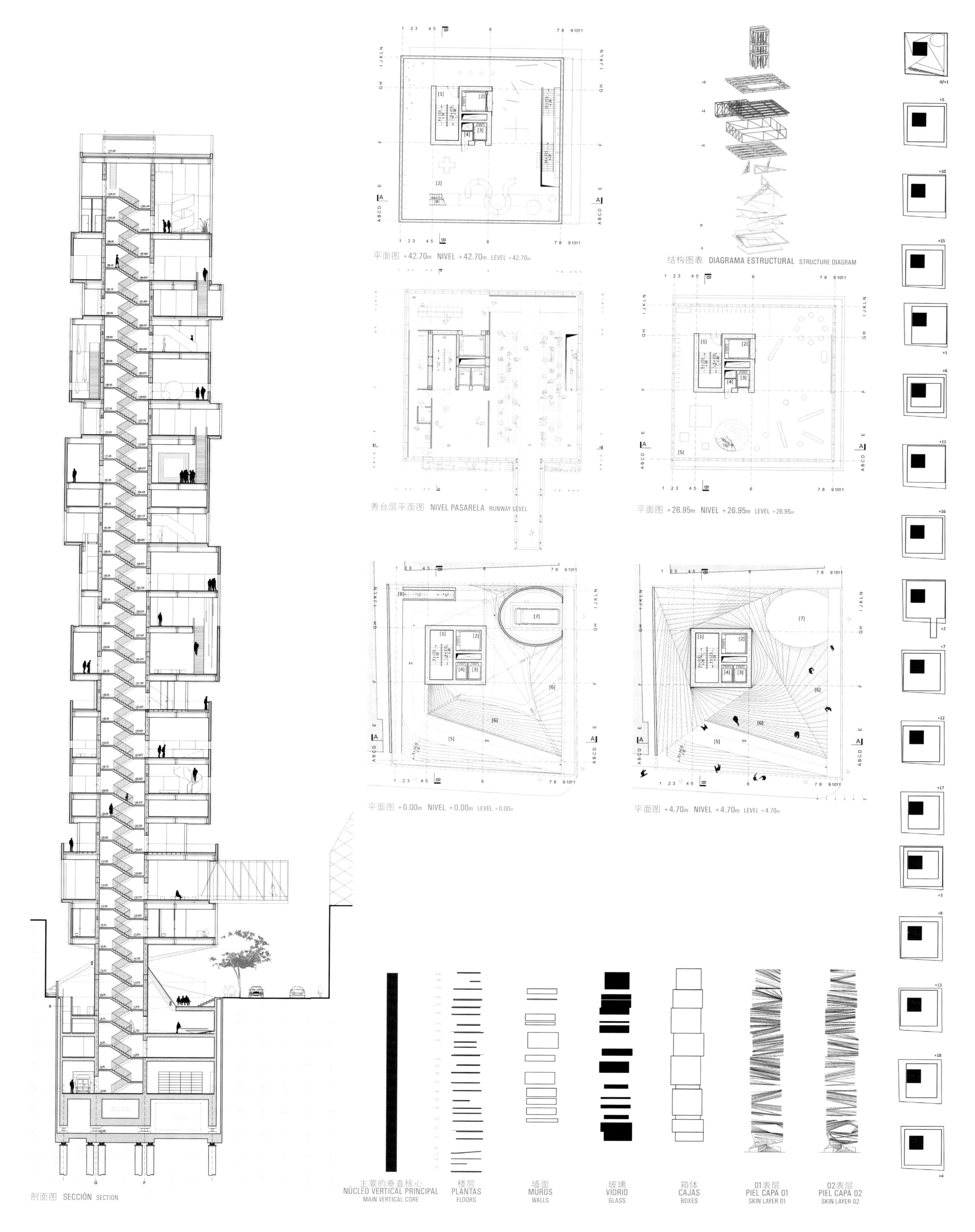
平面图 +42.70m NIVEL +42.70m LEVEL +42.70m
结构图表 DIAGRAMA ESTRUCTURAL STRUCTURE DIAGRAM
秀台层平面图 NIVEL PASARELA RUNWAY LEVEL
平面图 +26.95m NIVEL +26.95m LEVEL +26.95m
平面图 +0.00m NIVEL +0.00m LEVEL +0.00m
平面图 +4.70m NIVEL +4.70m LEVEL +4.70m
剖面图 SECCIÓN SECTION
主要的垂直核心
NÚCLEO VERTICAL PRINCIPAL
MAIN VERTICAL CORE
楼层
PLANTAS
FLOORS
墙面
MUROS
WALLS
玻璃
VIDRIO
GLASS
箱体
CAJAS
BOXES
01表层
PIEL CAPA 01
SKIN LAYER 01
02表层
PIEL CAPA 02
SKIN LAYER 02

表参道商业街的时尚博物馆 · 东京

Museo de la Moda en la calle Omotesando · Tokyo

Fashion Museum in Omotesando street · Japan

荣誉提名奖 · Mención Honorifica · Honourable Mention　Abreowong Etteh (建筑师)

KURO MAKU

"Kuro Maku"(幕后操纵者)一词指的是在歌舞伎剧院用于遮挡后台嘈杂活动场面，以及用于在表演时起到静音作用的黑色幕布。建筑立面采用橡胶材质，布满折痕、皱褶，给人一种扭曲的感觉。固定于建筑立面的横向致动器起伏波动既快速又协调，对建筑内的空气重新进行分配。

KURO MAKU

El nombre Kuro Maku se refiere a la cortina negra utilizada en el teatro Kabuki para oscurecer la cacofonía visual de la actividad de los bastidores y que también trabaja como telón de fondo para eventos. La escala de la torre se distorsiona con pliegues, arrugas, ondulaciones de la fachada de goma. Una fluctuación rápida y coordinada de los accionadores horizontales fijados a la fachada causará una redistribución del aire de todo el edificio.

KURO MAKU

The name Kuro Maku refers to the black curtain used in Kabuki theatre to obscure the visual cacophony of backstage activities but also works as a mute backdrop for performances. The scale of the tower is distorted by the creases, folds and crimps of the rubber façade. A rapid and coordinated fluctuation of horizontal actuators fixed to the façade will cause a redistribution of air through out the building.

致动器框架 MARCO DE ACTUACIÓN ACTUATOR FRAME

致动器 ACTUACIÓN ACTUATOR

橡皮膜形成的真空 VACÍO DE MEMBRANA DE GOMA VACUUM MADE BY RUBBER MEMBRANE

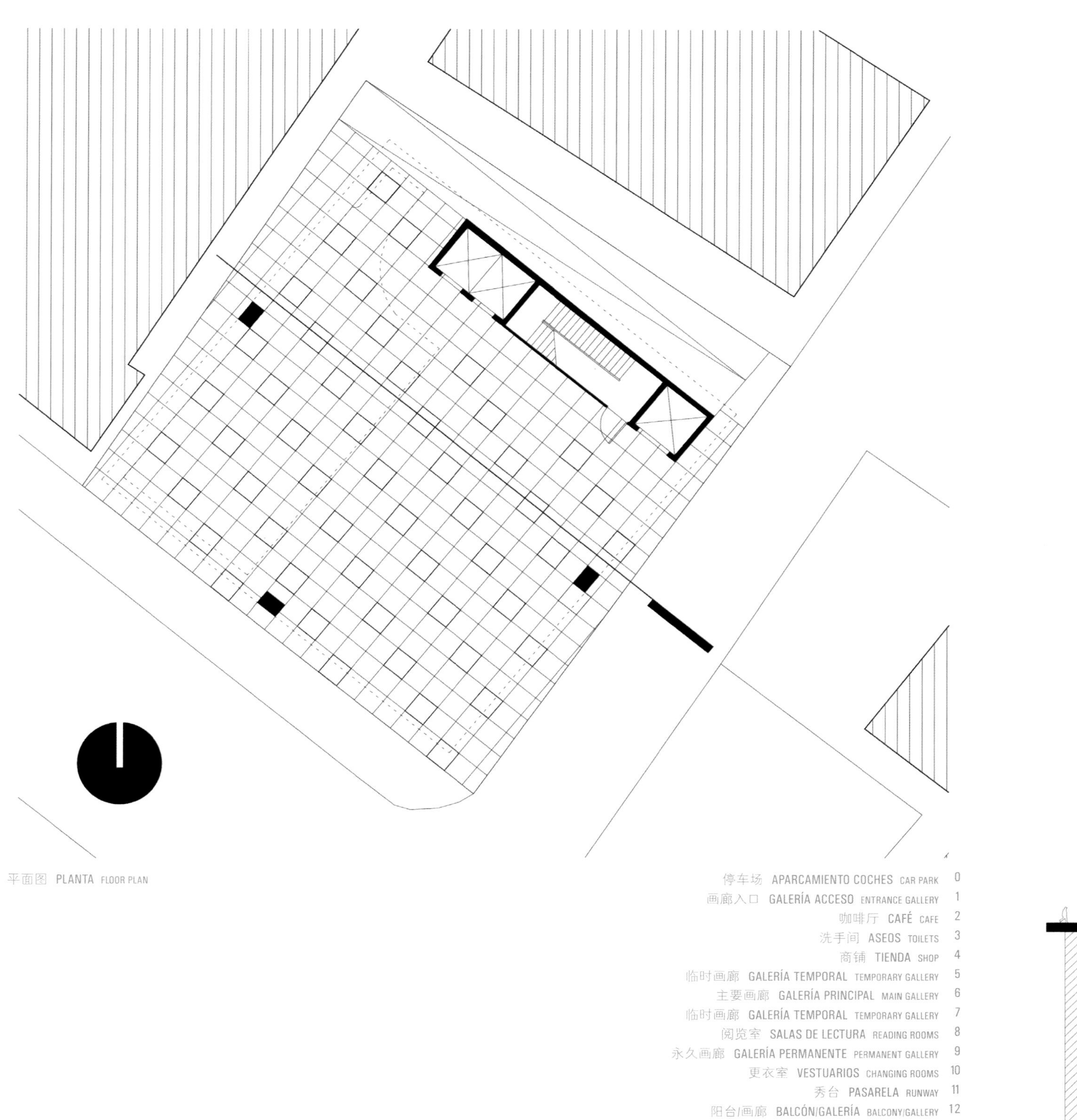

平面图 PLANTA FLOOR PLAN

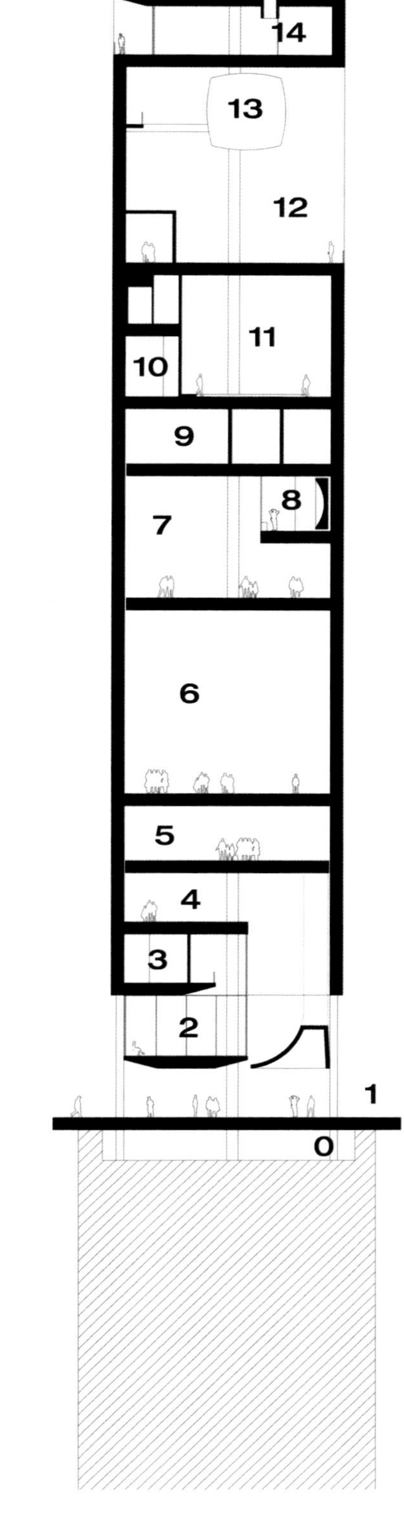

停车场 APARCAMIENTO COCHES CAR PARK 0
画廊入口 GALERÍA ACCESO ENTRANCE GALLERY 1
咖啡厅 CAFÉ CAFE 2
洗手间 ASEOS TOILETS 3
商铺 TIENDA SHOP 4
临时画廊 GALERÍA TEMPORAL TEMPORARY GALLERY 5
主要画廊 GALERÍA PRINCIPAL MAIN GALLERY 6
临时画廊 GALERÍA TEMPORAL TEMPORARY GALLERY 7
阅览室 SALAS DE LECTURA READING ROOMS 8
永久画廊 GALERÍA PERMANENTE PERMANENT GALLERY 9
更衣室 VESTUARIOS CHANGING ROOMS 10
秀台 PASARELA RUNWAY 11
阳台/画廊 BALCÓN/GALERÍA BALCONY/GALLERY 12
洗手间 ASEOS TOILETS 13
办公室 OFICINA OFFICE 14
酒吧 BAR BAR 15
花园 JARDÍN GARDEN 16

表参道商业街的时尚博物馆 · 东京

Museo de la Moda en la calle Omotesando · Tokyo

Fashion Museum in Omotesando street · Japan

荣誉提名奖 · **Mención Honorifica** · Honourable Mention

You-Chang Jeon · Haejun Jung · Minjae Kim · Seungwook Kim · Sangbum Son (建筑师)

垂直拱廊

该项目提议时尚博物馆空间采用垂直拱廊的形式，这可以纵向拓宽表参道陈列室之间的横向距离，并可将时尚、商业化的一面与文化区域进行糅合。时尚品牌的形象可激发想象，并凸显其表面现象。

GALERÍA VERTICAL

Este proyecto propone un museo de la moda en la forma de una galería vertical, que extiende verticalmente la distancia horizontal entre los showrooms de Omotesando, y que combina el aspecto comercial de la moda con un espacio cultural. La imagen de la moda estimula la fantasía y proporciona superficialidad.

VERTICAL ARCADE

This project proposes a fashion museum space in the form of a vertical arcade, which extends the horizontal distance between showrooms of Omotesando vertically, and which combines the commercial aspect of fashion with a cultural space. The image of fashion brand stimulates fantasy and provides superficiality.

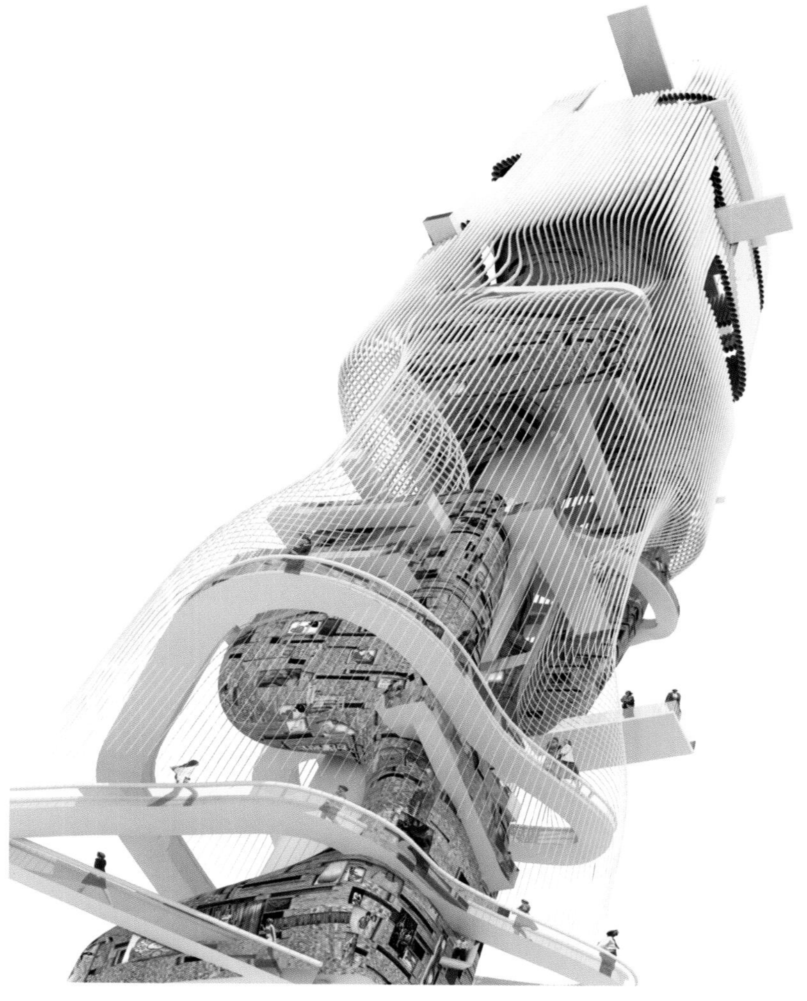

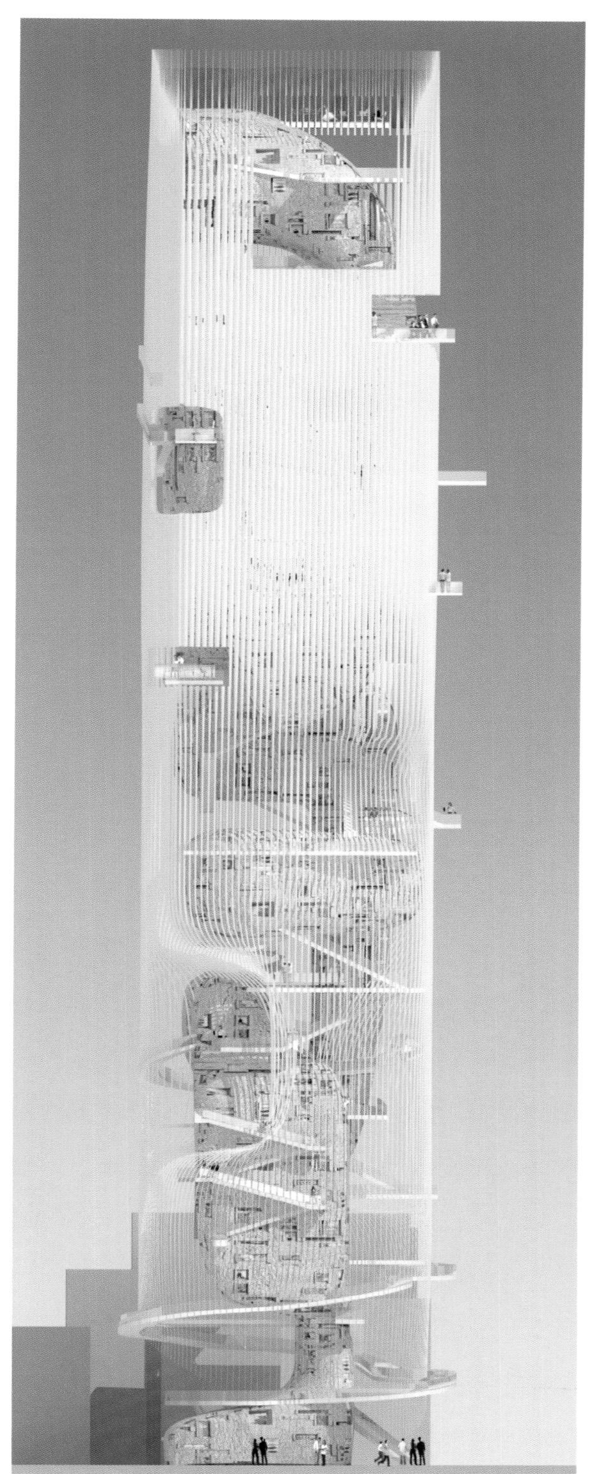

立面图 ALZADO ELEVATION

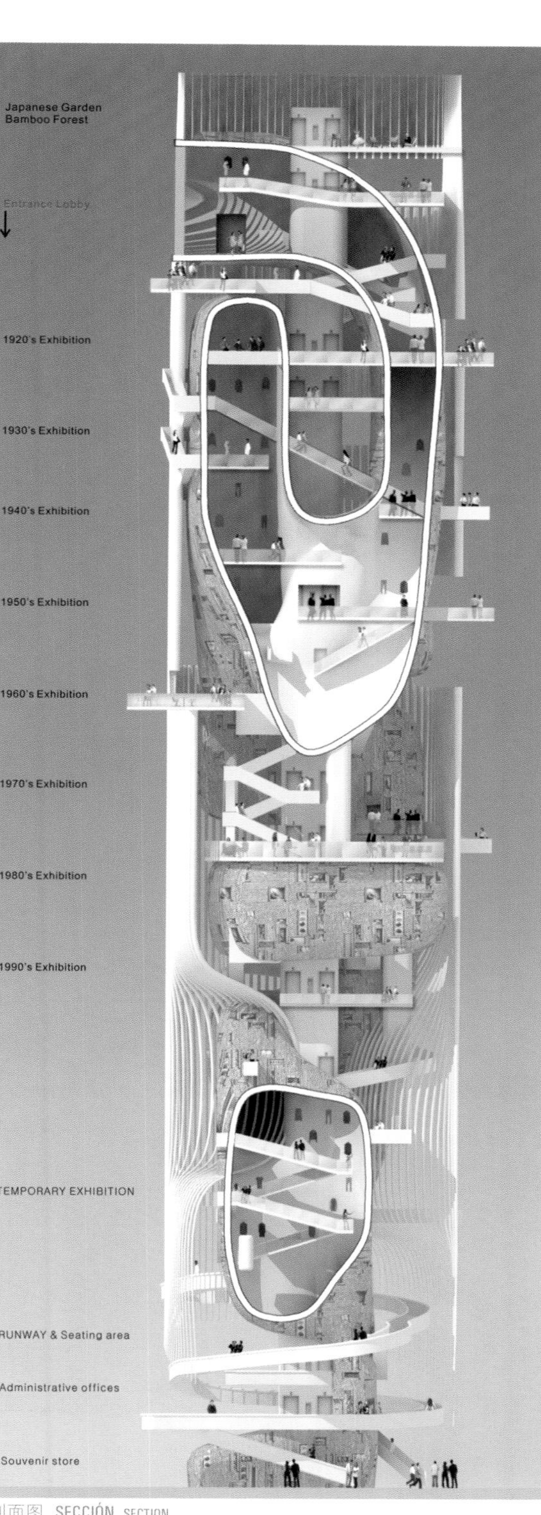

剖面图 SECCIÓN SECTION

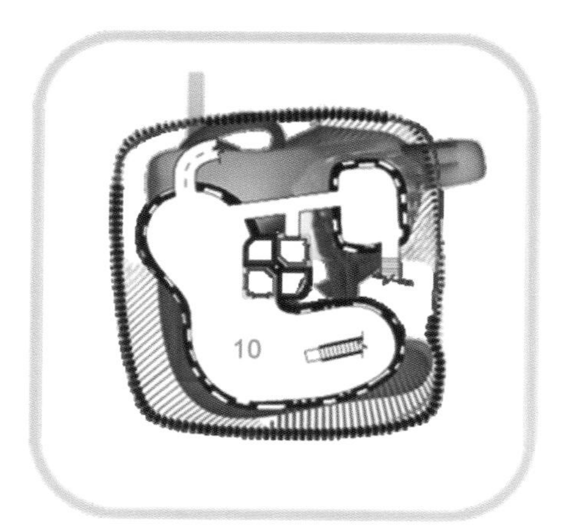

平面图 标高 84m 展厅2 NIVEL +84m EXPOSICIÓN 2 LEVEL +84m EXHIBITION 2

平面图 标高 52m 展厅1 NIVEL +52m EXPOSICIÓN 1 LEVEL +52m EXHIBITION 1

平面图 标高 32m 中层休息厅 NIVEL +32m VESTÍBULO MEDIO LEVEL +32m MID LOUNGE

平面图 标高 12m 秀台 NIVEL +12m PASARELA LEVEL +12m RUNWAY

平面图 标高 0m 入口门厅 NIVEL 0m VESTÍBULO ACCESO LEVEL 0m ENTRANCE HALL

表参道商业街的时尚博物馆 · 东京

Museo de la Moda en la calle Omotesando · Tokyo

Fashion Museum in Omotesando street · Japan

荣誉提名奖 · Mención Honorifica · Honourable Mention

fashion boulevard (竞标代码)

EH-ARCHITECTS (建筑师事务所)

Ton Evers · Frank Hooijkaas (建筑师)

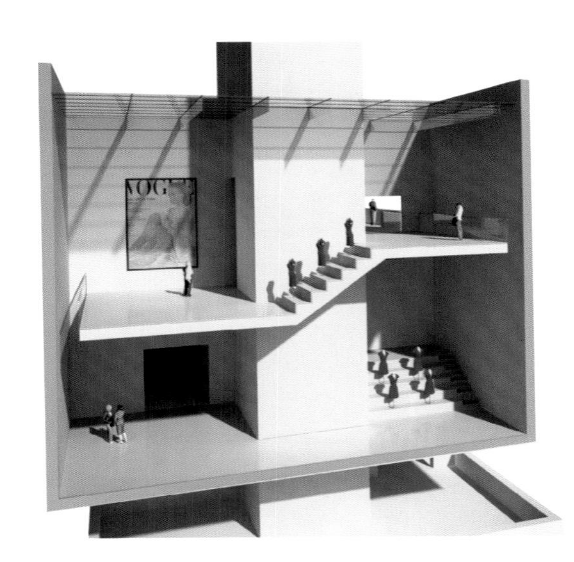

玻璃壳

从考古方面看，东京市是各个文化层的集合。表参道商业街具有“东京第五大道”的称号，聚集了世界最为著名的时装商店，临街商店展示了当代时尚的方方面面。在该大道的众多时装商店中，博物馆就是其垂直形式的代表。该建筑由核心(基础设施)、展览室(建筑)和城市阳台(公共区域)组成。

CÁSCARA DE VIDRIO

La ciudad de Tokyo es una colección de capas arqueológicas. La calle Omotesando se llama “La Quinta Avenida de Tokyo” y alberga las casas de moda más importantes del mundo, mostrando la moda contemporánea a nivel de calle. El museo es una representación vertical de este bulevar con sus múltiples tiendas. El edificio consiste en un núcleo (infraestructura), salas expositivas (edificios) y balcones urbanos (espacio público).

A GLASS SHELL

The city of Tokyo is a collection of archeological layers. Omotesando Street is called “ Tokyo's Fifth Avenue” and gathers world's most important fashion houses, displaying all aspects of contemporary fashion on street level. The museum is a vertical representation of this boulevard with its many fashion houses. The building consists of a core (infrastructure), exhibition rooms (buildings) and urban balconies (public space).

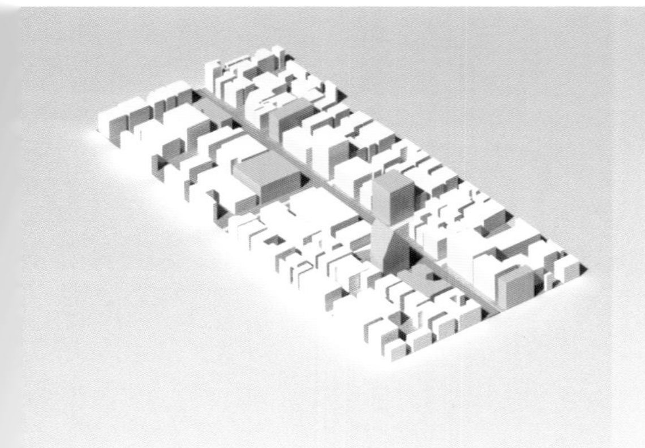

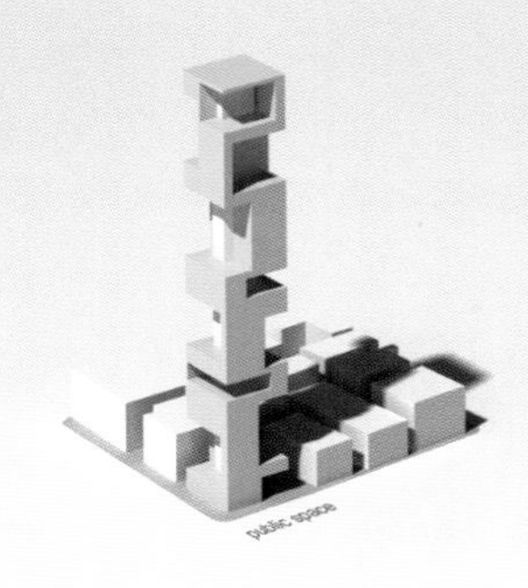

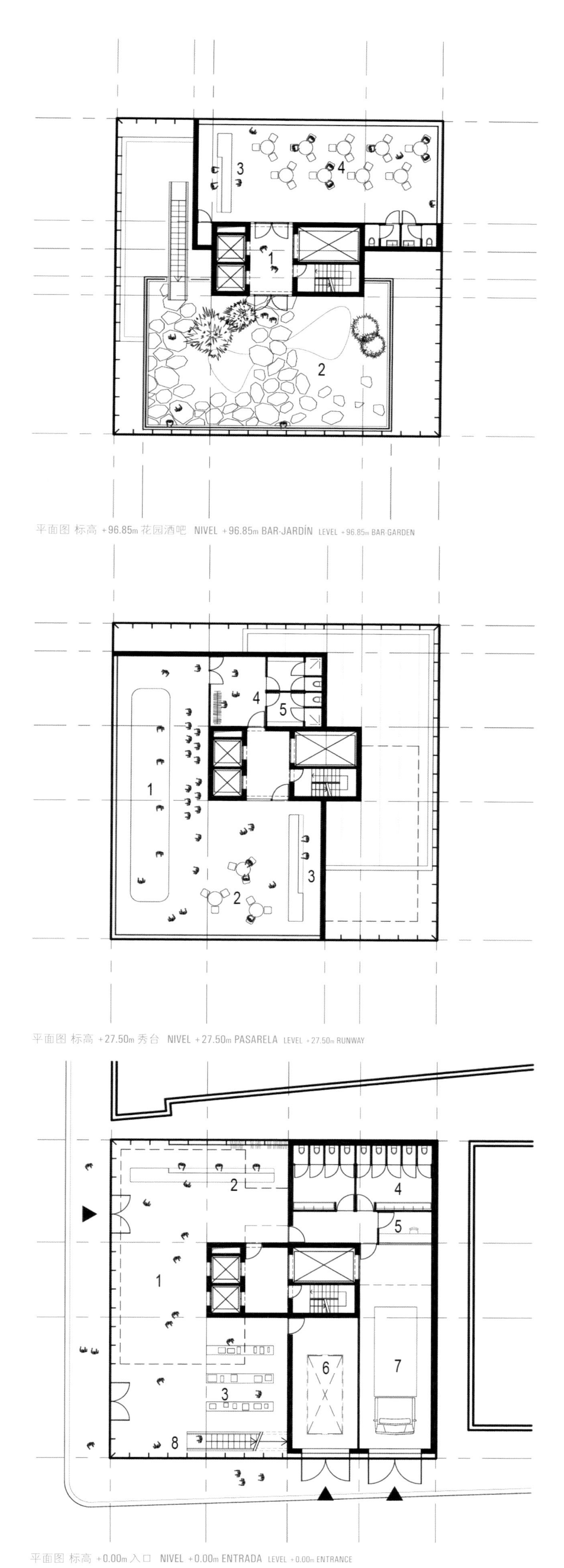

平面图 标高 +96.85m 花园酒吧 NIVEL +96.85m BAR-JARDÍN LEVEL +96.85m BAR GARDEN

平面图 标高 +27.50m 秀台 NIVEL +27.50m PASARELA LEVEL +27.50m RUNWAY

平面图 标高 +0.00m 入口 NIVEL +0.00m ENTRADA LEVEL +0.00m ENTRANCE

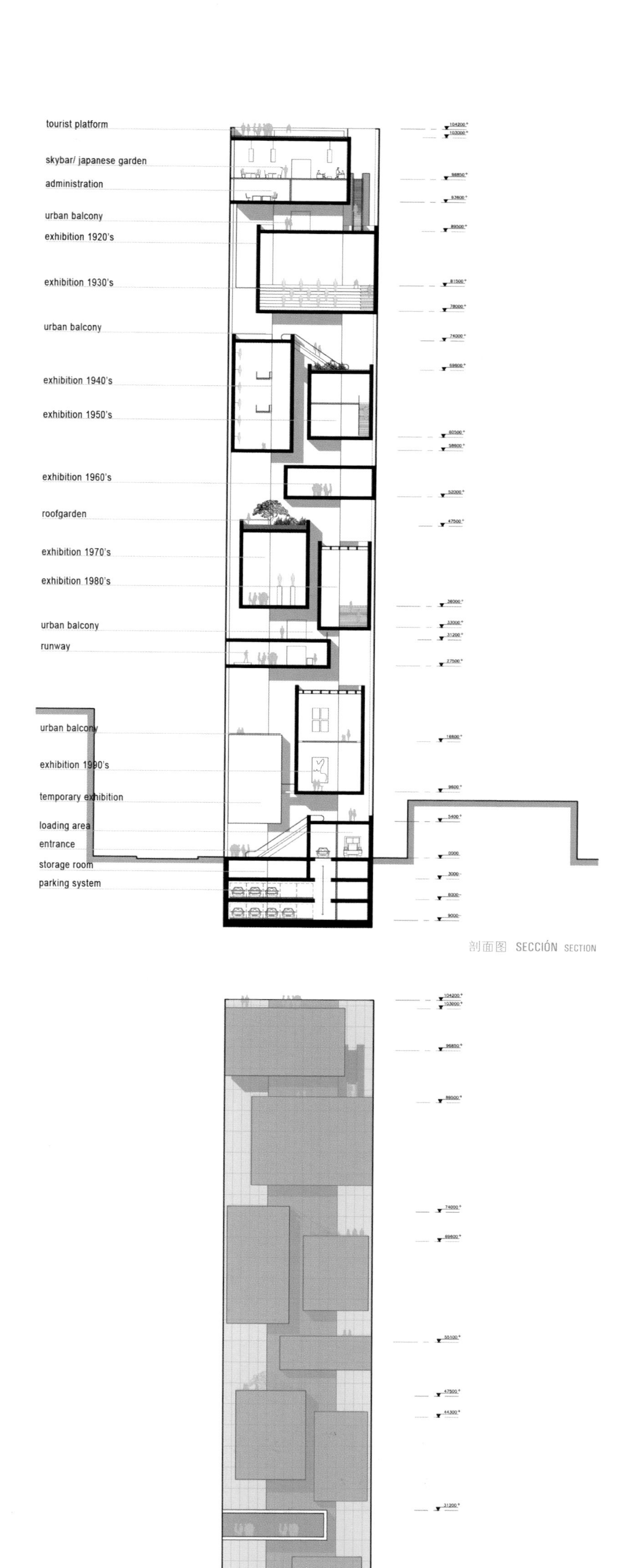

剖面图 SECCIÓN SECTION

立面图 ALZADO ELEVATION

表参道商业街的时尚博物馆 · 东京

Museo de la Moda en la calle Omotesando · Tokyo

Fashion Museum in Omotesando street · Japan

荣誉提名奖 · Mención Honorifica · Honourable Mention

114312 (竞标代码)

Luis Fernandes (建筑师)

平面图 标高 +0.00m 入口 NIVEL +0.00m ENTRADA LEVEL +0.00m ENTRANCE

浮动式画廊

东京与众不同之处主要在于其具有吸引并建造任何形式的建筑的潜能。如果说世界上有一个城市的建筑没有界线限制，建筑可以采用任意外观，那就是东京。这是一个可以设想第二代摩天楼的机遇。鉴于场地狭小，建筑要尊重向北扩展的住宅区，这点很重要。博物馆由与主要建筑核心相连的一系列美术馆组成，跨越了人行道和街道，一直向南延伸。各个美术馆均高6米，长50米。

GALERÍAS FLOTANTES

La singularidad de Tokyo reside principalmente en su potencial para absorber como crear cualquier tipo de forma arquitectónica. Si hay una ciudad en el mundo donde la arquitectura no tiene fronteras y puede emerger cualquier forma que quiera, esa es Tokyo. Es una oportunidad para imaginar el rascacielos 2.0. Conscientes de la estrechez del solar, es importante respetar el área residencial, que se extiende hacia el norte. Compuesto por una serie de galerías vinculadas a un núcleo central, el Museo se despliega sobre senderos y calles, hacia el sur. Cada galería tiene 6 metros de altura y 50 metros de largo.

FLOATING GALLERIES

Tokyo's singularity resides mainly in its potential to absorb as well as create any kind of architectural shape. If there is one city in the world where architecture has no boundaries and can rise in any shape it pleases, it is Tokyo. It is an opportunity to imagine the 2.0 skyscraper. Aware of the narrowness of the site, it is important to respect the residential area, spreading towards the north. Composed by a series of galleries linked to a main core, the Museum deploys over sidewalks and streets, towards the south. Each gallery is 6 meters high and about 50 meters long.

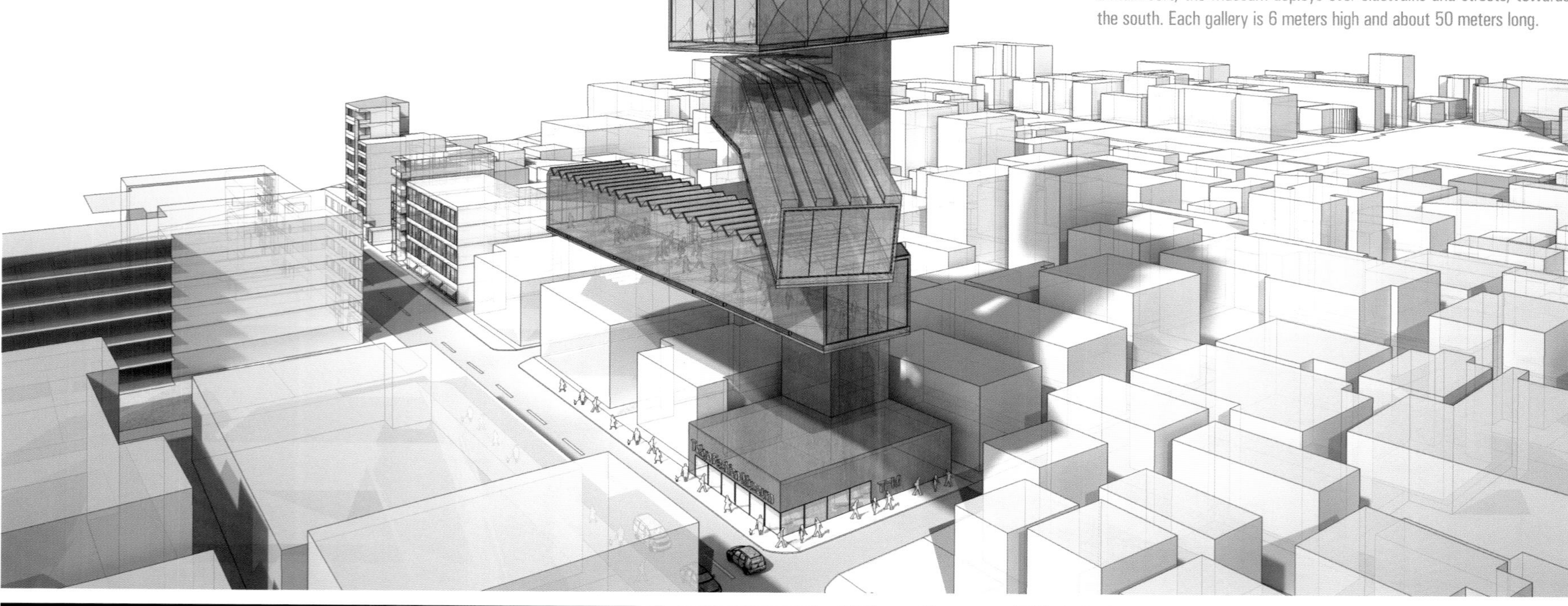

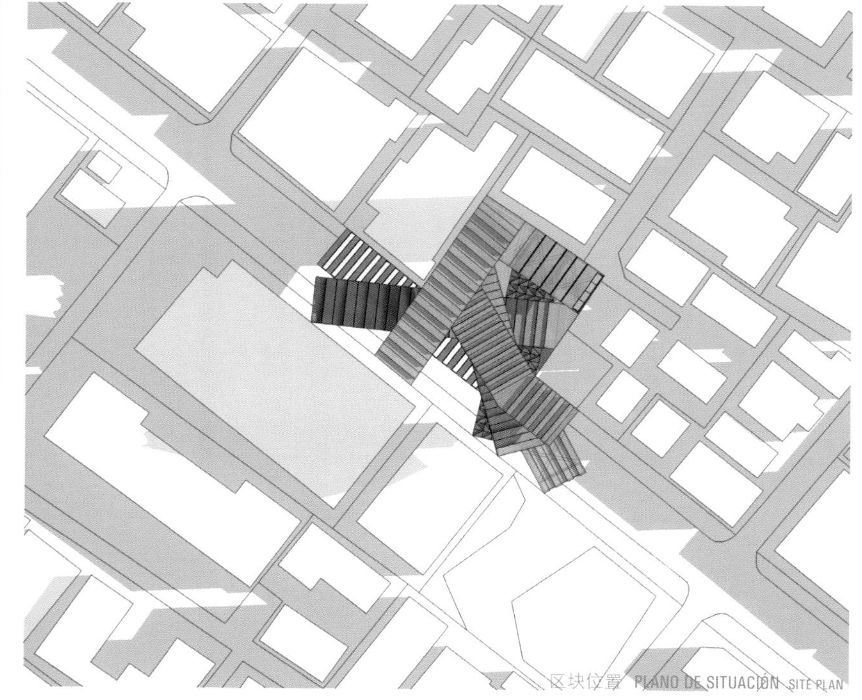

区块位置 PLANO DE SITUACIÓN SITE PLAN

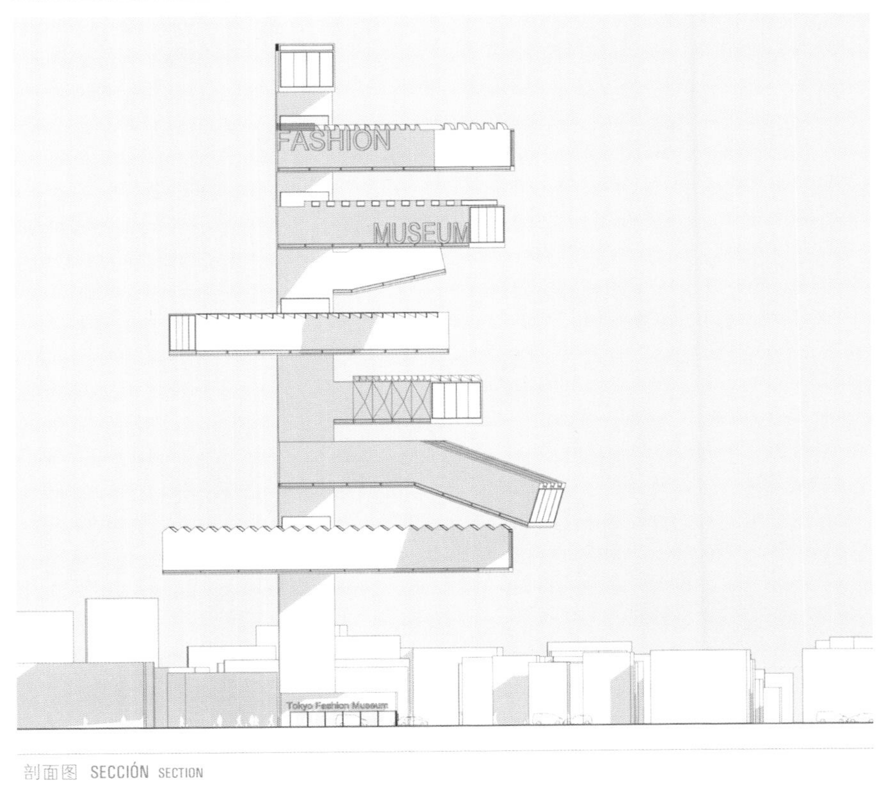

剖面图 SECCIÓN SECTION

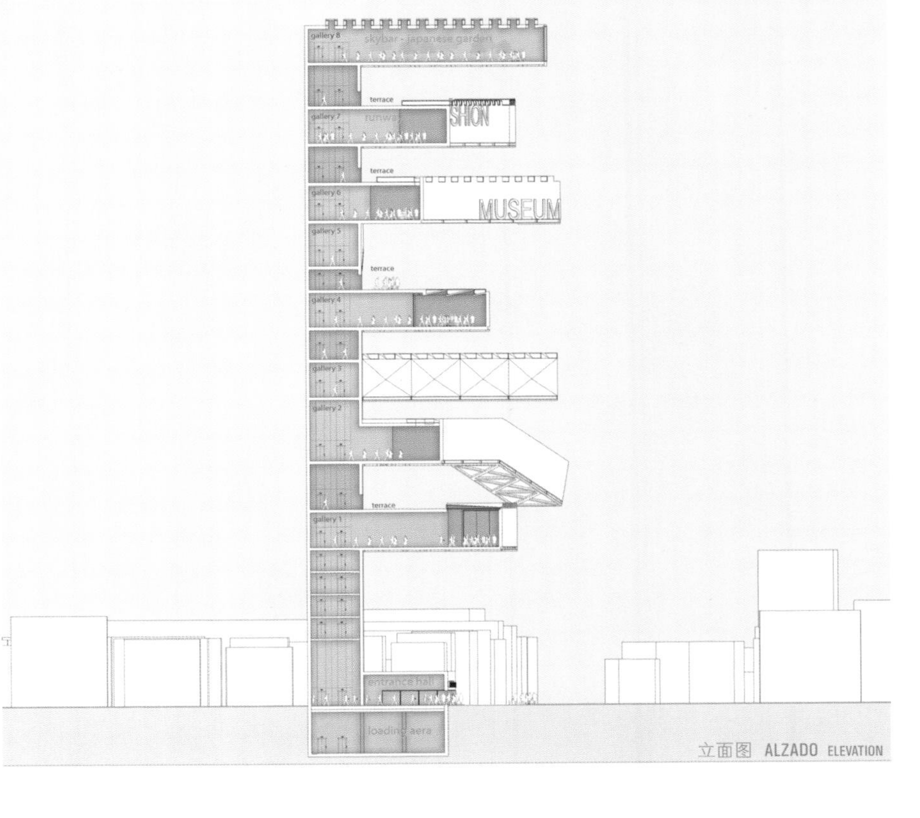

立面图 ALZADO ELEVATION

表参道商业街的时尚博物馆 · 东京

Museo de la Moda en la calle Omotesando · Tokyo

Fashion Museum in Omotesando street · Japan

荣誉提名奖 · Mención Honorifica · Honourable Mention

113401 (竞标代码)

aarchitektai (建筑师事务所)

Darius Čiuta · Martynas Pilvelis · Viktoras Mažeikis · Gintaras Auželis (建筑师)

易变的

该项目的主旨在于改变建筑的表皮。大厦外观并非因为人为因素而改变，而是取决于风、光、气候以及温度的影响。整座建筑的形状在每年、每季、每月、每周、每日、每时、每分的每个瞬间都独具特色。光的强度和颜色直接取决于改变的形式。

CAMBIANTE

La idea principal del proyecto es cambiar la superficie del edificio. La forma del edificio cambia no por el impacto urbano, sino dependiendo en la influencia del viento, luz, clima y temperatura. La forma de todo el edificio es específica para un momento único del año, estación, mes, semana, día, hora, minuto. La intensidad de la luz y el color dependen directamente de la forma de la transformación.

CHANGEABLE

The main idea of the project is to change the surface of the building. The shape of the tower changes not because of human impact, but depending on the influence of the wind, light, climate and temperature. The form of the whole building is specific for a unique moment of the year, season, month, week, day, hour, minute. Light intensity and colour directly depends on the form of the transformation.

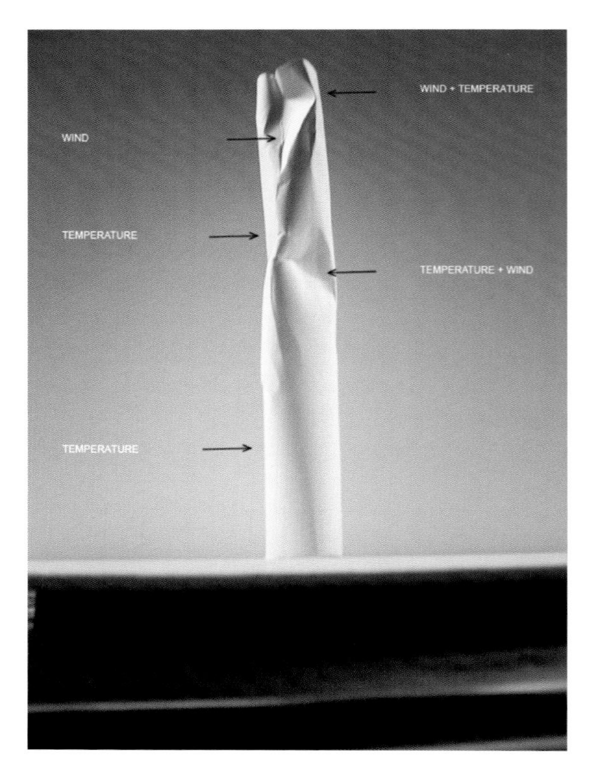

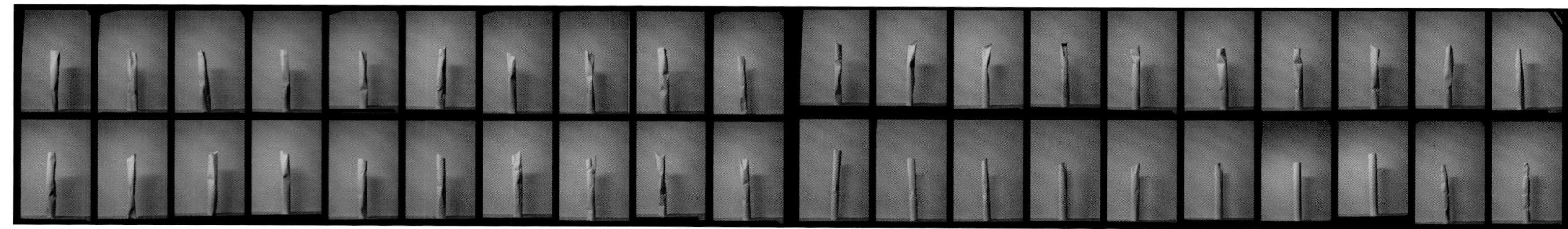

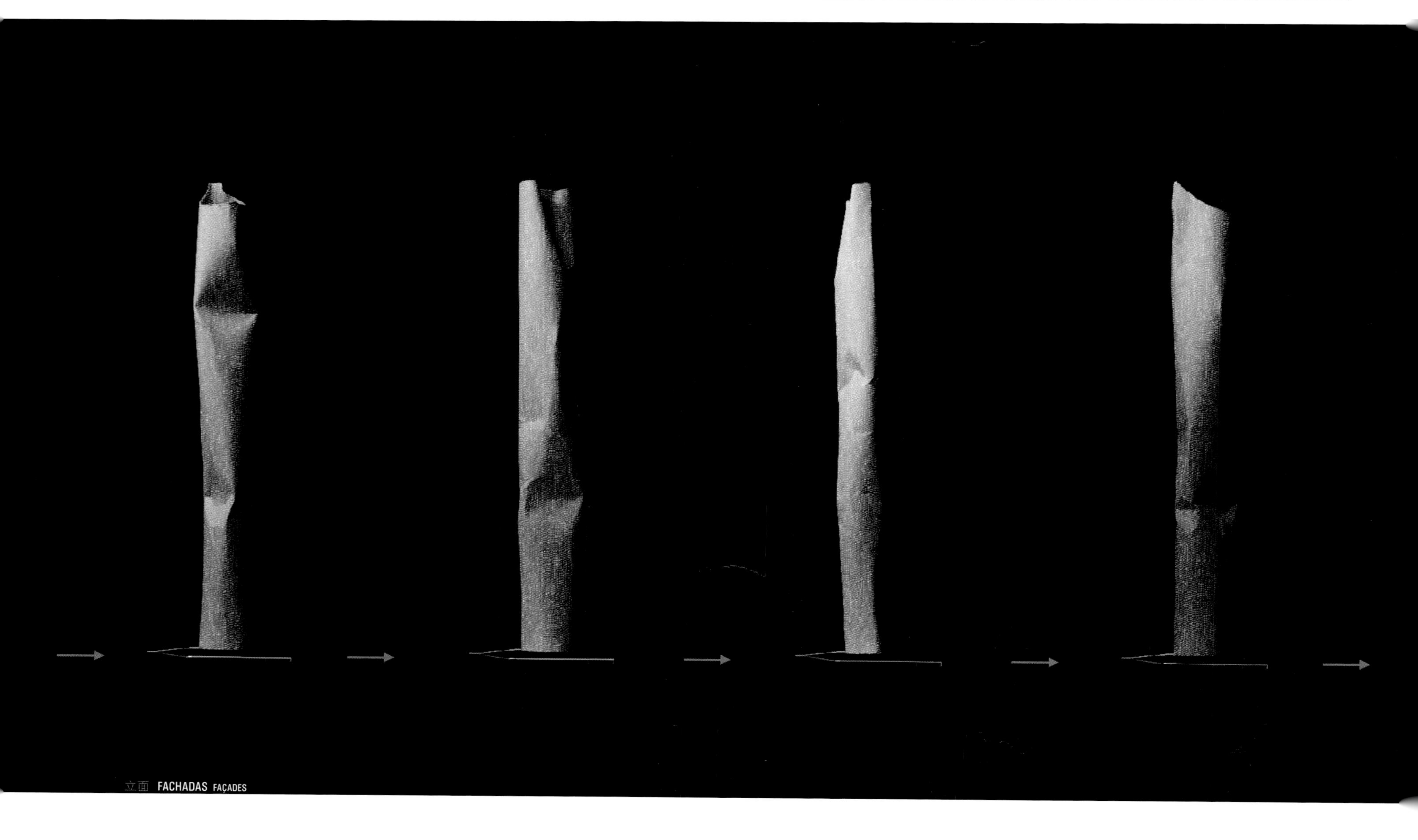

立面 FACHADAS FAÇADES

2011年5月15日 11:50am
11:50am 15 MAYO, 2011
11:50am MAY 15, 2011
2011年5月16日 11:50am
11:50am 16 MAYO, 2011
11:50am MAY 16, 2011
2011年5月17日 11:50am
11:50am 17 MAYO, 2011
11:50am MAY 17, 2011

表参道商业街的时尚博物馆 · 东京

Museo de la Moda en la calle Omotesando · Tokyo

Fashion Museum in Omotesando street · Japan

荣誉提名奖 · **Mención Honorifica** · Honourable Mention

invisible icon (竞标代码)

KNEstudio (建筑师事务所)

Kevin Erickson (建筑师)

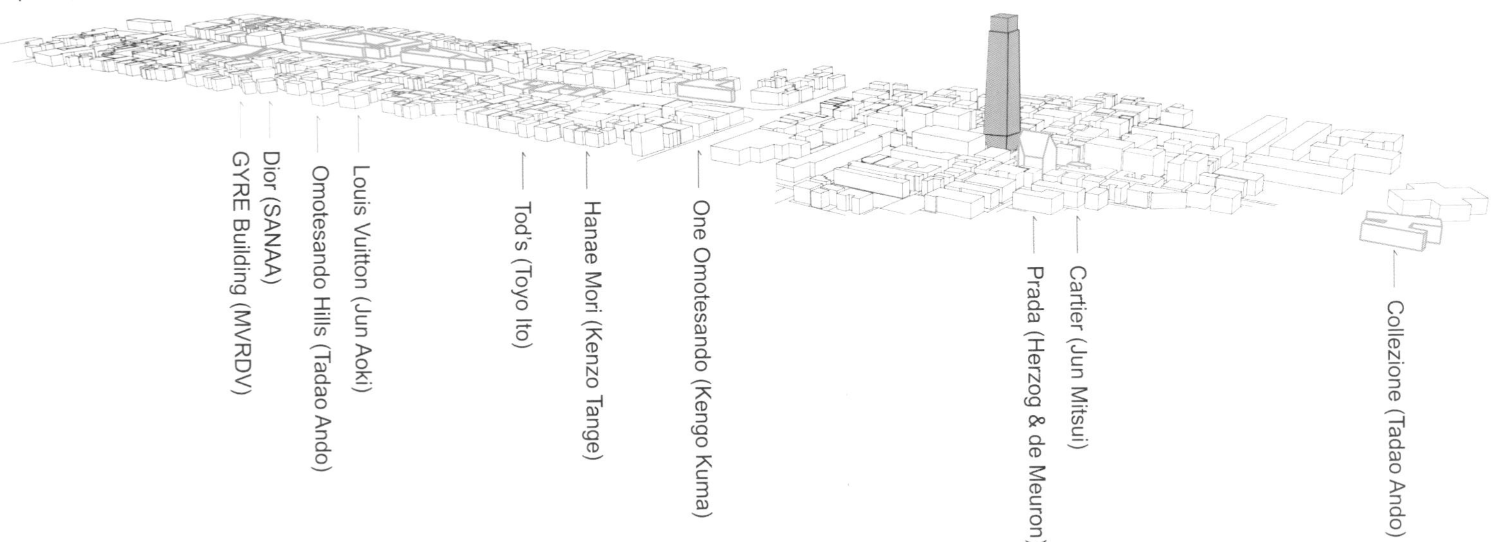

梦幻般的环境

如果一个建筑不可见，那么它还能成为标志性建筑吗？该建筑通过将反光玻璃环绕于100米高的立面的某部分，并由半透明表皮进行覆盖，使用反光、吸收、不作为等方式在表皮上移动光线，改变了人们对于整体形状的感受。

UN ENTORNO SURREALISTA

¿Puede algo ser un icono si no puede verse? Envolviendo parte de su fachada de 100m con vidrio reflectante cubierto por una piel translúcida, el edificio mueve luz a través de su superficie mediante la reflexión, absorción y omisión, mientras reta a la ciudad con la percepción de toda su forma.

A SURREAL ENVIRONMENT

Can something be an icon if it cannot be seen? By wrapping part of its 100-meter tall facade with reflective glass covered by a translucent skin, the building moves light across its surface by reflection, absorption and omission, while challenging the city's perception of its overall form.

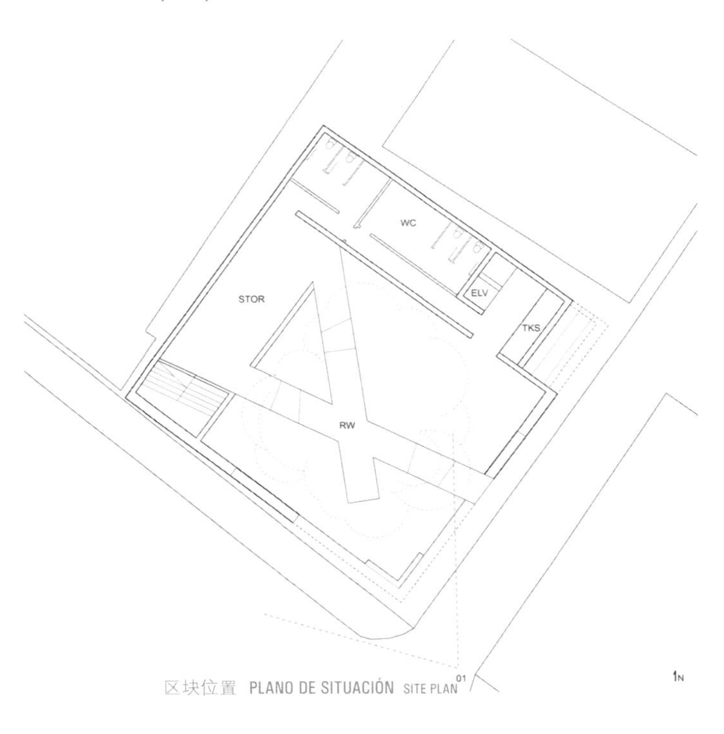

区块位置 PLANO DE SITUACIÓN SITE PLAN 01

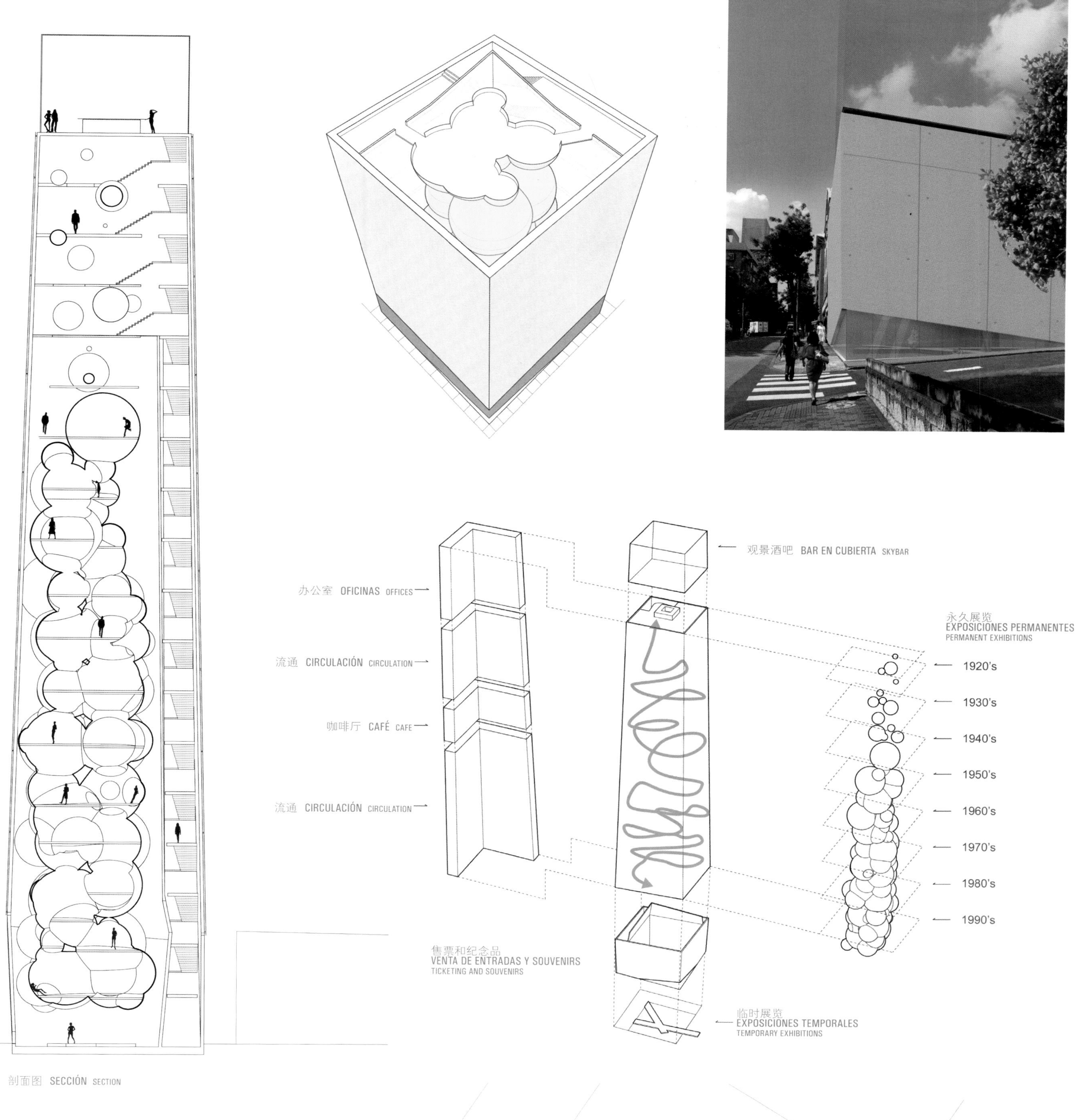

剖面图 SECCIÓN SECTION

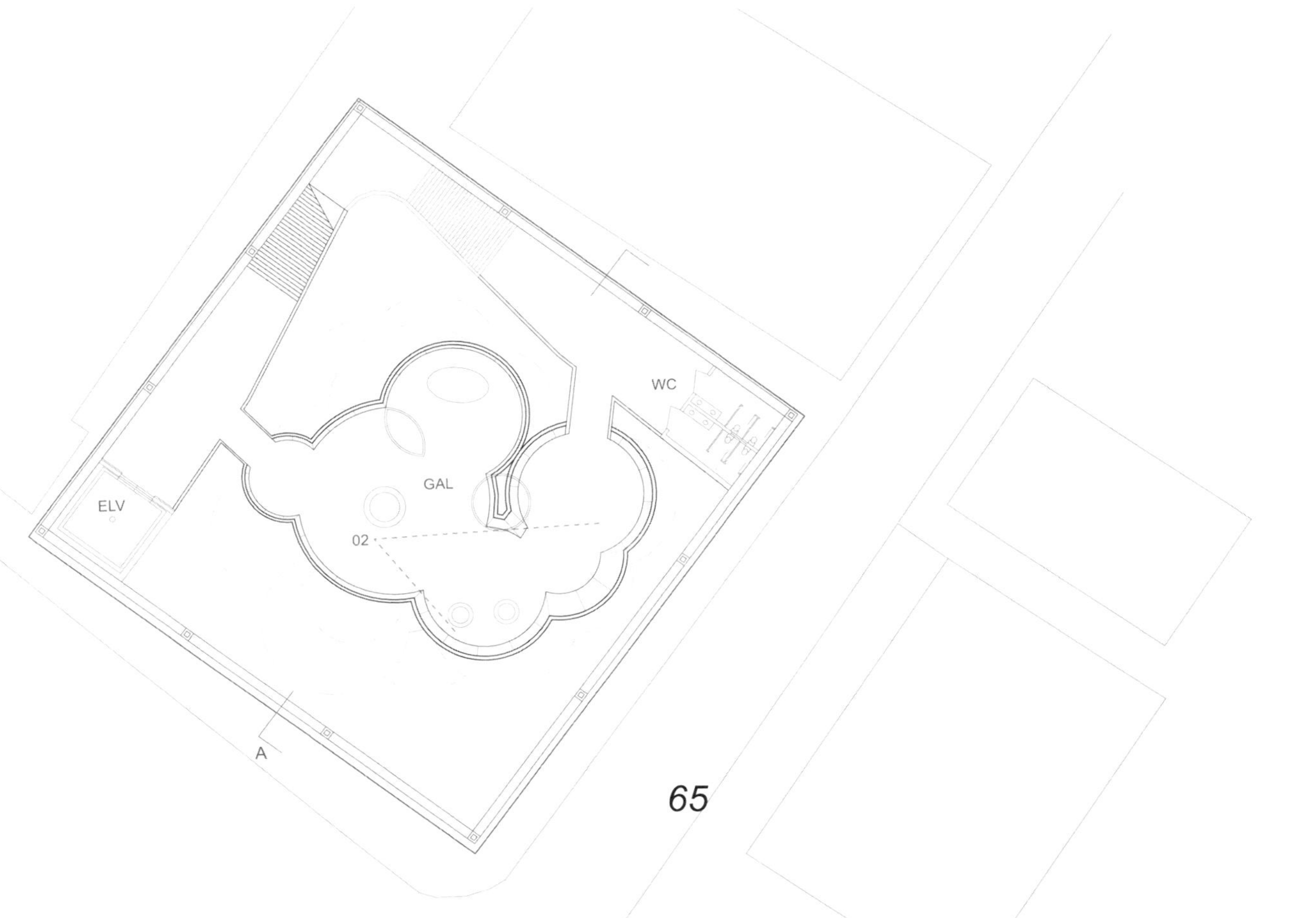

平面图 PLANTA FLOOR PLAN

表参道商业街的时尚博物馆 · 东京
Museo de la Moda en la calle Omotesando · Tokyo
Fashion Museum in Omotesando street · Japan
荣誉提名奖 · **Mención Honorifica** · Honourable Mention

113401 (竞标代码)

UNOAUNO spazioArchitettura (建筑师事务所)

Marino La Torre · Alberto Ulisse (建筑师)

会呼吸的表皮

建筑表皮的设计采用叶状物、皱褶和孔洞等形式，像一件会呼吸的织物，看起来无精打采。同时，这种可渗透性表皮可提供360度鸟瞰东京风景的可能。建筑设想为堆叠而成的垂直式大厦，其内部空间的设计有助于参观者进行交流互动。

PIEL RESPIRANTE

La debil piel del edificio se proyecta como un paño que respira, utilizando aletas, pliegues y vacíos. Al mismo tiempo, esta piel permeable permite una vista de 360º sobre el paisaje de Tokyo. Concebido como una plaza vertical apilada, el espacio interior se proyecta para promover la socialización entre visitantes.

BREATHING SKIN

The building enervated skin is designed such as a breathing cloth, using flaps, folds and holes. At the same time, this permeable skin allows a complete 360 degrees view of Tokyo´s landscape. Conceived as a vertical stacked piazza, the inner space is designed to promote socialization among visitors.

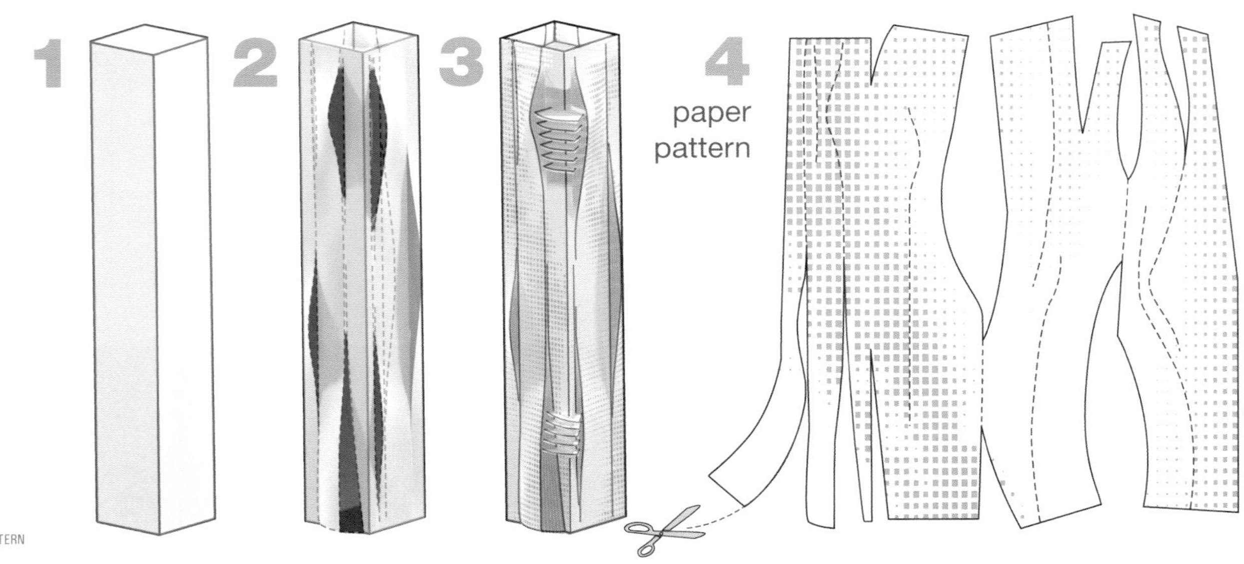

纸样 PATRÓN DE PAPEL PAPER PATTERN

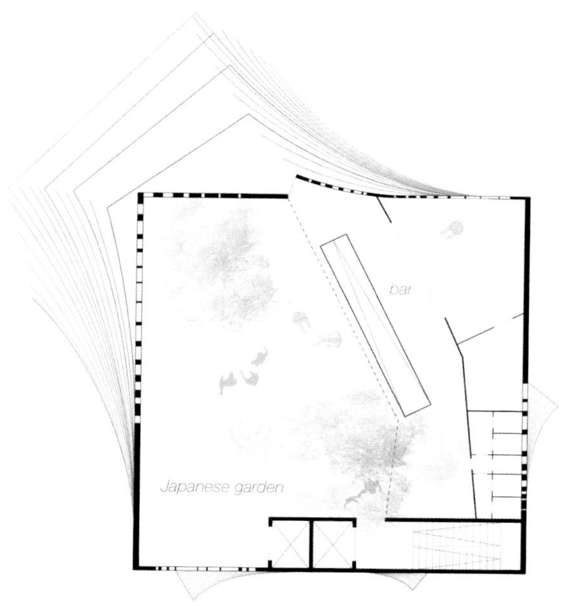

观景酒吧层平面图 PLANTA BAR MIRADOR SKYBAR FLOOR PLAN

秀台层平面图 PLANTA DE LA PASARELA RUNWAY FLOOR PLAN

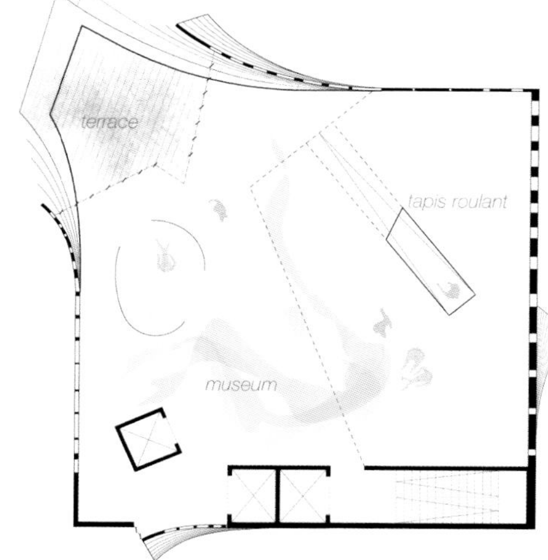

博物馆层平面图 PLANTA MUSEO MUSEUM FLOOR PLAN

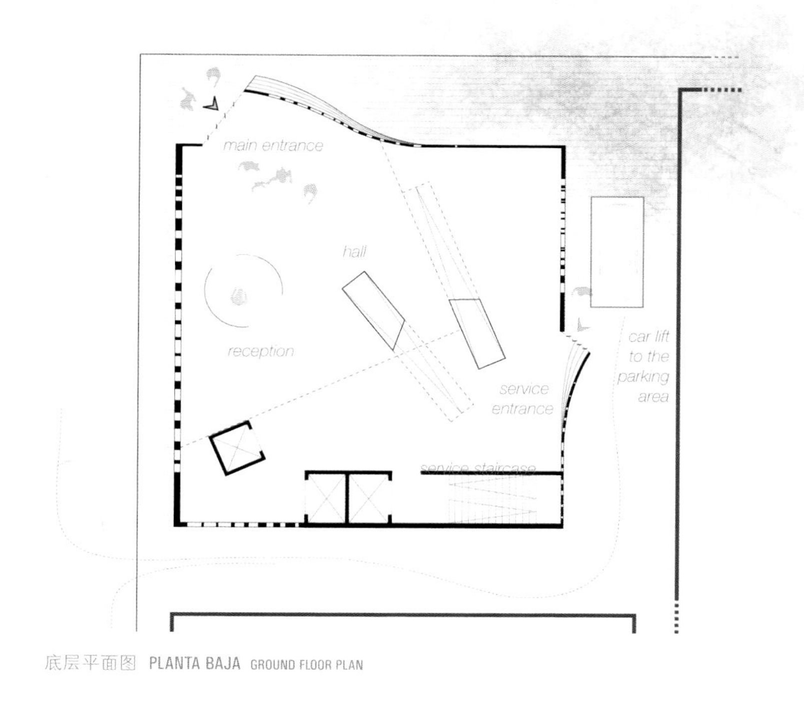

底层平面图 PLANTA BAJA GROUND FLOOR PLAN

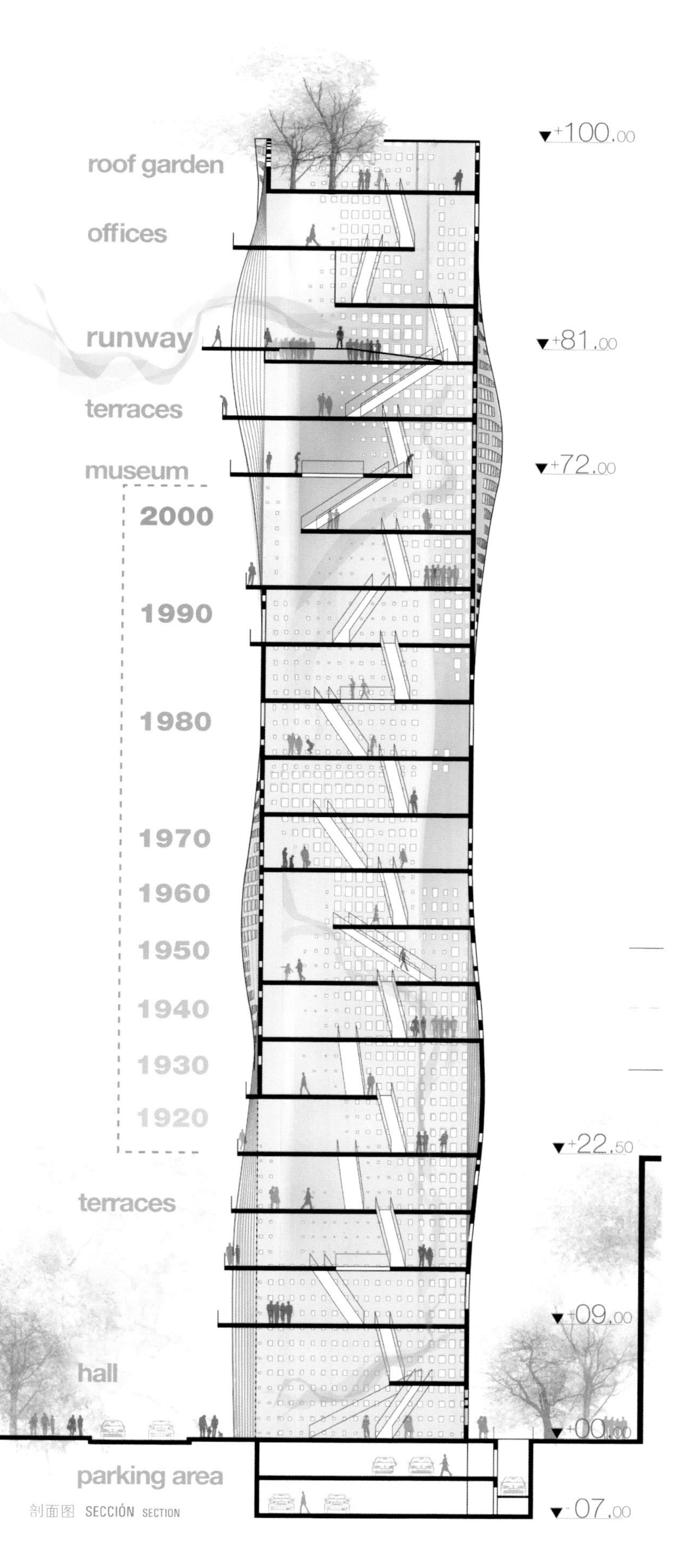

剖面图 SECCIÓN SECTION

Hondartza地区的礼堂和文化中心 · 奥里奥
Auditorio y Centro Cultural en el Área de Hondartza · Orio
Auditorium and Cultural Center in Hondartza Area · Spain

竞标 · concurso · competition
Hondartza地区的礼堂和文化中心
Auditorio y Centro Cultural en el Área de Hondartza
Auditorium and Cultural Center in Hondartza Area

竞标类型 · tipo de concurso · competition type
公开竞标
concurso abieto
open competition

项目地点 · localización · site area
奥里奥 · 巴斯克 · 西班牙 Orio · Pais Vasco · Spain

主办方 · órgano convocante · promoter
奥里奥镇政府 Ayuntamiento de Orio Town Hall of Orio

日程安排 · fechas · schedule
招标 · Convocatoria · Announcement 11.2010
评审结果 · Fallo de jurado · Jury´s results 02.2011

评审团 · jurado · jury

Jon Redondo Lertxundi
Aitzpea Lazkano Orbegozo
Jose Antonio Pizarro Asenjo
Luis Sesé Madrazo
Jon Carrera Jáuregui
Ibai Lertxundi Iribar

获奖者 · premios · awards

一等奖 · primer premio · first prize
SOMOS ARQUITECTOS (建筑师事务所)
Luis Burriel Bielza · Pablo Fernández Lewicki
José Antonio Tallón Iglesias (建筑师)

二等奖 · segundo premio · second prize
MAAR ESTUDIO ARQUITECTURA (建筑师事务所)
Javier Maya · Estela Arteche (建筑师)

合作 (c) Ander Lana · Edurne Osa · Elena Sánchez · Irune Quintana · Iñaki Cervera · Jon Pérez Javier Orduña · Pilar Revuelta · Silvia Cano

三等奖 · tercer premio · third prize
MIGUEL UBARRECHENA ASENJO (建筑师)

合作 (c) Mª Teresa Granja

第一提名奖 · primer accesit · first consolation prize
GIMENO GUITART (建筑师事务所)
Daniel Gimeno · Miguel Guitart (建筑师)

第二提名奖 · segundo accesit · second consolation prize
AMANN-CÁNOVAS-MARURI (建筑师事务所)
Atxu Amann Alcocer · Andrés Cánovas Alcaraz · Nicolás Maruri González de Mendoza (建筑师)

合作 (c) Javier Gutiérrez Rodríguez · Ana López Fernández · José López Parra Pablo Sigüenza Gómez

第三提名奖 · tercer accesit · third consolation prize
VAUMM ARQUITECTURA Y URBANISMO (建筑师事务所)
Marta Alvarez Pastor · Iñigo García Odiaga
Tomas Valenciano Tamayo · Jon Muniategiandikoetxea Markiegi
Javier Ubillos Pernaut (建筑师)
合作 (c) Naria Oleaga Barandika

该项目位于西班牙奥里奥(Orio)的一处**扩展区**，圣塞瓦斯蒂安至毕尔巴鄂的坎塔布连高速公路的北面，坎特布里克海的入海口。

El emplazamiento del proyecto se sitúa en un **área de expansión** de Orio, justo al norte de la autopista del Cantábrico que conecta San Sebastián con Bilbao, en plena desembocadura de la ria Oria al mar Cantábrico.

The project is located in a **new expansion area** in Orio, just north of the Cantabrian motorway that connects San Sebastian to Bilbao, right in the mouth of Orio towards Cantabrico Sea.

Hondartza地区的礼堂和文化中心 · 奥里奥
Auditorio y Centro Cultural en el Área de Hondartza · Orio
Auditorium and Cultural Center in Hondartza Area · Spain
一等奖 · Primer Premio · First Prize

vvWWvvWv (竞标代码)

SOMOS Arquitectos (建筑师事务所)

Luis Burriel Bielza · Pablo Fernández Lewicki · José Antonio Tallón Iglesias (建筑师)

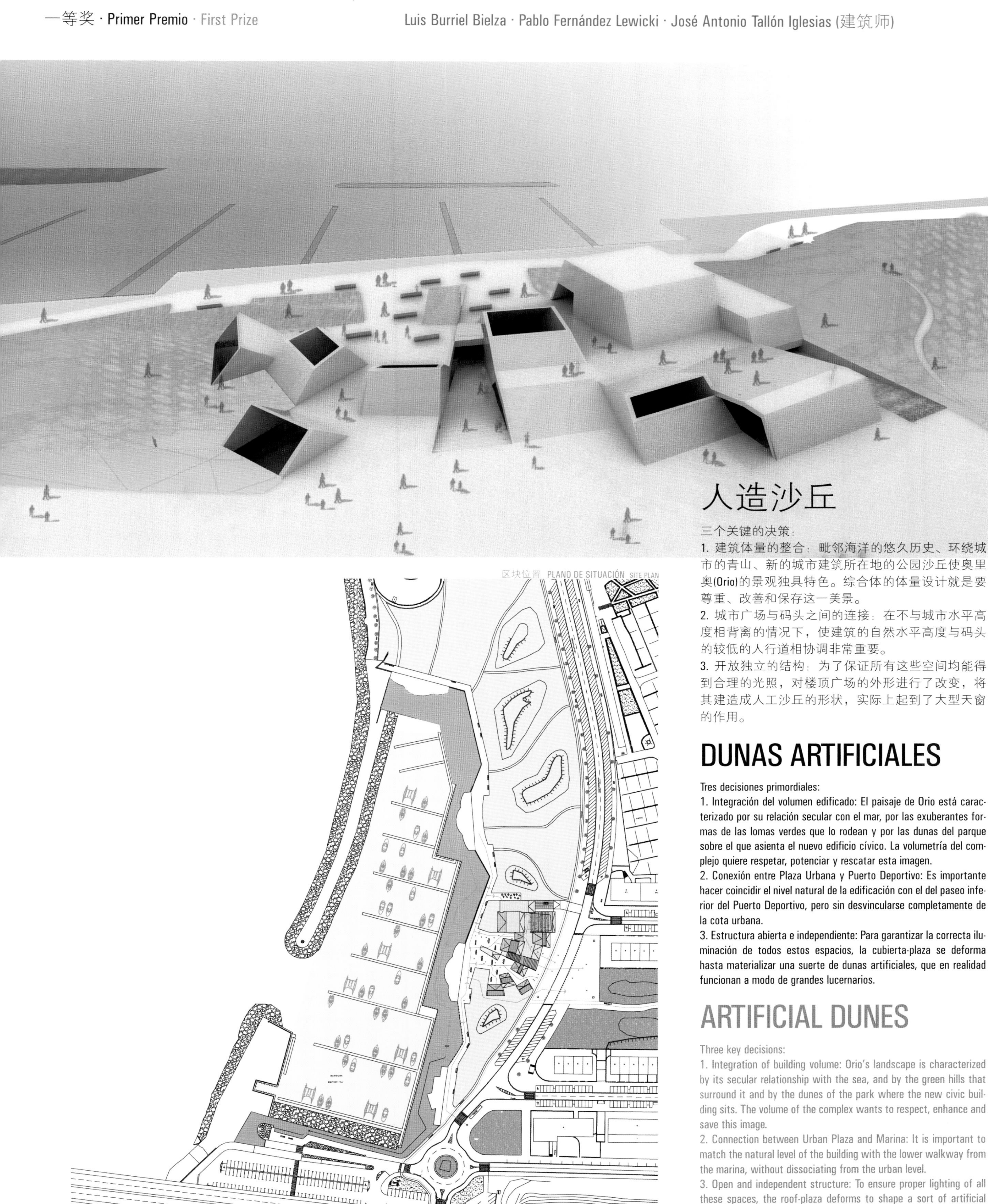

区块位置 PLANO DE SITUACIÓN SITE PLAN

人造沙丘

三个关键的决策：
1. 建筑体量的整合：毗邻海洋的悠久历史、环绕城市的青山、新的城市建筑所在地的公园沙丘使奥里奥(Orio)的景观独具特色。综合体的体量设计就是要尊重、改善和保存这一美景。
2. 城市广场与码头之间的连接：在不与城市水平高度相背离的情况下，使建筑的自然水平高度与码头的较低的人行道相协调非常重要。
3. 开放独立的结构：为了保证所有这些空间均能得到合理的光照，对楼顶广场的外形进行了改变，将其建造成人工沙丘的形状，实际上起到了大型天窗的作用。

DUNAS ARTIFICIALES

Tres decisiones primordiales:
1. Integración del volumen edificado: El paisaje de Orio está caracterizado por su relación secular con el mar, por las exuberantes formas de las lomas verdes que lo rodean y por las dunas del parque sobre el que asienta el nuevo edificio cívico. La volumetría del complejo quiere respetar, potenciar y rescatar esta imagen.
2. Conexión entre Plaza Urbana y Puerto Deportivo: Es importante hacer coincidir el nivel natural de la edificación con el del paseo inferior del Puerto Deportivo, pero sin desvincularse completamente de la cota urbana.
3. Estructura abierta e independiente: Para garantizar la correcta iluminación de todos estos espacios, la cubierta-plaza se deforma hasta materializar una suerte de dunas artificiales, que en realidad funcionan a modo de grandes lucernarios.

ARTIFICIAL DUNES

Three key decisions:
1. Integration of building volume: Orio's landscape is characterized by its secular relationship with the sea, and by the green hills that surround it and by the dunes of the park where the new civic building sits. The volume of the complex wants to respect, enhance and save this image.
2. Connection between Urban Plaza and Marina: It is important to match the natural level of the building with the lower walkway from the marina, without dissociating from the urban level.
3. Open and independent structure: To ensure proper lighting of all these spaces, the roof-plaza deforms to shape a sort of artificial dunes, which actually work like large skylights.

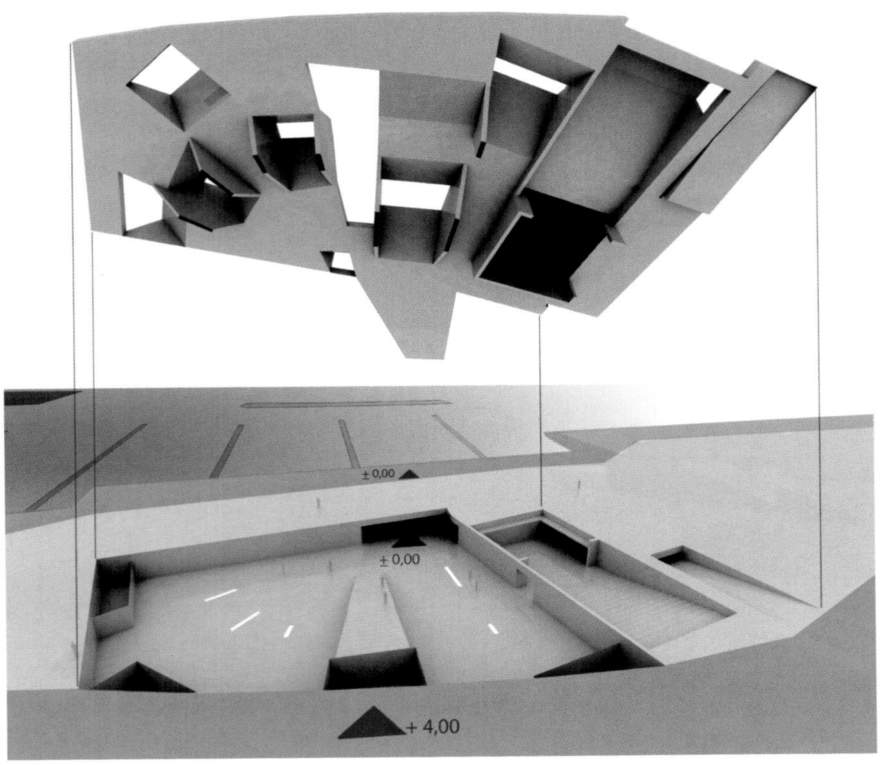

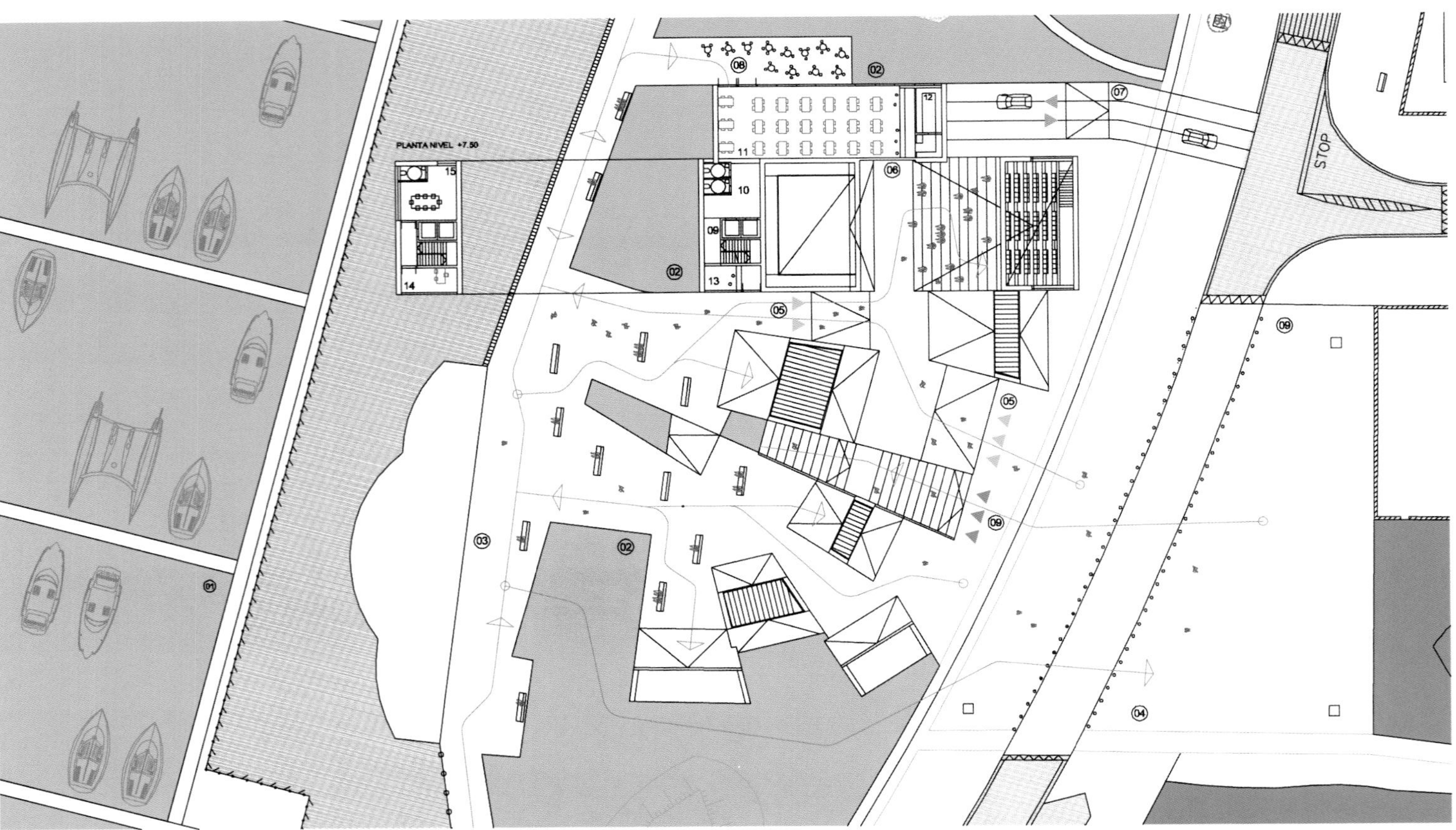

平面图 标高 +4.00m 广场 NIVEL +4.00m PLAZA LEVEL +4.00m PLAZA

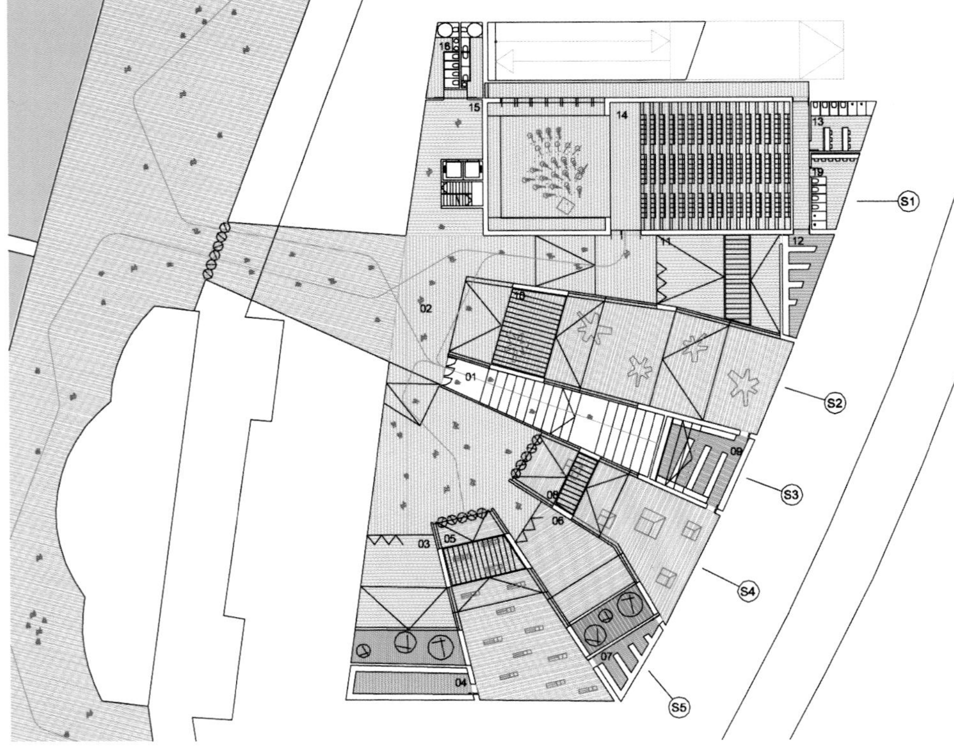

平面图 标高 +0.00m NIVEL +0.00m LEVEL +0.00m

二层平面图 PLANTA PRIMERA FIRST FLOOR PLAN

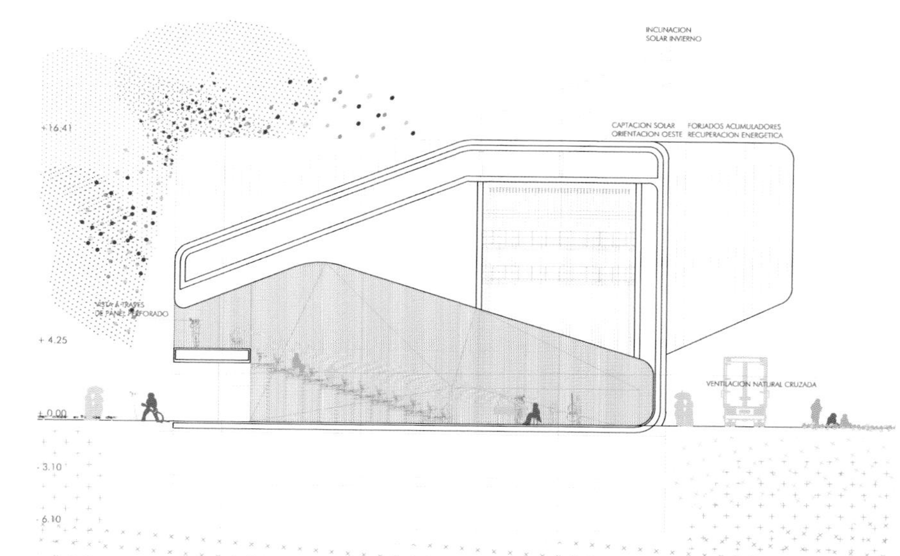

礼堂横向剖面图 SECCIÓN TRANSVERSAL AUDITORIO CROSS SECTION AUDITORIUM

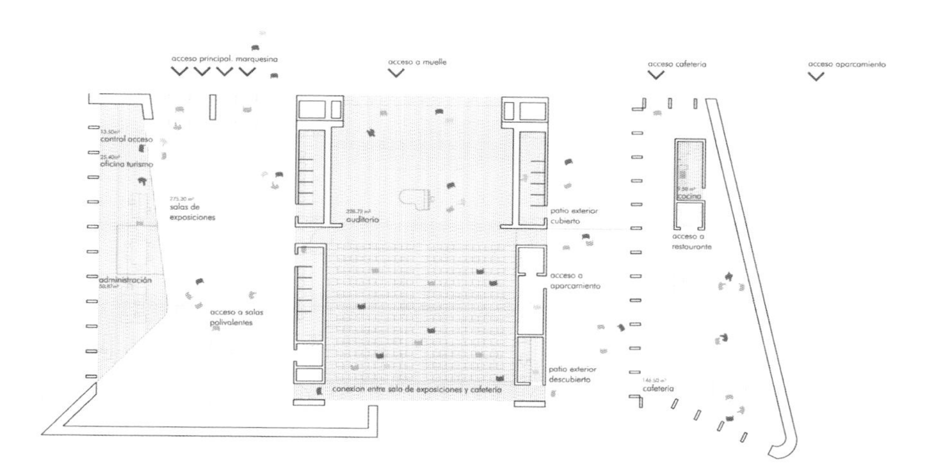

底层平面图 PLANTA BAJA GROUND FLOOR PLAN

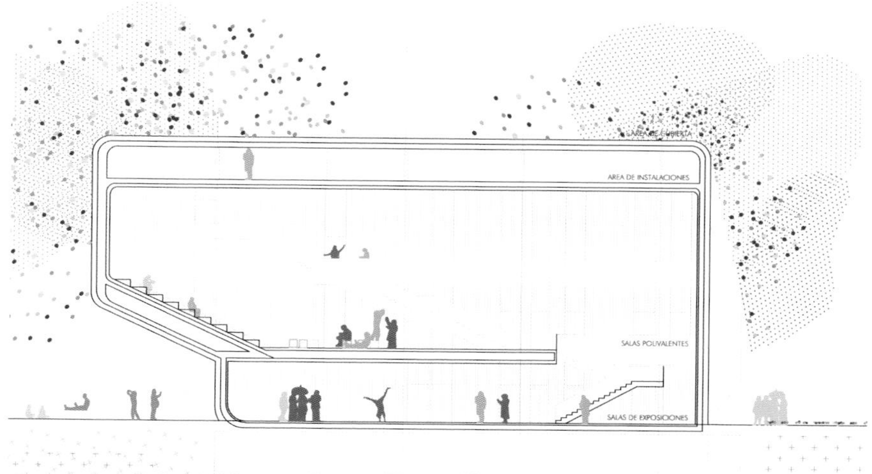

展区横向剖面图 SECCIÓN TRANSVERSAL EXPOSICIONES CROSS SECTION EXHIBITIONS

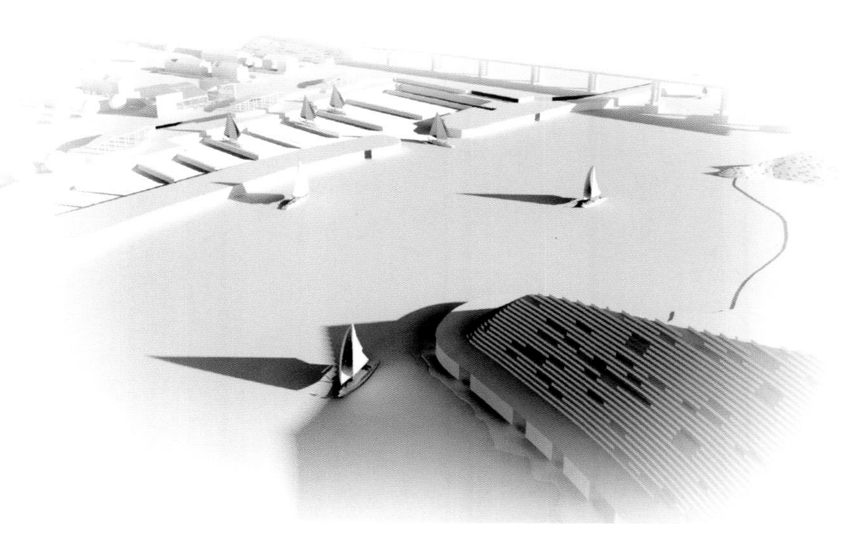

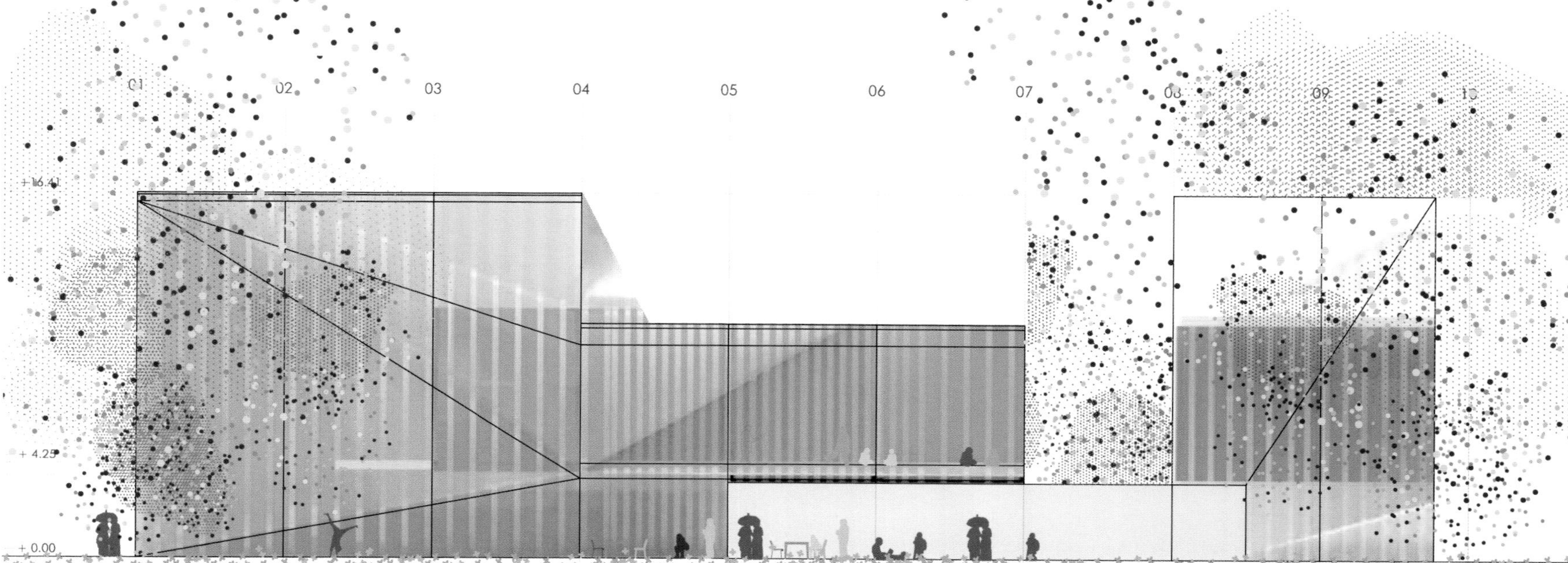

西立面图 ALZADO OESTE WEST ELEVATION

Hondartza地区的礼堂和文化中心 · 奥里奥
Auditorio y Centro Cultural en el Área de Hondartza · Orio
Auditorium and Cultural Center in Hondartza Area · Spain
第一安慰奖 · Primer Accesit · First Consolation Prize

mendi artean (竞标代码)

Gimeno Guitart (建筑师事务所)

Daniel Gimeno · Miguel Guitart (建筑师)

区块位置 PLANO DE SITUACIÓN SITE PLAN

幻想

新的礼堂和文化中心应视为港湾旁边的一个大型的有顶广场。我们的方案由具有不同用途和大小的建筑附加部分组成。有趣的是，它模仿了港口中停泊的特色船只，建筑的形状为体量逐渐减小型，形成分割的抽象的雕刻构造层。体量分割与建筑规模相适应，并与附近的高山相得益彰。

ELEMENTOS NATURALES

El edificio para el nuevo equipamiento cultural debe ser entendido como una gran plaza cubierta junto a la ría. Nuestra propuesta toma forma por la adición de una serie de edificios de usos y tamaños diversos. Emulando la imagen característica de las barcas amarradas en puerto, los diferentes volúmenes que configuran el edificio se ordenan de mayor a menor dando lugar a una secuencia abstracta de escala fragmentada y reconocible valor escultórico. La fragmentación volumétrica adecúa la escala del edificio y permite establecer un diálogo poético con las montañas.

NATURAL ELEMENTS

The new auditorium and cultural center should be seen as a large covered plaza next to the firth. Our proposal is formed by a series of building additions that vary in use and size. Playfully mimicking the distinctive boats moored in the port, the size-decreasing volumes configure the shape of the building resulting in a fragmented and abstract sculptoric sequence. The volumetric fragmentation adapts the scale of the building and establishes a sort of poetic dialogue with the nearby mountains.

剖面图 02 SECCIÓN 02 SECTION 02
剖面图 03 SECCIÓN 03 SECTION 03
剖面图 04 SECCIÓN 04 SECTION 04
剖面图 05 SECCIÓN 05 SECTION 05
剖面图 06 SECCIÓN 06 SECTION 06
剖面图 01 SECCIÓN 01 SECTION 01
地下一层平面图 PLANTA -1 FLOOR PLAN -1
二层平面图 PLANTA +1 FLOOR PLAN +1
底层平面图 PLANTA 0 FLOOR PLAN 0

Hondartza地区的礼堂和文化中心 · 奥里奥
Auditorio y Centro Cultural en el Área de Hondartza · Orio
Auditorium and Cultural Center in Hondartza Area · Spain
第二安慰奖 · **Segundo Accesit** · Second Consolation Prize

itsasora begira (竞标代码)

Amann-Cánovas-Maruri (建筑师事务所)
Atxu Amann Alcocer · Andrés Cánovas Alcaraz · Nicolás Maruri González de Mendoza (建筑师)

区块位置 PLANO DE SITUACIÓN SITE PLAN

木质沙丘

我们选择了雅致的分立结构。建筑的分割旨在形成一条通往大海的小路，从而减缓其对环境的影响，转变成沙丘的形状。屋顶可通行，并具有不同的交错的室外环境，可通往外部的饭店。它位于整个建筑及其周围环境的优越位置。此饭店是建筑屋顶——瞭望台的最佳空间。项目的其他部分位于底层和地下层。

DUNA DE MADERA

Se opta por una elegante discreción. El edificio se fragmenta para conseguir ser un camino hacía el mar y se hunde para amortiguar su impacto en el entorno, para hacerse una duna más. Su cubierta se hace transitable y se producen de esa manera distintos escenarios escalonados y al aire libre que permiten llegar al restaurante desde el exterior y que este se sitúe en una posición privilegiada en el conjunto del edificio y en el entorno. El restaurante es en definitiva el lugar mas privilegiado del observatorio que es la cubierta del edificio. El resto del programa se sitúa parte en planta baja y en planta sótano.

WOODEN DUNE

We choose an elegant discretion. The building is fragmented in order to become a path towards the sea and sinks to cushion its impact on the environment, to transform into a dune. Its roof is walkable and there are different staggered and outdoor scenarios which lead to the restaurant from the outside. It is located in a privileged position within the entire building and the surroundings. The restaurant is definitely the most privileged space of the observatory, which is the roof of the building. The remaining parts of the program are located on ground floor and basement.

餐厅及咖啡厅层平面图 标高 +3.40m PLANTA DE RESTAURANTE Y CAFETERÍA COTA +3.40m RESTAURANT AND CAFETERIA FLOOR PLAN LEVEL +3.40m

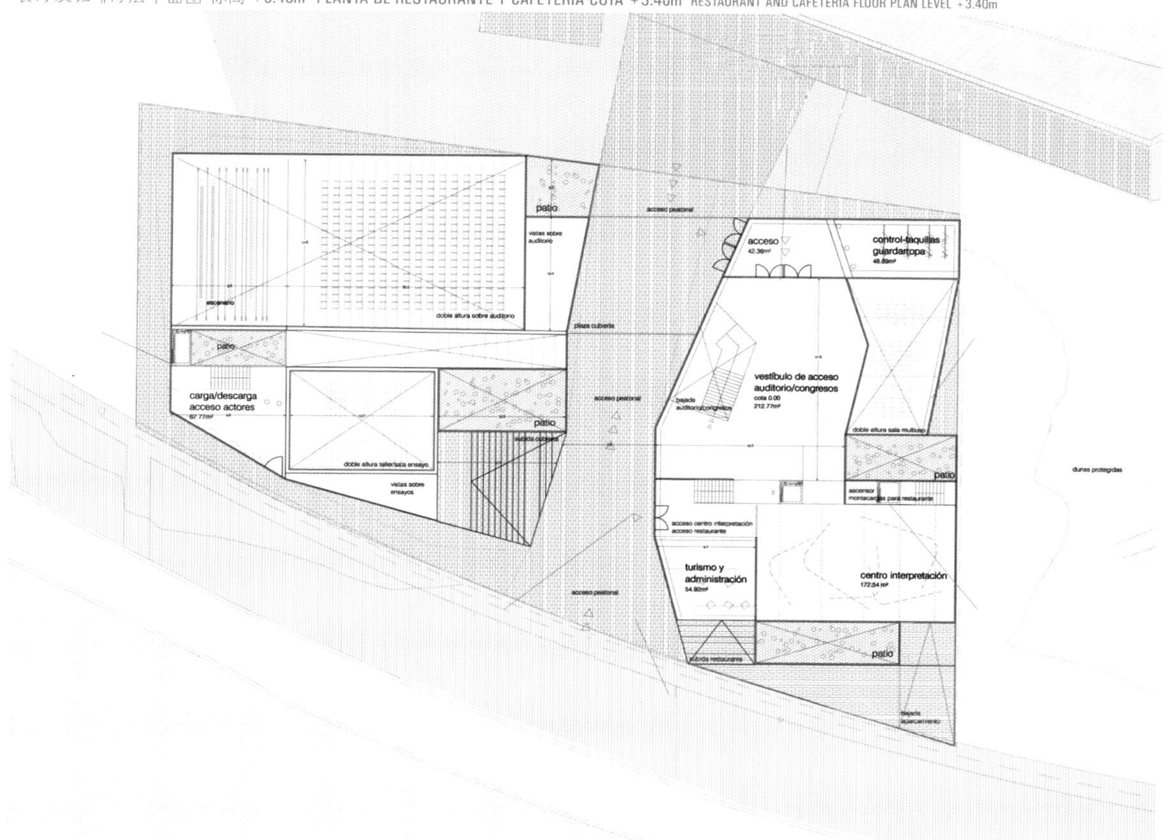

文化中心入口层平面图 标高 +0.00m PLANTA DE ACCESO AL CENTRO CULTURAL COTA +0.00m ACCESS FLOOR PLAN TO CULTURAL CENTER LEVEL +0.00m

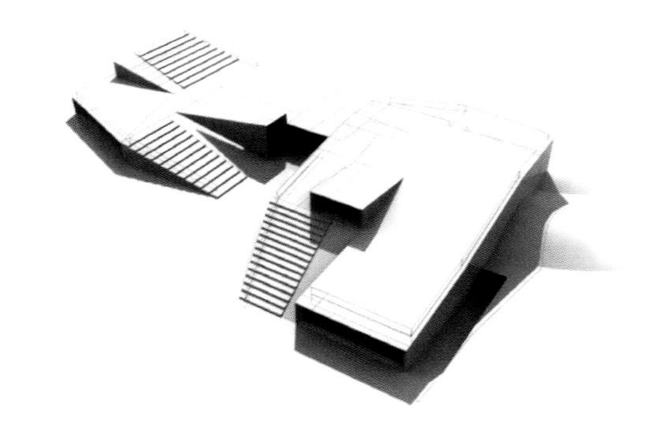

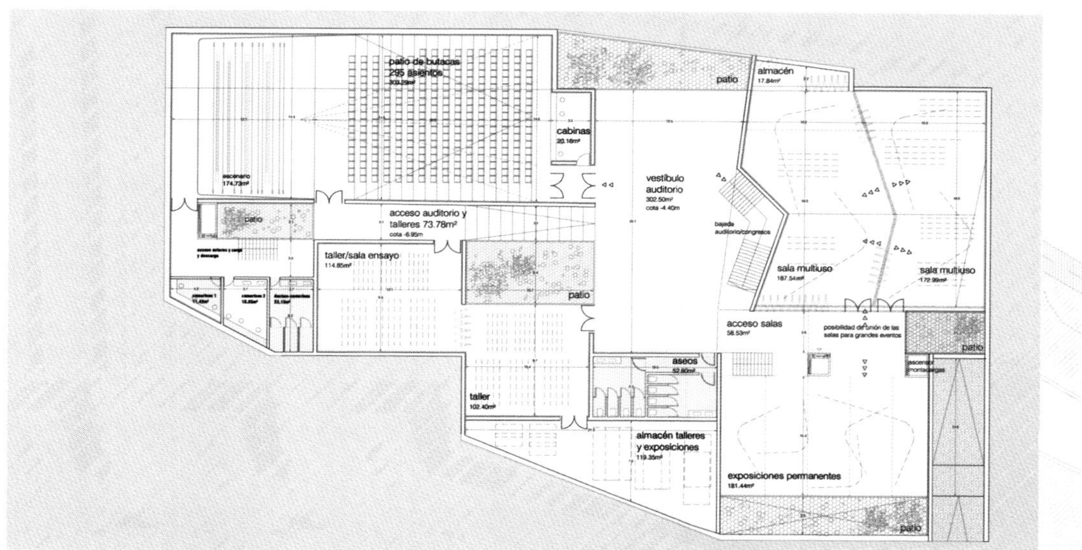

礼堂及展厅层平面图 标高 -4.40m PLANTA DE AUDITORIO+SALAS DE EXPOSICIONES COTA -4.40m AUDITORIUM+EXHIBITION HALLS FLOOR PLAN LEVEL -4.40m

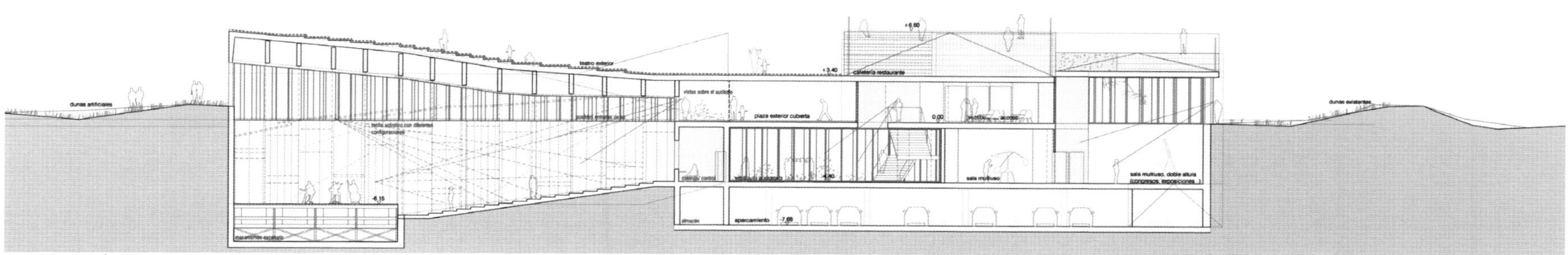

剖面图 SECCIÓN SECTION

Hondartza地区的礼堂和文化中心 · 奥里奥

Auditorio y Centro Cultural en el Área de Hondartza · Orio

Auditorium and Cultural Center in Hondartza Area · Spain

第三安慰奖 · **Tercer Accesit** · Third Consolation Prize

urak dakarrena (竞标代码)

VAUMM Arquitectura y Urbanismo (建筑师事务所)

Marta Alvarez Pastor · Iñigo García Odiaga · Tomas Valenciano Tamayo

Jon Muniategiandikoetxea Markiegi · Javier Ubillos Pernaut (建筑师)

区块位置 PLANO DE SITUACIÓN SITE PLAN

绿色斜坡

该提议中，处于建筑中心位置的礼堂具有重要的作用，将建筑的体量融入作为港湾入口的绿色的沙丘形环境中去。该项目建议建筑的体量根据大海、潮汐和自然积累的沙子而塑造。该建筑的边界为多边形的不规则的围墙，有利于淡化建筑与周围环境之间的界限。

TALUDES VERDES

La propuesta otorga todo el protagonismo al auditorio como corazón del edificio, con un lenguaje que integra la volumetría del edificio en el entorno de dunas verdes que acompañan a la ría en su desembocadura. El proyecto sugiere un volumen modelado por el mar, las mareas, por acumulación natural de las arenas. El edificio configura sus límites mediante un perímetro poligonal, irregular, que ayuda a desdibujar los límites entre el edificio y su entorno natural.

GREEN SLOPES

The proposal grants a prominent role to the auditorium as the heart of the building, with a language that integrates the volume of the building into the green dune environment which accompanies the firth at its mouth. The project suggests a volume shaped by the sea, the tides, through the natural accumulation of sand. The building sets its limits through a polygonal, irregular perimeter which helps to blur the boundaries between the building and its natural environment.

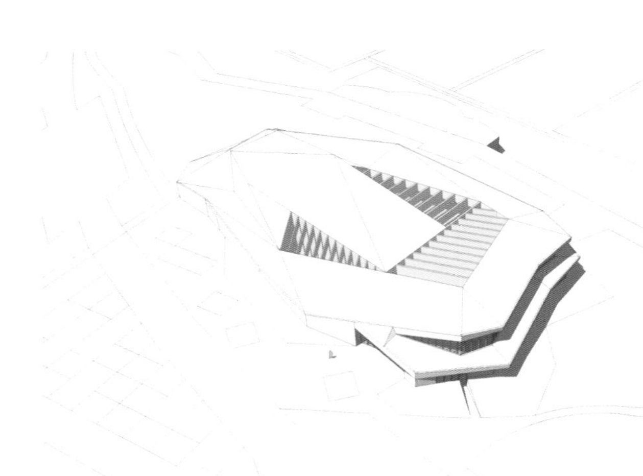

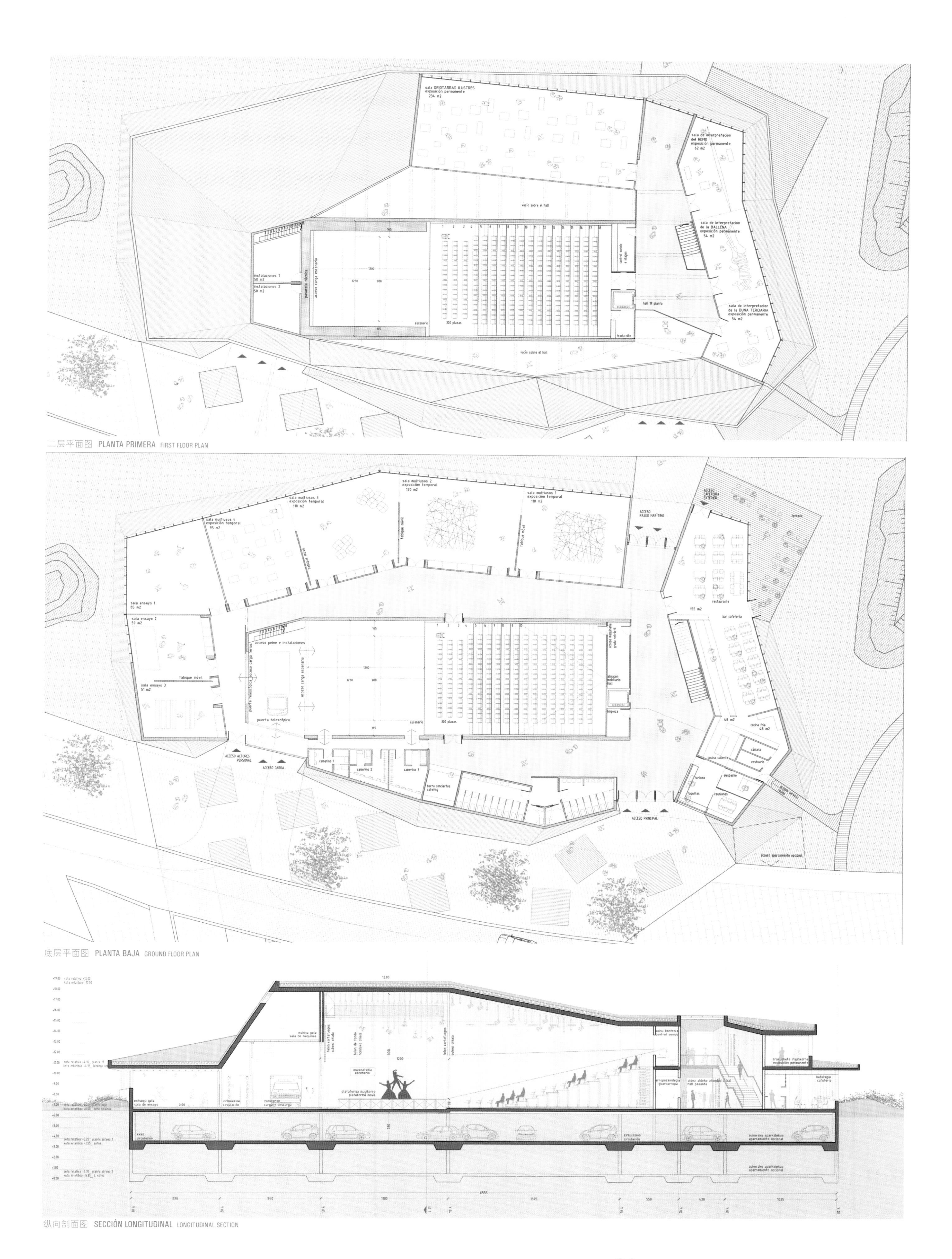

二层平面图 PLANTA PRIMERA FIRST FLOOR PLAN

底层平面图 PLANTA BAJA GROUND FLOOR PLAN

纵向剖面图 SECCIÓN LONGITUDINAL LONGITUDINAL SECTION

AET公司行政总部 · 蒙特卡拉索
Sede Administrativa AET · Monte Carasso
AET Headquarters · Switzerland

竞标 · concurso · **competition**

AET (Azienda Elettrica Ticinese) 公司总部
Sede Administrativa AET (Azienda Elettrica Ticinese)
AET (Azienda Elettrica Ticinese) Headquarters

竞标类型 · tipo de concurso · **competition type**

单阶段公开竞标
concurso abierto en una fase
one stage, open competition

项目地点 · localización · **site area**

蒙特卡拉索 · 提契诺州 · 瑞士 Monte Carasso · Ticino · Switzerland

主办方 · órgano convocante · **promoter**

Azienda Elettrica Ticinese (AET)公司 Azienda Elettrica Ticinese (AET)

日程安排 · fechas · **schedule**

招标 · Convocatoria · Announcement 11.2010
评审结果 · Fallo de jurado · Jury´s results 04.2011

评审团 · jurado · **jury**

Roberto Pronini · AET主席 Director AET
Marco Netzer · AET CdA副主席 Vicepresident CdA AET
Fabio Pedrina · AET顾问会顾问 Council member AET
Luigi Snozzi · 建筑师 Architect
Paolo Kaehr · 建筑师 Architect
Christoph Dermitzel · 建筑师 Architect
Claudio Nauer · AET副主席 Deputy director AET

获奖者 · premios · **awards**

一等奖 · primer premio · **first prize**
Lukas Meyer Ira Piattini Architetti (建筑师事务所)
Francesco Fallavollita Architetto (建筑师事务所)
Lukas Meyer · Ira Piattini · Francesco Fallavollita (建筑师)

二等奖 · segundo premio · **second prize**
DF · Dario Franchini (建筑师事务所)
Dario Franchini (建筑师)

三等奖 · tercer premio · **third prize**
Studio Macola (建筑师事务所)
Giorgio Macola · Adolfo Zanetti (建筑师)

合作 (c) Manolo Lazzaro · Mark Sonego · Andrea Cremasco
consultants: Alessandro D'Ancona (Studio Red)

四等奖 · cuarto premio · **fourth prize**
Hochuli e Martinelli Architetti (建筑师事务所)
Stefano Hochuli · Dario Martinelli (建筑师)

合作 (c) Michele Roncelli

五等奖 · quinto premio · **fifth prize**
Moro e Moro (建筑师事务所)

六等奖 · sexto premio · **sixth prize**
Guidotti Architetti (建筑师事务所)

通过分析未来的城区需求，竞标的目的是为AET公司创建一座新的代表性建筑，而且从建筑学来讲，该建筑应是一流的，且符合可持续发展的要求。该项目预计分为**两个阶段**：第一阶段是2000平方米的三层管理大楼；第二阶段是15000立方米的高楼。

El concurso tenía el objetivo de crear un nuevo edificio representativo para la AET, arquitectónicamente vanguardista y sostenible, analizando las necesidades futuras del área urbana. El proyecto se plantea en **dos fases**: la primera con un edificio administrativo de 3 plantas y 2.000 m² y una segunda con una torre de 15.000 metros cúbicos.

The competition had the goal to create a new representative building for AET, architecturally avant-garde and sustainable, analyzing the future need of the urban area. The project foresaw in **two phases**: the first with a 3 floors administrative building of 2,000 sqm and a second with a tower of 15,000 cubic meters.

AET公司行政总部 · 蒙特卡拉索

Sede administrativa AET · Monte Carasso

AET Headquarters · Switzerland

一等奖 · Primer Premio · First Prize

orizzontale/verticale (竞标代码)

Lukas Meyer Ira Piattini Architteti · Francesco Fallavollita Architetto (建筑师事务所)

Lukas Meyer · Ira Piattini · Francesco Fallavollita (建筑师)

看似简单，实则有意为之

新建筑在形态上具有地方特色，并赋予人造元素。AET行政楼与提契诺河及高速公路相垂直，而塔楼与它们相平行。建筑内部结构可提供最大化的灵活性。

DELIBERADAMENTE SIMPLE

Los nuevos edificios se ubicarán en el emplazamiento siguiendo sus características morfológicas y elementos artificiales. El edificio administrativo AET se posiciona perpendicularmente al río Ticino y la autopista, mientras que la torre se coloca de forma parelela. La estructura interna del edificio permite la máxima flexibilidad.

DELIBERATELY SIMPLE

The new buildings will be located in the territory following its morphological features and the artificial elements. The administrative building AET is placed perpendicular to the Ticino river and the highway, while the tower building is parallel to them. The internal structure of the building allows a maximum flexibility.

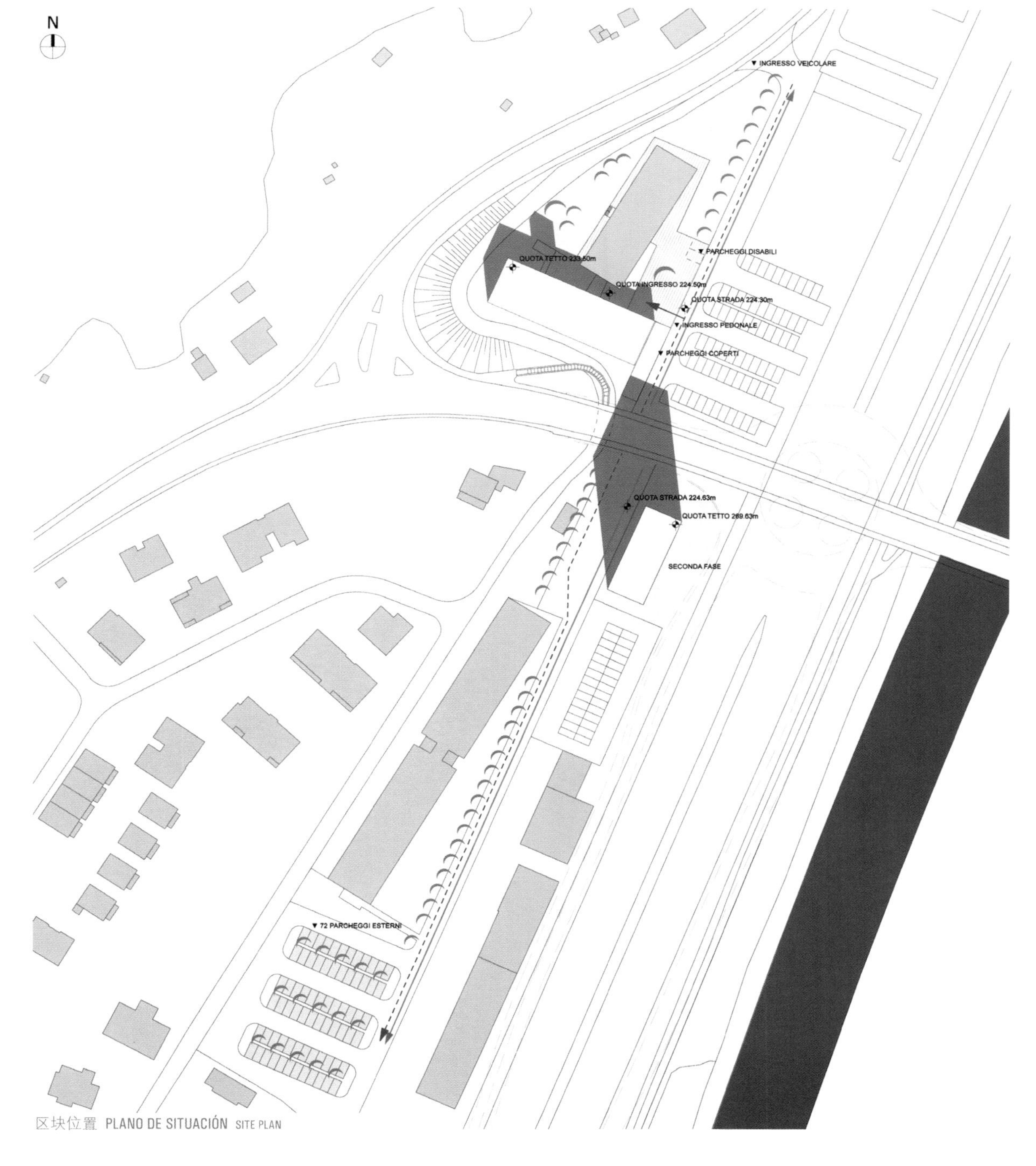

区块位置 PLANO DE SITUACIÓN SITE PLAN

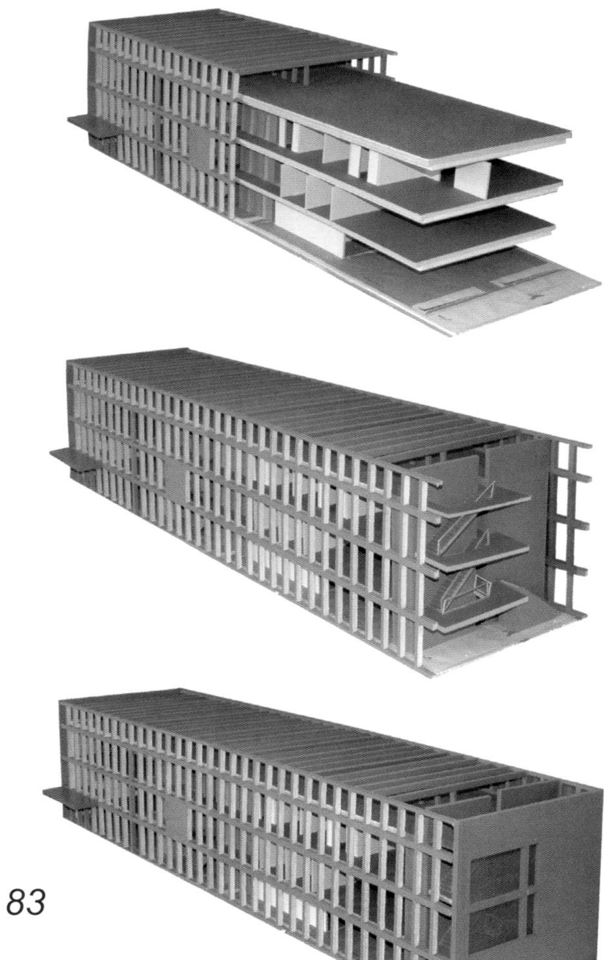

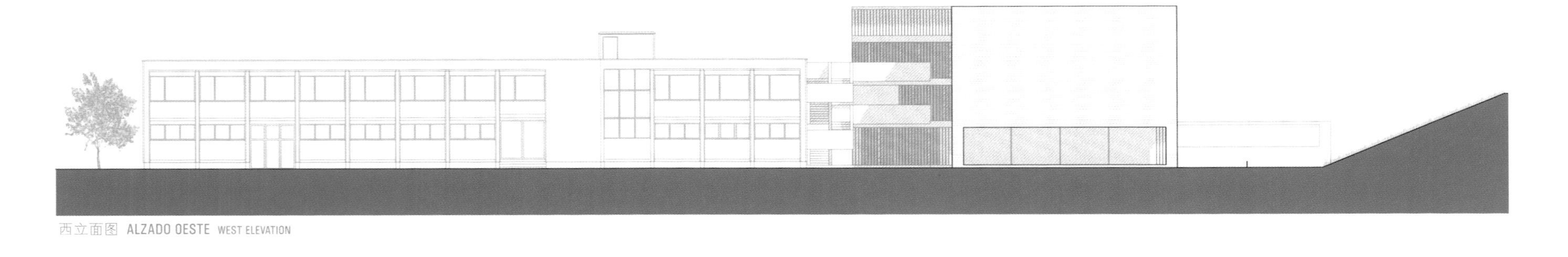

西立面图 ALZADO OESTE WEST ELEVATION

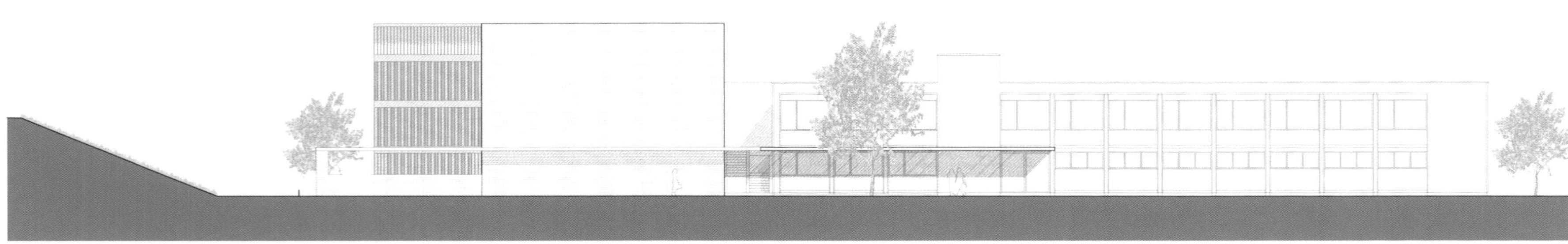

东立面图 ALZADO ESTE EAST ELEVATION

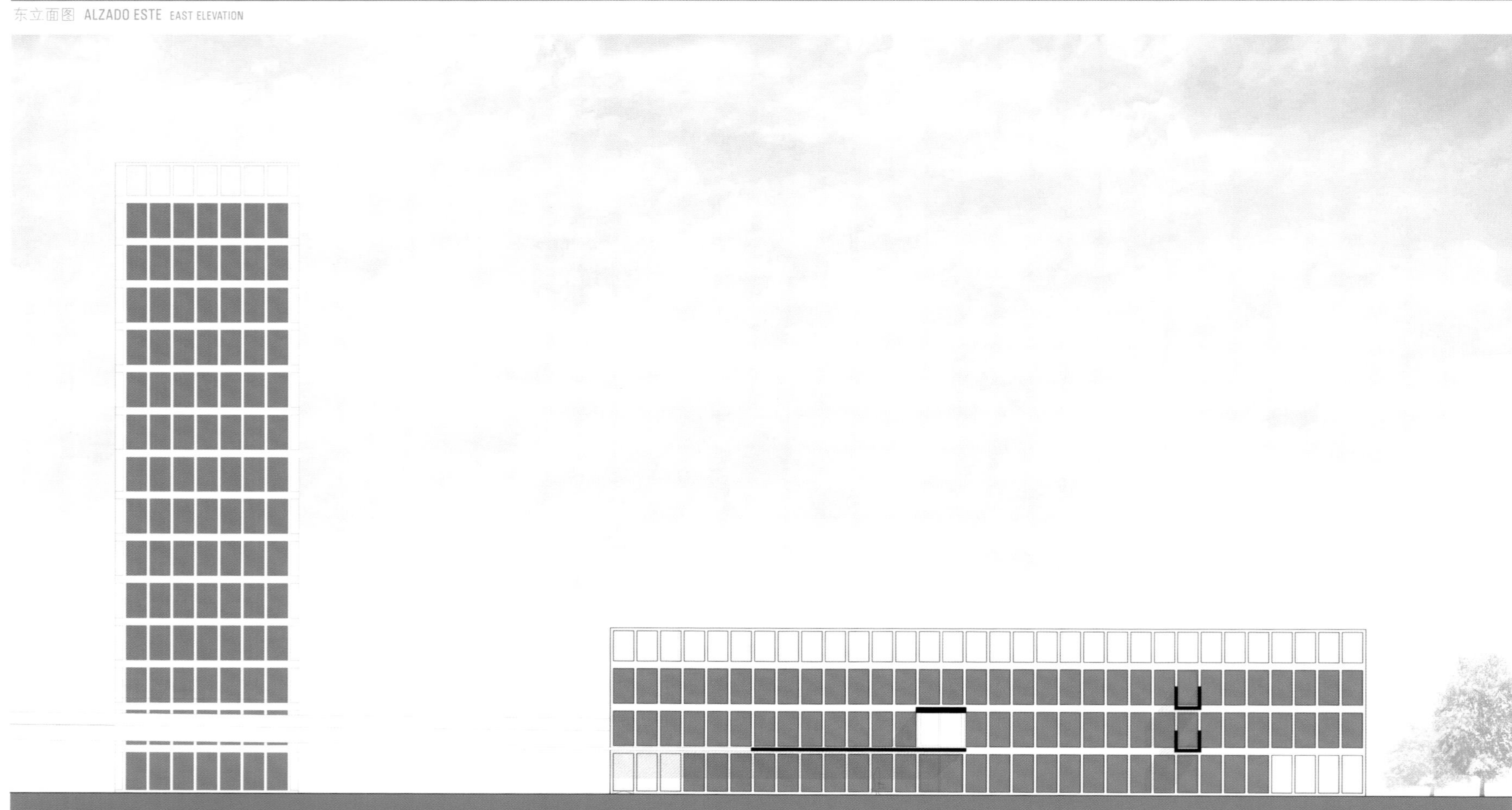

北立面图 ALZADO NORTE NORTH ELEVATION

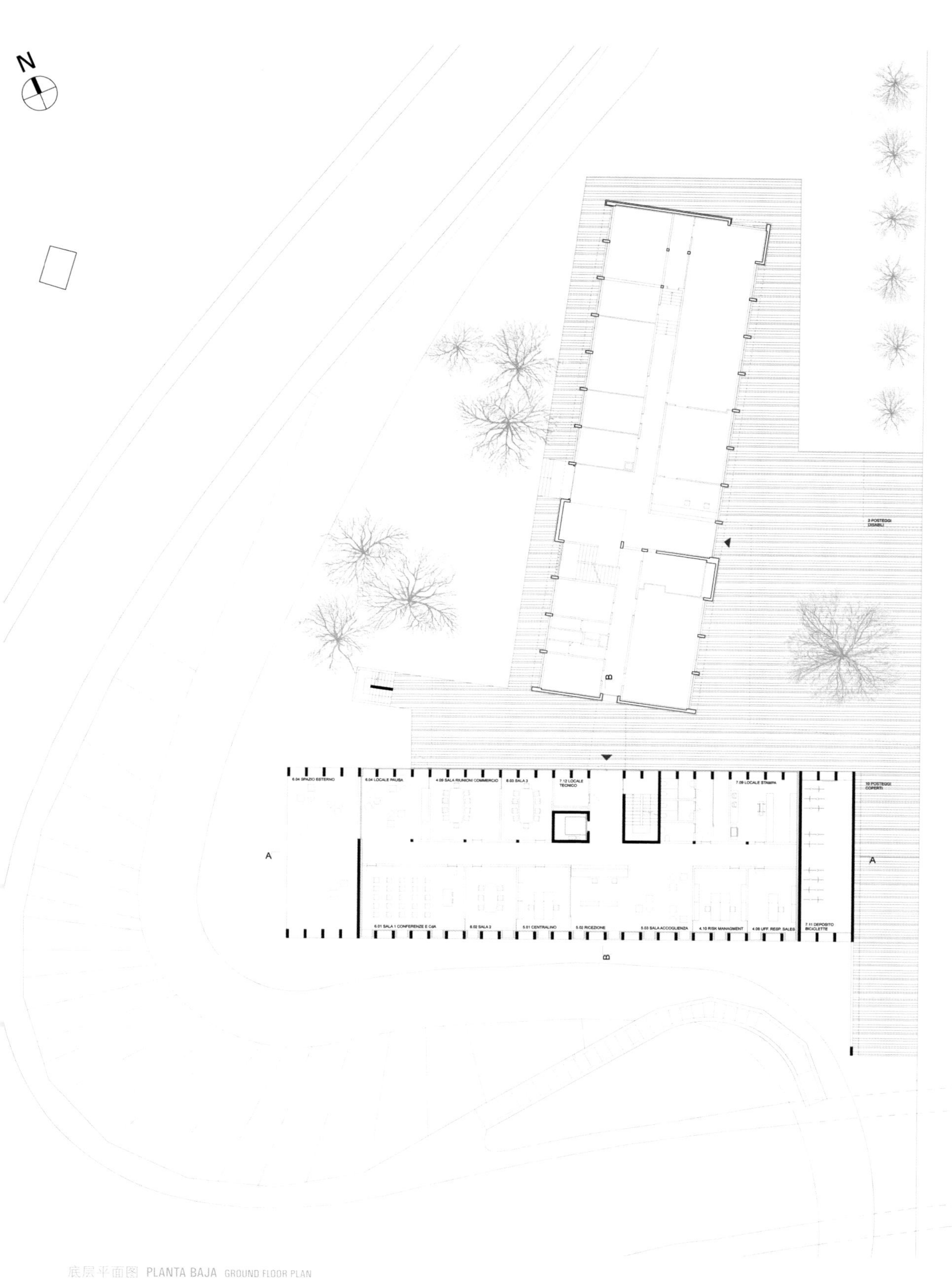

底层平面图 PLANTA BAJA GROUND FLOOR PLAN

AET公司行政总部 · 蒙特卡拉索
Sede administrativa AET · Monte Carasso
AET Headquarters · Switzerland
二等奖 · **Segundo Premio** · Second Prize

preLudio (竞标代码)

DF - Dario Franchini (建筑师事务所)

Dario Franchini (建筑师)

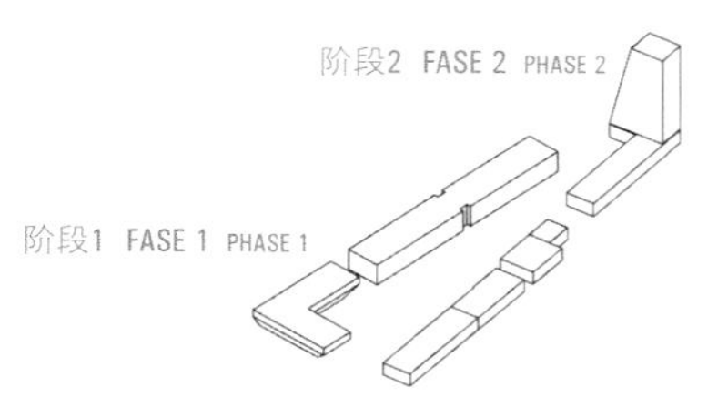

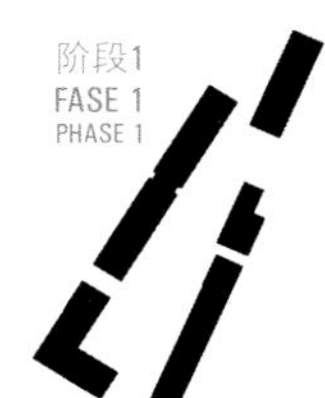

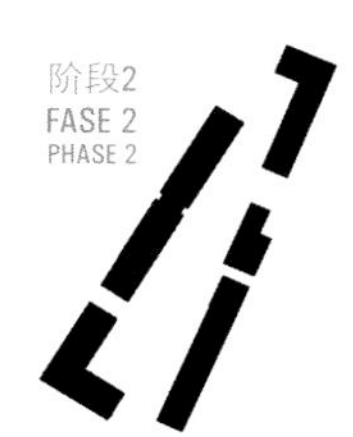

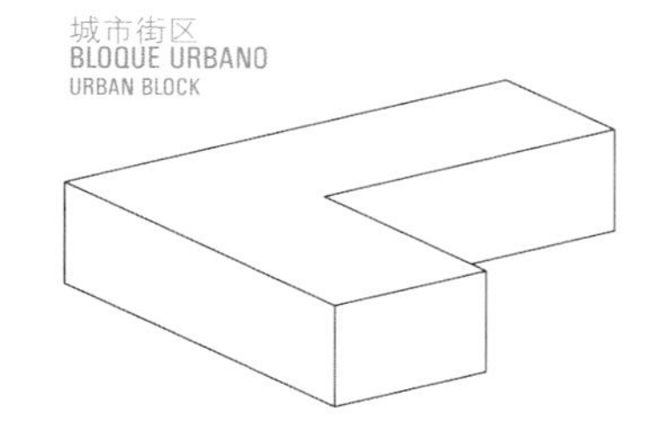

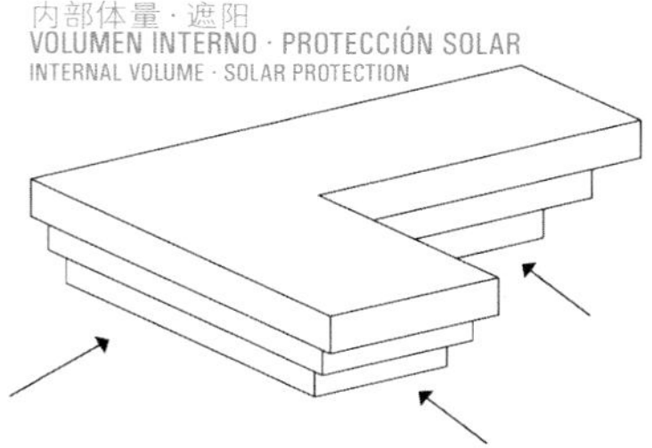

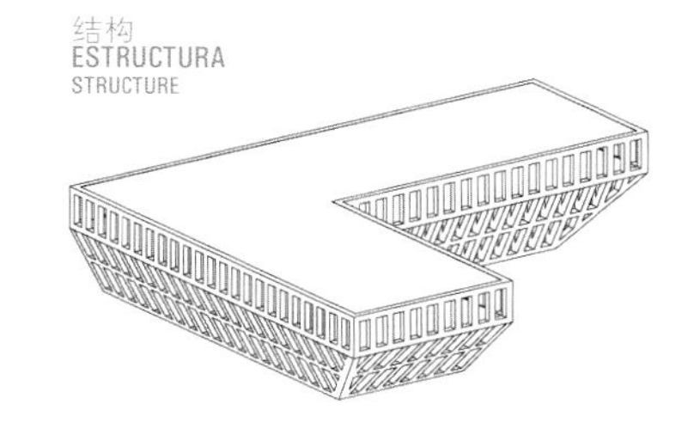

内部体量

两座建筑：第一座是三层的，与既有的各建筑进行了校直，并且与周围的环境相协调。第二座将是一座高楼，与地区格局(高速公路、河流及山谷)相关。

建筑的形状采用生态和可持续发展的标准：
* 我们希望该建筑能通过其自身的影子来为自己遮光。
* 减少了建筑的覆盖区。
* 结构与玻璃的比例为30%。

VOLUMEN INTERNO

Dos edificios: El primero con tres plantas completa la alineación de los edificios existentes, y encaja en el entorno circundante. El segundo será la futura torre, relacionada con la escala regional (autopista, río, valle).

La forma del edificio utiliza criterios ecológicos y sostenibles:
*** Queríamos que el edificio produjese sombra con su forma.**
*** Reduce las huellas del edificio.**
*** El ratio entre estructura y vidrio está entorno al 30%.**

INTERNAL VOLUME

Two buildings: The first with three storeys completes the alignment of the existing buildings, and fits with the surrounding context. The second will be the future tower, related to the regional scale (highway, river, and valley).).
The shape of the building uses ecological and sustainable criteria:
* We wanted the building to shade itself with its shape.
* It reduces the footprints of the building.
* The ratio between the structure and the glass is about 30%.

区块位置 PLANO DE SITUACIÓN SITE PLAN

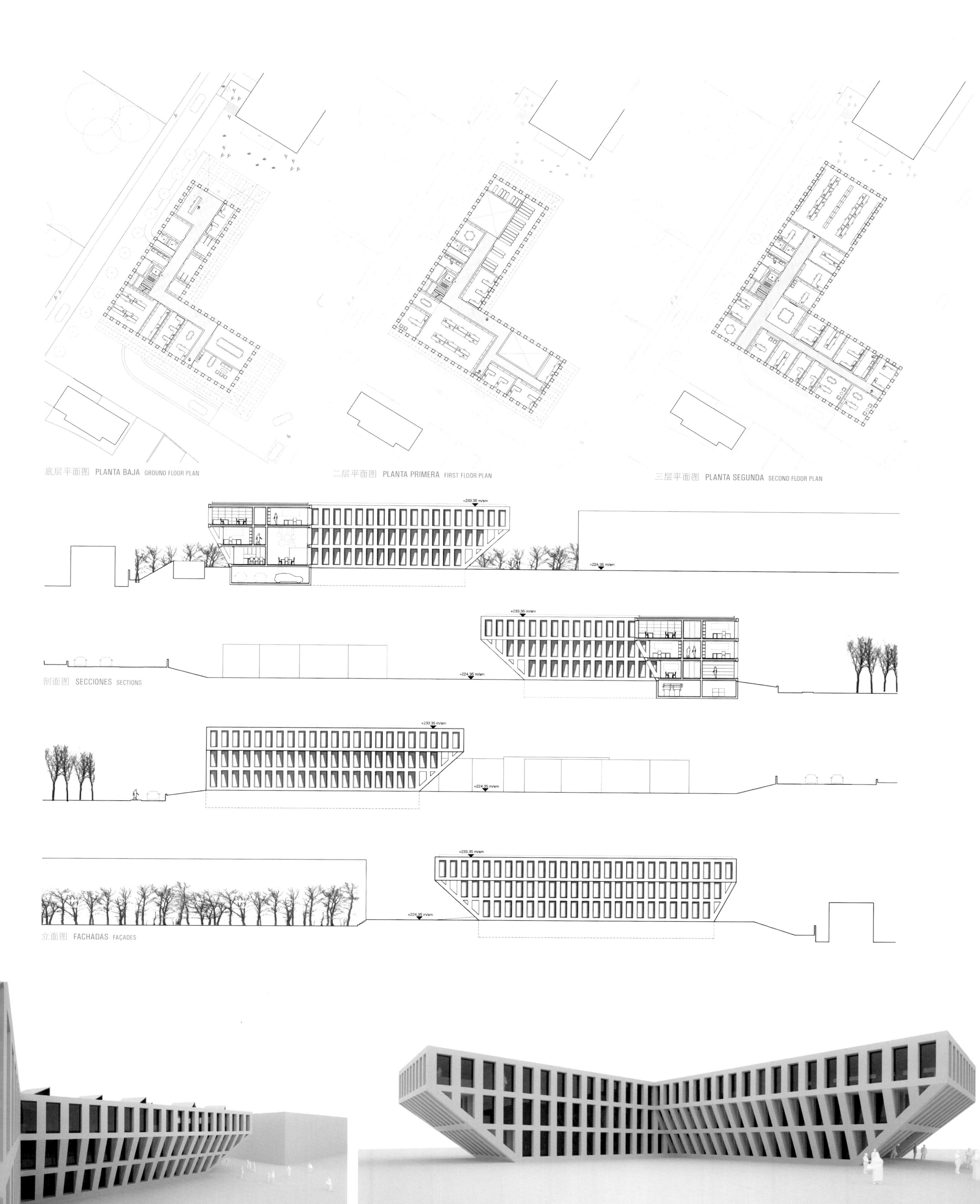
底层平面图 PLANTA BAJA GROUND FLOOR PLAN
二层平面图 PLANTA PRIMERA FIRST FLOOR PLAN
三层平面图 PLANTA SEGUNDA SECOND FLOOR PLAN
剖面图 SECCIONES SECTIONS
立面图 FACHADAS FAÇADES

AET公司行政总部·蒙特卡拉索
Sede administrativa AET · Monte Carasso
AET Headquarters · Switzerland
三等奖 · Tercer Premio · Third Prize

avanti e tutta (竞标代码)

Studio Macola (建筑师事务所)

Giorgio Macola · Adolfo Zanetti (建筑师)

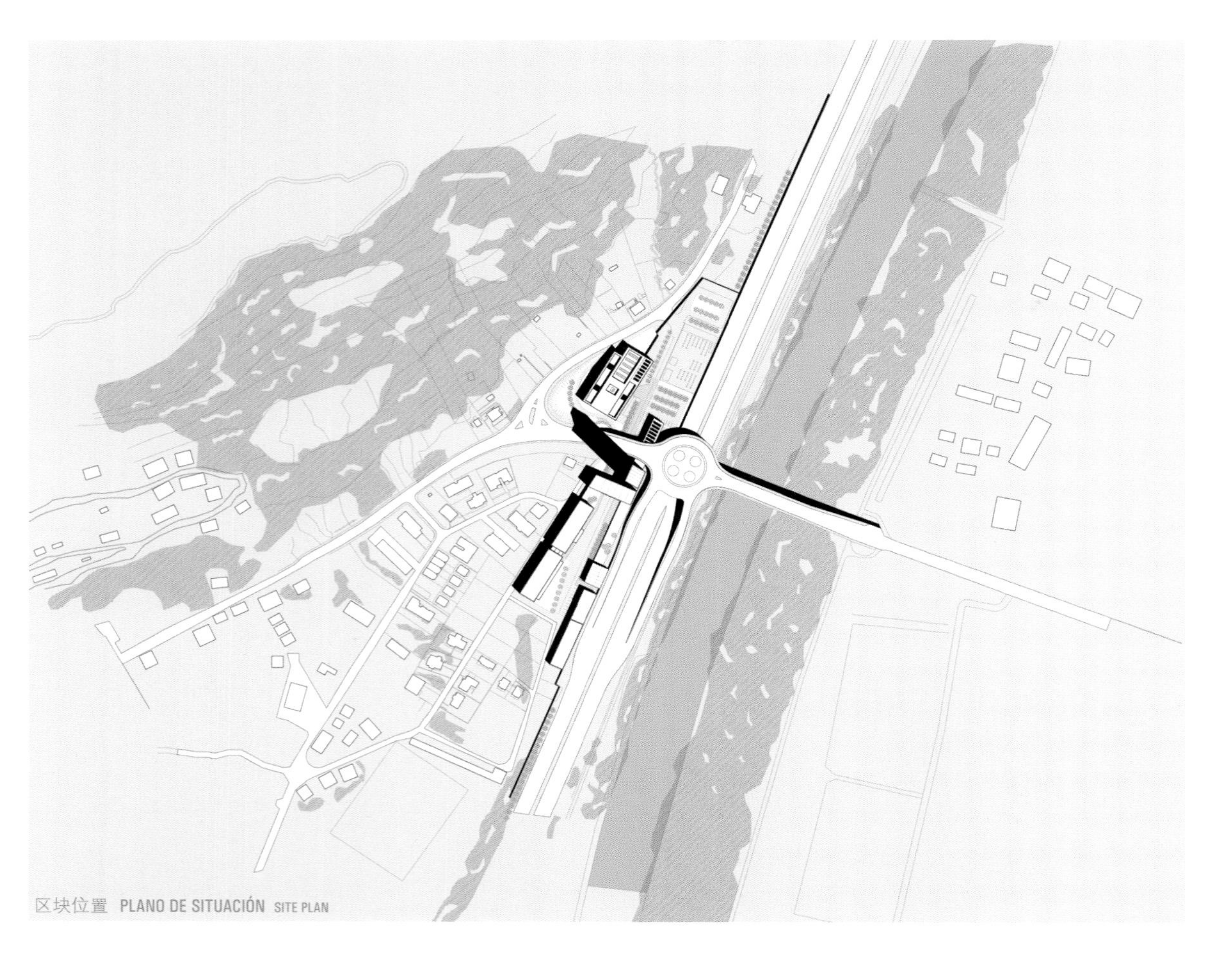

区块位置 PLANO DE SITUACIÓN SITE PLAN

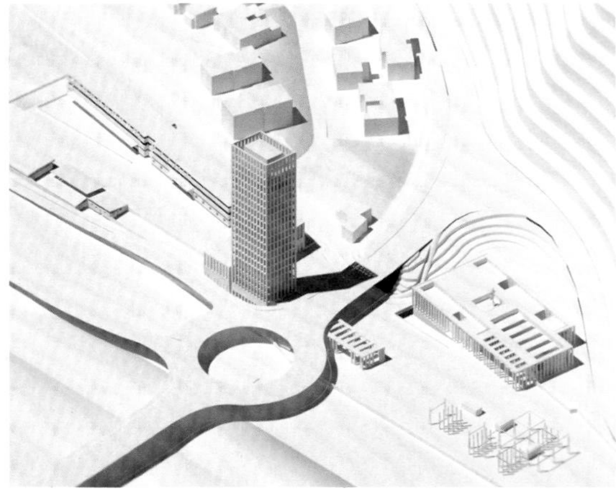

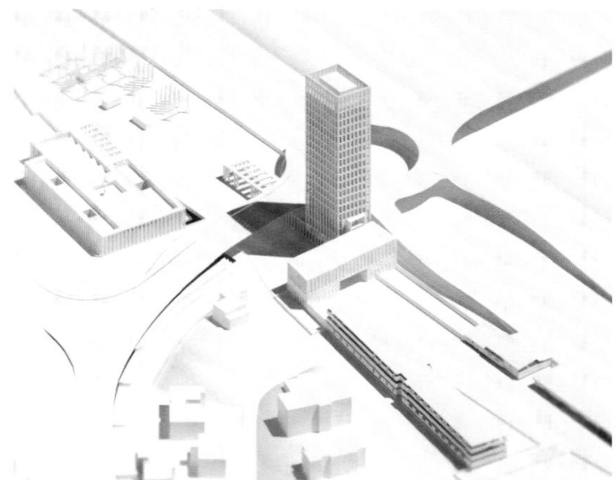

纵横

AET公司总部的区域规模的扩展受到基础设施的制约。该项目的建造分为两个阶段：第一阶段在北部对既有的建筑进行扩展；第二阶段在南部建造一幢20层的高楼。

而在这两个建筑之间的空间则自然地成了入口。

HORIZONTAL Y VERTICAL

La extensión de la sede de AET a una escala regional, está muy condicionada por la presencia de infraestructura. El proyecto se estructura en dos fases de intervención. La primera fase se desarrolla al norte con la ampliación del edificio existente. La segunda fase al sur con la construcción de una torre de veinte plantas. El espacio entre los dos edificios se convierte en el espacio de acceso.

HORIZONTAL AND VERTICAL

The expansion of AET headquarters at the regional scale, is strongly conditioned by the presence of infrastructure. The project is structured into two phases of intervention. The first phase is developed at the north with the expansion of the existing building. The second phase at the south with the construction of a twenty-storey tower. The space between two buildings becomes the entrance place.

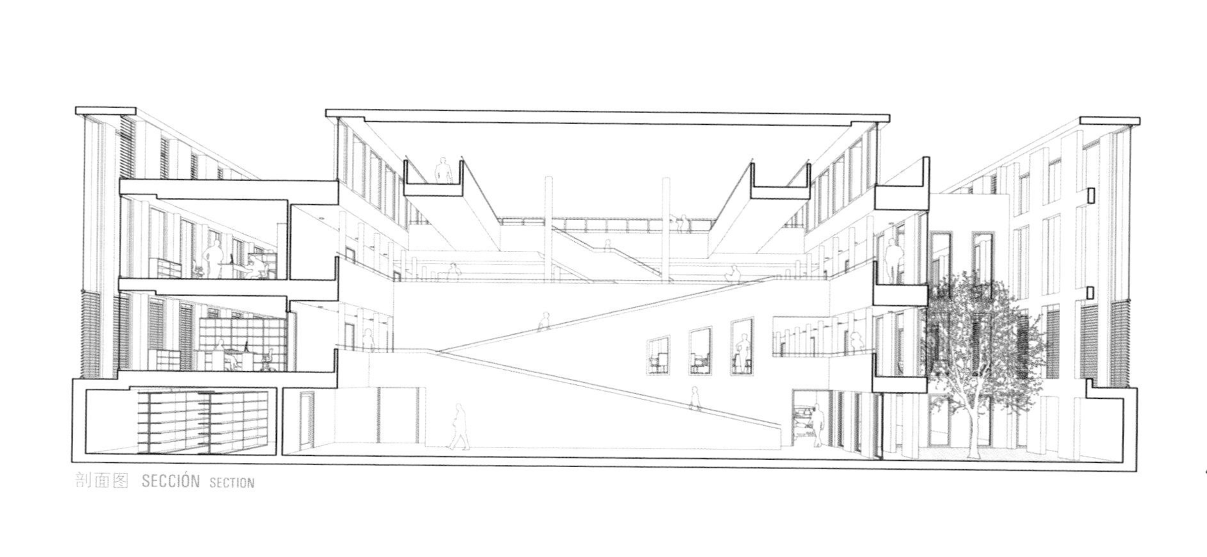
剖面图 SECCIÓN SECTION

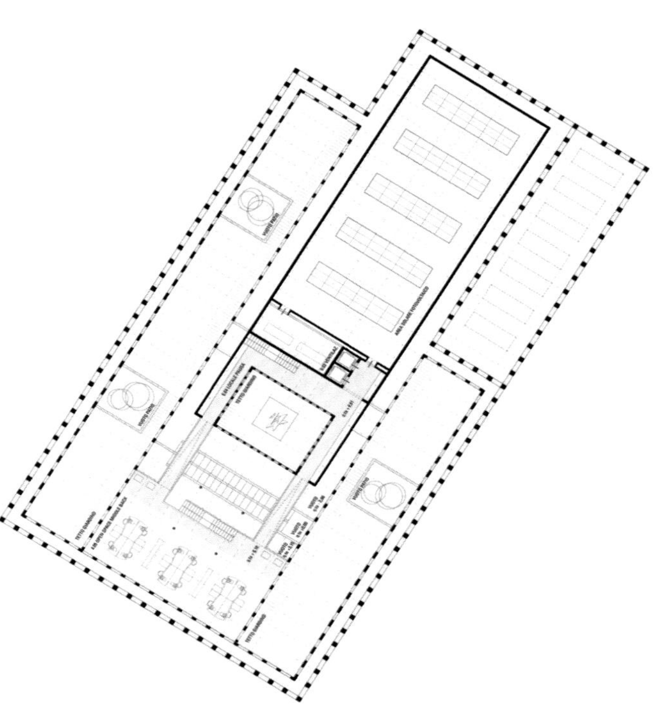
夹层平面图 ENTREPLANTA MEZZANINE FLOOR PLAN

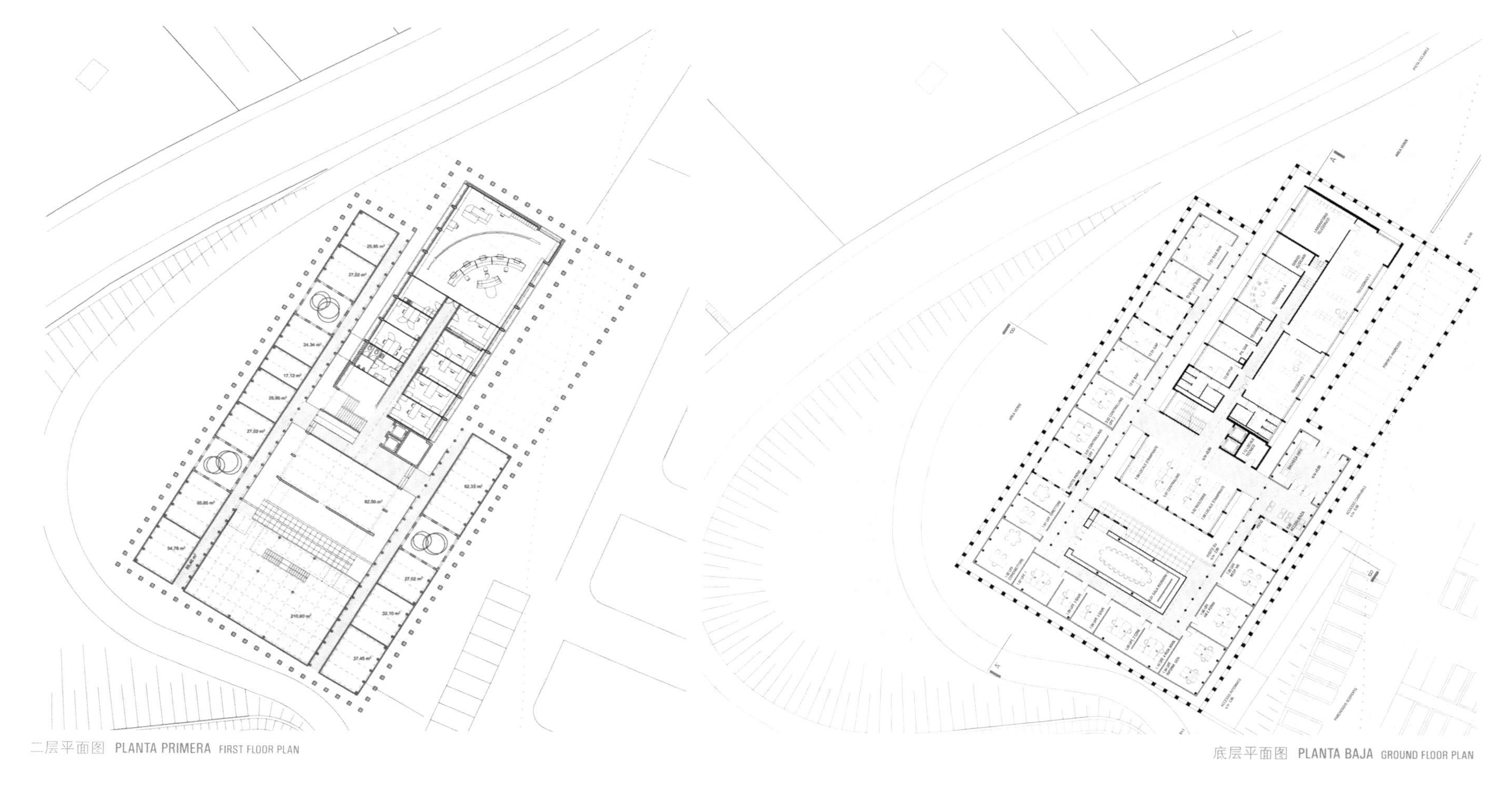
二层平面图 PLANTA PRIMERA FIRST FLOOR PLAN

底层平面图 PLANTA BAJA GROUND FLOOR PLAN

AET公司行政总部 · 蒙特卡拉索
Sede administrativa AET · Monte Carasso
AET Headquarters · Switzerland
四等奖 · **Cuarto Premio** · Fourth Prize

weiterbauen (竞标代码)

Hochuli e Martinelli architetti (建筑师事务所)

Stefano Hochuli · Dario Martinelli (建筑师)

区块位置 PLANO DE SITUACIÓN SITE PLAN

形态连续性

高楼整体分为横向体量和纵向体量。高楼的整体高度为37米，仅次于S. Bernardino和Jerome教堂的尖塔。

CONTINUIDAD MORFOLÓGICA

La masa de la torre se divide en un volumen horizontal y otro vertical. La altura total de la torre es de 37.00 metros, justo por debajo del campanario de la Iglesia de San Bernardino y Jerónimo.

MORPHOLOGICAL CONTINUITY

The massing of the tower is divided into a horizontal and a vertical volume. The overall height of the tower is 37 meters, just below the steeple of the church S. Bernardino and Jerome.

底层平面图 PLANTA BAJA GROUND FLOOR PLAN

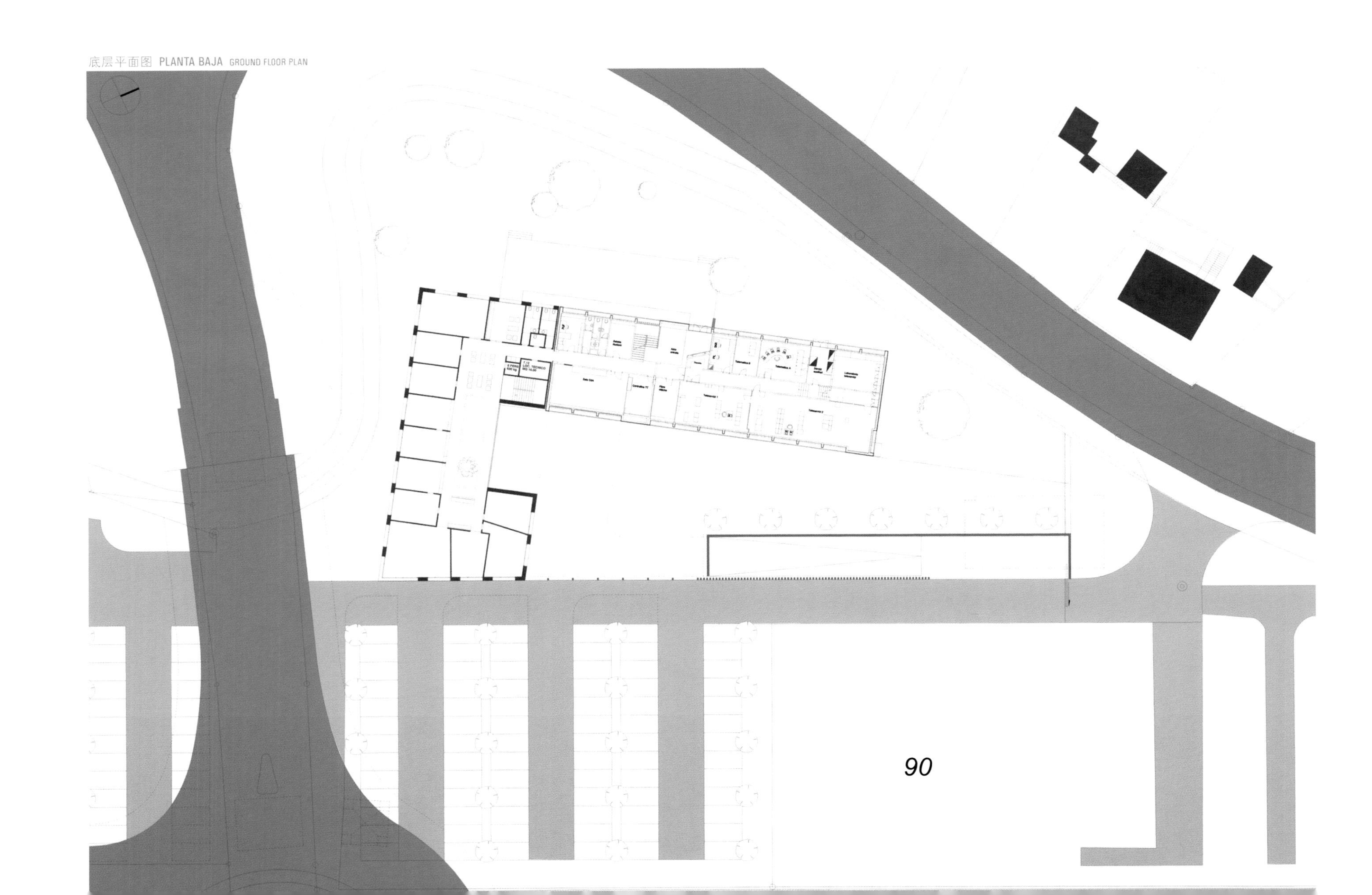

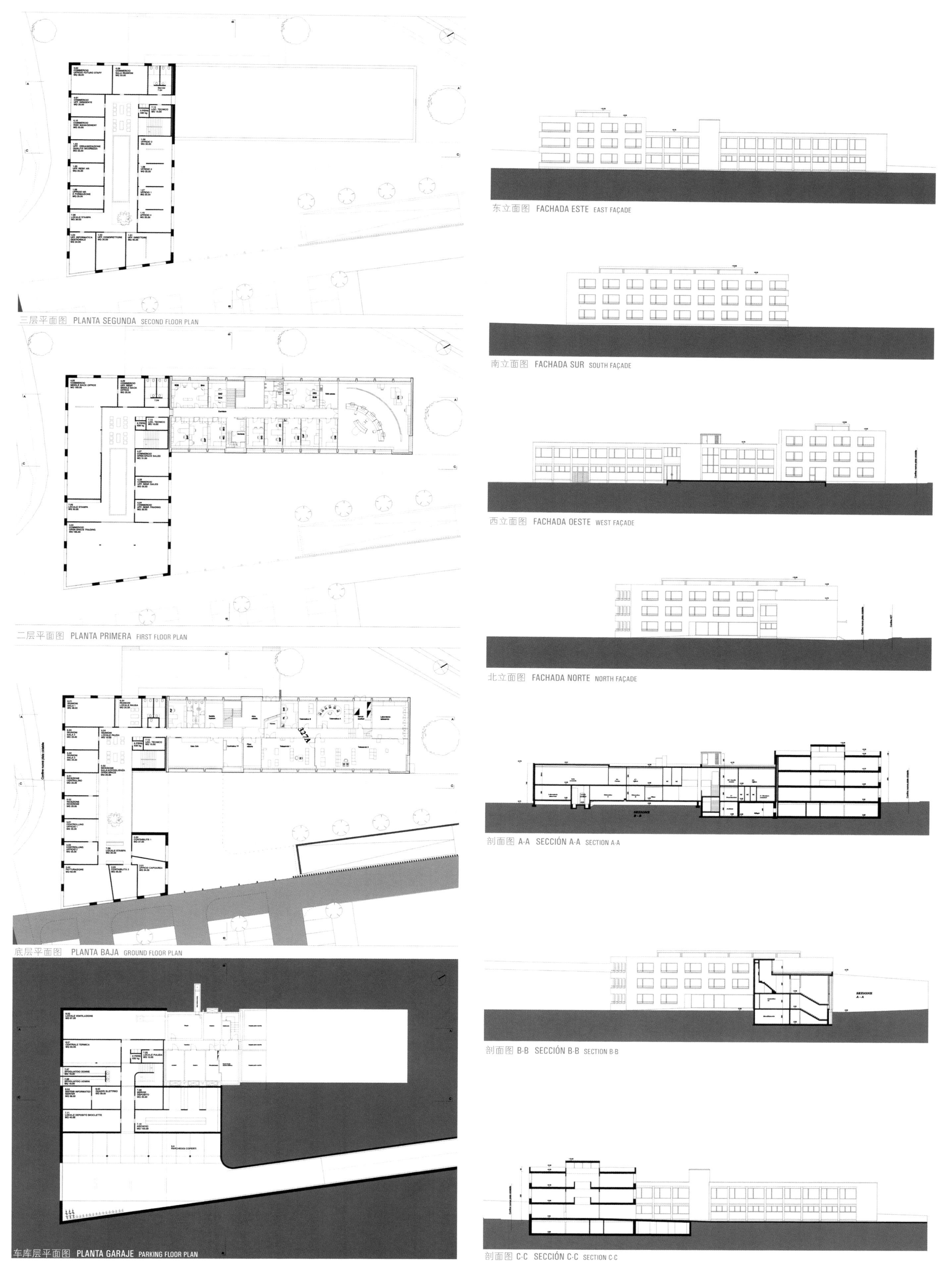

三层平面图 PLANTA SEGUNDA SECOND FLOOR PLAN

二层平面图 PLANTA PRIMERA FIRST FLOOR PLAN

底层平面图 PLANTA BAJA GROUND FLOOR PLAN

车库层平面图 PLANTA GARAJE PARKING FLOOR PLAN

东立面图 FACHADA ESTE EAST FAÇADE

南立面图 FACHADA SUR SOUTH FAÇADE

西立面图 FACHADA OESTE WEST FAÇADE

北立面图 FACHADA NORTE NORTH FAÇADE

剖面图 A-A SECCIÓN A-A SECTION A-A

剖面图 B-B SECCIÓN B-B SECTION B-B

剖面图 C-C SECCIÓN C-C SECTION C-C

AET公司行政总部 · 蒙特卡拉索
Sede administrativa AET · Monte Carasso
AET Headquarters · Switzerland
六等奖 · Sexto Premio · Sixth Prize

c23 (竞标代码)

Guidotti architetti (建筑师)

区块位置 PLANO DE SITUACIÓN SITE PLAN

两个天平

首要决策就是将整个项目置于这块三角地带内，使其成为该地最具内涵的典型代表。所提议的干预措施由两部分组成，与规章指南所要求的两个阶段的施工共同形成具有本地特色的两个天平。第一个具有当地性，而第二个具有地域性。

DOS ESCALAS

La primera decisión es la de concentrar todo el programa en este triángulo de tierra reconociéndose como el más representativo del emplazamiento con un contenido de valor regional. La propuesta de intervención se divide en dos partes que, además de seguir los requerimientos de las bases, corresponden a dos escalas que caracterizan el solar. La primera local, la segunda territorial.

TWO SCALES

The first decision is to concentrate the whole program in this triangle of land recognized as the most representative one within the territory with regional valuable content. The proposed intervention is divided into two parts that, in addition to the two phases of construction required by the guidelines, they correspond to the two scales that characterize the site. The first is local, while the second territorial.

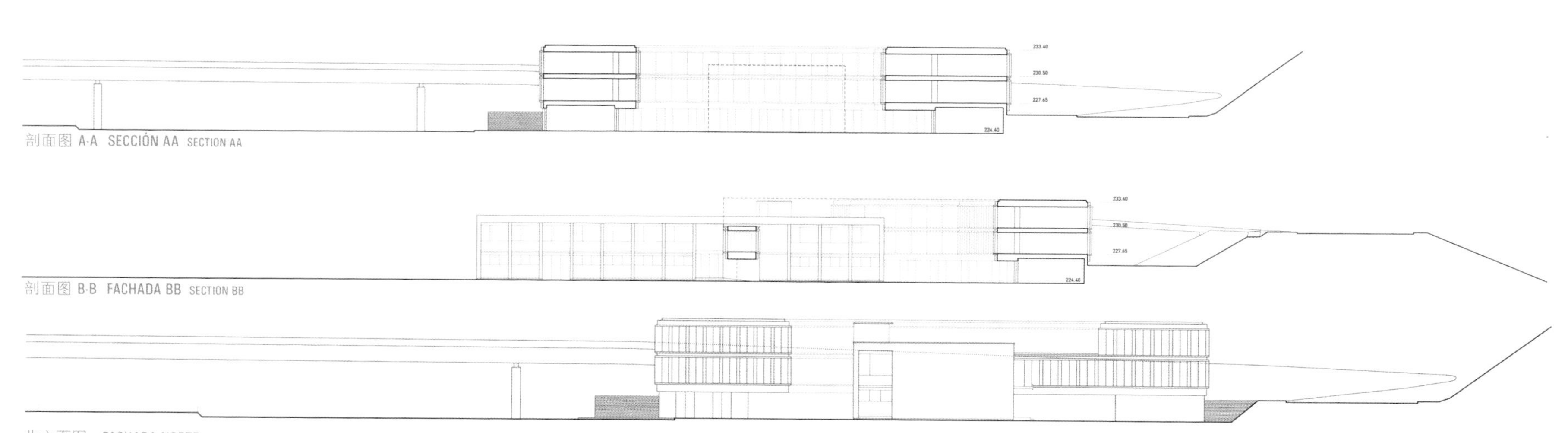

剖面图 A-A SECCIÓN AA SECTION AA

剖面图 B-B FACHADA BB SECTION BB

北立面图 FACHADA NORTE NORTH FAÇADE

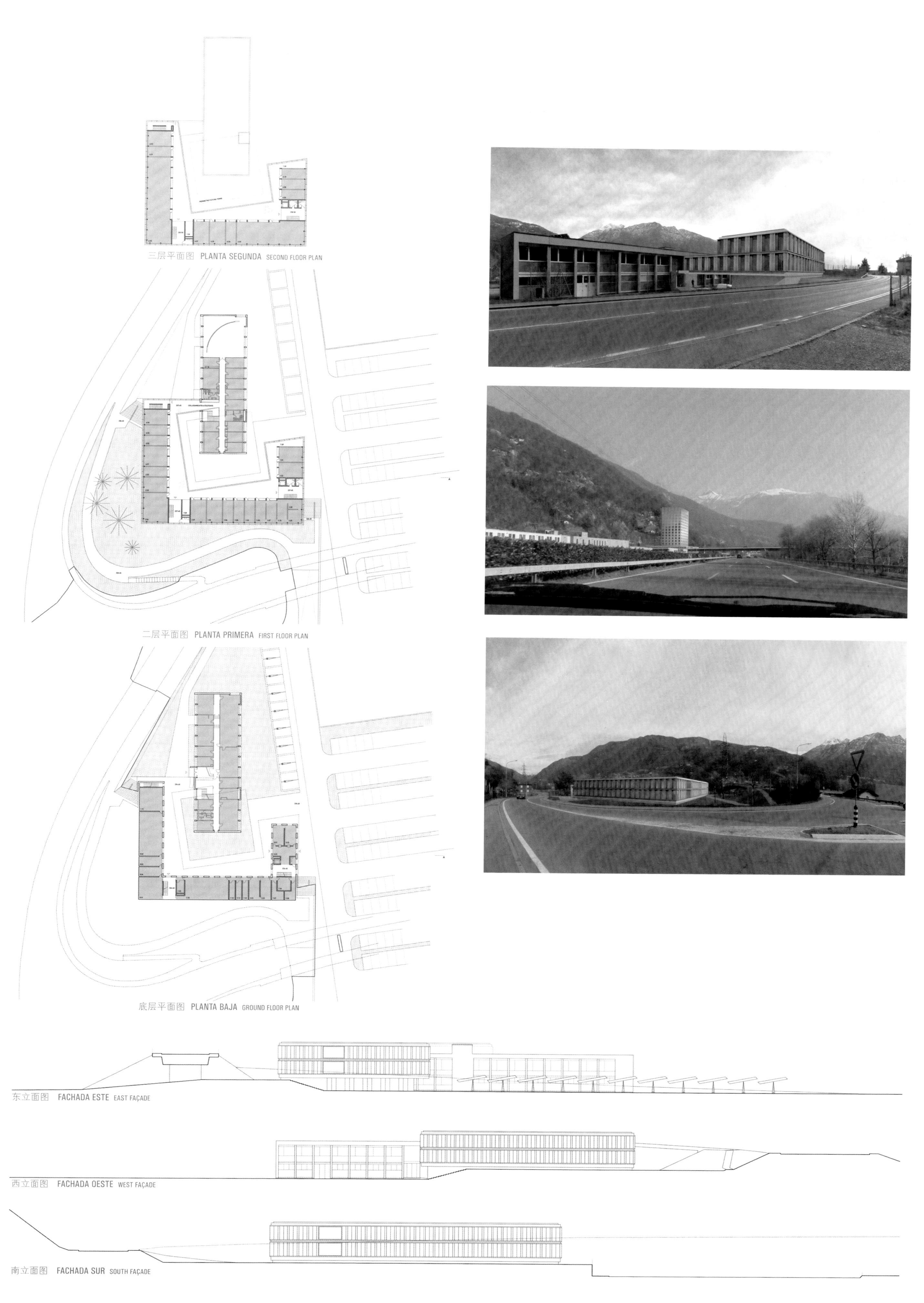

三层平面图 PLANTA SEGUNDA SECOND FLOOR PLAN

二层平面图 PLANTA PRIMERA FIRST FLOOR PLAN

底层平面图 PLANTA BAJA GROUND FLOOR PLAN

东立面图 FACHADA ESTE EAST FAÇADE

西立面图 FACHADA OESTE WEST FAÇADE

南立面图 FACHADA SUR SOUTH FAÇADE

SPIRETEC设计竞赛 · 大诺伊达
Concurso SPIRETEC · Greater Noida
The SPIRETEC Competition · India

竞标 · concurso · competition

一个62,750平方米的混合使用区域，作为IT综合办公室的一部分

Un área de usos mixtos de 62.750 m2 que es parte de un complejo tecnológico de oficinas

A 62,750 sqm mixed use area that is part of an IT office complex

竞标类型 · tipo de concurso · competition type

单阶段国际公开竞赛

abierto, internacional en una fase

open, single stage, international

项目地点 · localización · site area

大诺伊达 · 北方邦 · 印度 Greater Noida · Uttar Pradesh · India

主办方 · órgano convocante · promoter

Spire World机构

日程安排 · fechas · schedule

招标 · Convocatoria · Announcement 10.2010

评审结果 · Fallo de jurado · Jury´s results 03.2011

评审团 · jurado · jury

Ajoy Choudhary, Principal, Ajoy Choudhury & Associates公司主持人
Aniket Bhagwat, Principal, M/s Prabhakar B. Bhagwat Landscape Design公司主持人
Ashish Bhalla, Director, Millennium Spire公司主席
Kai Gutschow, Associate Professor, Carnegie Mellon University副教授
Ken Yeang, Principal, Llewelyn Davies Yeang公司主持人
Lucien Kroll, Architect建筑师
Michael Sorkin, Principal, Michael Sorkin Studio公司主持人
Peter Bosselman, Professor of Urban Design, UC Berkeley城市设计学教授
Peter Head, Director, ARUP公司主席
Pradeep Sachdeva, Principal, Pradeep Sachdeva Design Associates公司主持人
Sanjay Prakash, Principal Consultant, Samjay Prakash & Associates公司主持人
Suparna Bhalla, Director, Abaxial Architects Ltd.公司主席
Tay Kheng Soon, Architect建筑师

获奖者 · premios · awards

获奖者 · ganador · **winner**
Samira Rathod Design Associates (SRDA)
(建筑师事务所)
Samira Rathod (建筑师)

获奖者 · ganador · winner
Normal (建筑师事务所)
Camilo Cruz · Hannes Gutberlet · Katherine Jarno · Hoda Matar · Adrian Phiffer · Talal Rahmeh
Shirin Rohani (建筑师)

获奖者 · ganador · winner
GMG Collective(建筑师事务所)
Evan Greenberg · Kostas Grigoriadis · Eduardo McIntosh
(建筑师)

获奖者 · ganador · winner
Doriano Lucchesini (Studio APUA engineering company)
(建筑师事务所)

团队 team: Anna Maria Aquilani · Clara Arezzo di Trifiletti · Stefano Bandieri
Francesco Conti · Michele Conti · Lara Gatti · Elisa Lombardi · Elena Signoroni
Isabella Torniai · Barbara Torri (建筑师)

荣誉提名奖 · mención honorífica · honourable mention
Manolis Anastasakis Architects(建筑师事务所)
Manolis Anastasakis (建筑师)

合作 (c) Dimitris Fragkias

荣誉提名奖 · mención honorífica · honourable mention
MONOLAB ARCHITECTS(建筑师事务所)
Jan Willem van Kuilenburg · Arrate Abaigar · Henar Varela Morales
Ismael Planelles Naya (建筑师)

荣誉提名奖 · mención honorífica · honourable mention
Crab studio + RGRM Semisotano arquitectos(建筑师事务所)
Peter Cook · Gavin Robotham · Dolores Victoria Ruiz
Juan Jose Ruiz (建筑师)

SPIRETEC系针对一个62750平方米的**混合使用区域**，以作为IT综合办公室一部分的建筑设计竞赛。其占地面积约为8.5万平方米。参与者的挑战是：

• 将一个与环境相协调的建筑模式融入工作区所规定的结构中，并且从中可以鸟瞰河流的漫滩。

• 制定的设计能见证、影响人们对该区域所期望的变革，并与之相关联。

设计综合考虑使用、运营、维修、性能等因素。

• 采用工业化加工材料和技术，在早期阶段以较经济的方式解决施工过程中出现的问题，并对印度的现阶段以及未来产生影响。

• 表明在极端的情况下这些均能实现。

SPIRETEC es un concurso de ideas para un **área de usos mixtos** de 62.750 m² que forma parte de un complejo tecnológico de oficinas, dispersas a lo largo de 85.000 m² de suelo. Los participantes tienen como objetivos:

• Proponer un patrón edificatorio en la trama del espacio tecnológico que mire sobre la planicie del río.

• Crear un proyecto que puede evidenciar, influenciar y permanecer abierto a las permanentes y anticipadas transformaciones de la región.

• Incorporar temas como el uso, operatividad, mantenimiento y función.

• Tratar temas como procesos de construcción en una economía que está en una primera etapa de adoptar materiales de procesos industrializados y tecnologías y su implicación para la India moderna y futura.

• Demostrar que todo es posible en este clima de extremos.

SPIRETEC is an architectural design competition for a 62,750 sqm **mixed use area** that is part of an IT office complex, spread across approx 85,000 sqm of land. Participants are challenged:

• To weave a responsive building pattern into the planned fabric of its workspaces overlooking the floodplain of the river.

• To create a design that can witness, influence, and remain pertinent to the sharp, anticipated transformations of the region.

• To incorporate issues of use, operation, maintenance, and performance.

• To address issues of construction processes in an economy way at an early stage in adoption of industrially processed materials and technologies, and its implication for modern and future India.

• To demonstrate that all this is possible in this climate of extremes.

SPIRETEC设计竞赛 · 大诺伊达
Concurso SPIRETEC · Greater Noida
SPIRETEC Competition · India
获奖者 · Ganador · Winner

D4946G (竞标代码)

Samira Rathod Design Associates (SRDA) (建筑师事务所)

Samira Rathod (建筑师)

城市中的绿洲
UN OASIS EN LA CIUDAD
AN OASIS IN THE CITY

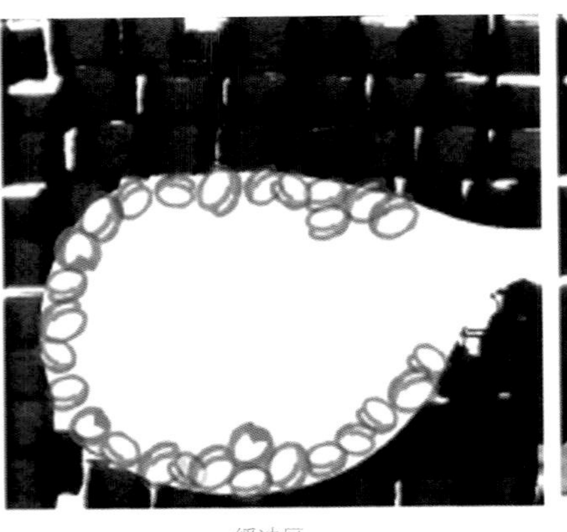

缓冲区
UNA PANTALLA AMORTIGUADORA
A BUFFER SCREEN

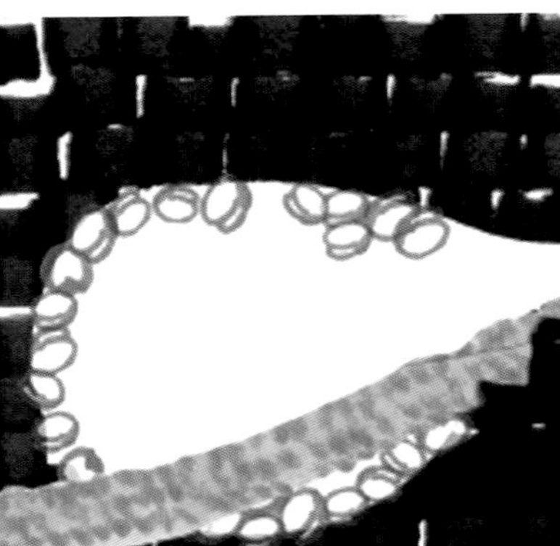

护城河
FOSO
MOAT

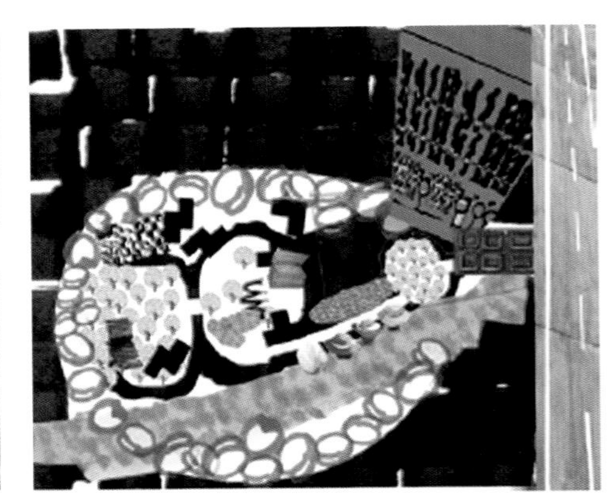

过渡的顺序
SECUENCIA DE TRANSICIONES
SECUENCE OF TRANSITIONS

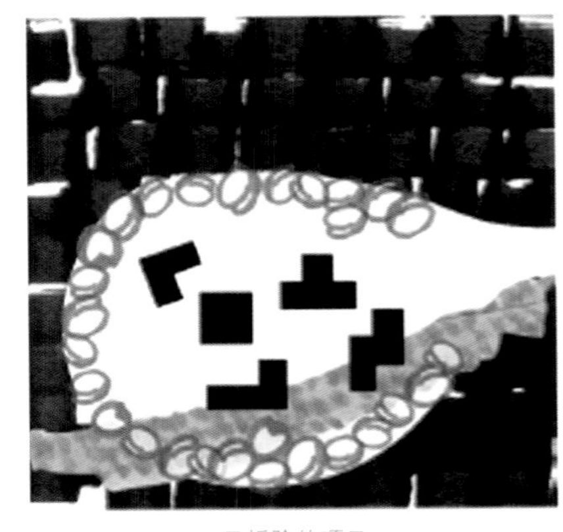

已拆除的项目
DISPERSIÓN DEL PROGRAMA
PROGRAM DISMANTLED

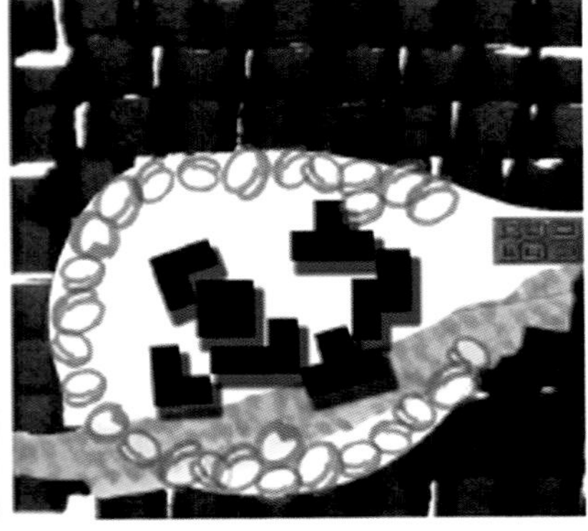

入口的红色大门
LA PUERTA ROJA DE ACCESO
THE RED ENTRY DOOR

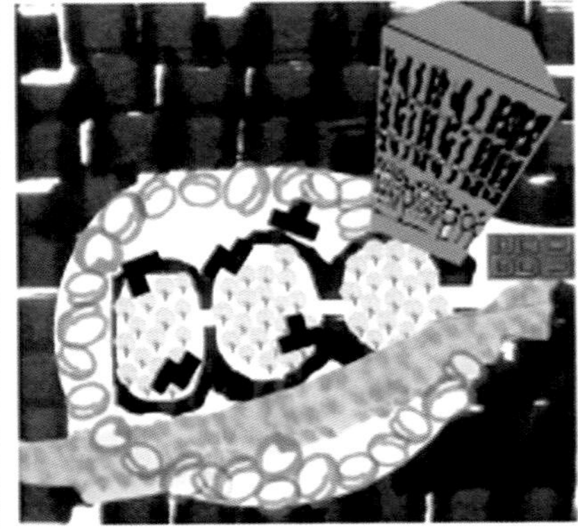

作为标志性建筑的酒店
HOTEL COMO ICONO
HOTEL AS AN ICON

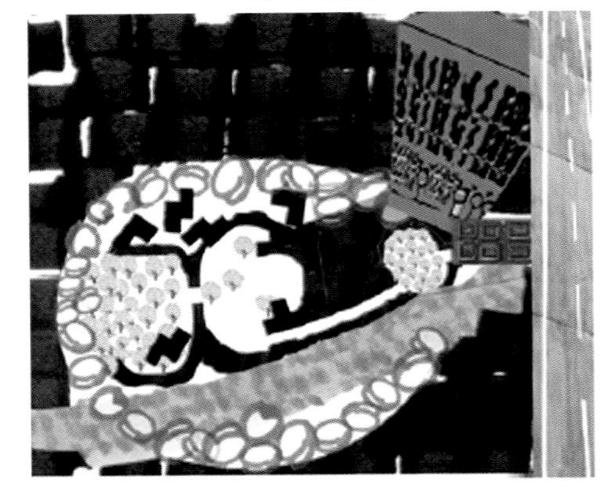

梦幻般探索的叙述
UNA NARRATIVA DE EXPLORACIONES SURREALISTAS
A NARRATIVE OF SURREAL EXPLORATIONS

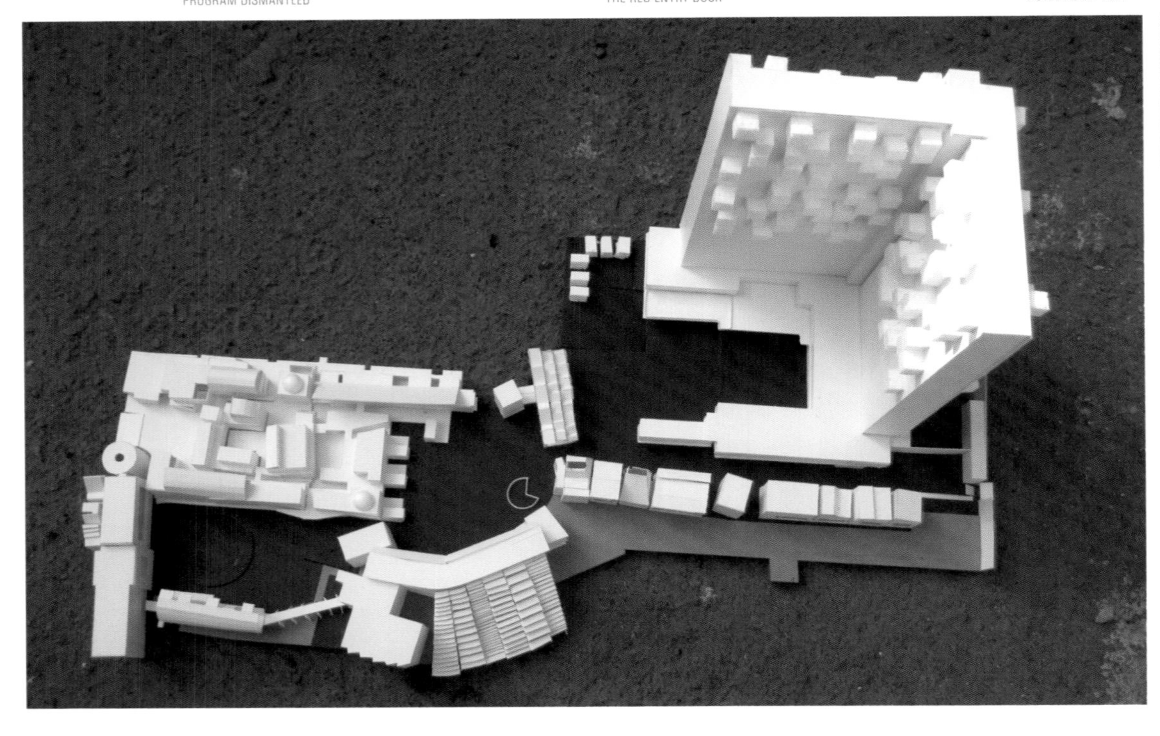

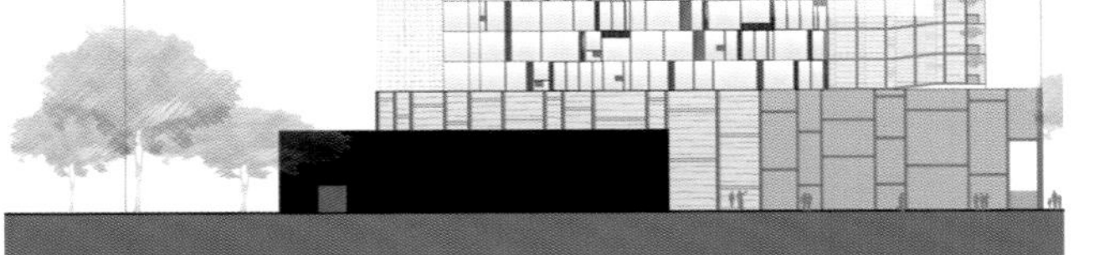

入口的红色大门 LA PUERTA ROJA DE ACCESO THE RED ENTRY DOOR

实体(光的现象)
MATERIALIDAD (EL FENÓMENO DE LA LUZ)
MATERIALITY (THE PHENOMENA OF LIGHT)

分解截面图
SECCIÓN FUGADA
EXPLODED SECTION

剖面图
SECCIÓN
SECTION

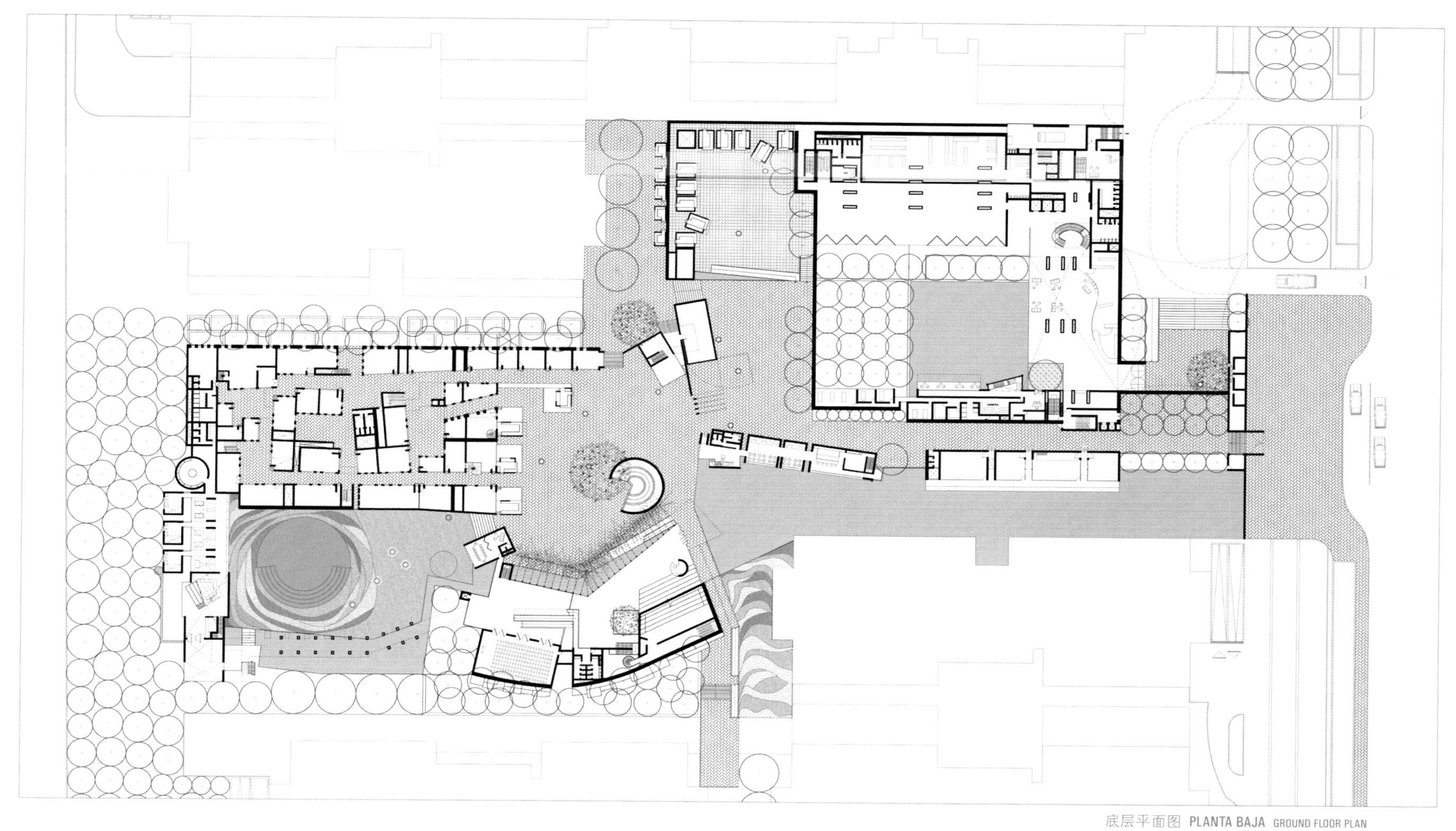

底层平面图 PLANTA BAJA GROUND FLOOR PLAN

梦幻般的探索

该场地由围墙或一行树木环绕，成为建筑与周围的缓冲区域。对该项目的战略位置进行定位，有意识地打破周围的格局，以实现非线性的物理和视觉连接。高大的酒店仍旧是该条街的标志性建筑，隐没于城市的喧嚣之中，与项目的其他内容完成脱离。入口采用引人注目的鲜红颜色，并于前方过渡至树林遮蔽、鸟声啁啾、流水淙淙的清幽之境。

EXPLORACIONES SURREALISTAS

El emplazamiento se rodea por un muro o una cascada de árboles. Estos forman un amortiguador para los edificios corporativos que lo rodean. El programa se dispersa y se localiza estratégicamente, rompiendo conscientemente la trama que lo rodea - permitiendo conexiones físicas visuales no lineales. El hotel en altura permanece como icono de la calle, completamente segregado del resto del programa que se sitúa detrás, oculto a la ciudad. La entrada se hace presente por su rojo intenso, y se abre a una transición silenciosa de árboles, pájaros y agua.

SURREAL EXPLORATIONS

The site is surrounded by a wall or a cascade of trees. These form a buffer for the corporate buildings that surround it. The program is dismantled and is strategically located, consciously breaking the grid that surrounds it – allowing for nonlinear physical and visual connections. The tall hotel remains as the icon on the street, completely segregated from the rest of the program that is behind it, hidden from the city. The entrance is made noticeable by its sheer redness, and opens into a quiet transition of trees, birds and water.

艺术咖啡馆及精品店 CAFÉ DEL ARTE Y BOUTIQUE ART CAFE + BOUTIQUE

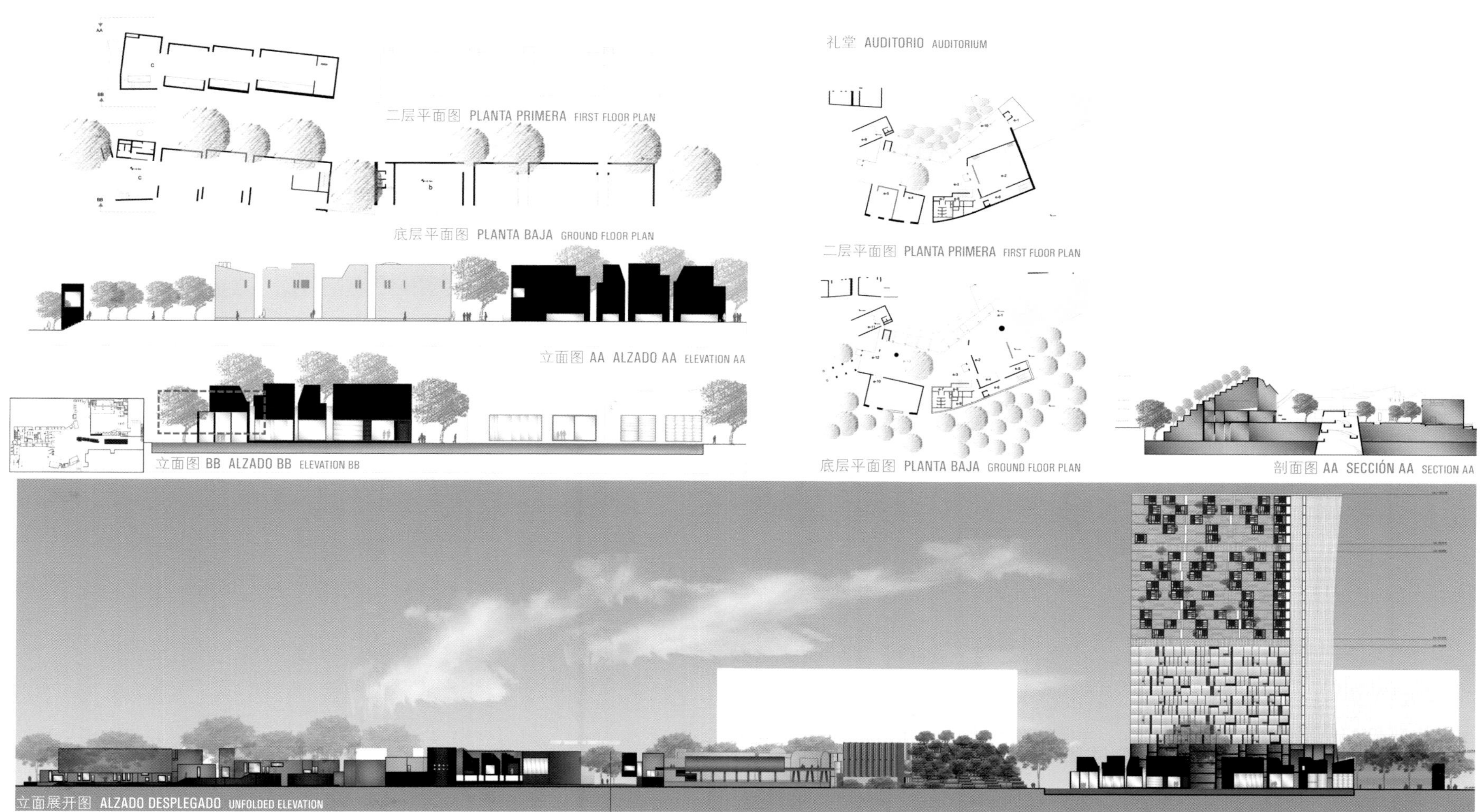

二层平面图 PLANTA PRIMERA FIRST FLOOR PLAN

底层平面图 PLANTA BAJA GROUND FLOOR PLAN

立面图 AA ALZADO AA ELEVATION AA

立面图 BB ALZADO BB ELEVATION BB

礼堂 AUDITORIO AUDITORIUM

二层平面图 PLANTA PRIMERA FIRST FLOOR PLAN

底层平面图 PLANTA BAJA GROUND FLOOR PLAN

剖面图 AA SECCIÓN AA SECTION AA

立面展开图 ALZADO DESPLEGADO UNFOLDED ELEVATION

SPIRETEC设计竞赛 · 大诺伊达

Concurso SPIRETEC · Greater Noida

SPIRETEC Competition · India

获奖者 · Ganador · Winner

RED IS GREEN (竞标代码)

Normal (建筑师事务所)

Camilo Cruz · Hannes Gutberlet · Katherine Jarno · Hoda Matar · Adrian Phiffer

Talal Rahmeh · Shirin Rohani (建筑师)

各种各样的活动

"大诺伊达"前程无量。宽阔的空间、地面灌溉区域及较高入住率的住宅大楼等概念，作为人们对于预期的高级住房需求的传统对策，似乎过于老生常谈。那么我们如何汲取过去的教训呢?

整个场地需要提供众多相互关联的空间，以提升对社区的体验。我们将场地设想为走廊和房间的合成体。无论是这些建筑内还是建筑之间产生的感觉，都将营造出一种集体的归属感。将其比喻为一个由不同层次、类型和有计划的组件构成的村庄，非常适合融入独特而协调的元素。住宅、商业和公共项目分成众多更小的建筑类型，并群聚于该场地的周围，达到和谐状态。该提议旨在采用与现代城市原则相反的做法，如垂直集中、大范围未使用的地面区域等。

VARIEDAD DE ACTIVIDADES

Greater Noida está en el punto de tener un gran futuro con un resultado impredecible. Los conceptos obsoletos de espacios grandes y abiertos en combinación con torres residenciales eficientes, parece que repiten repuestas convencionales de las demandas de las empresas promotoras. ¿Cómo podemos aprender de los errores?

Todo el lugar necesita ofrecer una multitud de espacios entrelazados que sean beneficiosos para una experiencia comunitaria. Imaginamos el lugar como una composición de corredores y salas. Cualquier cosa que pueda surgir dentro y entre estos edificios promoverá un sentido colectivo de pertenencia. La analogía a un pueblo compuesto de diferentes capas, tipos y componentes programáticos parece ideal para incorporar elementos que son al mismo tiempo únicos y de la misma familia. El programa residencial, comercial y público se divide en múltiples tipos de pequeños edificios dispersos en núcleos equilibrados dentro del emplazamiento. La propuesta trata de introducir una oposición a los principios modernos urbanos como la concentración vertical y la existencia de grandes espacios inutilizados.

VARIETY OF ACTIVITIES

Greater Noida is on the verge of a great future with an unpredictable outcome. Outdated concepts of vast open and irrigated ground spaces in combination with efficient residential towers seem to be repeating conventional answers to an expected high level of real-estate demand. How can and will we learn from past mistakes?

The entire site needed to offer a multitude of interlaced spaces that would be beneficial for a community experience. We imagined the site as a composition of hallways and rooms. Whatever could be generated from within and in between these buildings would ignite a collective sense of belonging. The analogy of a village comprising of different layers, types and programmatic components seemed ideal to incorporate elements that are at the same time unique and within the same family. The residential, commercial and public program is divided into multiple smaller building types and dispersed in balanced clusters around the site. The proposal aims to introduce an opposition to modern urban principles such as vertical concentration and large unused ground areas.

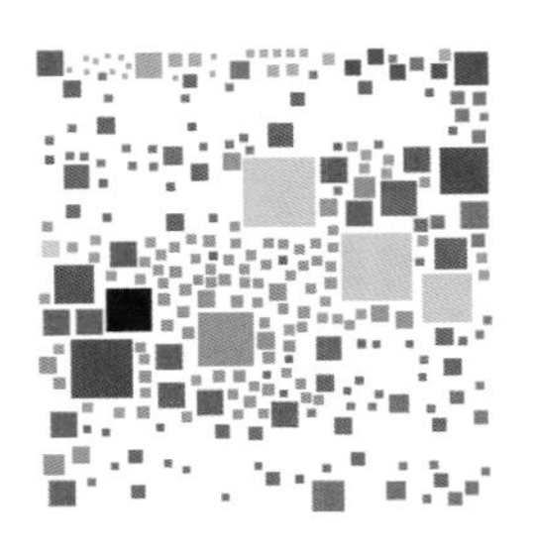

第一交叉口 1A ITERACIÓN 1ST ITERACTION

第二交叉口(出入口+公路) 2A ITERACIÓN (ACCESOS+CALLES) 2ND ITERATION (ACCESS+ROADS)

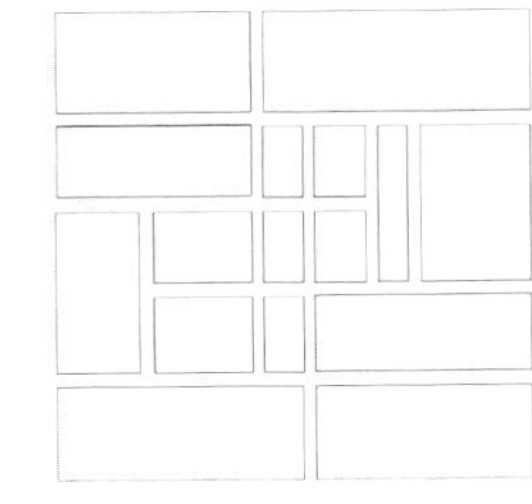

建筑群 NÚCLEOS EDIFICATORIOS BUILDING CLUSTERS

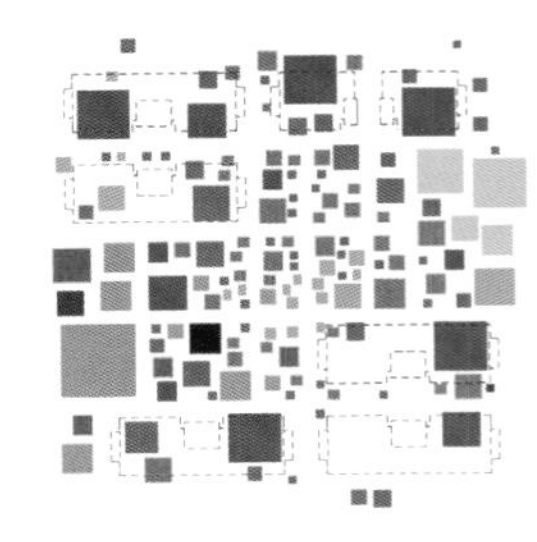

最终平面图 PLANO FINAL FINAL PLAN

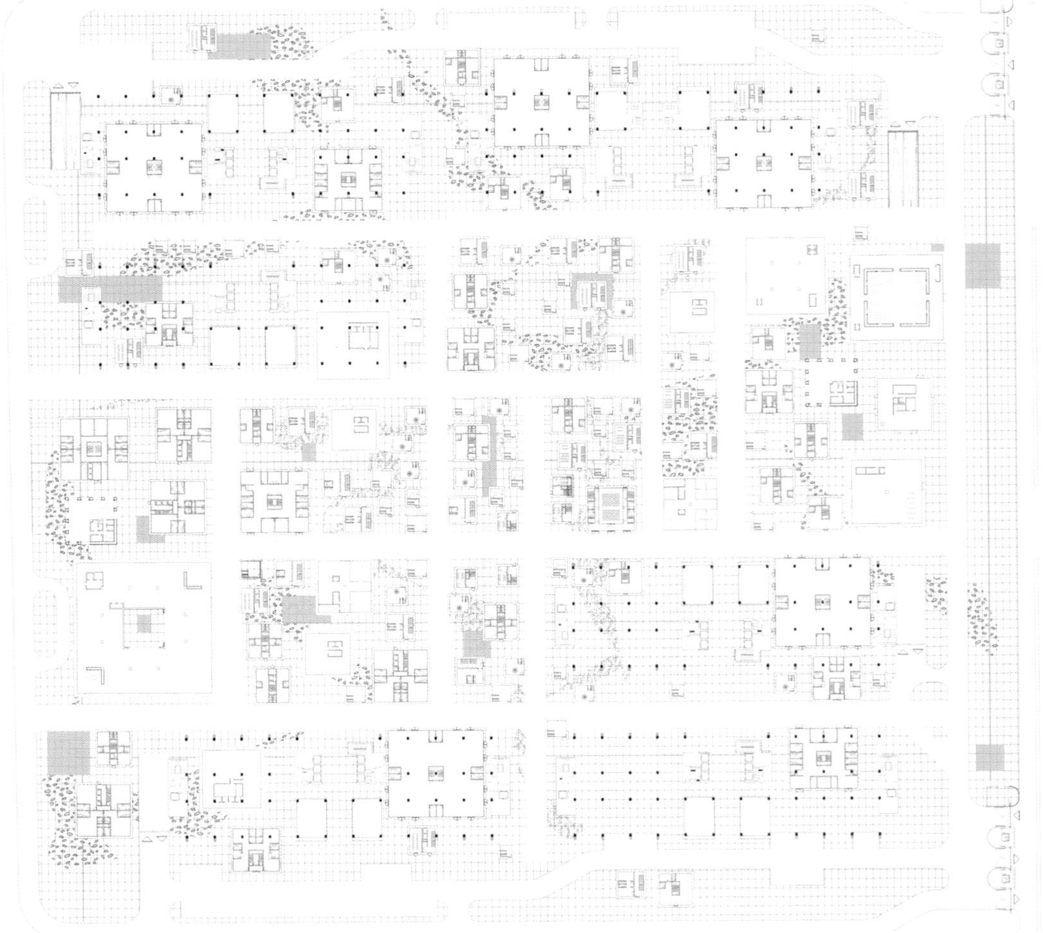

底层平面图 PLANTA BAJA GROUND FLOOR PLAN

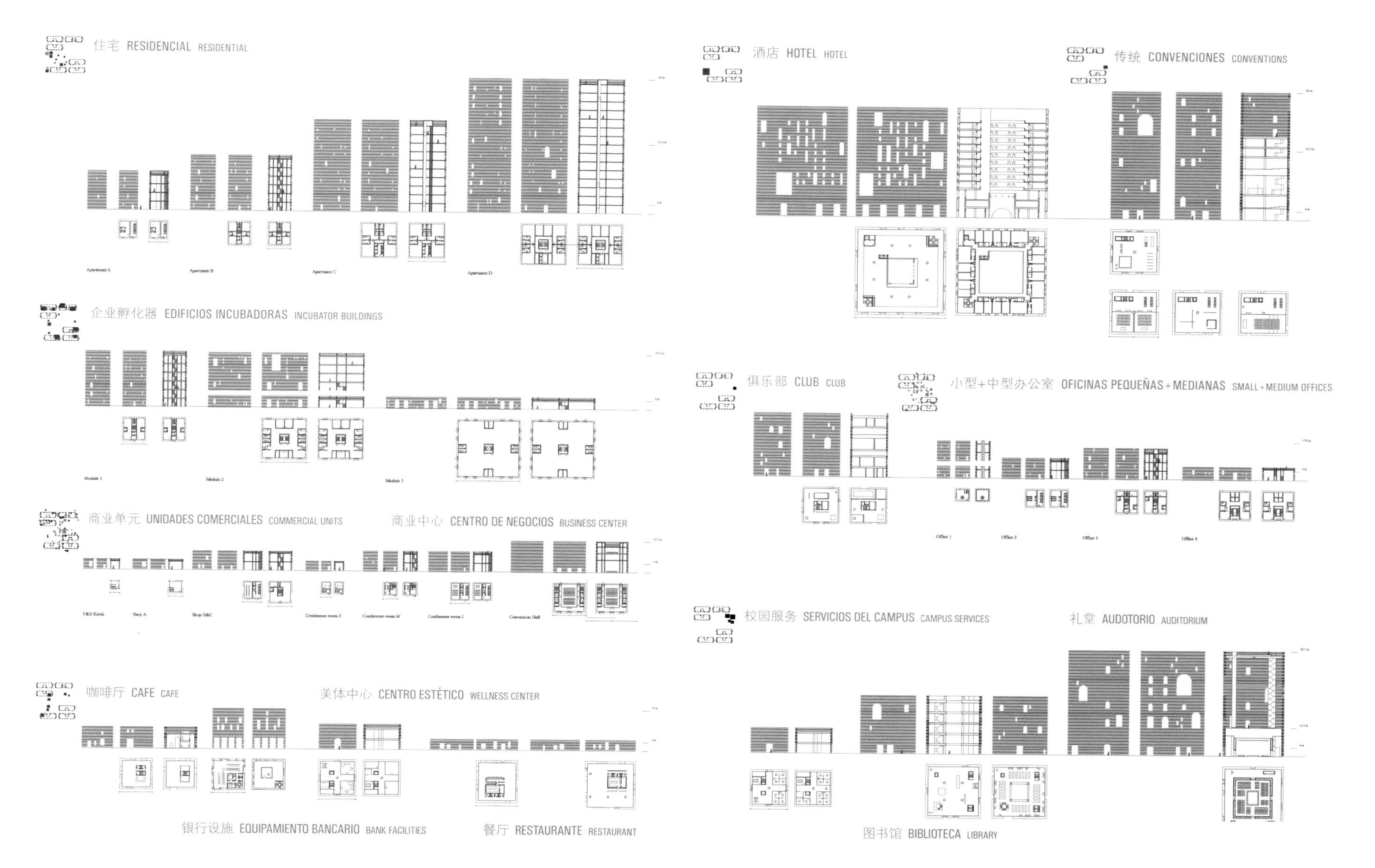

建筑类型 TIPOLOGÍAS EDIFICATORIAS BUILDING TYPOLOGIES

剖面图 CC SECCIÓN CC SECTION CC

SPIRETEC设计竞赛 · 大诺伊达
Concurso SPIRETEC · Greater Noida
SPIRETEC Competition · India
获奖者 · Ganador · Winner

ECOGRAFT (竞标代码)

GMG Collective (建筑师事务所)

Evan Greenberg · Kostas Grigoriadis · Eduardo McIntosh (建筑师)

微观环境

该项目注重于各种建筑条件下的嫁接概念：建筑学、结构、空间、项目和形式。将该项目视为以三维形式布局的一系列小岛，借以创建多尺度的空间，有助于用户进行有机的互动。一个称之为“生态皮肤”的树冠是项目形式的特色之一。这个有机实体可作为整座建筑的气候调节器——利用其可操作的皮肤，在一年四季以及昼夜对空气和雨水的流动进行控制。该项目还包括花园和水域。

MICROAMBIENTES

El proyecto se centra en el concepto de injerto a través de sus múltiples condiciones arquitectónicas: Tectónica, Estructura, Espacio, Programa y Forma. Mediante el tratamiento del programa como un conjunto de islas que se asientan en un espacio tri-dimensional, el proyecto consigue espacios multi-escala para promover la interacción orgánica de los usuarios. La forma del proyecto se caracteriza por un palio espacial llamado Ecoinjerto. Esta entidad orgánica sirve como regulador cilmático para todo el edificio, aprovechando una piel operativa que controla el flujo del aire y agua a lo largo del año y días. También alberga jardines y agua.

MICRO-ENVIRONMENTS

The project focuses on the concept of grafting throughout its various architectural conditions: tectonics, structure, space, program and form. By treating the program as a set of islands laid out in three-dimensional space, the project manages to create multi-scalar spaces to foster the organic interaction of its users. The form of the project is characterized by a spatial canopy called ecograft. This organic entity serves as a climatic regulator for the whole building, taking advantage of an operable skin which controls the flow of air and water throughout the year and days. It also houses gardens and water.

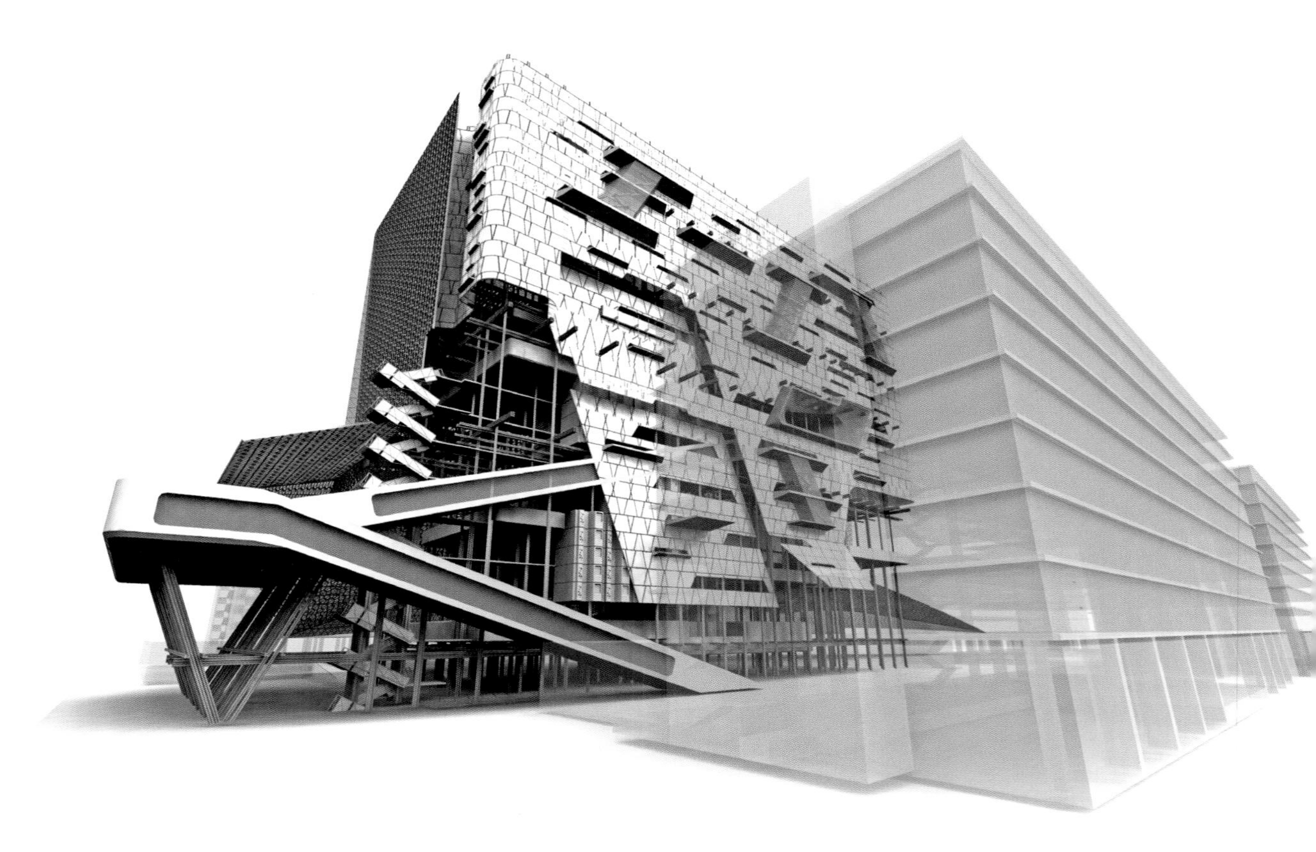

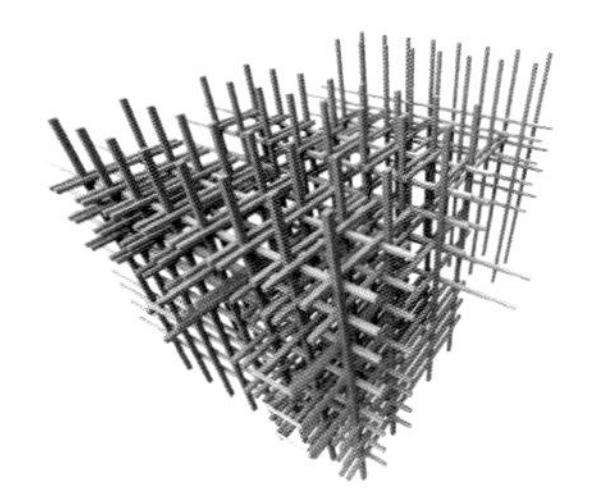

基本的竹架构
MARCO BÁSICO DE BAMBÚ
BASIC BAMBOO FRAMEWORK

流通线路
CAMINOS DE CIRCULACIÓN
CIRCULATION ROUTES

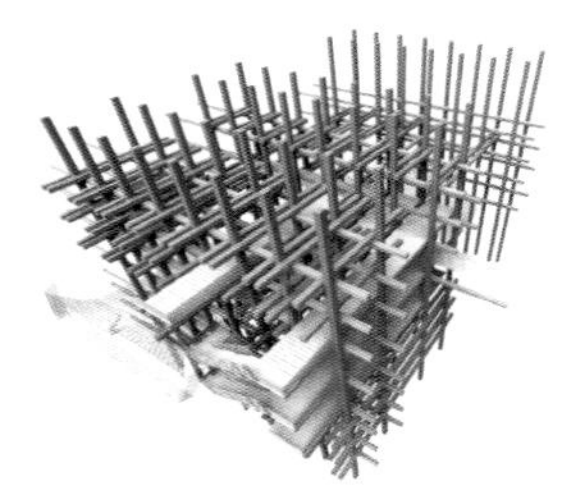

住宅+酒店项目
PROGRAMA RESIDENCIAL + HOTEL
RESIDENTIAL + HOTEL PROGRAM

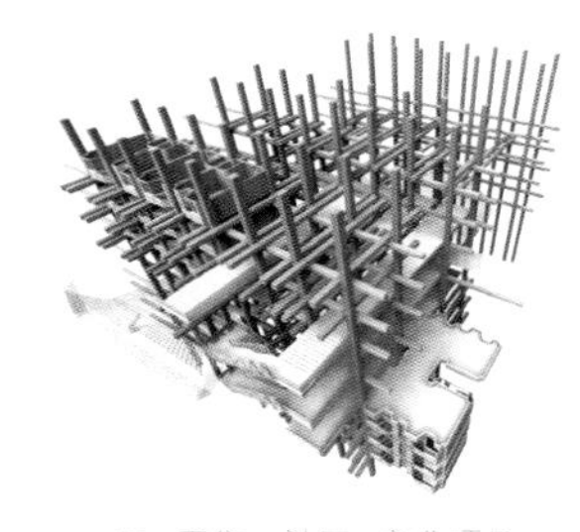

IT、零售、社区+商业项目
PROGRAMA IT, COMERCIAL, COMUNITARIO + NEGOCIOS
IT, RETAIL, COMMUNITY + BUSINESS PROGRAM

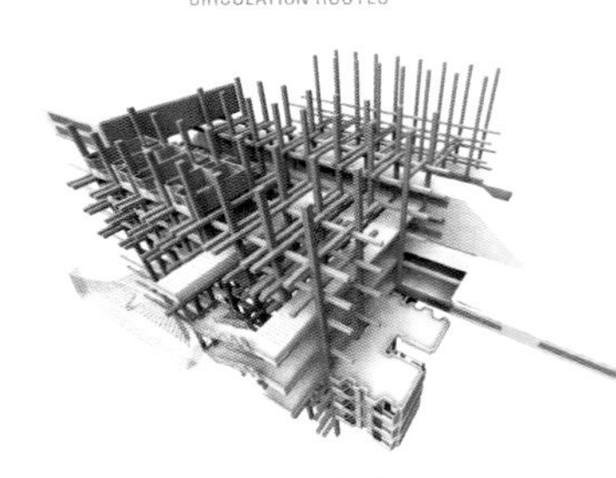

多层+多孔护套
FUNDA MULTICAPA + POROSA
MULTI LAYERED + POROUS SHEATH

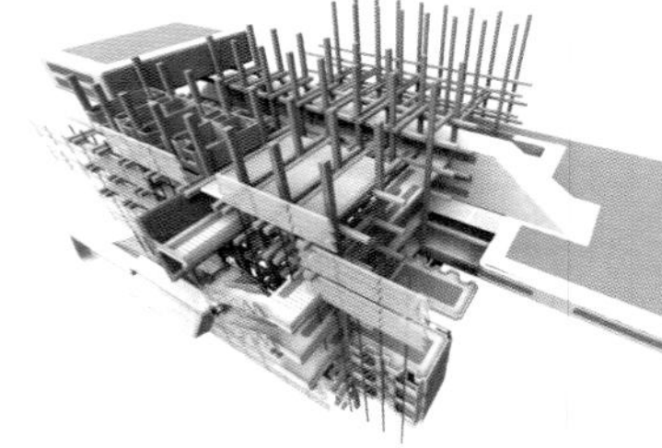

绿色区域
ÁREAS VERDES
GREEN AREAS

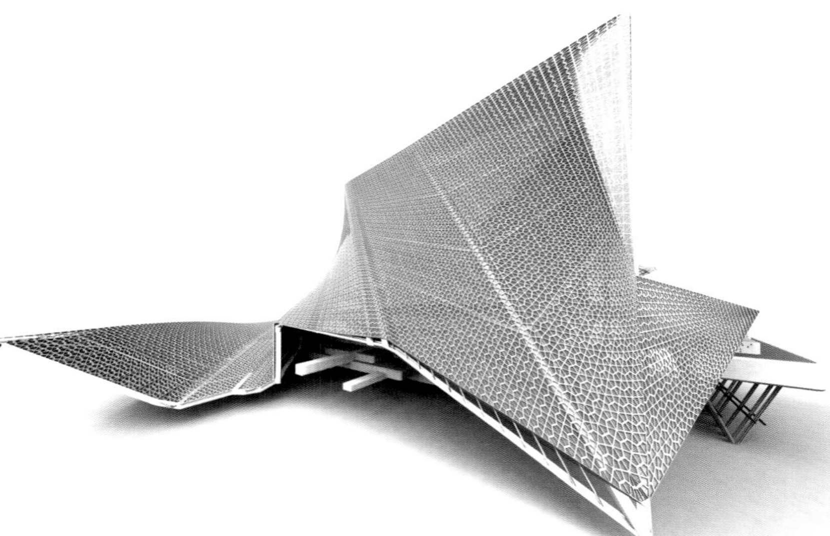

西北鸟瞰图 VISTA DE PÁJARO NOROESTE NORTHWEST BIRDS EYE VIEW

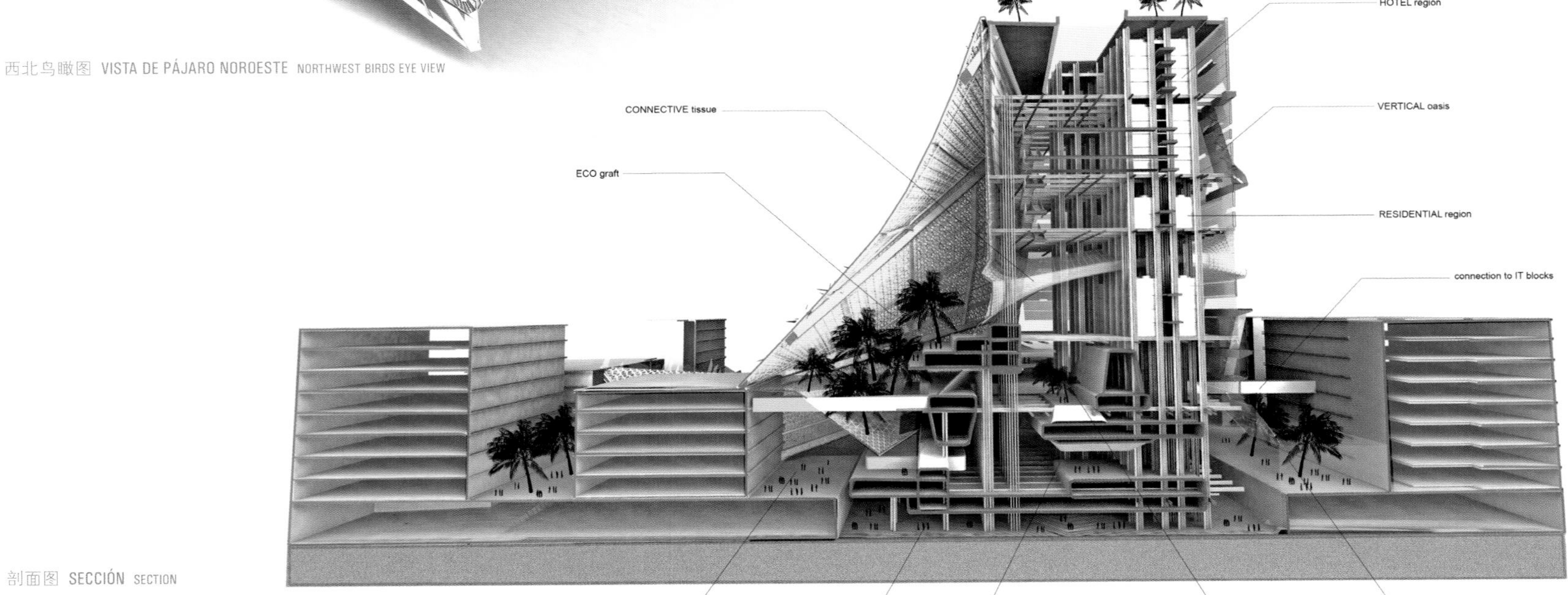

剖面图 SECCIÓN SECTION

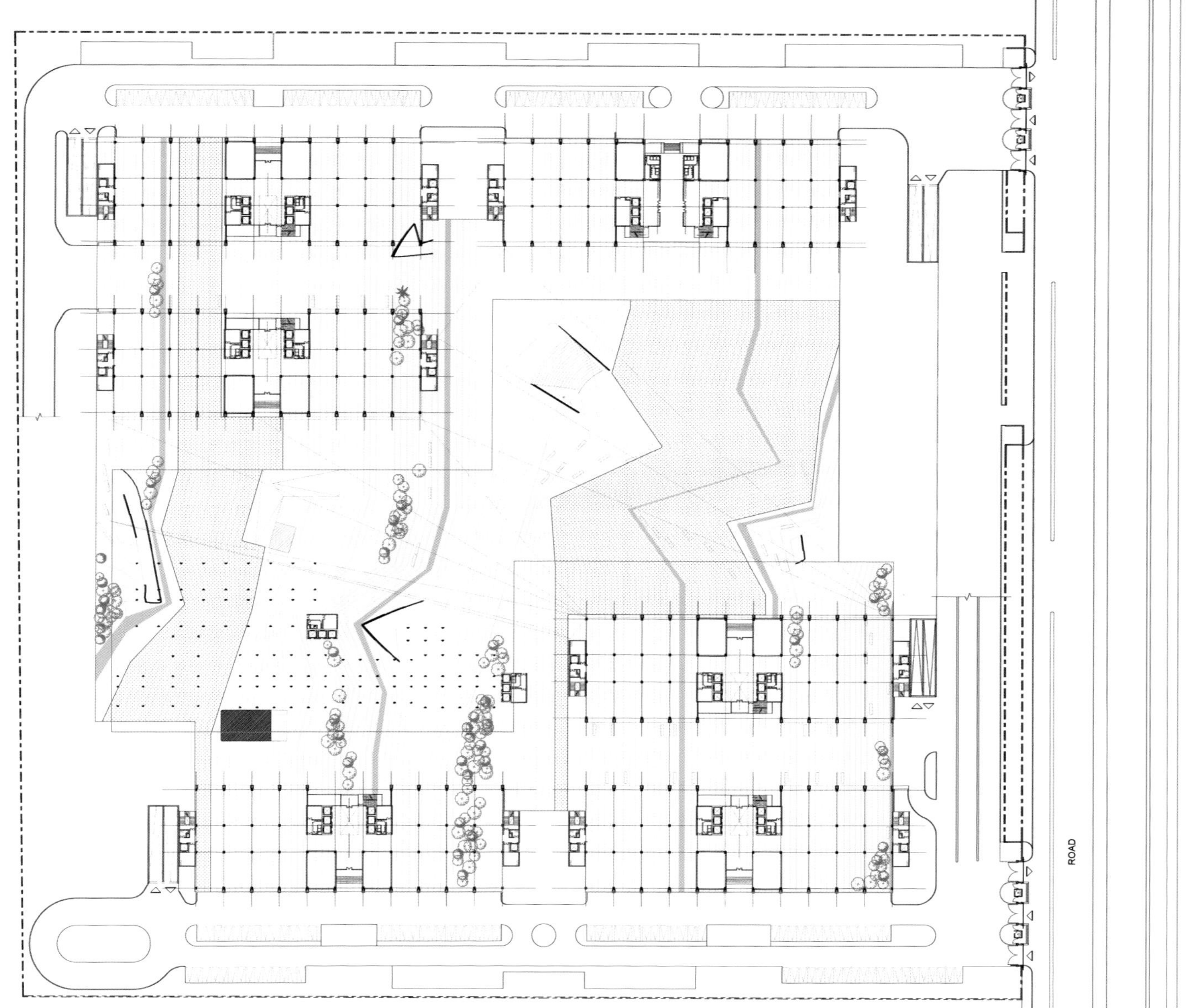

底层平面图 PLANTA BAJA GROUND FLOOR PLAN

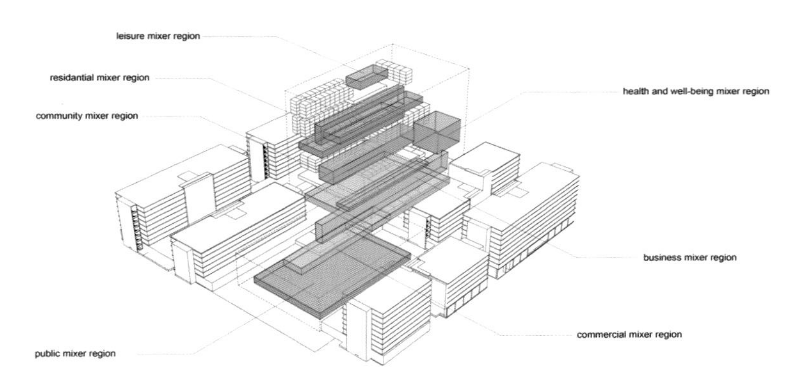

空隙内的混合区域：自发性互动
REGIÓN MEZCLA INTERSTICIAL: LUGARES DE INTERACCIÓN ESPONTÁNEA
INTERSTITIAL MIXER REGION: PLACES OF SPONTANEOUS INTERACTION

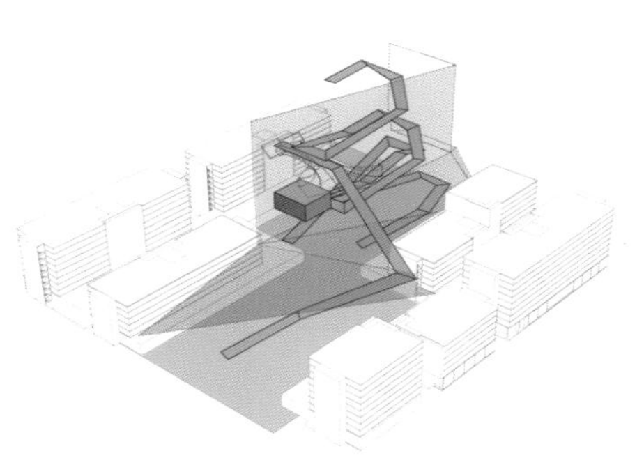

不间断的绿色区域：将自然的和人工的进行嫁接
DOMINIO VERDE CONTINUO: INJERTOS NATURALES + HUMANOS
CONTINUOUS GREEN REALM: GRAFTING THE NATURAL + MAN MADE

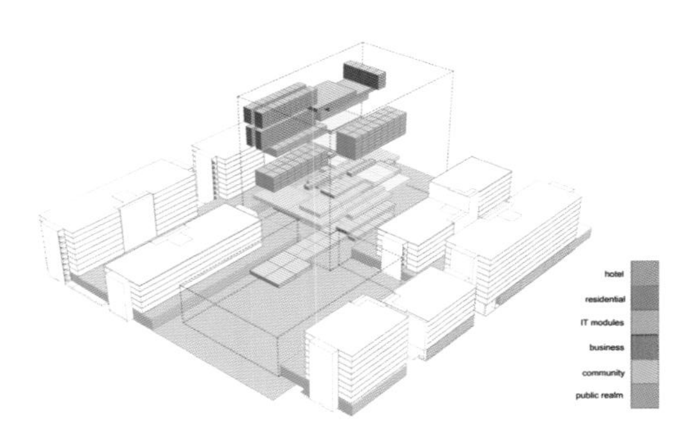

有计划的嫁接：渐变级别的隐私程度
INJERTOS PROGRAMÁTICOS: GRADIENTES PRIVADOS GRADUALES
PROGRAMMATIC GRAFTING: GRADUAL PRIVACY GRADIENTS

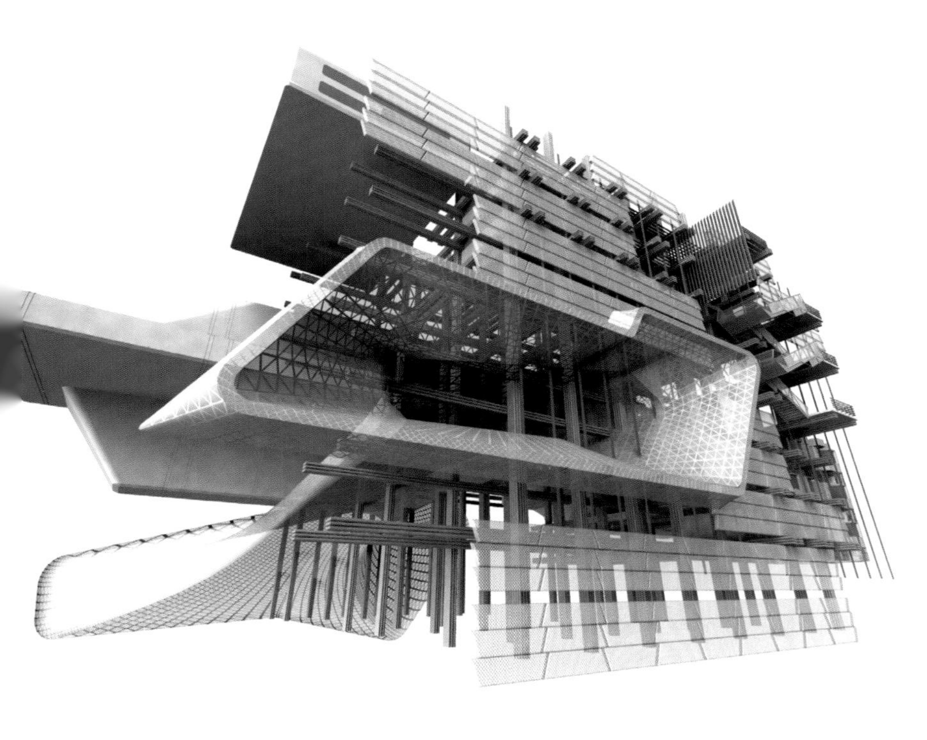

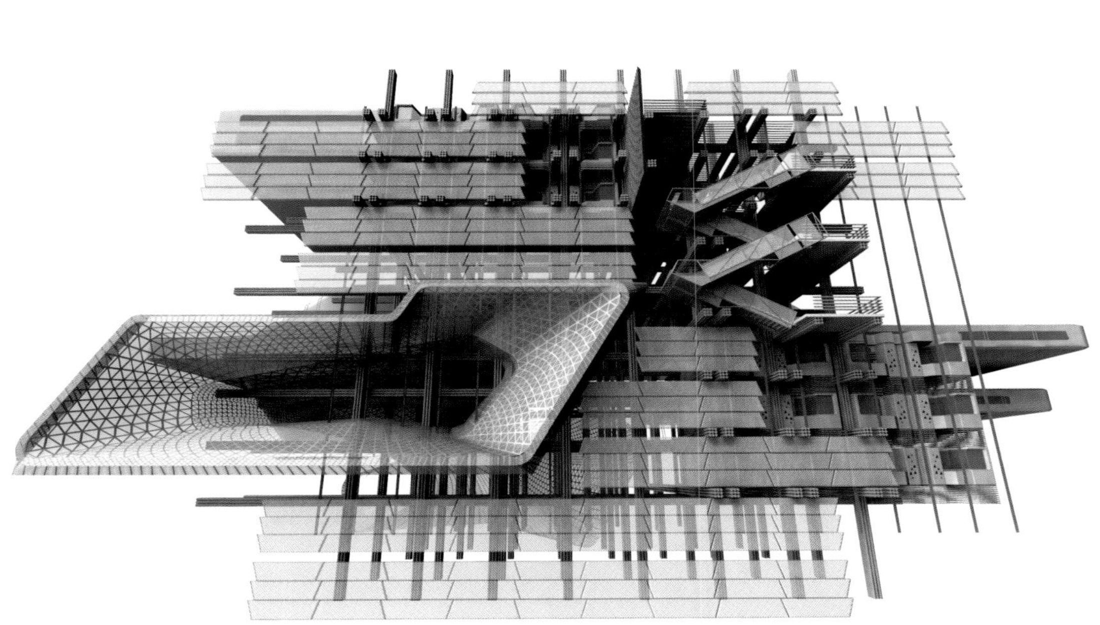

SPIRETEC设计竞赛 · 大诺伊达

Concurso SPIRETEC · Greater Noida

SPIRETEC Competition · India

获奖者 · **Ganador** · Winner

R4821S (竞标代码)

Doriano Lucchesini (Studio APUA engineering company) (建筑师事务所)

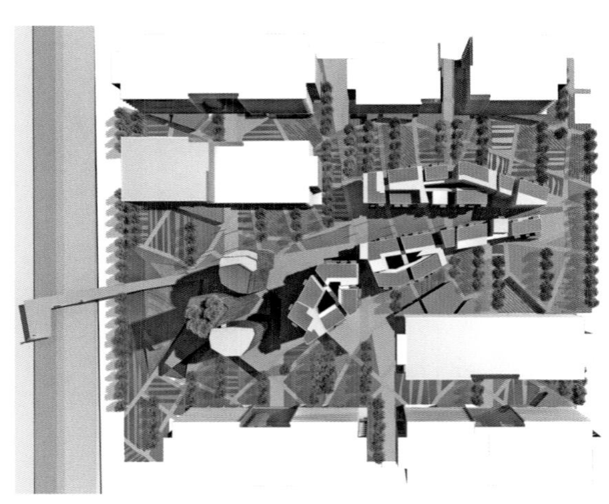

区块位置 PLANO DE SITUACIÓN SITE PLAN

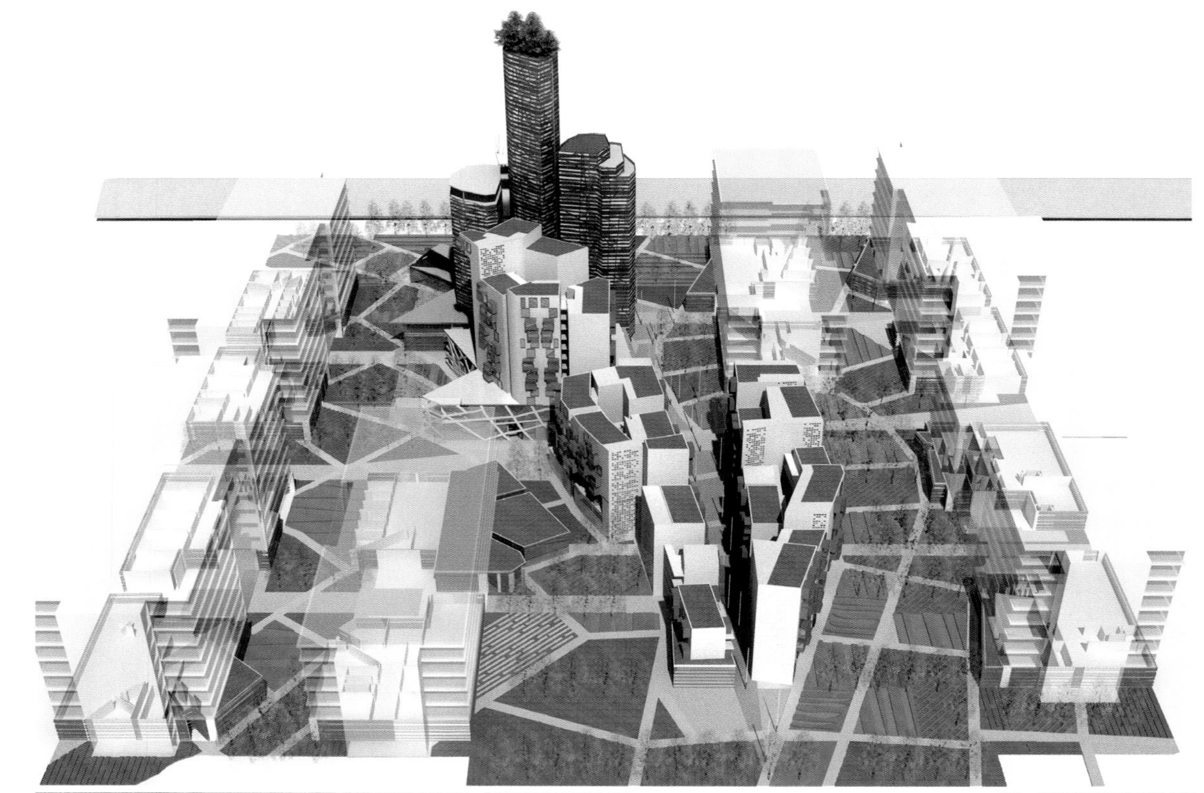

传统+历史

鉴于城市模型的扩散未虑及既有的体验，我们努力寻找一种以不同的方式来规划城镇的方法——这种方法保留了历史、文化及其身份，尊重这个从农业到城市土壤改变的进程。

TRADICIÓN + HISTORIA

Considerando la dispersión de los modelos urbanos que no tienen en cuenta las experiencias pre-existentes, hemos tratado de encontrar un método con el que construir una ciudad de un modo distinto, donde existe respeto por la transformación de la agricultura en suelo urbano preservando la historia, cultura e identidad.

TRADITION + HISTORY

Considering the diffusion of urban models which do not take care of preexisting experiences, we have tried to find a method with which to build a town in a different way, where there is respect for the transformation process from agriculture to urban soil preserving history, culture and identity.

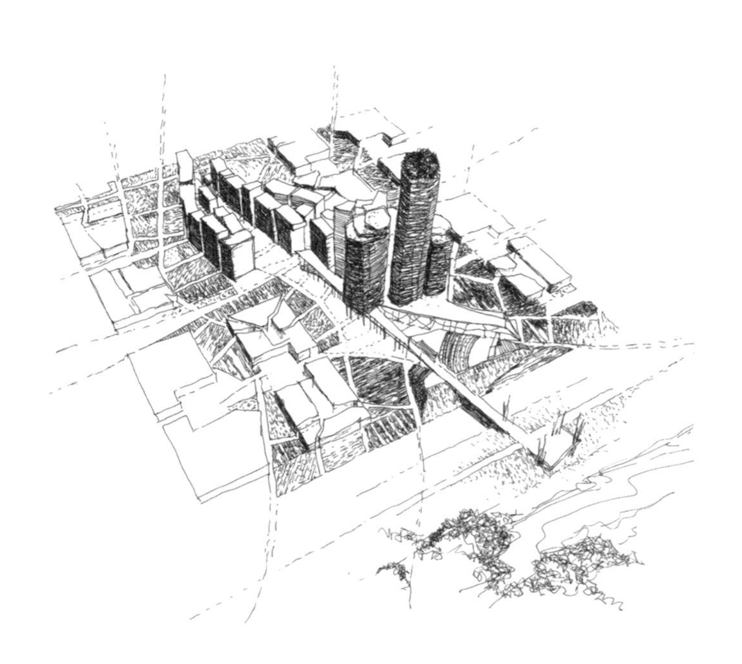

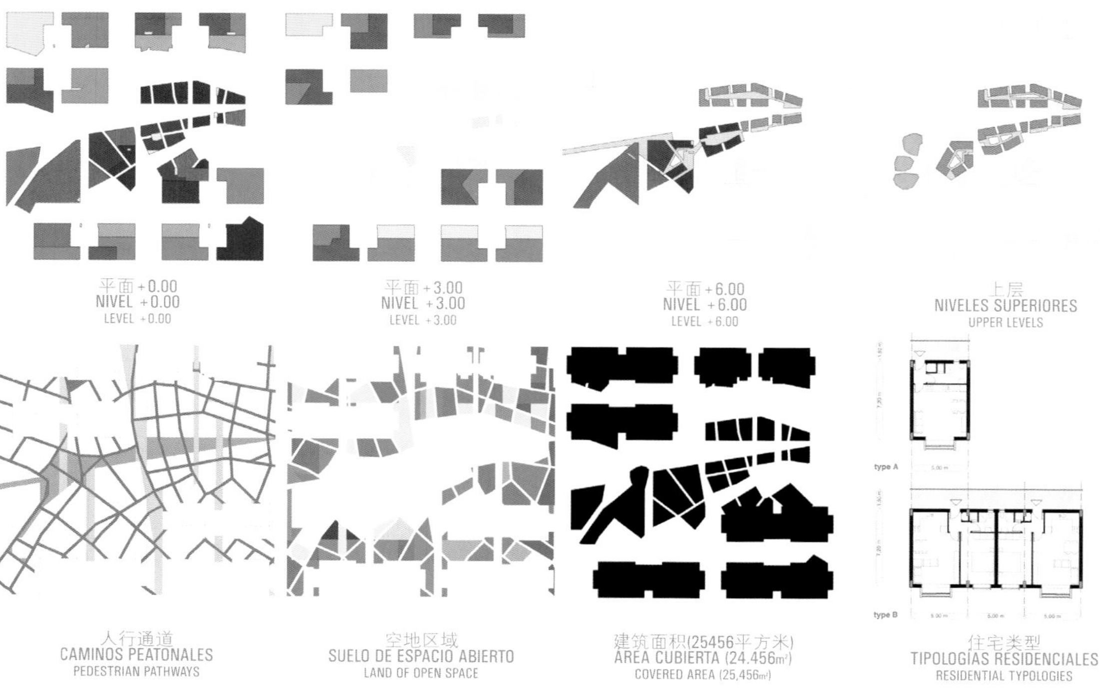

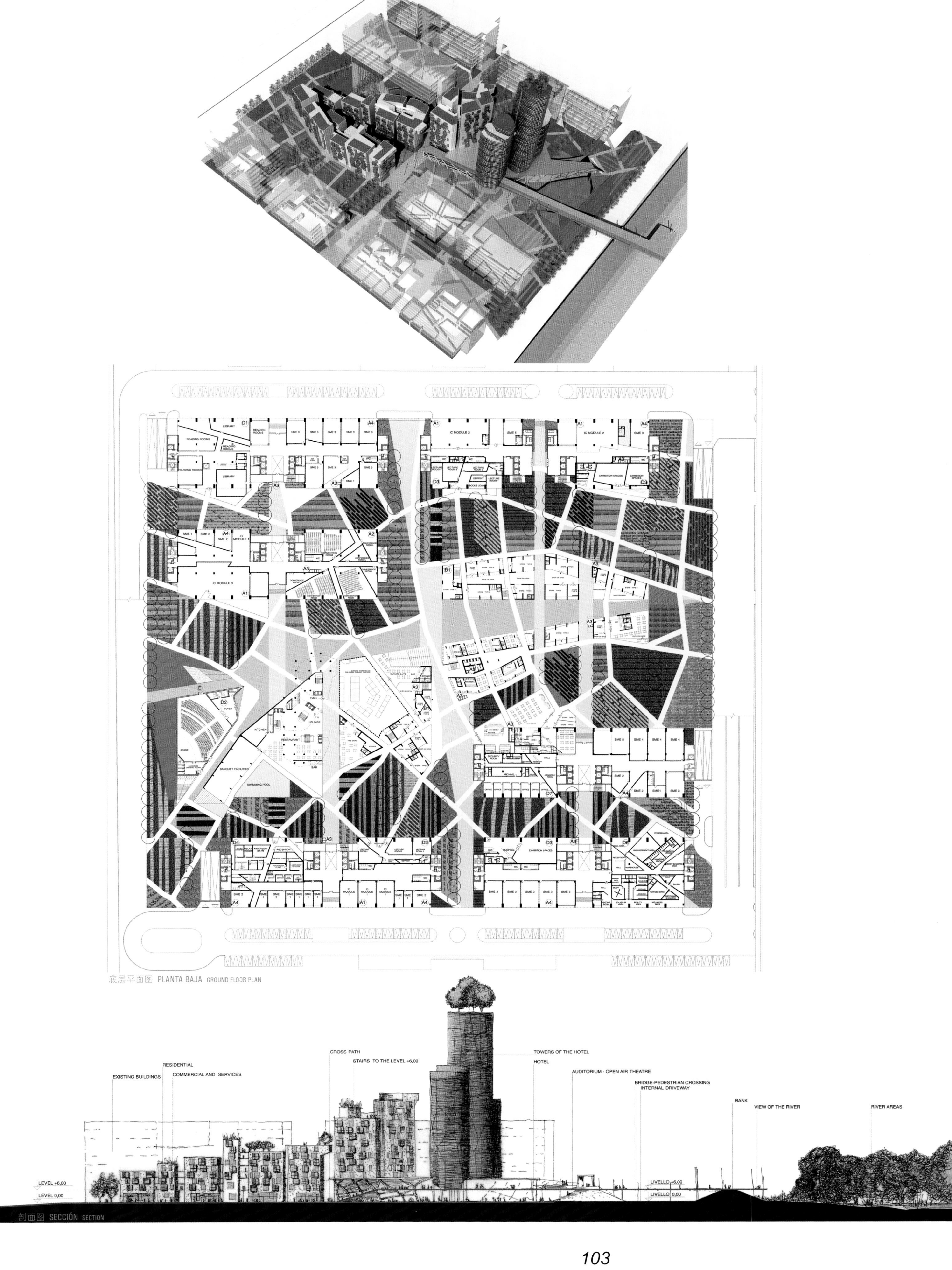

底层平面图 PLANTA BAJA GROUND FLOOR PLAN

剖面图 SECCIÓN SECTION

SPIRETEC设计竞赛 · 大诺伊达

Concurso SPIRETEC · Greater Noida

SPIRETEC Competition · India

荣誉提名奖 · Mención Honorífica · Honourable Mention

FLOW OF LIFE (竞标代码)

Manolis Anastasakis Architects (建筑师事务所)

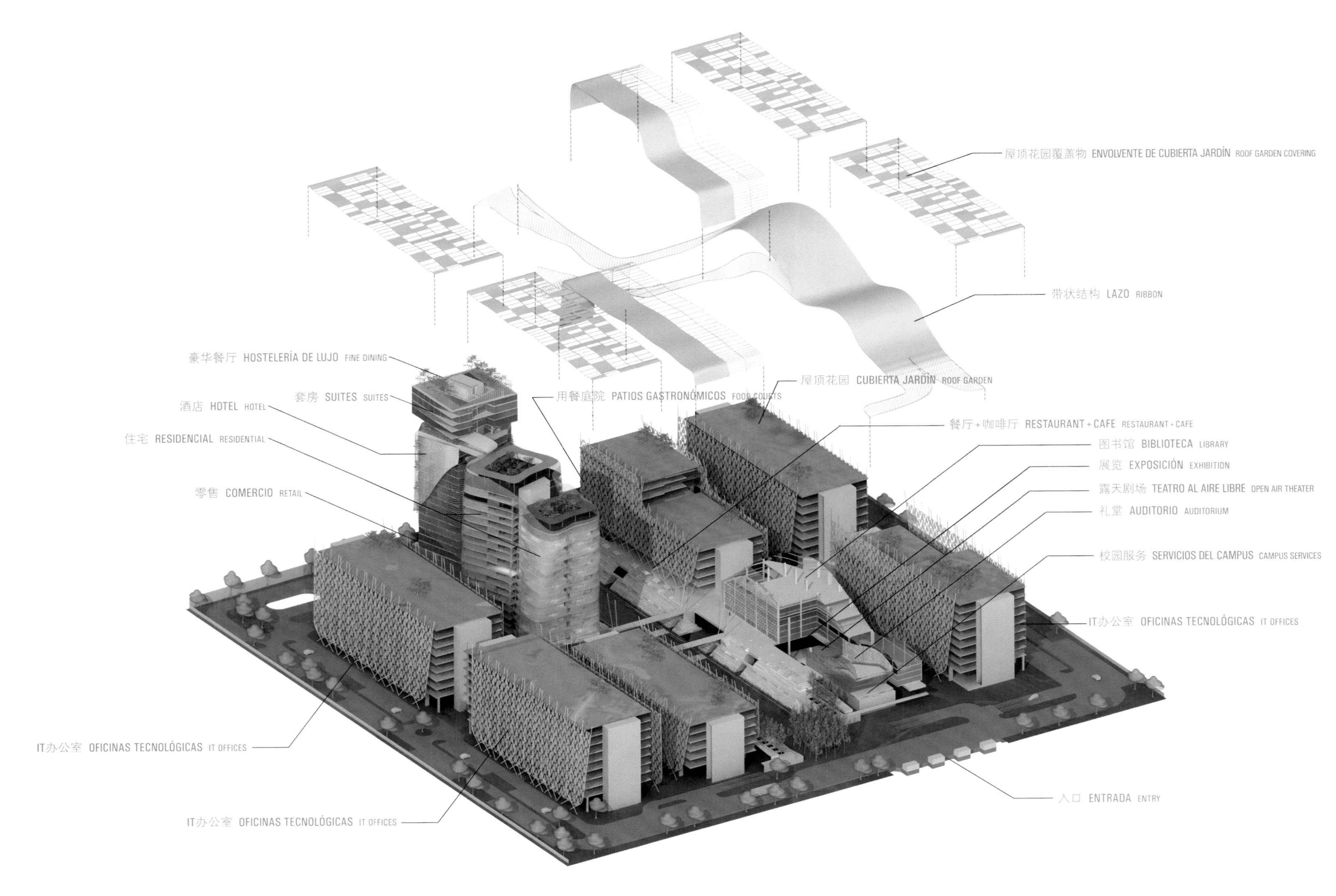

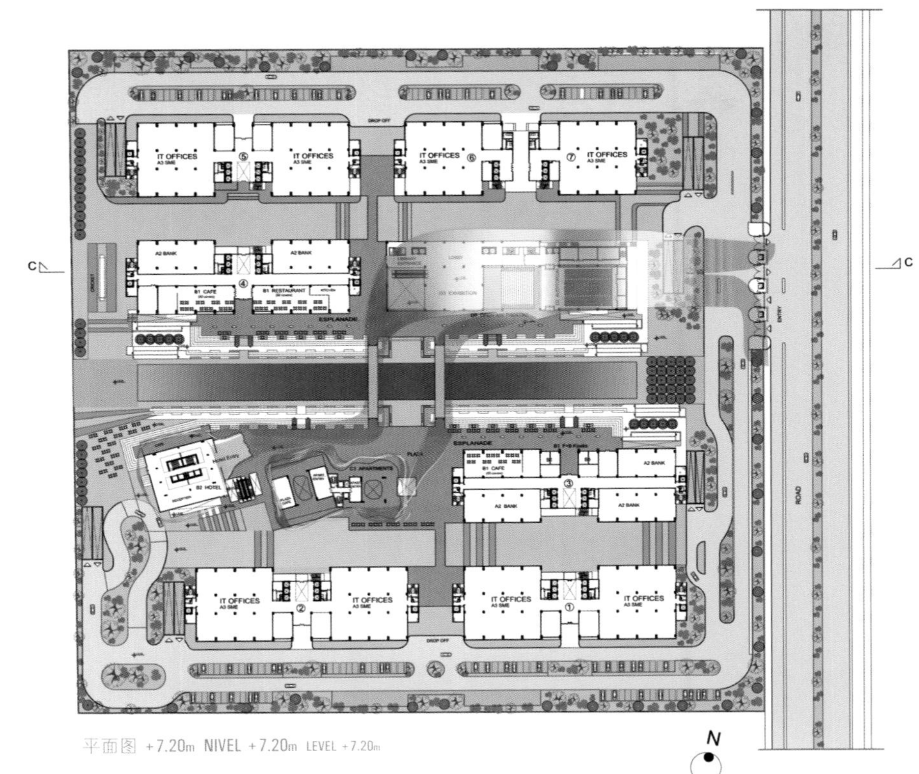

平面图 +7.20m NIVEL +7.20m LEVEL +7.20m

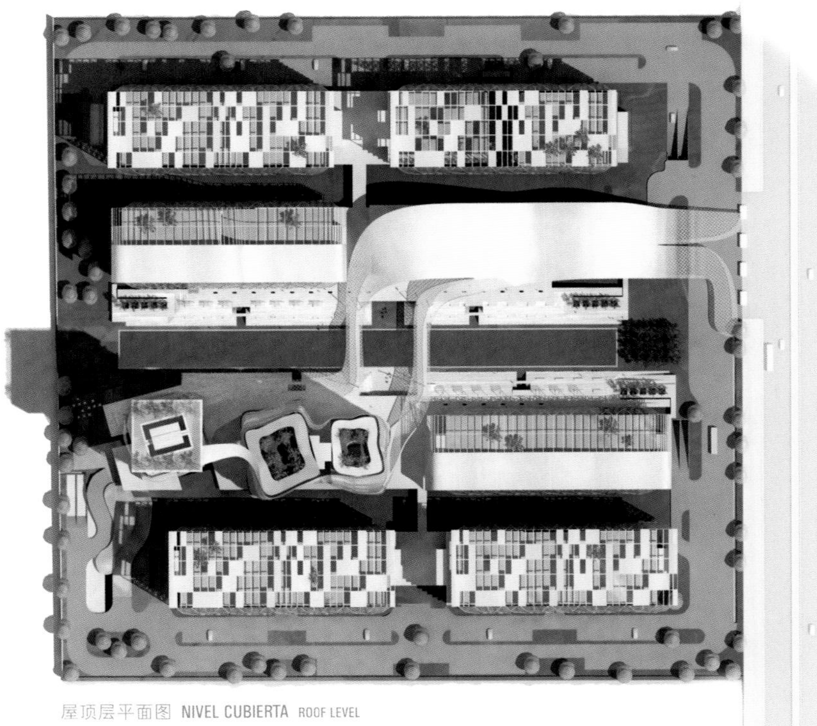

屋顶层平面图 NIVEL CUBIERTA ROOF LEVEL

水道

我们提议将周围水的元素以水道的形式引入场地的“中央”。水道两边分别修建散步道路。这两个构成元素为丰富的建筑区域提供了公共区域：露台、平台、走道、台阶、露天剧场和半露天式空间等。所有的空间以及水道两岸均使用带状结构进行统一。该带状结构提供遮蔽作用，并改造了小桥、建筑表皮等。

CANAL DE AGUA

Proponemos la introducción del elemento de agua de los alrededores en la forma de canal en el "corazón" del emplazamiento. Se desarrollan dos explanadas a lo largo de los lados del canal. Estos dos elementos compositivos principales proponen un espacio muy interesante con espacios públicos: terrazas, muelles, caminos, escalones, teatros al aire libre, espacios semi-cubiertos, etc. Todos los espacios de ambos bancos del canal están unificados por un lazo estructural. Este lazo se transforma de cubierta a cobijo, puente y piel edificatoria.

WATER CHANNEL

We propose the introduction of the neighboring water element in the form of a water channel at the "heart" of the site. Two esplanades develop along each side of the water channel. These two main compositional elements offer a rich architectural space with public areas: terraces, decks, walkways, steps, open air theater, semi-covered spaces etc. All spaces and both banks of the channel are unified by a structural ribbon. This ribbon transforms from cover to shelter, bridge and building skin.

立面图 ALZADOS ELEVATIONS

SPIRETEC设计竞赛·大诺伊达
Concurso SPIRETEC · Greater Noida
SPIRETEC Competition · India
荣誉提名奖 · Mención Honorífica · Honourable Mention

ARCHIPELAGO (竞标代码)

MONOLAB ARCHITECTS (建筑师事务所)

Jan Willem van Kuilenburg · Arrate Abaigar · Henar Varela Morales · Ismael Planelles Naya (建筑师)

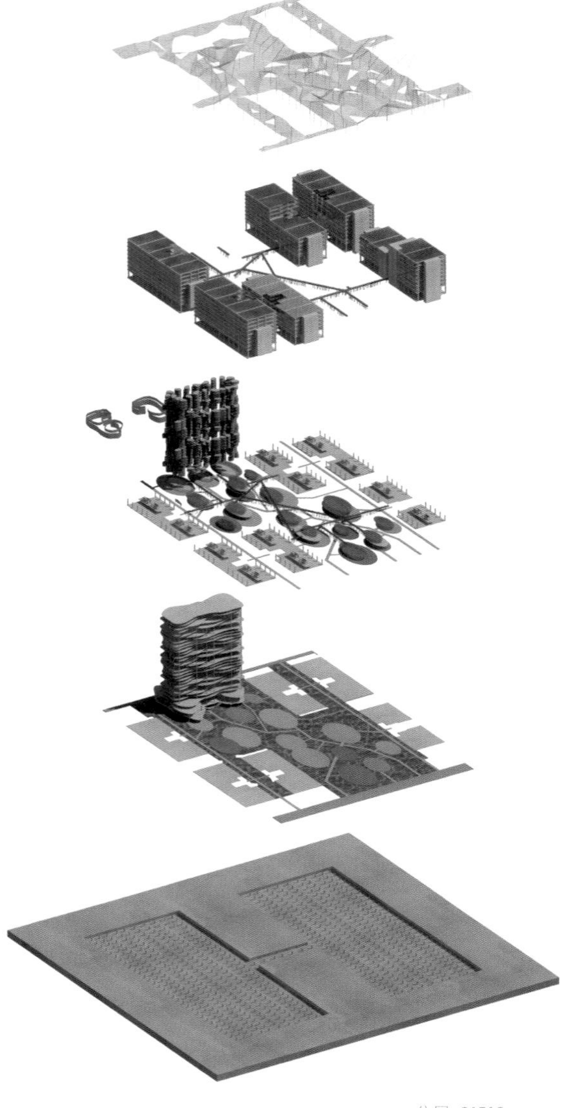

分层 CAPAS LAYERS

带楼阁的小岛

岛上修建楼阁，所有的岛排列成一个群岛，并挖掘一片湿地，用于净化周边的河水。藤蔓植物形成一个悬浮的屏幕，避免阳光照射，还可挡风遮雨。通道的形状可产生气流，提供自然的凉风。不同层高的人行道将所有项目连接起来。地标性建筑不仅可俯瞰河边的景观，还可作为花园的悬浮式屏幕。

湿地是一个自然的滤水池，约15厘米深，覆盖整个场地。通过管道从雅穆纳河引入河水，并通过滤水池的沼生植物对水进行过滤和净化，然后再排入河流。

ISLAS CON PABELLONES

Archipiélago es un conjunto de islas con pabellones sobre un humedal que purifica el agua del río cercana. Una pantalla suspendida de plantas trepadoras protege frente al sol y los fuertes vientos. Las aperturas generan un flujo de aire refrescante natural sobre el agua. Los caminos peatonales en diferentes niveles conectan todos los programas. El icono sobrevuela las orillas del río como un paisaje y la pantalla suspendida como un jardín.

El humedal es un filtro natural, una cuenca superficial de aproximadamente 15cm de profundidad, que cubre todo el emplazamiento. El agua se toma del Río Yamuna a través de tubos, filtrada y purificada con plantas herbáceas que se devuelven al río.

ISLANDS WITH PAVILIONS

Archipelago is a spread of islands with pavilions over a constructed wetland that purifies the nearby river water. A suspended screen of climbing plants protects against sun and strong winds. Shaped openings generate airflow with natural cooling over the water. Pedestrian paths on different levels link all programs. The landmark overlooks the riverside as a landscape and the suspended screen as a garden.

The wetland is a natural filter bed, a shallow basin of approximately 15cm-depth, covering the complete site. Water is taken from the Yamuna River through pipes, filtered and purified through the filter bed with helophytes water plants and given back to the river.

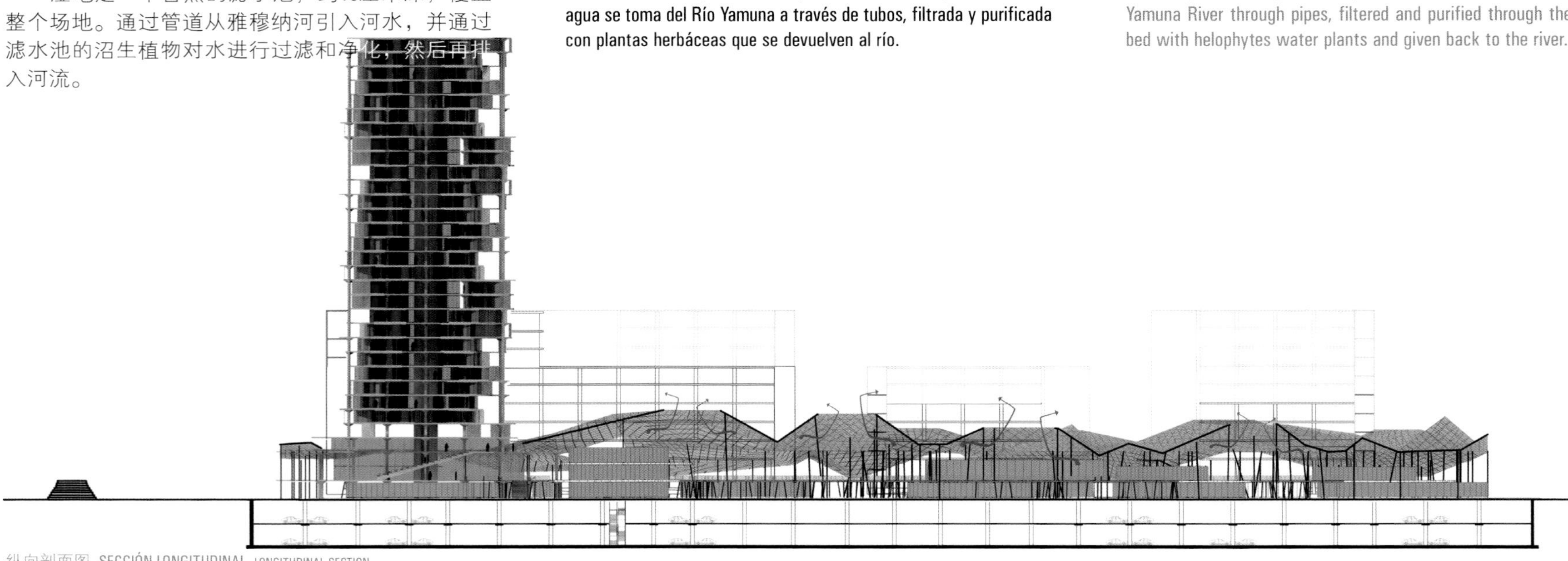

纵向剖面图 SECCIÓN LONGITUDINAL LONGITUDINAL SECTION

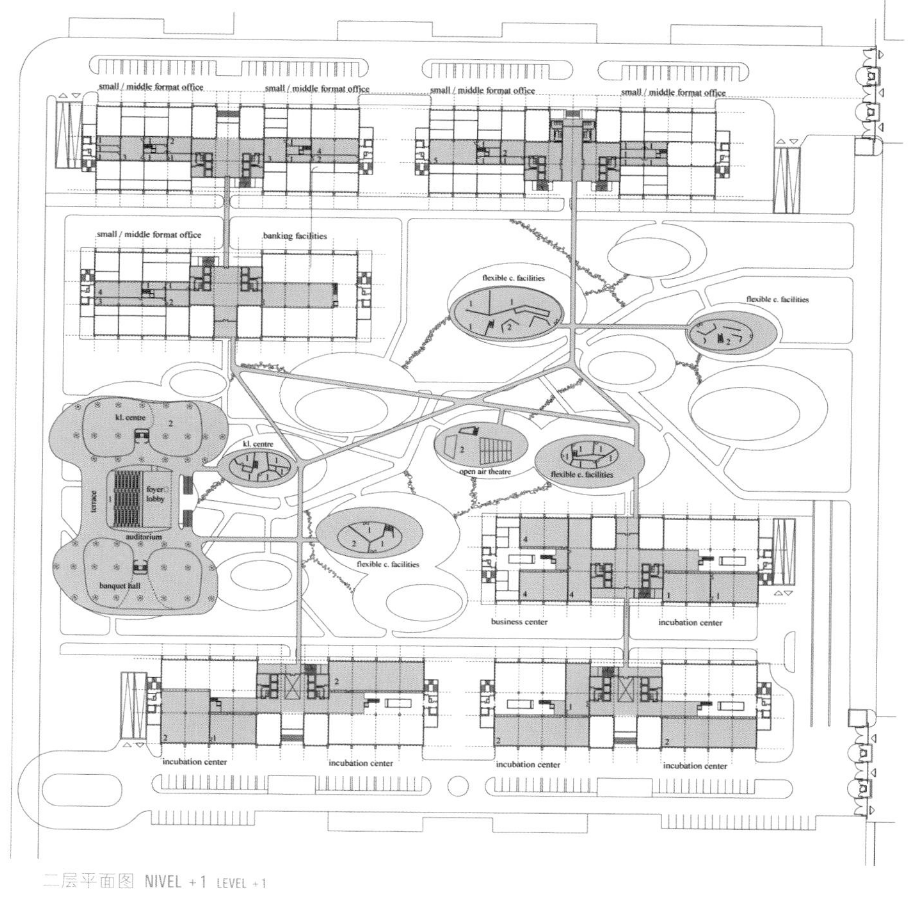

二层平面图 NIVEL +1 LEVEL +1

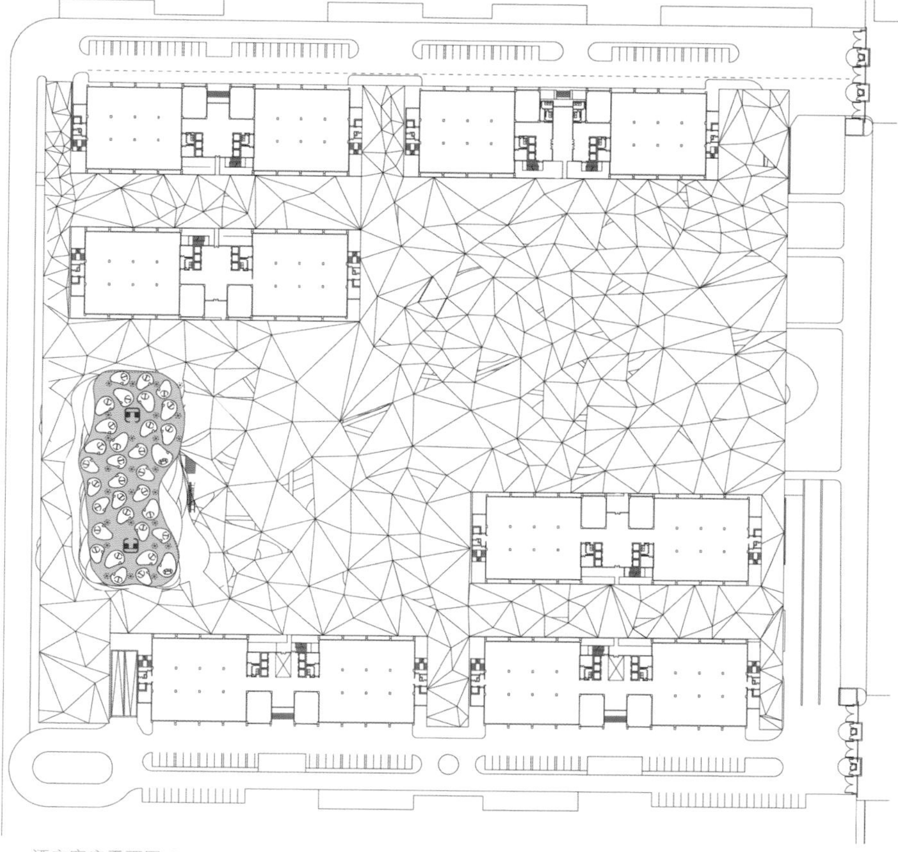

酒店客房平面图 PLANTA HABITACIONES HOTEL HOTEL ROOMS FLOOR PLAN

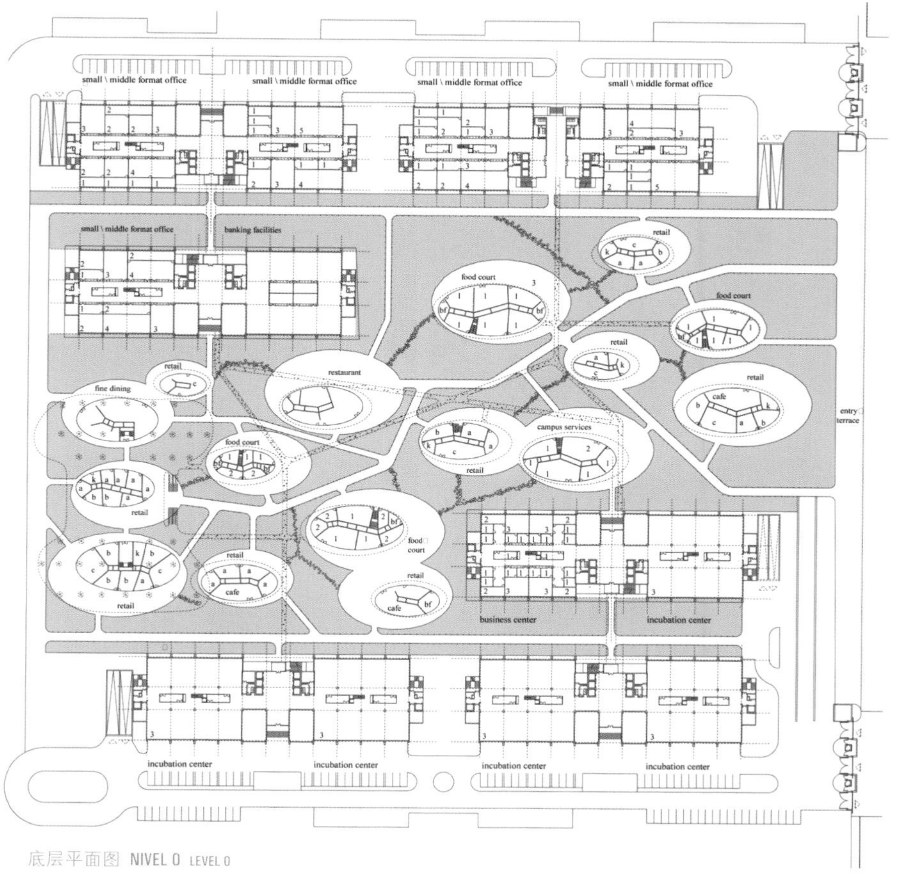

底层平面图 NIVEL 0 LEVEL 0

SPIRETEC设计竞赛 · 大诺伊达
Concurso SPIRETEC · Greater Noida
SPIRETEC Competition · India
荣誉提名奖 · Mención Honorífica · Honourable Mention

D4045N (竞标代码)

Crab studio + RGRM Semisotano arquitectos (建筑师事务所)

Peter Cook · Gavin Robotham · Dolores Victoria Ruiz · Juan Jose Ruiz (建筑师)

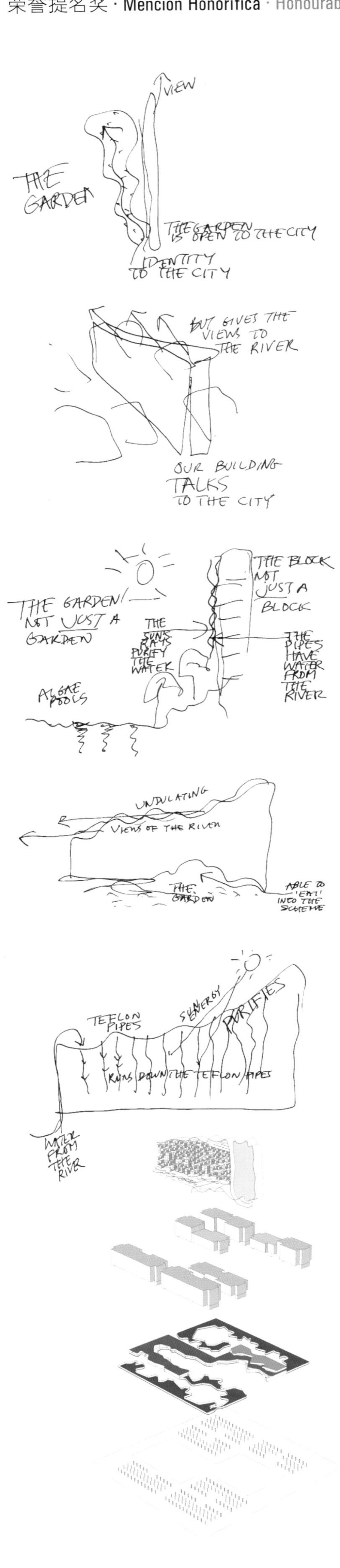

城市地带

根据印度的文化遗产及其对文化、经济和精神层面反应的启发，该项目关注五个显著问题：

1. 水的改变。
2. 城市空地的保留。
3. 使用友好型、正确的材料。
4. 建造“不受羁绊的”住处。
5. 建立社区。

该场地以东西走向的城市地带为主。其北面面朝四季常青的植被，南面表面错落有致，采用凸窗形式，并带有输水管。

UN LAZO URBANO

Respondiendo a la herencia cultural de India e inspirada por su enérgica respuesta hacia un nuevo contexto cultural, económico y espiritual, el proyecto se concentra en cinco temas principales:

1. La transformación del agua.
2. La creación de un espacio urbano.
3. El uso de materiales respetuosos y comprensibles.
4. La creación de viviendas ´liberadas´.
5. La creación de una comunidad.

El emplazamiento se resuelve con un lazo urbano que discurre de este a oeste. Su fachada norte tiene vegetación de invierno y su fachada sur es un complejo de superficies onduladas, tuberías y miradores.

AN URBAN STRIP

Responding to the cultural heritage of India and inspired by its energy of response towards a new cultural, economic and spiritual context the project concentrates upon five salient issues:

1. The transformation of water.
2. The creation of urban open space.
3. The use of friendly and understood materials.
4. The creation of 'liberated' dwellings.
5. The creation of a community.

The site is focused around an urban strip that runs east-west. Its north faces winter vegetation and its south faces a complex of, undulating surfaces, water pipes and bay windows.

剖面图 SECCIÓN SECTION

新的龙骧赛马场 · 巴黎
Nuevo Hipódromo de Longchamp · París
New Longchamp Racecourse · France

竞标 · concurso · competition
新的龙骧赛马场 · 巴黎
Nuevo Hipódromo de Longchamp · París
New Longchamp racecourse · France

竞标类型 · tipo de concurso · competition type
国际邀标
concurso internacional por invitación
invited international competition

项目地点 · localización · site area
巴黎 · 法国 Paris · France

主办方 · órgano convocante · promoter
法国Galop马会 France Galop, France

日程安排 · fechas · schedule
招标 · Convocatoria · Announcement 05.2010
评审结果 · Fallo de jurado · Jury´s results 04.2011

获奖者 · premios · awards

一等奖 · primer premio · **first prize**
Dominique Perrault Architecture (建筑师事务所)

二等奖 · segundo premio · **second prize**
Wilmotte & Associés SA (建筑师事务所)
Jean-Michel Wilmotte (建筑师)

合作 (c) portrait: Léo-Paul Ridet

三等奖 · tercer premio · **third prize**
Studio DMTW (建筑师事务所)
in collaboration with Tilke Architects & Engineers
(建筑工程师事务所)

团队 team: Marc Anton Dahmen · Ulrich Merres · Maximilian Schmitz
Bettina Lemoine · Laura Kell · Mint Penpisuth Wallace (建筑师)

入围 · finalista · **finalist**
Agence Elizabeth de Portzamparc (建筑师事务所)
Atelier Christian de Portzamparc (建筑师事务所)
Elizabeth de Portzamparc · Christian de Portzamparc (建筑师)

合作 (c) Elizabeth's portrait:Steve Murez
Christian's肖像摄影师 Christian's portrait: Nicolas Borel
项目制图 project's pictures: AECDP-Agences Elizabeth et Christian de Portzamparc

龙骧赛马场系巴黎最重要的赛马活动地点。**该赛马场于1857年**在龙骧修道院(在法国大革命期间成为 废墟)的废墟上**建造而成**的。龙骧于每年10月份的第一个周末举办凯旋门大赛。这项声名远播的赛事是一年中最为重要的赛马比赛之一。当天，观众可达6万人之多。

El hipódromo de Longchamp es el equipamiento de carreras más importante de Paris. **El Hipódromo se construyó en 1857** encima de las ruinas de la abadía de Longchamp, causadas durante la revolución francesa. Cada primer fin de semana de octubre, Longchamp alberga el Premio del Arco del Triunfo. Este prestigioso evento es una de las carreras más importantes del año. Durante ese día se congregan hasta 60.000 personas.

The Longchamp racetrack is the most important horseracing facility in Paris. **The Hippodrome was built in 1857** on top of the ruins of the abbey Longchamp caused during the French revolution. Every first weekend in October, Longchamp hosts the Prix de l'Arc de Triomphe. This prestigious event is one of the most important races of the year. During that day the attendee adds up to 60,000 people.

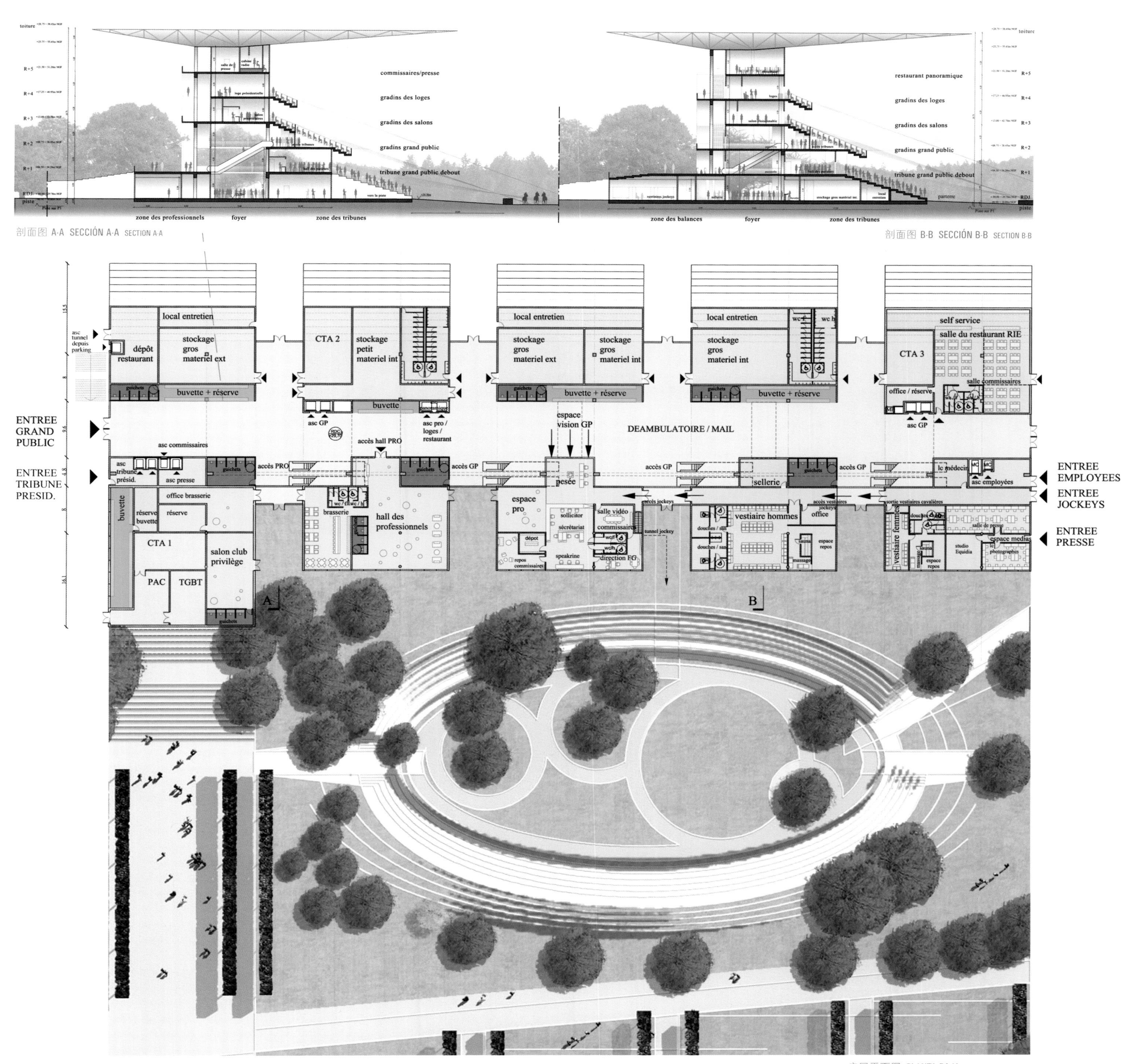

剖面图 A-A SECCIÓN A-A SECTION A-A

剖面图 B-B SECCIÓN B-B SECTION B-B

底层平面图 PLANTA BAJA GROUND FLOOR PLAN

新的龙骧赛马场 · 巴黎

Nuevo Hipódromo de Longchamp · Paris

New Longchamp Racecourse · France

三等奖 · **Tercer Premio** · Third Prize

Studio DMTW · Tilke Architects & Engineers (建筑师事务所)
Marc Anton Dahmen · Ulrich Merres · Maximilian Schmitz
Bettina Lemoine · Laura Kell · Mint Penpisuth Wallace (建筑师)

尊重地形景观

该设计旨在最大化利用这块开阔的空地。因此，"看台"地面层的设计应该采用最大化的开放式结构。"看台"的所有封闭式功能，如餐厅、休息区，均位于上层，为下面看台上的观众提供遮蔽之处。

RESPETAR EL PAISAJE

El proyecto trata de maximizar el espacio abierto y limpio. Consecuentemente, la planta baja de las gradas se ha proyectado lo más abierta posible. Todas las funciones cerradas anexas a las gradas como el restaurante, y salones se ubican en el nivel superior y sirven como cubierta-protectora para las gradas públicas de más abajo.

TO RESPECT THE LANDSCAPE

The design aimed to maximize clear open space. Consequently, the ground floor of the Grandstand was designed to be as open as possible. All enclosed functions within the Grandstand such as restaurant and parlors are located in the upper level and serve as a roof shelter to the public on the stands below.

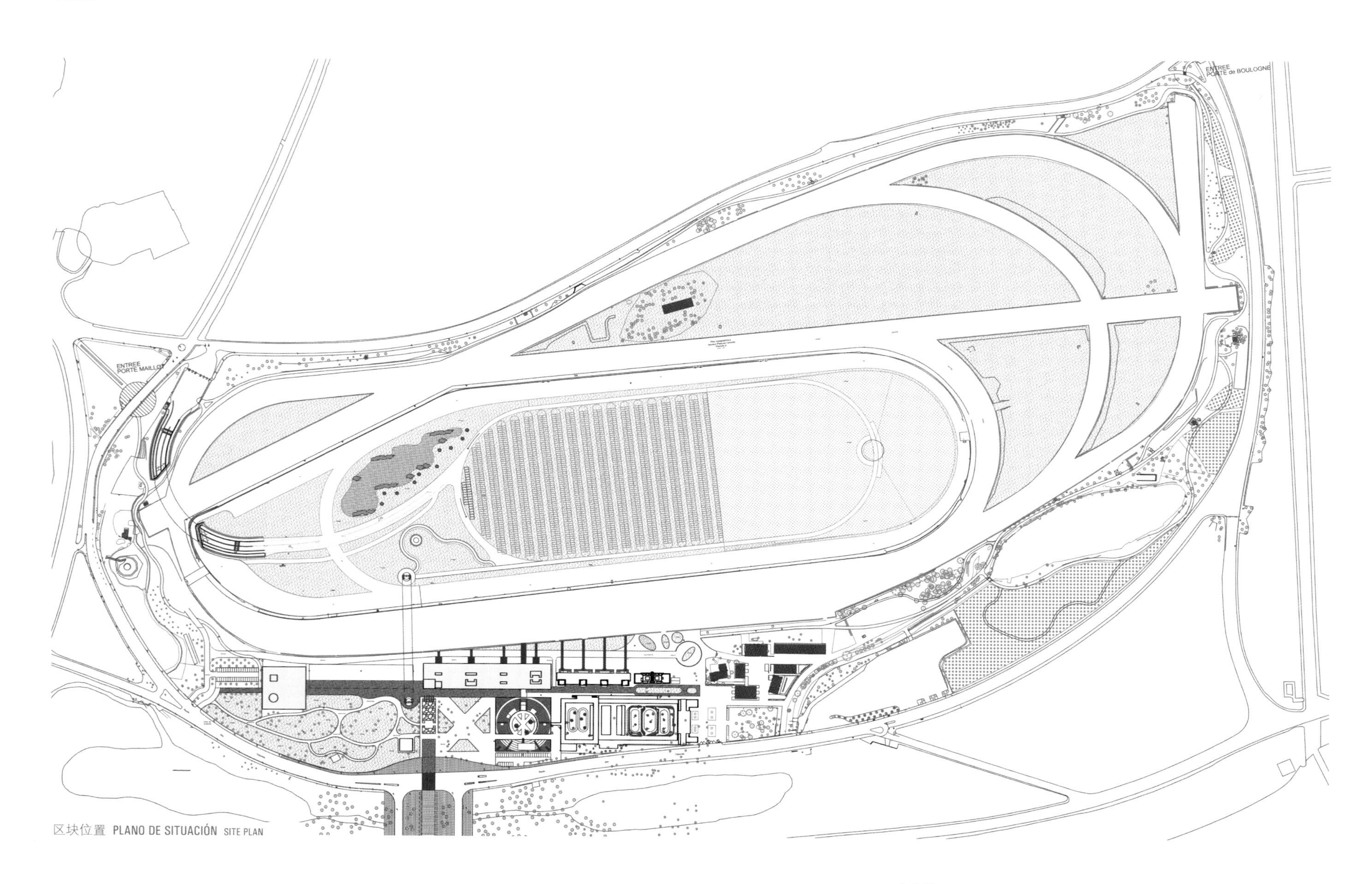

区块位置 PLANO DE SITUACIÓN SITE PLAN

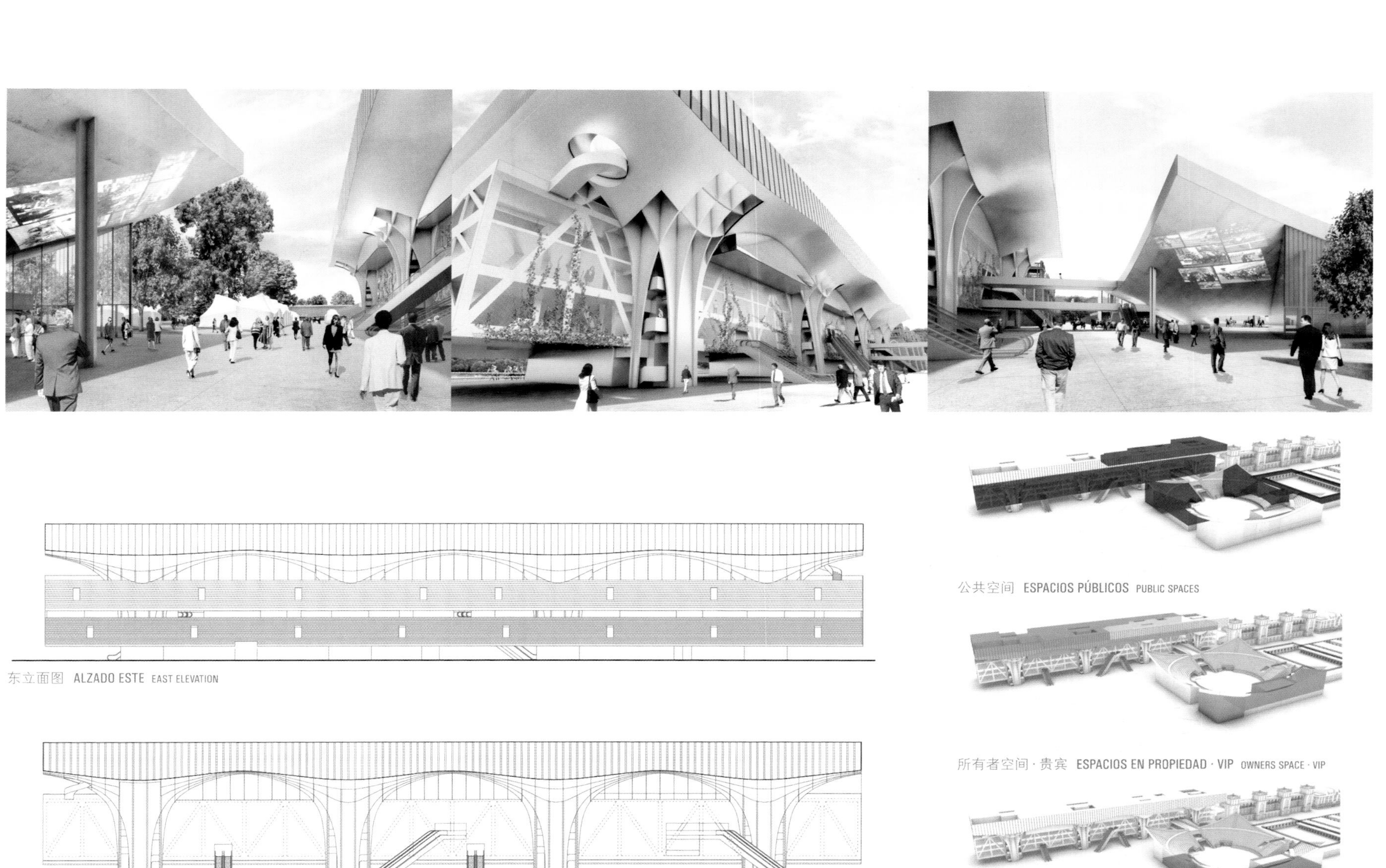

东立面图 ALZADO ESTE EAST ELEVATION

公共空间 ESPACIOS PÚBLICOS PUBLIC SPACES

所有者空间·贵宾 ESPACIOS EN PROPIEDAD · VIP OWNERS SPACE · VIP

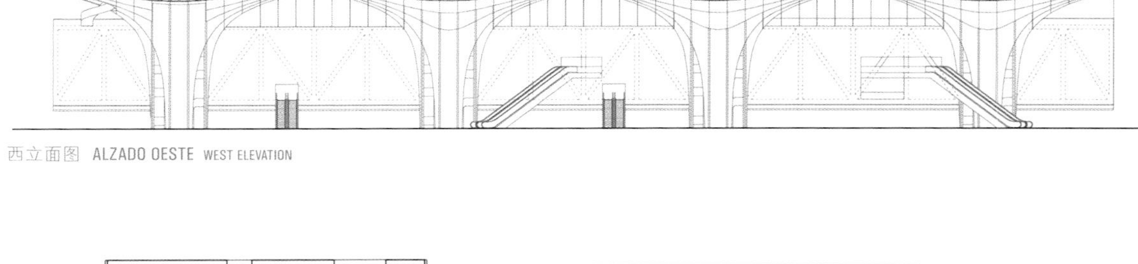

西立面图 ALZADO OESTE WEST ELEVATION

赛马骑师的区域 ESPACIOS PARA JINETES SPACE FOR JOCKEYS

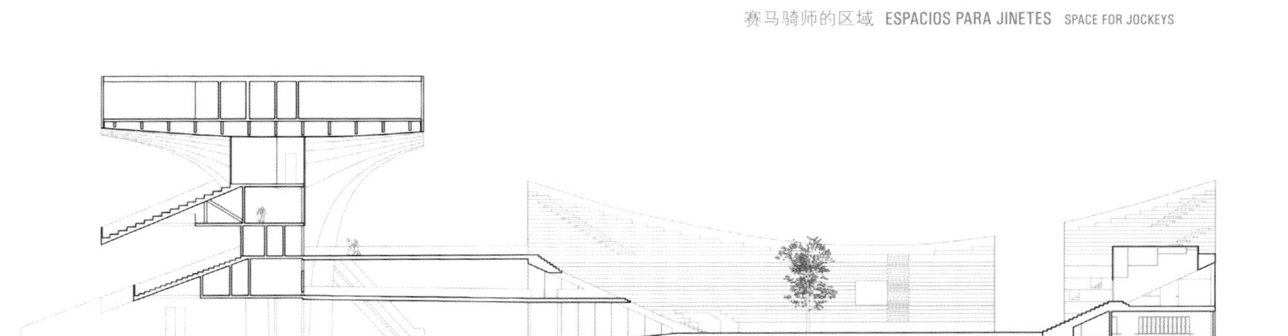

剖面图 AA´ SECCIÓN AA´ SECTION AA´

剖面图 BB´ SECCIÓN BB´ SECTION BB´

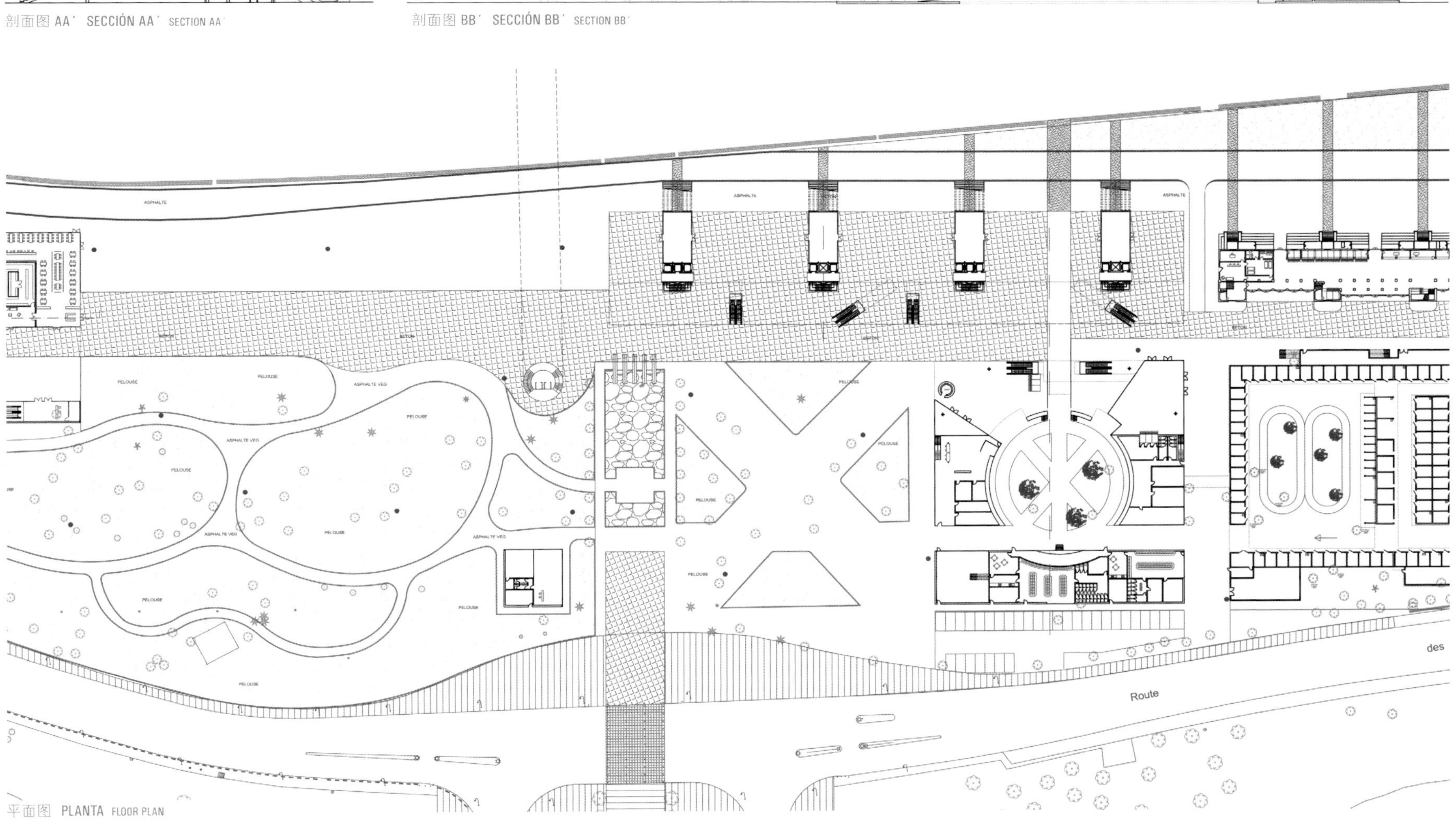

平面图 PLANTA FLOOR PLAN

新的龙骧赛马场 · 巴黎

Nuevo Hipódromo de Longchamp · Paris

New Longchamp Racecourse · France

入围 · **Finalista** · Finalist

Agence Elizabeth de Portzamparc + Atelier Christian de Portzamparc (建筑师事务所)

Elizabeth de Portzamparc · Christian de Portzamparc (建筑师)

区块位置 PLANO DE SITUACIÓN SITE PLAN

弯曲处

该项目的目的在于组织赛事、赛马的过程以及后续活动。这里，看台和赛马圈之间的关系起着催化剂的作用。该项目将各种功能进行融合，方便且实用。这种布局可确保观众、赛马、骑马师、所有者、贵宾等所使用的不同路线不会出现紊乱。

LA CURVA

El objetivo es organizar el espectáculo, el ritual de los caballos y sus secuencias. La relación entre las gradas y la pista es en este caso el catalizador. El proyecto combina las funciones con una relación íntima y práctica. La distribución asegura la operatividad de flujos específicos que forman los diferentes caminos de los espectadores, los caballos, los jinetes, los dueños, los VIP...

THE CURVE

The aim is to organize the spectacle, the ritual of horse racing and its sequences. The relation between the stands and the parade ring is in this case the catalyst. The project combines the functions into an intimate and practical relation. This layout ensures the operating of the specific flows that form the different paths of the spectators, the horses, the jockeys, the owners, the VIP...

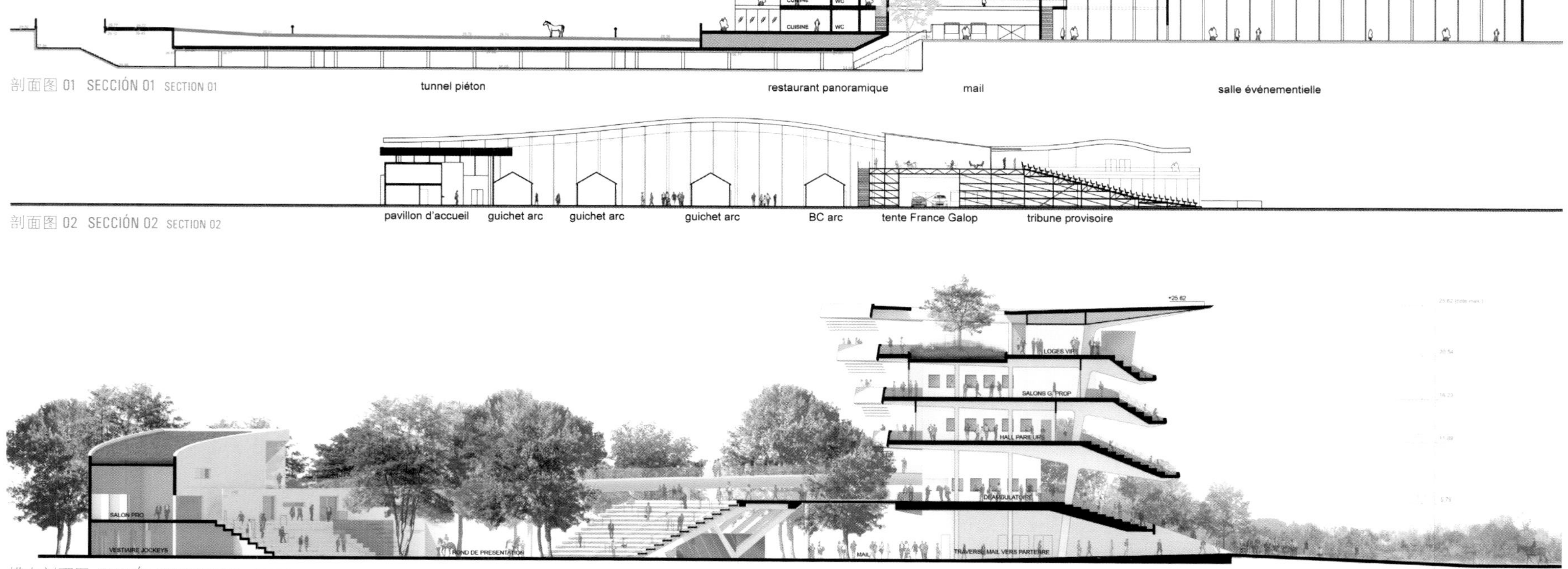

剖面图 01 SECCIÓN 01 SECTION 01

剖面图 02 SECCIÓN 02 SECTION 02

横向剖面图 SECCIÓN TRANSVERSAL CROSS SECTION

总平面图 PLANTA GENERAL OVERALL PLAN

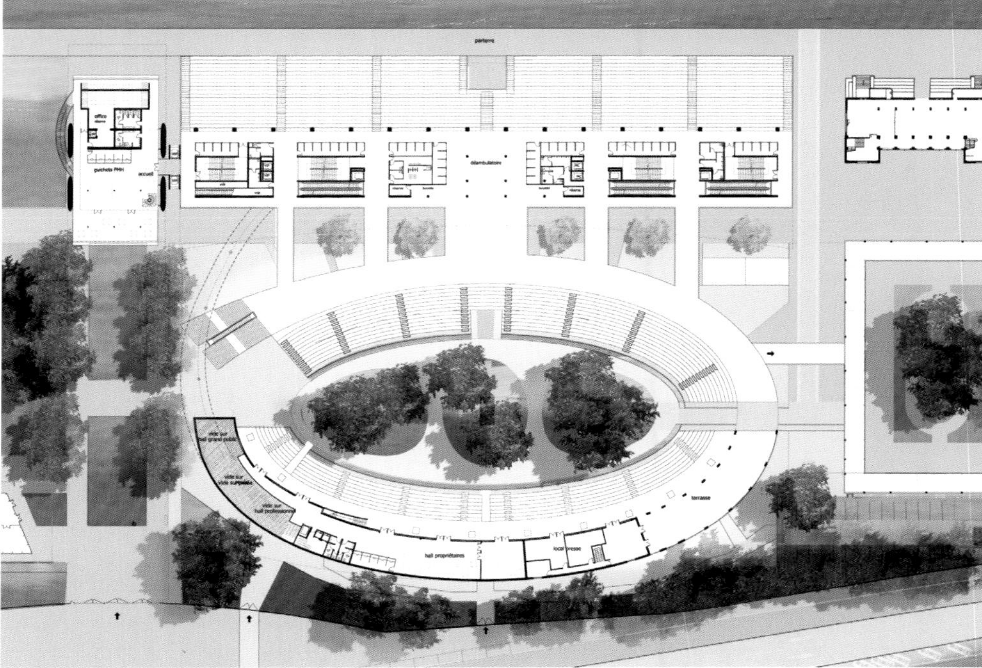

二层平面图 PLANTA PRIMERA FIRST FLOOR PLAN

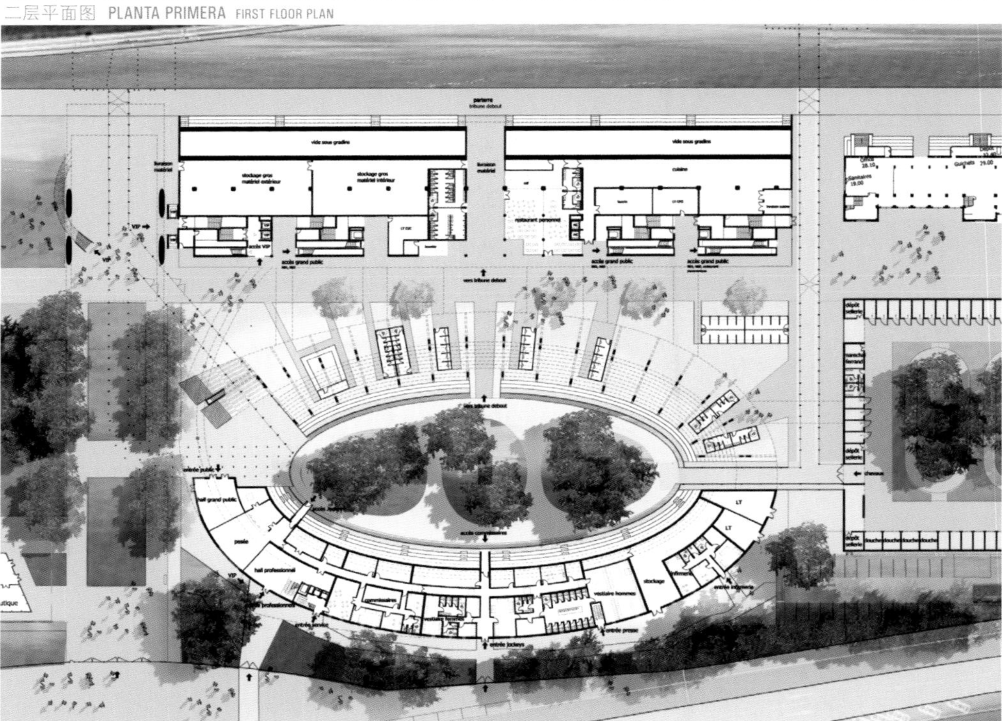

底层平面图 PLANTA BAJA GROUND FLOOR PLAN

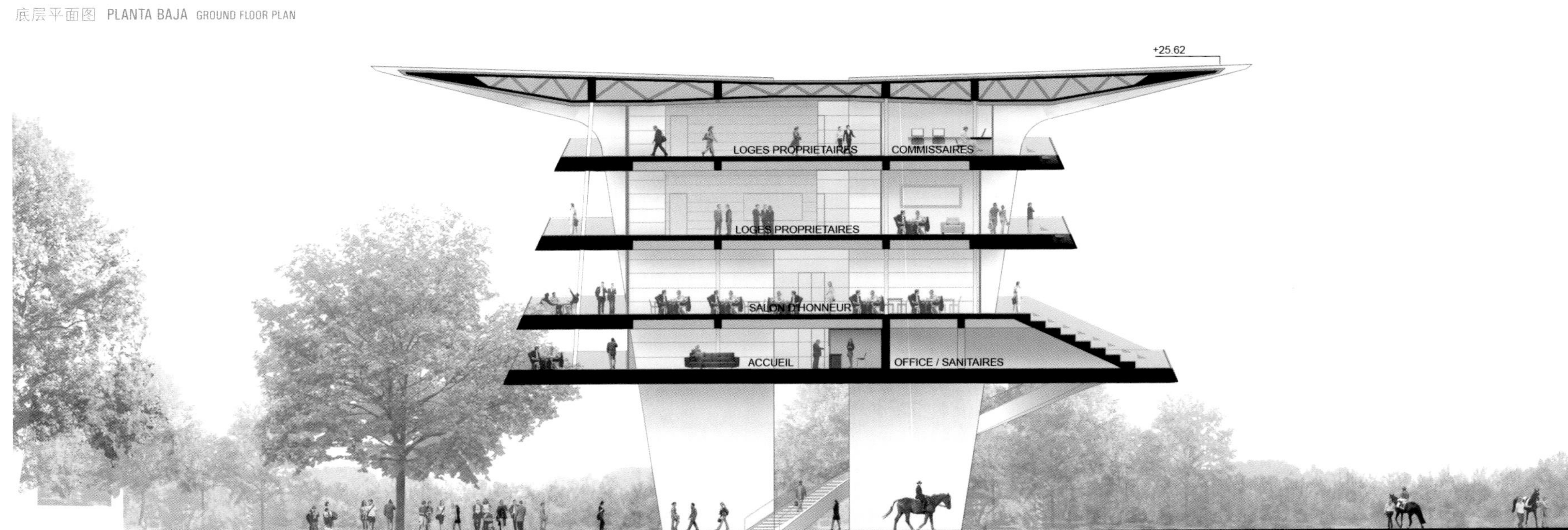

总统论坛部分 SECCIÓN TRIBUNA PRESIDENCIAL PRESIDENTIAL FORUM SECTION

Madrid · Spain

pfc proyectos fin de carrera 学位毕业设计 final degree projects

人们还记得K·弗兰姆普敦于1993年访问马德里工业大学建筑学院后撰写报道所作的评论："现今，西班牙在培训建筑师方面在全世界可谓首屈一指(……)，这，毫无疑问，肯定归功于建筑教学在西班牙的地位。"尽管此次试验可能依然有效，弗兰姆普敦先生也会毫无疑问澄清一下他对"毕业设计"的评论。当他知道这些任务的启动过程、指导以及资格的严格性时——至少在这个最严肃的建筑学院，他对审查委员会的公正性以及项目质量的公正认可提出了质疑，无论其导师是谁。

"毕业设计"是由立法机构基于颁授建筑师头衔而提出的，是学生展示其技能的最后的学术任务。然而，根据最低要求，社会有权对学院提出更多要求，"毕业设计"也是与文化相关的项目，成为当前辩论的主要部分。专门根据大学程度而定，该项目预测未来几年的建筑文化，因为它传达了新一代建筑师的关切点和兴趣点。

此预期性质正是"毕业设计"不同于一项工作或者一个简单的专业任务或商业任务的地方。反过来，这种期望也浓缩了人们的愿望，重点如下：

–它没有背离辩论的首要原则，这是不可预料性的基本要求。
–它提供了显示培训质量的复杂级别，从其复杂的创意中显示出来。
–它超越了当地局限，但不脱离背景，同时采用普遍的策略。

这期项目遴选了圣巴布罗大学"毕业设计"的两个最新成果。这些项目旨在就原本为一系列条件的想法展开讨论，并进行交流，另外项目所处的地理位置不断进行变换，以有效应对教学、功能及技术等方面的要求。

"毕业设计"成为参照后，我们也不能松懈，以确保其能超越人们的预期，超过最低的要求。这是我们向旁观者提供的最好的报道。

Todavía se recuerda el comentario con el que Kenneth Frampton abría el informe redactado tras su visita a la Escuela de Arquitectura de la Universidad Politécnica de Madrid en 1993: "La formación de arquitectos en España tal vez sea hoy día la mejor del mundo (...); se debe, con seguridad, a la categoría de la enseñanza de la arquitectura en España". Aunque probablemente este juicio no haya perdido vigencia, el señor Frampton sin duda matizaría hoy día el comentario que más adelante dedicaba a los Proyectos Fin de Carrera, en el que ponía en duda la objetividad del comité examinador y el justo reconocimiento de la calidad de los proyectos con independencia de los profesores sobre los que hubiera recaído la tutoría, cuando hubiera comprobado el rigor que en la actualidad se ha impuesto en todo el proceso de gestación, dirección y calificación de estos trabajos, al menos en las Escuelas más serias.
El Proyecto Fin de Carrera (PFC) es el último trabajo académico del estudiante con el que demuestra haber adquirido las competencias fijadas por nuestra legislación para otorgar el título de arquitecto. Sin embargo, por encima de estos mínimos, la sociedad tiene derecho a exigir algo más a nuestras escuelas y a que el PFC sea un trabajo culturalmente relevante que constituya una aportación significativa al debate contemporáneo. Con una frescura exclusiva del ámbito universitario, este trabajo anticipa la cultura arquitectónica de los siguientes años, pues expresa las preocupaciones y los campos de interés de las nuevas generaciones de arquitectos.
Es esa dimensión anticipativa lo que distancia el PFC de un mero trabajo validatorio y más aun de un trabajo simplemente profesional o comercial. Se trata de una expectativa que condensa a su vez muchas aspiraciones, entre las que se podrían destacar estas:
-No abandonar la primera línea del debate, lo que supone situarse siempre en la exigente línea de lo inesperado.
-Ofrecer un nivel de sofisticación propio de la altura de la formación recibida, que se manifiesta en una complejidad creativa.
-Trascender lo local, mediante propuestas fuertemente contextualizadas que al mismo tiempo planteen estrategias universales.
Los proyectos que se presentan en este número son una selección de dos recientes convocatorias de PFC de la Universidad CEU San Pablo. Estos proyectos se han gestado en un espacio de debate e intercambio de ideas que es sobre todo un conjunto de condiciones, pero también un espacio físico en permanente transformación, capaz de responder cada vez mejor a las demandas docentes, funcionales y tecnológicas.
En este momento en el que los PFCs se han convertido en referencia es preciso no bajar la guardia para que siempre superen las expectativas y excedan los mínimos exigidos. Ese será nuestro mejor informe ante cualquier observador externo.

People still remember the comment with which Kenneth Frampton opened the written report after his visit to the School of Architecture at the Polytechnic University of Madrid in 1993: "The training of architects in Spain today may be the best in the world (...); it must be, surely, due to the status of the teaching of architecture in Spain." Although this trial is still probably valid today, Mr. Frampton would undoubtedly clarify the comment for the Final Degree Projects, in which he questioned the objectivity of the review board and fair recognition of the quality of projects regardless of the tuition teachers, when he had found the rigor that is now imposed throughout the starting process, guidance and qualification of these works, at least in the most serious schools.
The Final Degree Project is the last academic work of the student demonstrating the skills established by our legislation to grant the title of architect. However, above these minimums, society is entitled to demand something more to our schools and that the Final Degree Project turns into a culturally relevant work that constitutes a significant contribution to contemporary debate. With a unique freshness exclusively for university level, this work anticipates the architectural culture of the following years, because it expresses the concerns and areas of interest of the new generations of architects.
This anticipatory dimension is what distances the Final Degree Project from just a job and moreover from a simple professional or commercial work. It is an expectation that in turn condenses many aspirations, highlighting these:
-It does not abandon the first line of the debate, placed in the demanding line of the unexpected.
-It provides a level of sophistication typical of the quality of the training, manifested in a complex creativity.
-It transcends the local, with contextualized proposals that at the same time draw universal strategies.
The projects presented in this issue are a selection of two recent calls for Final Degree Projects of University CEU San Pablo. These projects have been conceived in a space for discussion and exchange of ideas that is primarily not only a set of conditions, but also a physical space in constant transformation, capable to effectively respond to the teaching, functional and technological demands.
At the moment in which Final Degree Projects have become a reference, we must remain vigilant so that they always exceed expectations and exceed the minimum requirements. That will be our best report to any outside observer.

Eduardo de la Peña Pareja
建筑理论及城市项目系主任
DIRECTOR DEL DEPARTAMENTO DE TEORÍA Y PROYECTOS EN ARQUITECTURA Y URBANISMO
MANAGER OF THEORY AND ARCHITECTURAL AND URBANISM PROJECTS

Joaquín Jalvo Olmedillas

优秀作品 sobresaliente first class (2012年5月 may 2012)

指导老师 tutors: David Franco · Roberto González · Mª Eugenia Maciá · Maribel Castilla

杭州 · 中国 Hangzhou · China

明石生活综合体，彭埠

Complejo residencial Mingshi, Pengbu

Mingshi living complex, Pengbu

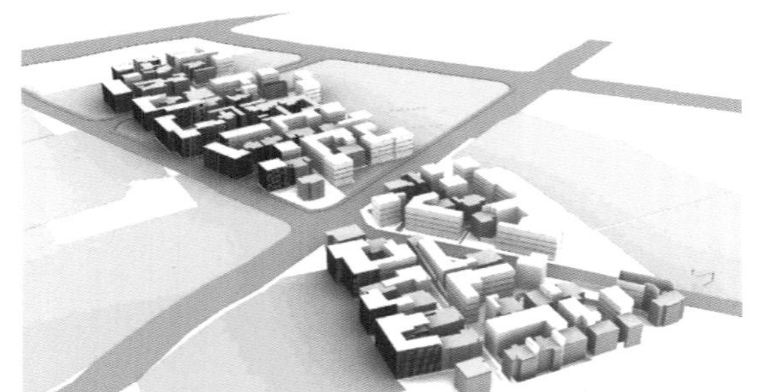

根据对城市进行的不同研究结果，该项目将特定的传统路线与具有杭州特色的交通网区分开来。我们分析了城市网络中社会网络、产业和社区三者的关系，并提出了清晰的结构级别。该提议设想利用这三个方面，形成三维角度，即将平面的、区划的都市特性变为三维都市特性。通过整理三者的关系，我们选择了A.01街地块。都市轨迹(而不是建筑)将城市区分开来，因此与所提议的规划不同；该项目注重中国城市新发展的严肃问题，其提供的局部分区制不仅仅是将人均密度提高两倍，还扩大了绿化面积。

Basándose en los diferentes estudios hechos en la ciudad, el proyecto diferencia ciertos trazados tradicionales y propios de la trama característica de Hangzhou. Podemos apreciar tres niveles (antropológicos) o de relación social, comercial y comunitaria dentro de la trama urbana claramente jerarquizados. La propuesta contempla usar estos tres niveles y tridimensionalizarlos, es decir, tridimensionalizar el urbanismo plano y zonal del presente plan. Aislando estos niveles he seleccionado el correspondiente a la parcela asignada que he denominado plan calle A.01. Lo que diferencia a las ciudades son los trazados urbanos no los edificios, por lo que, a diferencia del plan general propuesto, se hace referencia al grave problema en los nuevos desarrollos urbanos chinos, dotando al sistema de planes parciales de mas del doble de la densidad por habitante propuesta y aumentando considerablemente las zonas verdes.

Based on different studies in the city, the project distinguishes certain traditional routes from the characteristic network of Hangzhou. We analyze three levels (anthropological) or social relationships, business and community within the urban network, with a clear hierarchy. The proposal envisages using these three levels and make them three-dimensional, i.e., to turn the plane and zonal urbanism into a three-dimension urbanism. Isolating these levels, we selected the one assigned to the plot, which has been called A.01 Street. Urban traces and not buildings differentiate cities, therefore, unlike the proposed planning; the project focuses on the serious problems of the new Chinese urban developments, providing the system with partial zoning with more than the double of density per person proposed and an increase of the green areas.

步行街层平面图 PLANTA DE CALLE PEATONAL PEDESTRIAN STREET PLANT

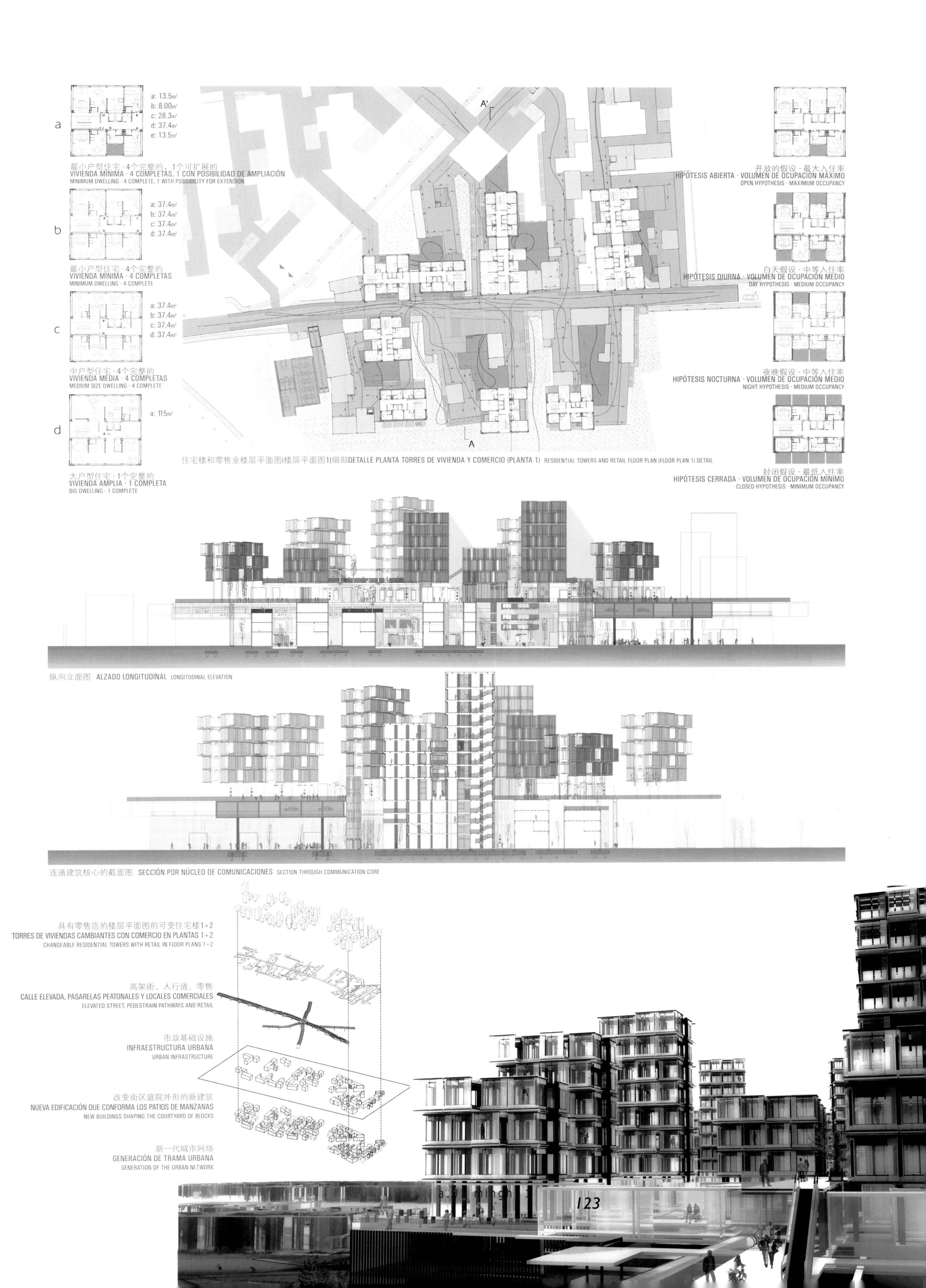
a
a: 13.5m²
b: 8.00m²
c: 28.3m²
d: 37.4m²
e: 13.5m²
最小户型住宅·4个完整的，1个可扩展的
VIVIENDA MÍNIMA · 4 COMPLETAS, 1 CON POSIBILIDAD DE AMPLIACIÓN
MINIMUM DWELLING · 4 COMPLETE, 1 WITH POSSIBILITY FOR EXTENSION
b
a: 37.4m²
b: 37.4m²
c: 37.4m²
d: 37.4m²
最小户型住宅·4个完整的
VIVIENDA MÍNIMA · 4 COMPLETAS
MINIMUM DWELLING · 4 COMPLETE
c
a: 37.4m²
b: 37.4m²
c: 37.4m²
d: 37.4m²
中户型住宅·4个完整的
VIVIENDA MEDIA · 4 COMPLETAS
MEDIUM SIZE DWELLING · 4 COMPLETE
d
a: 115m²
大户型住宅·1个完整的
VIVIENDA AMPLIA · 1 COMPLETA
BIG DWELLING · 1 COMPLETE
A'
A
住宅楼和零售业楼层平面图(楼层平面图1)细部DETALLE PLANTA TORRES DE VIVIENDA Y COMERCIO (PLANTA 1) RESIDENTIAL TOWERS AND RETAIL FLOOR PLAN (FLOOR PLAN 1) DETAIL
开放的假设·最大入住率
HIPÓTESIS ABIERTA · VOLUMEN DE OCUPACIÓN MÁXIMO
OPEN HYPOTHESIS · MAXIMUM OCCUPANCY
白天假设·中等入住率
HIPÓTESIS DIURNA · VOLUMEN DE OCUPACIÓN MEDIO
DAY HYPOTHESIS · MEDIUM OCCUPANCY
夜晚假设·中等入住率
HIPÓTESIS NOCTURNA · VOLUMEN DE OCUPACIÓN MEDIO
NIGHT HYPOTHESIS · MEDIUM OCCUPANCY
封闭假设·最低入住率
HIPÓTESIS CERRADA · VOLUMEN DE OCUPACIÓN MÍNIMO
CLOSED HYPOTHESIS · MINIMUM OCCUPANCY
纵向立面图 ALZADO LONGITUDINAL LONGITUDINAL ELEVATION
连通建筑核心的截面图 SECCIÓN POR NÚCLEO DE COMUNICACIONES SECTION THROUGH COMMUNICATION CORE
具有零售店的楼层平面图的可变住宅楼1+2
TORRES DE VIVIENDAS CAMBIANTES CON COMERCIO EN PLANTAS 1+2
CHANGEABLE RESIDENTIAL TOWERS WITH RETAIL IN FLOOR PLANS 1+2
高架街、人行道、零售
CALLE ELEVADA, PASARELAS PEATONALES Y LOCALES COMERCIALES
ELEVATED STREET, PEDESTRAIN PATHWAYS AND RETAIL
市政基础设施
INFRAESTRUCTURA URBANA
URBAN INFRASTRUCTURE
改变街区庭院外形的新建筑
NUEVA EDIFICACIÓN QUE CONFORMA LOS PATIOS DE MANZANAS
NEW BUILDINGS SHAPING THE COURTYARD OF BLOCKS
新一代城市网络
GENERACIÓN DE TRAMA URBANA
GENERATION OF THE URBAN NETWORK

Mario Vila Quelle

优秀作品 sobresaliente first class (2012年5月 may 2012)

指导老师 tutors: María José de Blas + Rubén Picado · Félix Aramburu · Mª Eugenia Maciá · Oscar Liébana

圣塞瓦斯蒂安 · 西班牙
San Sebastian · Spain

阿萨克餐厅+烹饪学校
Restaurante de Casa Arzak + Escuela de Cocina
Restaurant from Casa Arzak + Cooking School

区块位置 PLANO DE SITUACIÓN SITE PLAN

计划将新的阿萨克餐厅规划成为圣塞巴斯蒂安的地标性建筑，因此我们正寻找这个城市中具有独特性的一个地块。所选的地址位于乌尔古尔山北面松树林的一块空地。占用该地块的建筑尽量保留周围的树木。该餐厅来源于阿萨克的"在一个可被看见，又能看见其外风光的开放式厨房"进行烹饪的想法。该项目以厨房为中心，以餐厅向外扩展，提供观景平台。

El nuevo restaurante de Casa Arzak pretende convertirse en un hito en San Sebastián, para ello se busca un emplazamiento que tenga una cierta singularidad dentro de la ciudad. El lugar escogido es un claro entre pinos en la ladera Norte del monte Urgull. El edificio ocupa esos claros al tiempo que intenta conservar la mayor cantidad de árboles posible. El restaurante, surge de la idea de cocina propuesta por Arzak "una cocina abierta donde te ven y puedes ver". Así pues el proyecto nace desde un centro que es la cocina y se expande a través de los comedores hacia el paisaje y las vistas.

The new restaurant from Arzak House aims to become a landmark in San Sebastian; therefore we have looked for a site that has certain uniqueness in the city. The site chosen is a break among the pines of the northern side of Mount Urgull. The building occupies this space while it tries to preserve as many trees as possible. The restaurant emerges from the idea proposed by Arzak's cooking "an open kitchen where you can be seen and see". The project was born from a center, which is the kitchen, and spread using the dining rooms towards the landscape and views.

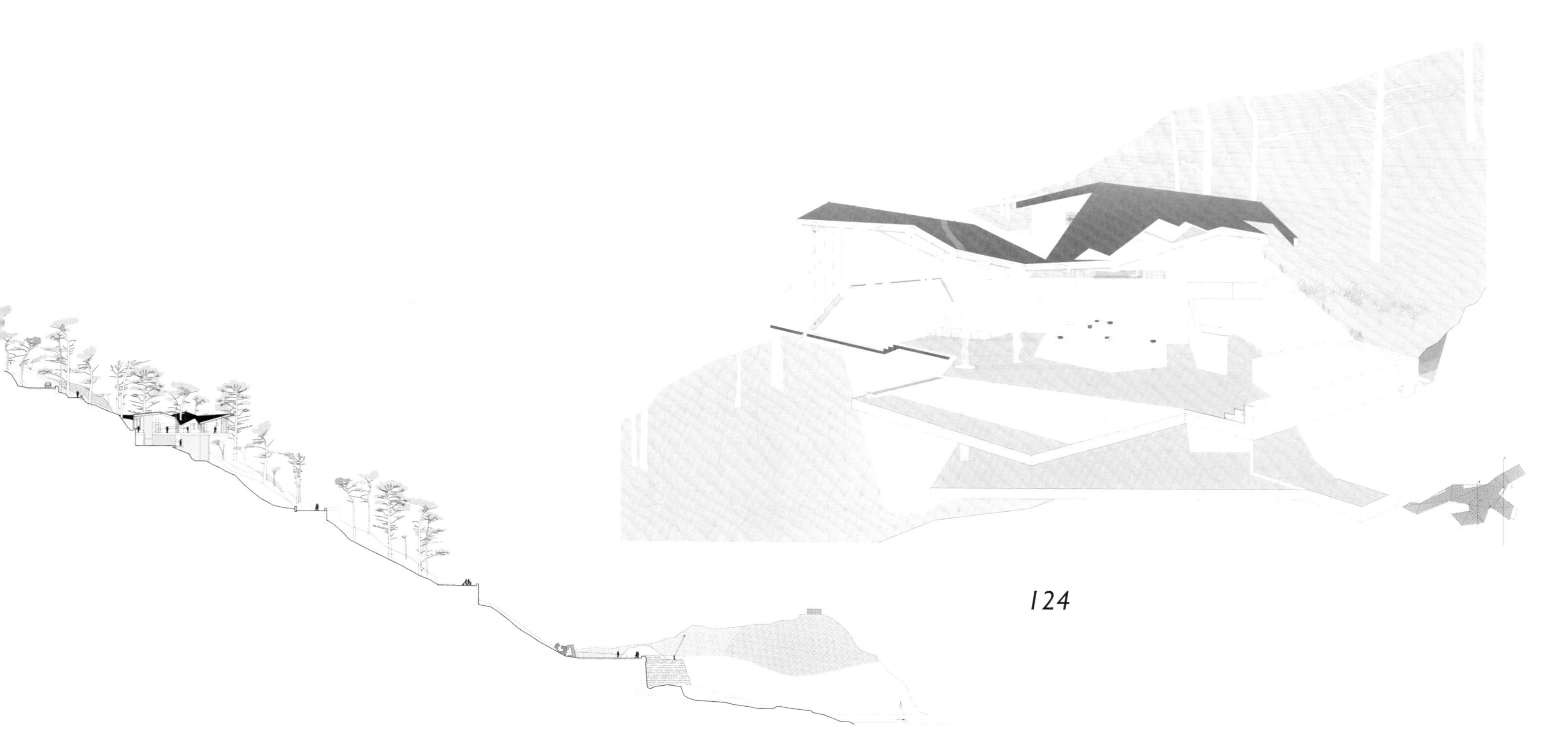

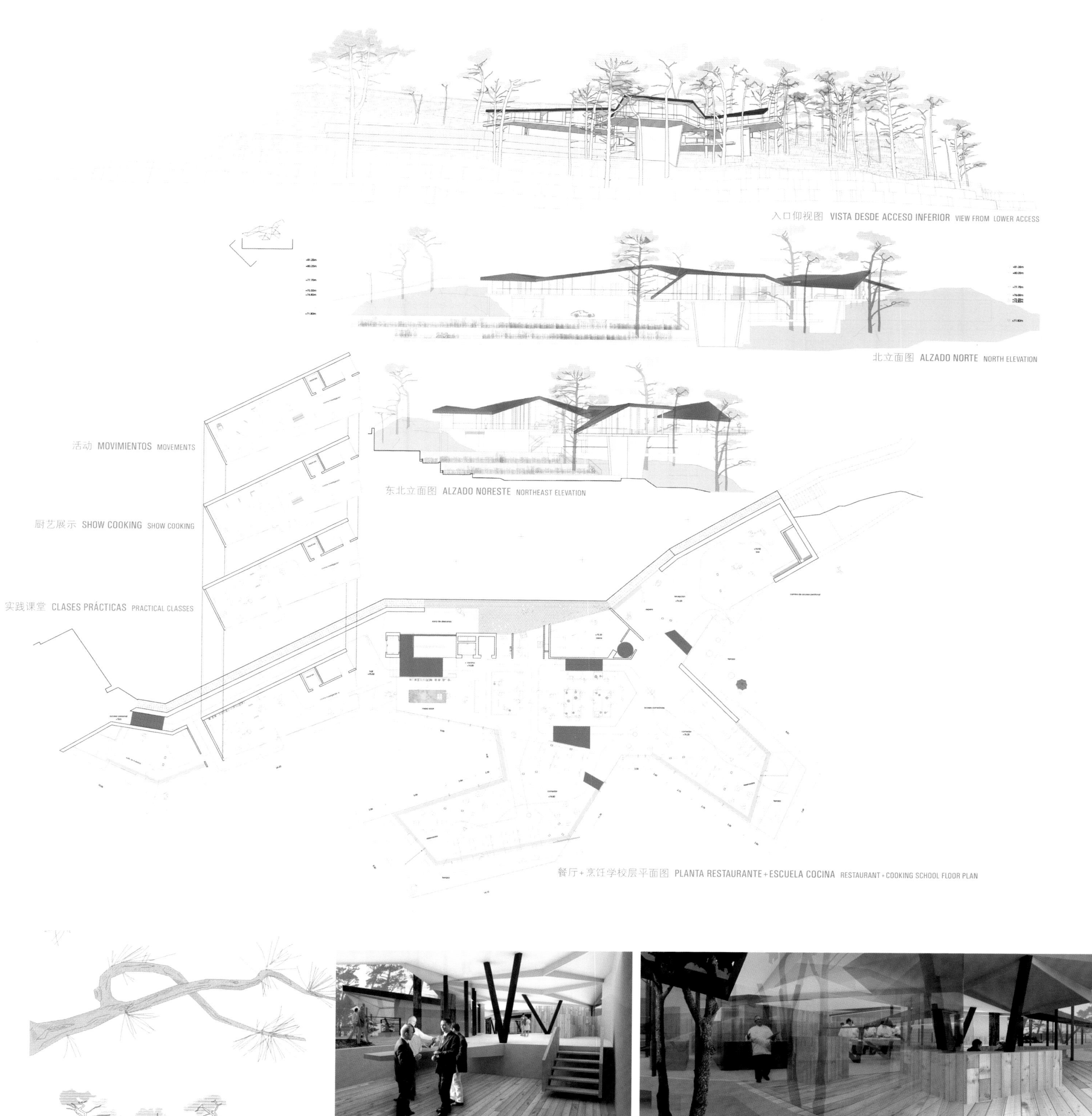

入口仰视图 VISTA DESDE ACCESO INFERIOR VIEW FROM LOWER ACCESS

北立面图 ALZADO NORTE NORTH ELEVATION

东北立面图 ALZADO NORESTE NORTHEAST ELEVATION

餐厅+烹饪学校层平面图 PLANTA RESTAURANTE+ESCUELA COCINA RESTAURANT+COOKING SCHOOL FLOOR PLAN

Oscar Bernaldo de Quirós

优秀作品 **sobresaliente** first class (2012年5月 may 2012)

指导老师 tutors: Tomás Domínguez + Carlos Iglesias · Rodrigo Núñez · Carlos Machín · Maribel Castilla

马德里 · 西班牙 Madrid · Spain

体育场3.0
Estadio 3.0
Stadium 3.0

该项目旨在解决根据体育场地形提出的三个基本需求：
1. 无法与城市“连接”。
2. 无法创造经济收益。
3. 在很大程度上依赖于既有的基础设施。

我们设计了与体育场相连的纲领性的元素，与周围环境相协调，并根据需求以及项目的规划，采用固定或模块式结构。后者可根据住户和(或)城市的需要，无需机械装置就可以安装或拆卸。体育场符合这样的研究方向：要求各方行动起来，以提高现金流转、节能性能和空间品质。

El proyecto trata de compensar las 3 carencias básicas detectadas en la tipología del estadio:
1. La incapacidad de “conectar” con la ciudad.
2. La incapacidad para generar rentabilidad económica.
3. La gran dependencia que se tiene de la prexistencia de infraestructuras.
Se generan unas piezas programáticas unidas al propio estadio, que reaccionan al entorno y que, según la elasticidad a la demanda y oferta del programa, serán fijas o modulares. Éstas últimas podrán montarse y desmontarse sin necesidad de maquinaria, según las necesidades del arrendatario y/o la ciudad. El estadio responde a una línea de investigación en que cada parte ha de responder a mejorar la autofinanciación, captación energética y calidad espacial.

The project aims to solve the 3 basic needs identified in the stadium typology:
1. The inability to "connect" with the city .
2. The inability to generate economic returns.
3. The large dependence upon the pre-existent infrastructures.
We generate programmatic elements linked to the stadium, which react to the environment and which, depending on the elasticity of the demand and program supply, are fixed or modular. The latter may be mounted and removed without machinery, according to the needs of the tenant and/or city. The stadium meets a line of research in which each party has to respond to improve cash flow, energy saving and spatial quality.

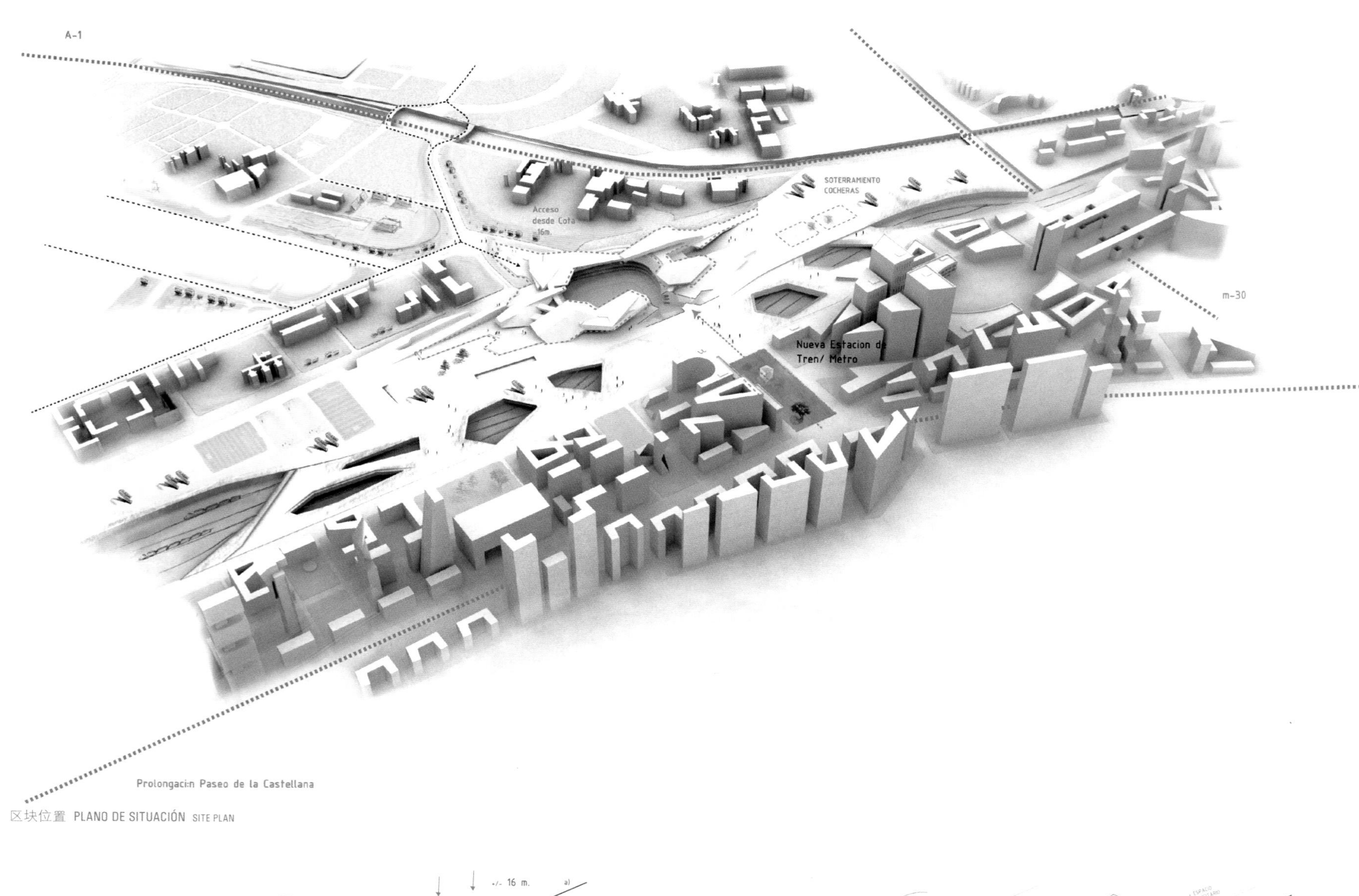

区块位置 PLANO DE SITUACIÓN SITE PLAN

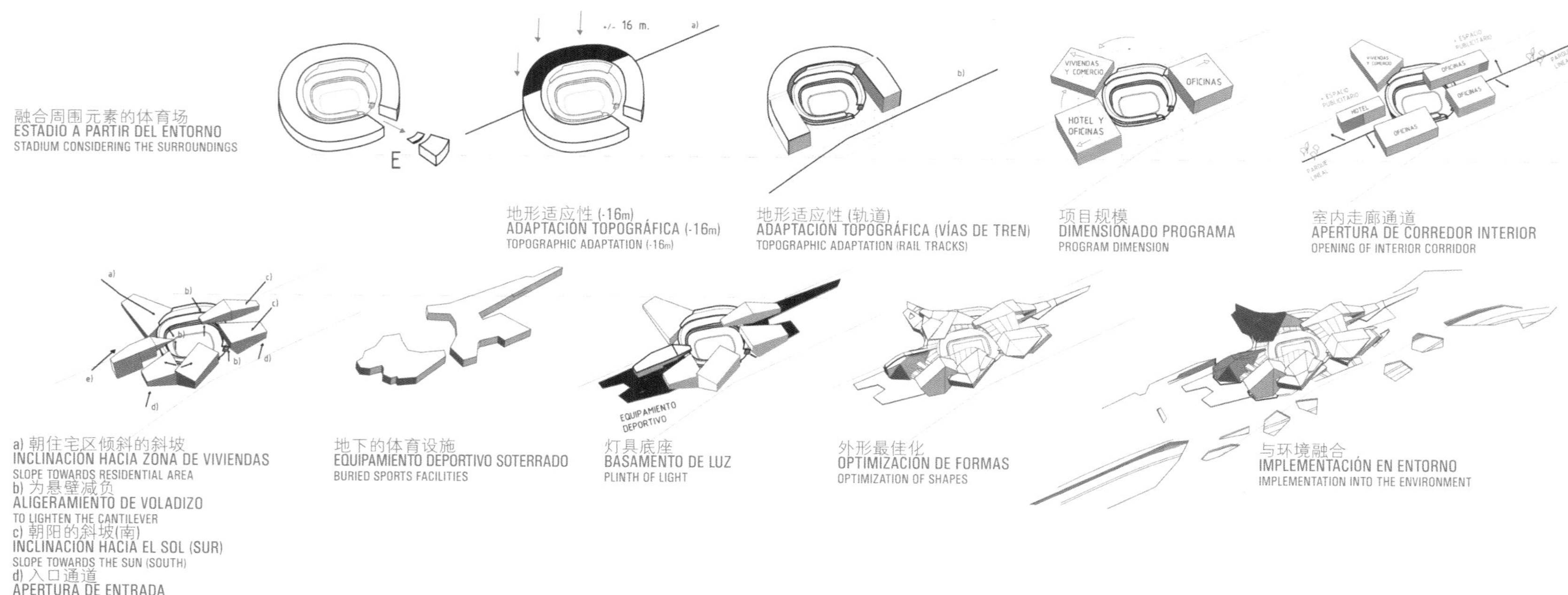

融合周围元素的体育场
ESTADIO A PARTIR DEL ENTORNO
STADIUM CONSIDERING THE SURROUNDINGS

地形适应性 (-16m)
ADAPTACIÓN TOPOGRÁFICA (-16m)
TOPOGRAPHIC ADAPTATION (-16m)

地形适应性 (轨道)
ADAPTACIÓN TOPOGRÁFICA (VÍAS DE TREN)
TOPOGRAPHIC ADAPTATION (RAIL TRACKS)

项目规模
DIMENSIONADO PROGRAMA
PROGRAM DIMENSION

室内走廊通道
APERTURA DE CORREDOR INTERIOR
OPENING OF INTERIOR CORRIDOR

a) 朝住宅区倾斜的斜坡
INCLINACIÓN HACIA ZONA DE VIVIENDAS
SLOPE TOWARDS RESIDENTIAL AREA
b) 为悬壁减负
ALIGERAMIENTO DE VOLADIZO
TO LIGHTEN THE CANTILEVER
c) 朝阳的斜坡(南)
INCLINACIÓN HACIA EL SOL (SUR)
SLOPE TOWARDS THE SUN (SOUTH)
d) 入口通道
APERTURA DE ENTRADA
ACCESS OPENING
e) 朝向风景的推拉门
DESLIZAMIENTO PARA PERSPECTIVA
SLIDING LOOKING FOR PERSPECTIVE

地下的体育设施
EQUIPAMIENTO DEPORTIVO SOTERRADO
BURIED SPORTS FACILITIES

灯具底座
BASAMENTO DE LUZ
PLINTH OF LIGHT

外形最佳化
OPTIMIZACIÓN DE FORMAS
OPTIMIZATION OF SHAPES

与环境融合
IMPLEMENTACIÓN EN ENTORNO
IMPLEMENTATION INTO THE ENVIRONMENT

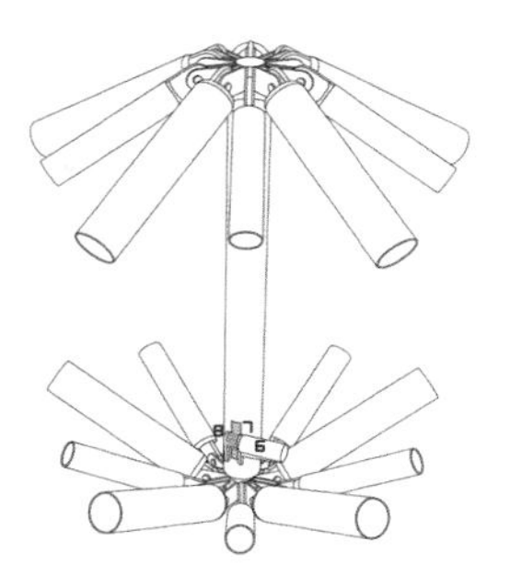

阶段1 ESTADO 1 PHASE 1

主体结构展开 · 下部结构展开
ESTRUCTURA PRINCIPAL DESPLEGADA · SUBESTRUCTURA DESPLEGADA
MAIN STRUCTURE UNFOLDED · SUBSTRUCTURE UNFOLDED

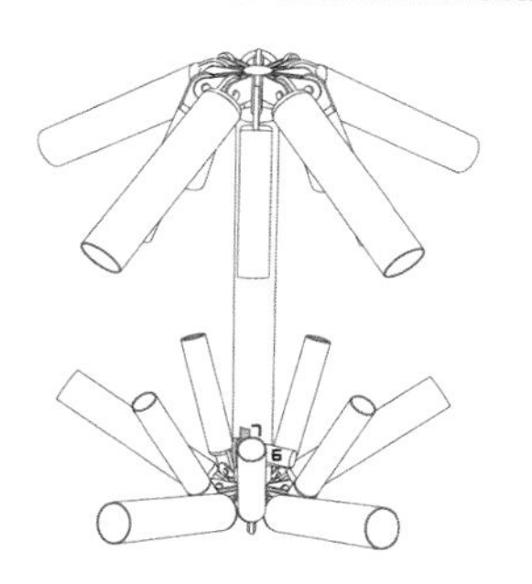

阶段2 ESTADO 2 PHASE 2

主体结构展开 · 下部结构合拢
ESTRUCTURA PRINCIPAL DESPLEGADA · SUBESTRUCTURA PLEGADA
MAIN STRUCTURE UNFOLDED · SUBSTRUCTURE FOLDED

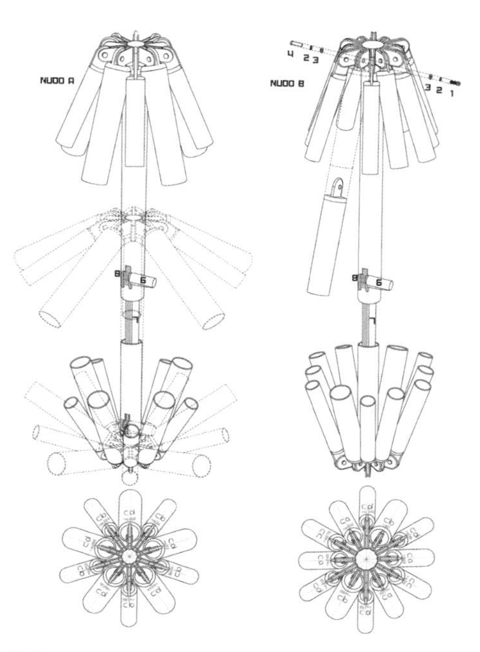

阶段3 ESTADO 3 PHASE 3

主体结构合拢 · 下部结构合拢
ESTRUCTURA PRINCIPAL PLEGADA · SUBESTRUCTURA PLEGADA
MAIN STRUCTURE FOLDED · SUBSTRUCTURE FOLDED

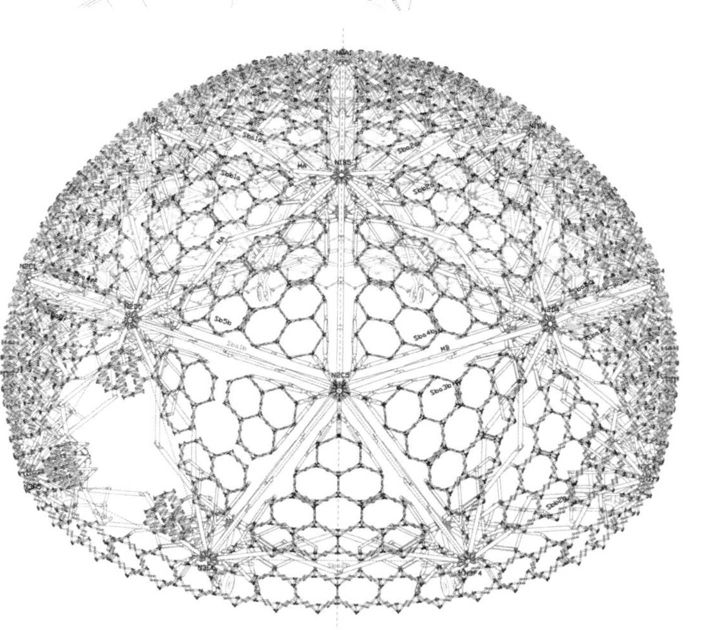

基于霍伯曼的模块化系统的可折叠式结构
ESTRUCTURAS PLEGABLES BASADAS EN LOS SISTEMAS MODULARES DE HOBERMAN
FOLDABLE STRUCTURES BASED ON MODULAR SYSTEMS FROM HOBERMAN

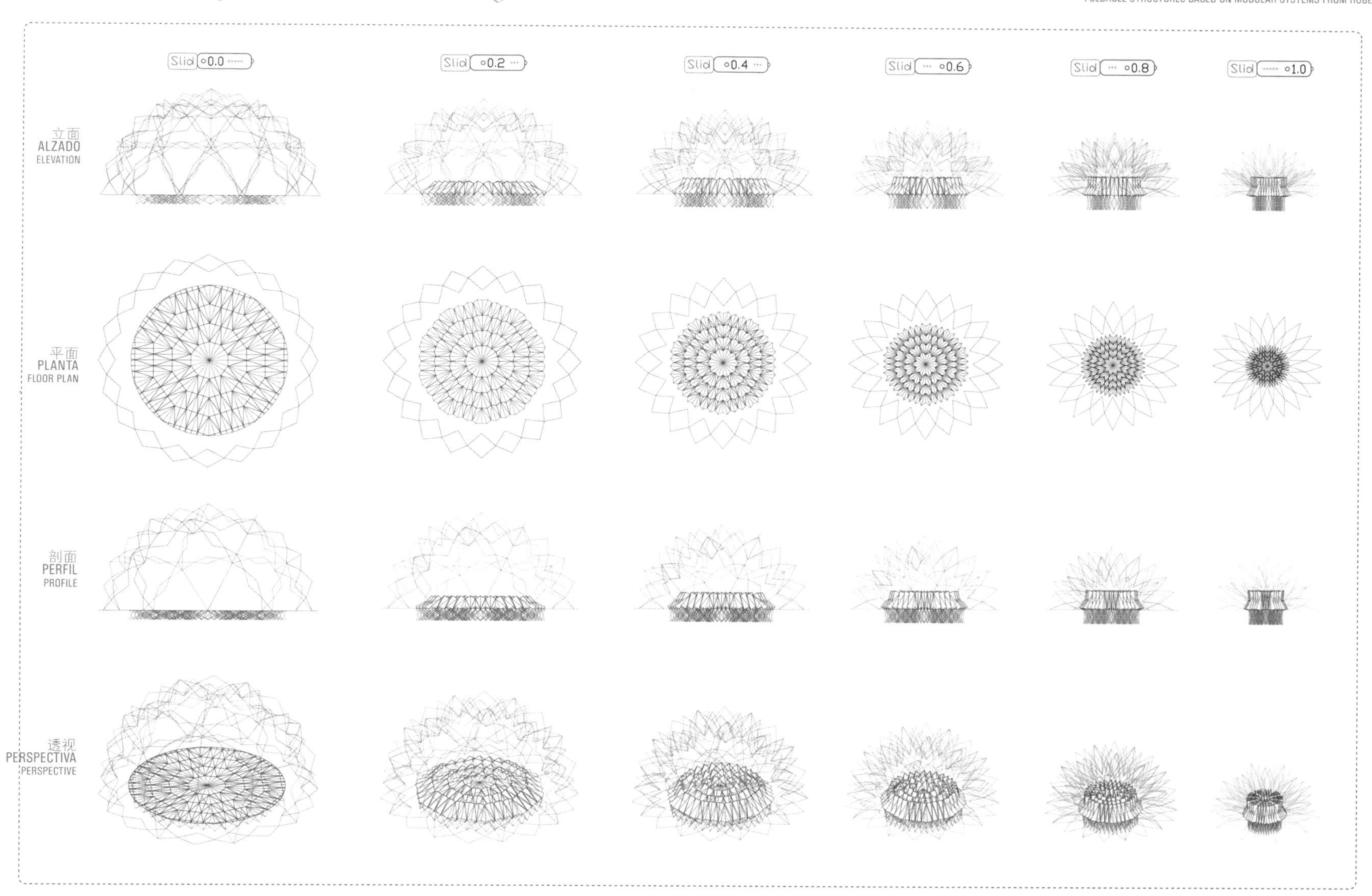

Jaime López de Hierro Cadarso

优秀作品 **sobresaliente** first class (2012年2月 february 2012)

指导老师 tutors: Aurora Herrera · Rodrigo Núñez · José Mª Navarro · Mariano Molina

杭州 · 中国 Hangzhou · China

21世纪的城市模型

Modelo de ciudad para el siglo XXI

City model for the 21st century

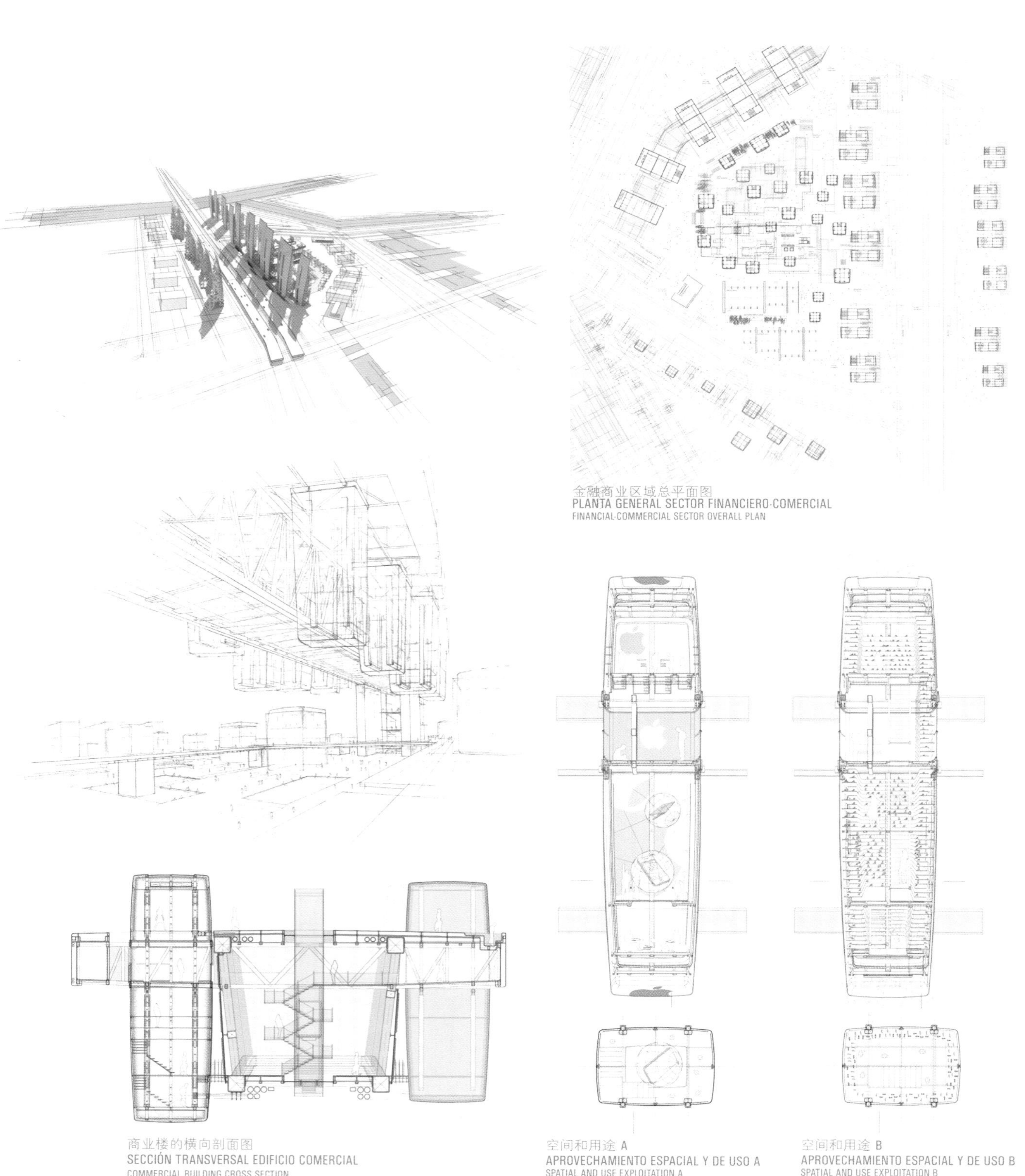

金融商业区域总平面图
PLANTA GENERAL SECTOR FINANCIERO-COMERCIAL
FINANCIAL-COMMERCIAL SECTOR OVERALL PLAN

商业楼的横向剖面图
SECCIÓN TRANSVERSAL EDIFICIO COMERCIAL
COMMERCIAL BUILDING CROSS SECTION

空间和用途 A
APROVECHAMIENTO ESPACIAL Y DE USO A
SPATIAL AND USE EXPLOITATION A

空间和用途 B
APROVECHAMIENTO ESPACIAL Y DE USO B
SPATIAL AND USE EXPLOITATION B

我们建造了一个金融商业区，旨在创造一个集用途、建筑和公共区域于一体的系统。各部分如下：
* 高层建筑物，各层密度增加，混合使用。
* 用于解决区域需求、连接不同城市地区的设施。
* 激活各区域间的流动，并向公共区域融入新项目的模块化建筑。

该方案提议建造的建筑可作为一个城市工具，可激活公共区域，为综合建筑提供一个独特的城市空间。通过结构控制，我们可将公共区域融入建筑内，作为建筑的其他部分和公用基础设施网络的一部分。与建筑相连的商用胶囊式房间也成为建筑群体的一部分。这些由预制构件组成，可作为建筑和整个系统的补充而建造与安装。

Se ha desarrollado un área financiero-comercial, que consiste en la creación de un sistema que combina usos, propuestas edificatorias y espacio público. Los diferentes elementos son:
*** La edificación en altura, con una densificación y mezcla de usos a diferentes niveles.**
*** Edificaciones dotacionales, que resuelven necesidades de la zona y sirven de unión entre diferentes áreas urbanas.**
*** Edificaciones modulares que activan flujos e integran un uso en el espacio público.**
La propuesta es un edificio a modo de herramienta urbana, que activa el espacio público y otorga una singularidad espacial al conjunto urbano. Mediante la modulación estructural, se crea un espacio público integrado en el edificio, que forma parte de una red conjunta con el resto de las edificaciones y de las infraestructuras públicas. Las cápsulas comerciales acopladas al edifico se enchufan a la red. Están compuestas por elementos prefabricados, construidos y montadas para un posterior acople al edificio y al sistema.

We have developed a financial and commercial area, which consists in creating a system that combines uses, buildings and public space. The various components are:
* The high-rise building, with densification and mixture of uses at different levels.
* Facilities that solve needs of the area and provide a link between different urban areas.
* Modular Buildings which activate flows and integrate a new program into the public space.

The proposal is a building which acts as an urban tool, which activates the public space and provides a unique urban space to the complex. By structural modulation, we create a public space integrated into the building, as part of a joint network with the rest of the buildings and public infrastructure. Commercial capsules attached to the buildings are plugged into the network. These are made of prefabricated elements, constructed and mounted for a further attachment to the building and the system.

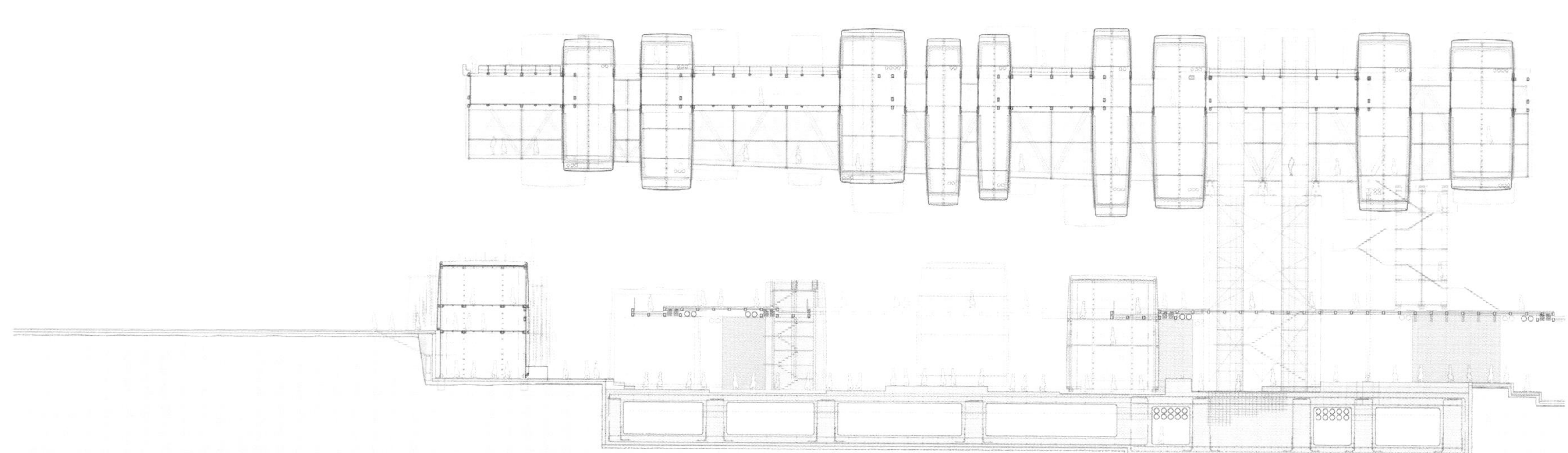

商用胶囊式房间剖面图 SECCIÓN CÁPSULAS COMERCIALES COMMERCIAL CAPSULES SECTION

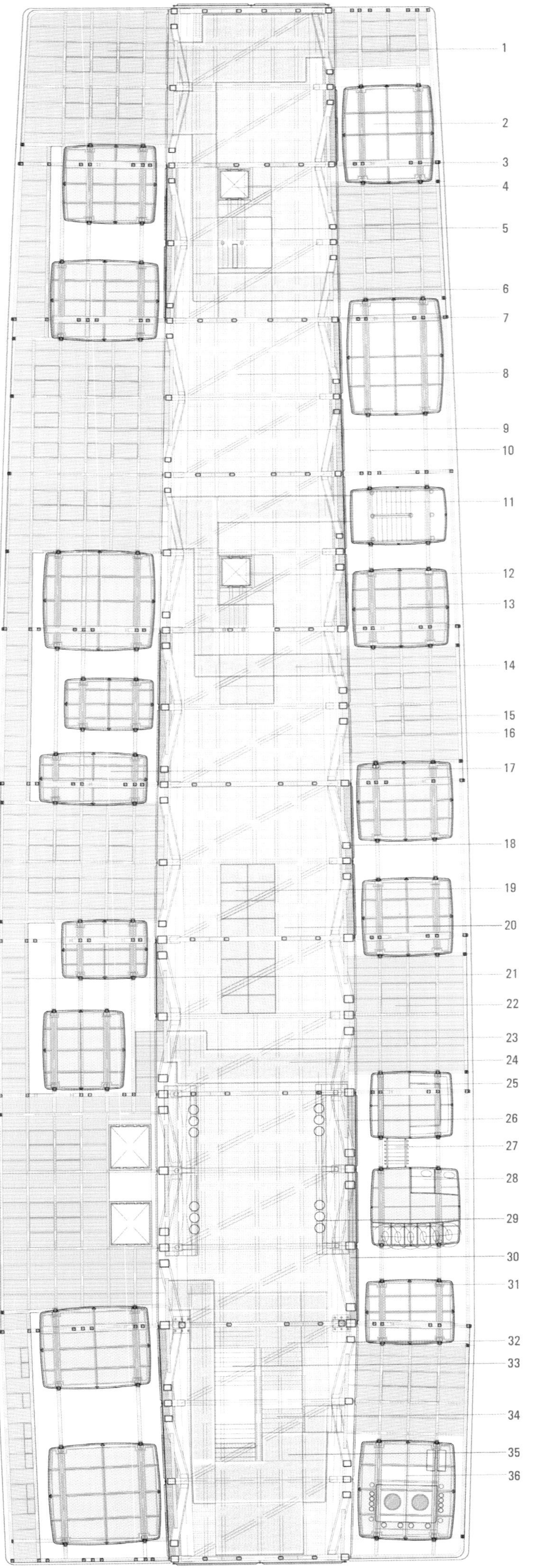

侧面箱体楼层平面图 **PLANTA CAJONES LATERALES** SIDE CASES FLOOR PLAN

1. 最终夹层
ENTREPLANTA FINAL
FINAL MEZZANINE

2. 使用集装箱。商用胶囊式房间
CONTENEDOR DE USO. CÁPSULA COMERCIAL
USE CONTAINER. COMMERCIAL CAPSULE

3. 侧梁，商用胶囊式房间固定点
CERCHA LATERAL, SUJECCIÓN CÁPSULAS COMERCIALES
SIDE BEAM, COMMERCIAL CAPSULES FIXING POINT

4. 悬浮式电梯
ASCENSORES COLGADOS
SUSPENDED LIFTS

5. 通往高层的内部楼梯
ESCALERAS INTERNAS PARA ACCESO SUPERIOR
INTERIOR STAIRS FOR UPPER ACCESS

6. 最大规模的胶囊式房间类型
TIPOLOGÍA CÁPSULA MAYOR TAMAÑO
MAXIMUM SIZE CAPSULE TYPOLOGY

7. 上层中心的顶梁
CERCHA CENTRAL SUPERIOR
UPPER CENTRAL BEAM

8. 下层的商业画廊
GALERÍA INFERIOR COMERCIAL
LOWER COMMERCIAL GALLERY

9. 侧面的休闲区
ÁREA DESCANSO LATERAL
SIDE RELAXING AREA

10. 用于固定胶囊式房间的下层结构
SUBESTRUCTURA METÁLICA SUJECCIÓN CÁSPULAS
METALLIC SUBSTRUCTURE TO FIX CAPSULES

11. 火灾疏散胶囊式房间
CÁPSULA EVACUACIÓN INCENDIOS
FIRE EVACUATION CAPSULE

12. 通往高层的内部电梯
ASCENSOR INTERNO ACCESO SUPERIOR
INTERIOR LIFT FOR UPPER ACCESS

13. 中型的商业胶囊式房间类型
TIPOLOGÍA CÁPSULA COMERCIAL TAMAÑO MEDIO
MEDIUM SIZE COMMERCIAL CAPSULE TYPOLOGY

14. 通往高层的走道
PASARELAS SUPERIORES ACCESOS
UPPER ACCESS CATWALKS

15. 夹层楼家具
MOBILIARIO EN ENTREPLANTAS DISTRIBUCIÓN
MEZZANINE FURNITURE

16. 下层结构的主梁
SUBESTRUCTURA CERCHA PRINCIPAL
SUBSTRUCTURE MAIN BEAM

17. 商业胶囊式房间类型
TIPOLOGÍA CÁPSULA COMERCIAL
COMMERCIAL CAPSULE TYPOLOGY

18. 主悬壁的对角梁
CERCHAS DIAGONALES PRINCIPAL VOLADIZO
DIAGONAL BEAM FROM MAIN CANTILEVER

19. 玻璃地板板材
FORJADO DE VIDRIO
GLASS FLOOR SLAB

20. 商业胶囊式房间
CÁPSULA COMERCIAL
COMMERCIAL CAPSULE

21. 南侧的边缘走道
PASARELA SUR PERIMETRAL
PERIPHERAL SOUTH CATWALK

22.・23. 夹层楼的分布
ENTREPLANTA DISTRIBUCIÓN
MEZZANINE DISTRIBUTION

24 连接高层的走道
PASARELA CONEXIONES SUPERIORES
UPPER CONNECTIONS CATWALK

25. 胶囊式卫生间
CÁPSULAS SANITARIAS-LAVABOS
SANITARY CAPSULES-TOILETS

26. 混凝土结构箱
CAJONES ESTRUCTURALES DE HORMIGÓN
CONCRETE STRUCTURAL CASES

27. 连接胶囊式房间的简易走道
PASARELA LIGERA CONEXIONES CÁPSULAS
LIGHT CATWALK FOR CAPSULE CONNECTION

28. 胶囊式卫生间
CÁPSULAS SANITARIAS-LAVABOS
SANITARY CAPSULES-TOILETS

29. 收集雨水的竖直槽道
CANALIZACIÓN VERTICAL AGUAS PLUVIALES
VERTICAL CHANNEL FOR RAIN WATER

30. 画廊的侧围墙
CERRAMIENTO LATERAL GALERÍA
SIDE ENCLOSURE FOR GALLERY

31.・32. 胶囊式房间的构造剖面
PERFILES ESTRUCTURALES DE CÁPSULAS
STRUCTURAL PROFILES FOR CAPSULES

33. 进入下层广场的楼梯
ESCALERAS ACCESO INFERIOR-PLAZA
STAIRS FOR LOWER ACCESS-SQUARE

34. 进入高层的楼梯
ESCALERAS PRINCIPALES ACCESO COTAS SUPERIORES
STAIRS FOR UPPER LEVELS ACCESS

35. 夹层楼休息区
ENTREPLANTA-ZONA DE DESCANSO
MEZZANINE-RELAXING AREA

36. 胶囊式设备间
CÁPSULA INSTALACIONES
CAPSULE FOR FACILITIES

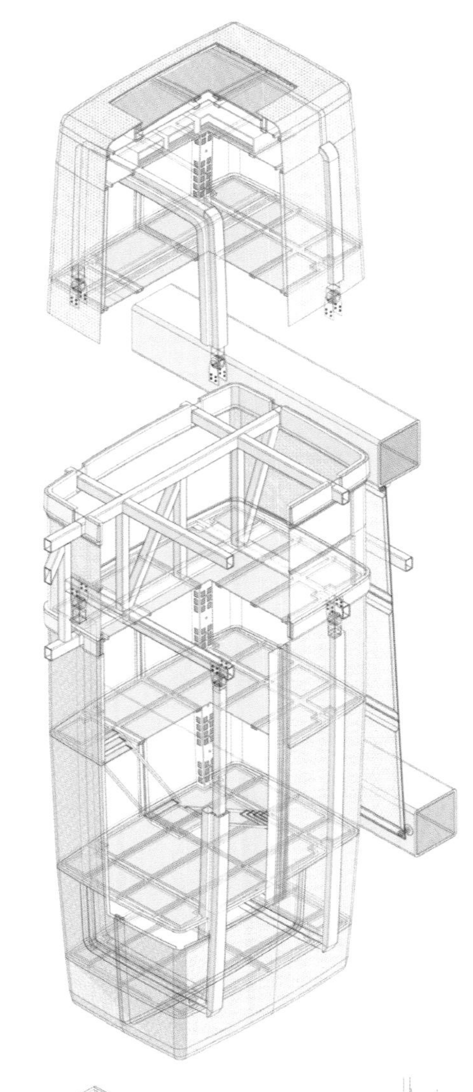

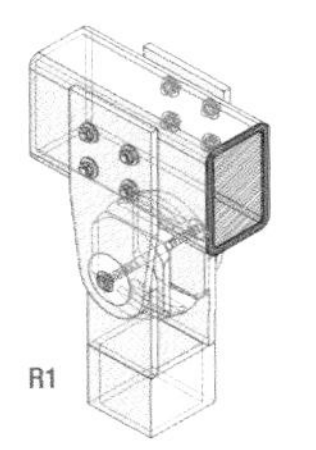

密封舱与建筑结构之间的结连
NUDO-ROTULA UNIÓN CÁPSULA ESTRUCTURA EDIFICIO
KNOT-LINK BETWEEN CAPSULE AND BUILDING STRUCTURE

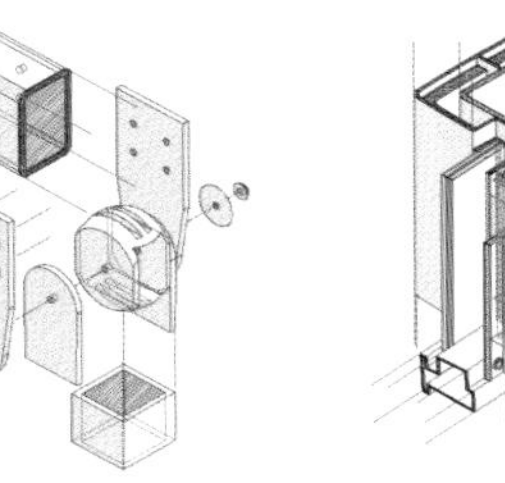

结构剖面・设施
PERFIL ESTRUTURAL・INSTALACIONES
STRUCTURAL PROFILE・FACILITIES

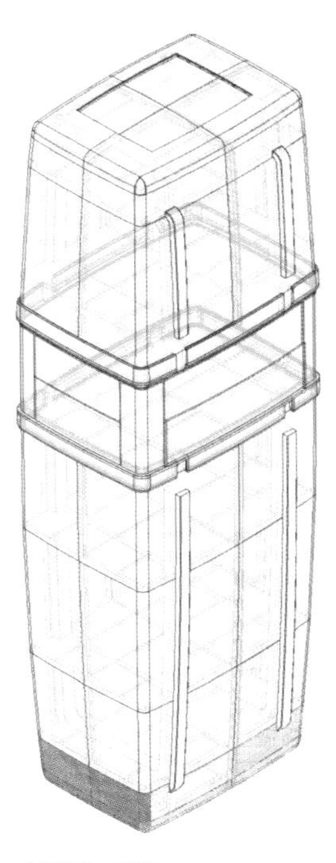

外围墙・玻璃
CERRAMIENTO EXTERIOR・VIDRIO
EXTERIOR ENCLOSURE・GLASS

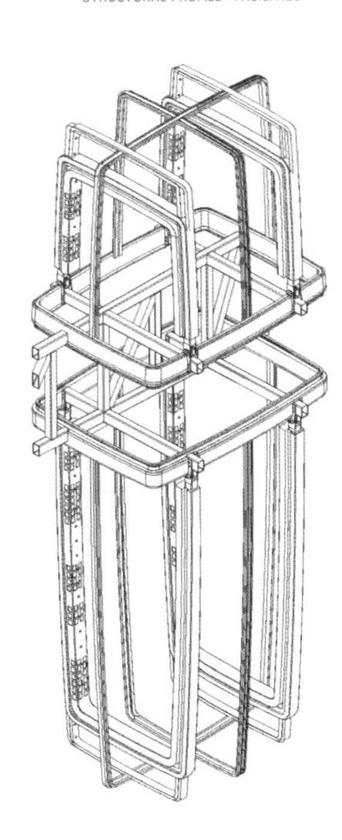

结构剖面・设施
PERFILES ESTRUCTURALES・INSTALACIONES
STRUCTURAL PROFILES・FACILITIES

交通网络
redes de transporte
transport network

卢戈 圣地亚哥·德·孔波斯特拉 阿·格鲁尼亚 奥伦塞 里斯本 索非亚
lugo santiago de compostela a coruña ourense lisbon sofia

交通基础设施对内外部市场的顺利运作、人员和货物流动，以及对经济、社会和地区的凝聚力来说，都是最基础的条件。经济在发展，人们对商务或休闲旅行的需求和愿望也将随之增长。我们需要考虑旅行变化的方式。我们需要一个交通网络，不仅能应对不断发展的经济和不断增长的旅游需求所带来的挑战，而且能够实现我们的环境目标。过去，人们在同一个地方生活和工作；现在，上下班需要往返很长的距离。我们需要长远规划交通，还需要预测未来20至30年的交通网络以更好地绸缪。

Las infraestructuras de transporte son fundamentales para un correcto funcionamiento del mercado interno y externo, para la movilidad de las personas, mercancías y para la cohesión económica, social y territorial. Mientras que la economía crece, la necesidad y el deseo de la gente por viajar, por trabajo u ocio, también incrementa. Necesitamos considerar la manera en el que el transporte esta cambiando. Necesitamos unas redes de transporte que puedan solventar los retos de una economía creciente y una mayor demanda de viajes, y que también se cumplan los objetivos medioambientales. Mientras en el pasado uno vivía y trabajaba en el mismo lugar, ahora se hacen largas distancias para trabajar. El transporte requiere un planeamiento a largo plazo. Necesitamos anticiparnos y gestionar el futuro de las redes de transporte de los próximos 20-30 años.

Transport infrastructure is fundamental for the smooth operation of the internal and external market, for the mobility of persons and goods and for the economic, social and territorial cohesion. As the economy grows, people's need and desire to travel, for business or leisure, will also increase. We need to take into account the ways in which travel is changing. We need a transport network that can not only meet the challenges of a growing economy and the increasing demand for travel, but also achieve our environmental objectives. Once people lived and worked in the same place, but they now often commute long distances to work. Transport requires long-term planning. We need to anticipate and manage the future of transport networks, which we will face over the next 20 to 30 years.

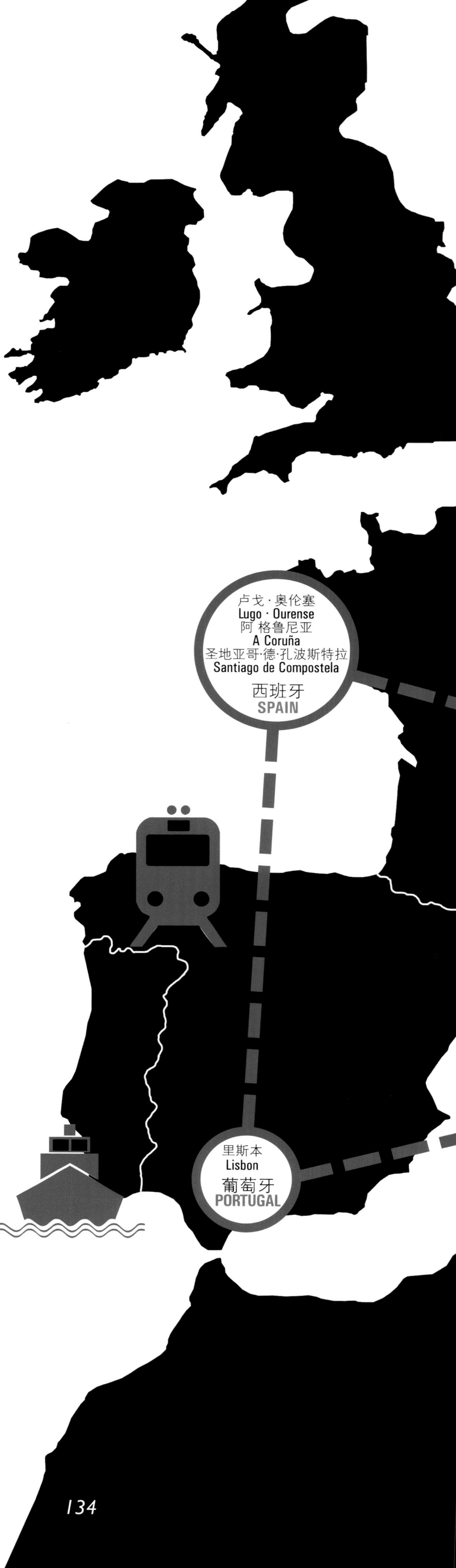

索非亚
Sofia
保加利亚
BULGARIA

联运车站 · 卢戈
Estación Intermodal · Lugo
Intermodal Station · Spain

竞标 · concurso · competition
联运车站
Estación Intermodal
Intermodal Station

竞标类型 · tipo de concurso · competition type
两阶段公开竞标竞选参建公司
concurso abierto en dos fases para seleccionar empresas participantes
two-stage open competition to select firms participating

项目地点 · localización · site area
卢戈 · 西班牙 Lugo · Spain

主办方 · órgano convocante · promoter
铁路基建管理局 ADIF Administración de Infraestructuras ferroviarias

日程安排 · fechas · schedule
招标 · Convocatoria · Announcement 01.2011
评审结果 · Fallo de jurado · Jury´s results 03.2011

评审团 · jurado · jury
Antonio González Marín · José López Orozco · José María López Vega
María Luisa Menéndez Miramontes · José Ramón Gómez Besteiro
Andrés Fernández-Albalat · Francisco Sánchez Ayala

获奖者 · premios · awards

一等奖 · primer premio · **first prize**
Junquera Arquitectos (建筑师事务所)
Jerónimo Junquera · Jerónimo Junquera Glez-Bueno (建筑师)

工程 engineering: Eptisa Servicios de Ingeniería
合作 (c) Miguel Ángel Blanca · Elena Pascual · Luis Fernández · Antonia Peña Marta Pulido · Ana Junquera · Santiago Marín · Juan Gilsanz Saez · María Vallier
模型 model: Jesús Resino

入围 · finalista · **finalist**
Rafael de La-Hoz Castanys (建筑师)

工程 engineering: Acciona Ingeniería
图形设计 graphic design: Luis Muñoz · Daniel Roris
模型 models: Fernando Mont · Víctor Coronel
合作 (c) Francisco Arévalo · Hugo Berenguer · Laura María Díaz · Carolina Fernández Javier Gómez Gonzalo Robles

入围 · finalista · **finalist**
Cesar Portela · Antonio Barrionuevo (建筑师事务所)

入围 · finalista · **finalist**
Martínez Lapeña · Torres Arquitectos (建筑师事务所)
José Antonio Martínez Lapeña · Elías Torres Tur (建筑师)

工程 engineering: Esteyco, S.A.P
模型 model: Taller de Maquetes ETSAV
合作 (c) Alexandre Borràs · Marc Marí · Francesc Martínez · Luís Valiente · Borja Gutiérrez José San Martín · Roger Panadès · Aureli Mora · Jana Krcmar · Laura Jiménez Marconi Jennifer Vera

入围 · finalista · **finalist**
Francisco Mangado (建筑师)

工程 engineering: Greccat
合作 (c) Jose Mª Gastaldo · Luis Alves · Tiago Antão · Miguel Guerra · Paula Juango Natalia Rodríguez · Eduardo Ruiz Rubio · Enrique Zarzo

入围 · finalista · **finalist**
Rubio & Álvarez-Sala (建筑师事务所)
Carlos Rubio Carvajal · Enrique Álvarez-Sala(建筑师)

工程 engineering: KV Consultores
模型 model: Jose Luis Alcoceba
首席设计师 design Chief: Pablo García Neila
合作 (c) Javier Rubio · Mateo Fernández-Muro · Bosco Pita · Gabriela Hombravella Alberto Martín Marta Villamor · Enrique A-S Gómez-Morán

入围 · finalista · **finalist**
Nieto Sobejano Arquitectos (建筑师事务所)
Fuensanta Nieto · Enrique Sobejano(建筑师)

工程 engineering: SENER Ingeniería y Sistemas, S.A.
模型 models: Juan de Dios Hernández · Jesús Rey · Nieto Sobejano Arquitectos, S.L.P.
摄影 photographs: Aurofoto S.L.
合作 (c) Patricia Grande · Alexandra Sobral · Masatoshi Tobe · Jesús Gijón · Mario R. Viña

在经济紧缩的环境下，卢戈的新国际车站必须达到**三个目的**：有效承担联运的特殊角色，融入城市结构中，以及符合城市规划的指导方针。

La nueva Estación Intermodal de Lugo debe cumplir un **triple propósito**, en un marco de austeridad: Resolver con eficacia la función específica de intermodalidad, integrarse en el tejido urbano y adecuarse a las directrices del planeamiento urbanístico.

Lugo's new Intermodal Station must fulfill **three purposes**, in a context of austerity: to effectively address the specific role of intermodality, to integrate into the urban fabric and fit within the guidelines of urban planning.

联运车站·卢戈

Estación Intermodal · Lugo

Intermodal Station · Spain

一等奖 · **Primer Premio** · First Prize

ponte bela (竞标代码)

Junquera Arquitectos (建筑师事务所)

Jerónimo Junquera · Jerónimo Junquera Glez-Bueno (建筑师)

消除障碍

我们提议在轨道上方将此车站建造成桥型，就像佛罗伦萨的韦奇奥桥。此车站有一个朝东的露台。这是个简易的建造体系(由混凝土支柱来支撑的三个金属空腹梁，一个混凝土板和一个金属桁架)，确保其在形式设计中的独特性。

SUPRIMIR BARRERAS

Proponemos formalizar la Estación como un puente sobre las vías, similar al Puente Vecchio de Florencia. La Estación crea un balcón orientado al sur. Se trata de un sistema constructivo sencillo (tres vigas metálicas tipo Vierendeel apoyadas en pilares de hormigón, una losa de hormigón y unas cerchas metálicas) que confía su singularidad en el diseño formal.

TO REMOVE BARRIERS

We propose to shape the station as a bridge over the tracks, similar to the Ponte Vecchio in Florence. The station creates a balcony facing south. This is a simple building system (three vierendeel type metal beams resting on concrete pillars, a concrete slab and a metal trusses) that trusts its uniqueness in the formal design.

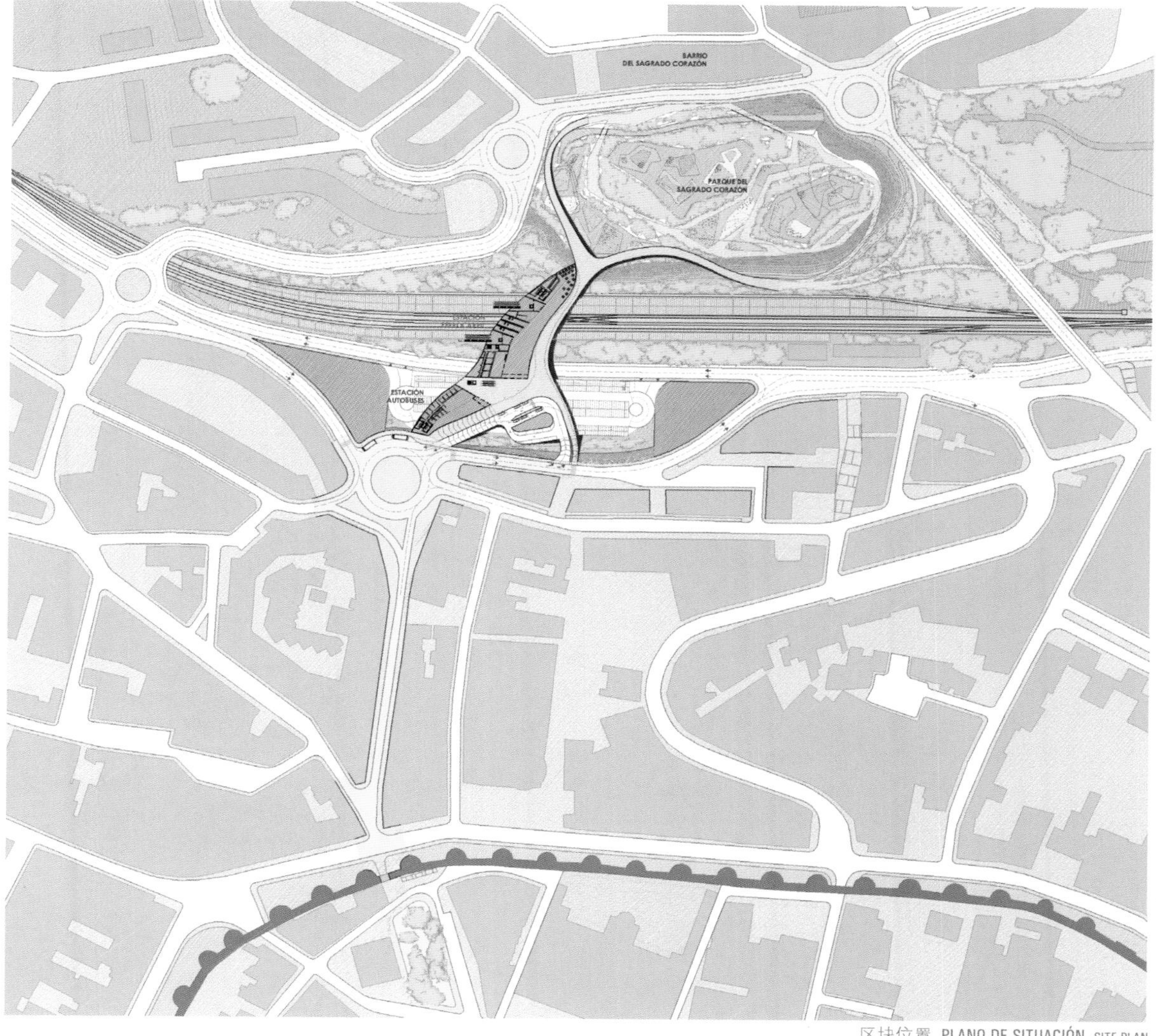

区块位置 PLANO DE SITUACIÓN SITE PLAN

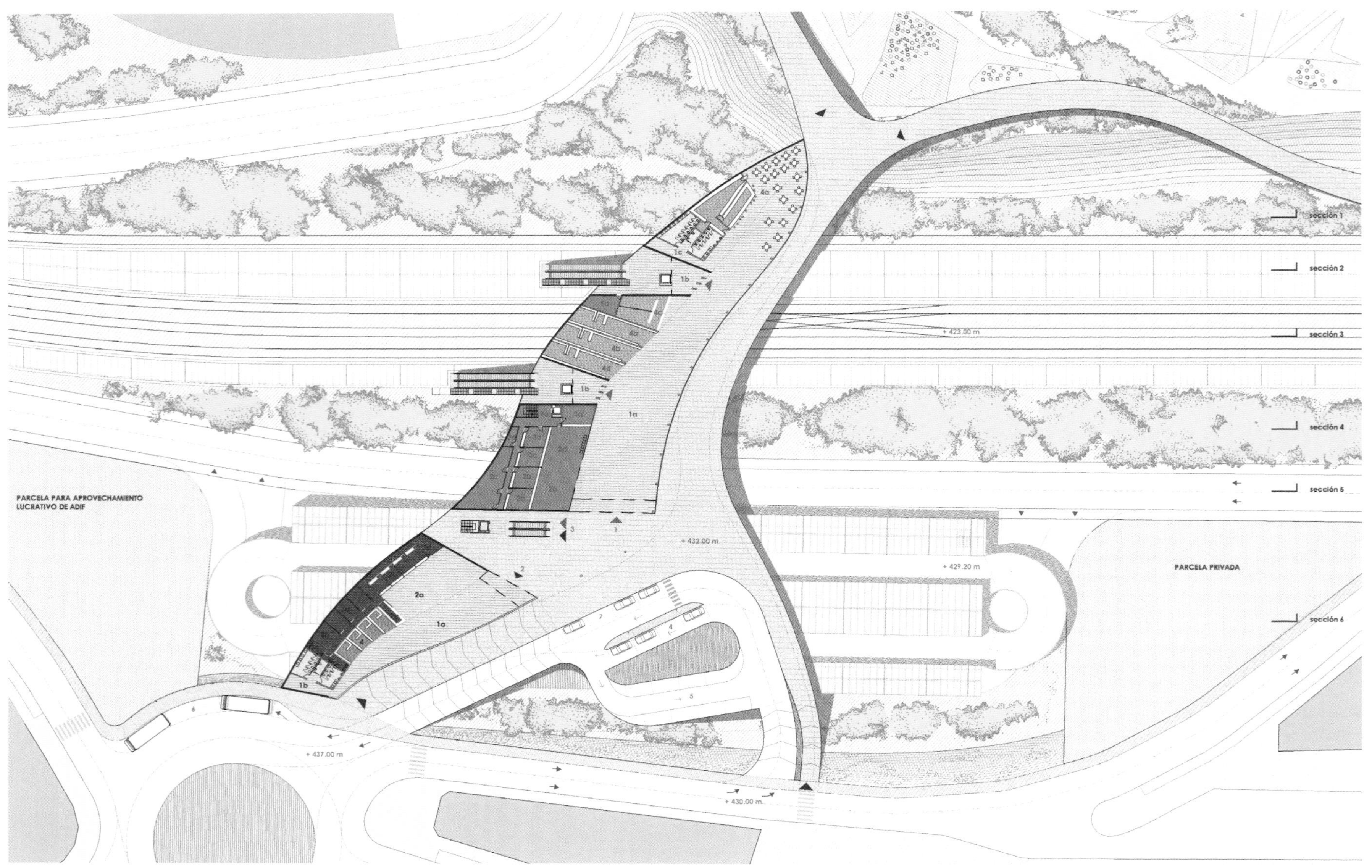

平面图 入口 海拔 432m PLANTA ACCESO NIVEL 432m ENTRANCE FLOOR PLAN LEVEL 432m

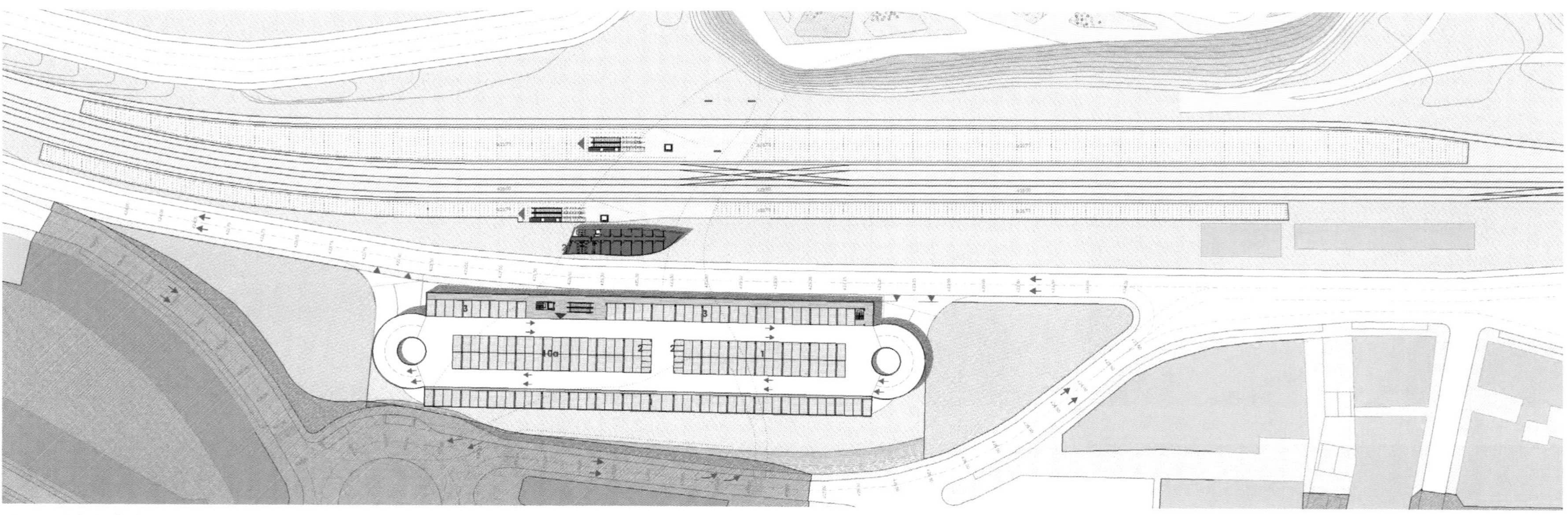

平面图 停车场 海拔 429.20m - 426.40m PLANTA APARCAMIENTO NIVELES 429.20m - 426.40m PARKING FLOOR PLAN LEVELS 429.20m - 426.40m

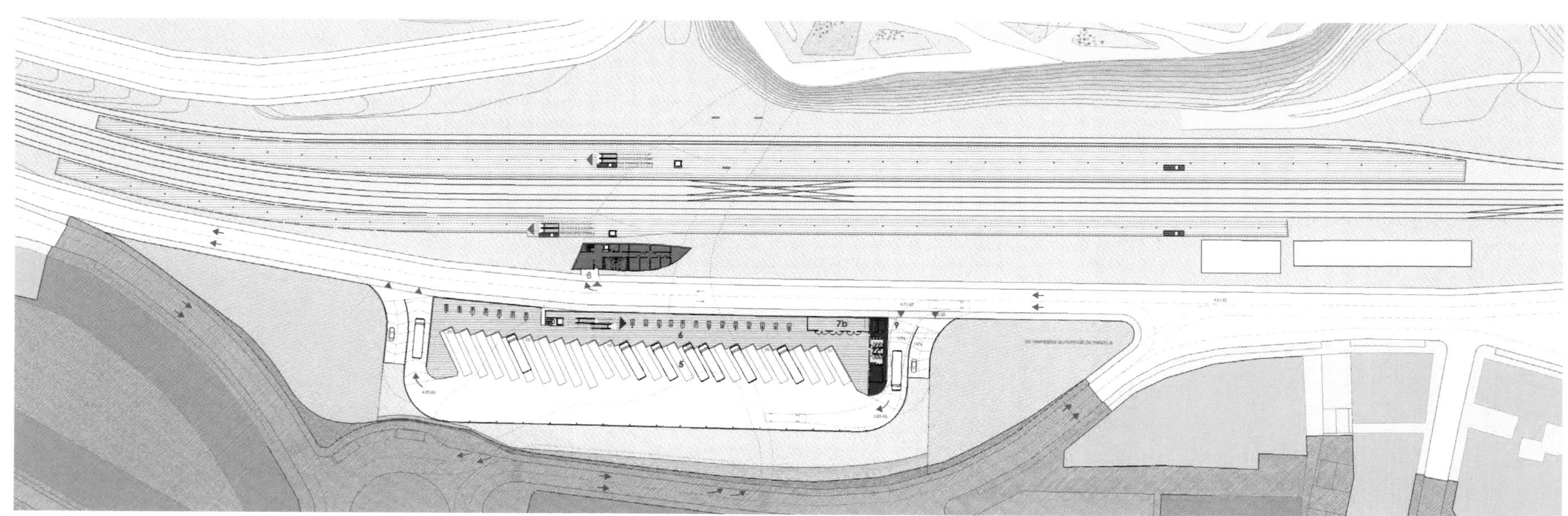

平面图 站台 海拔 423.75m - 420.40m PLANTA ANDENES-DÁRSENAS NIVELES 423.75m - 420.40m DOCK-PLATFORM FLOOR PLAN LEVELS 423.75m - 420.40m

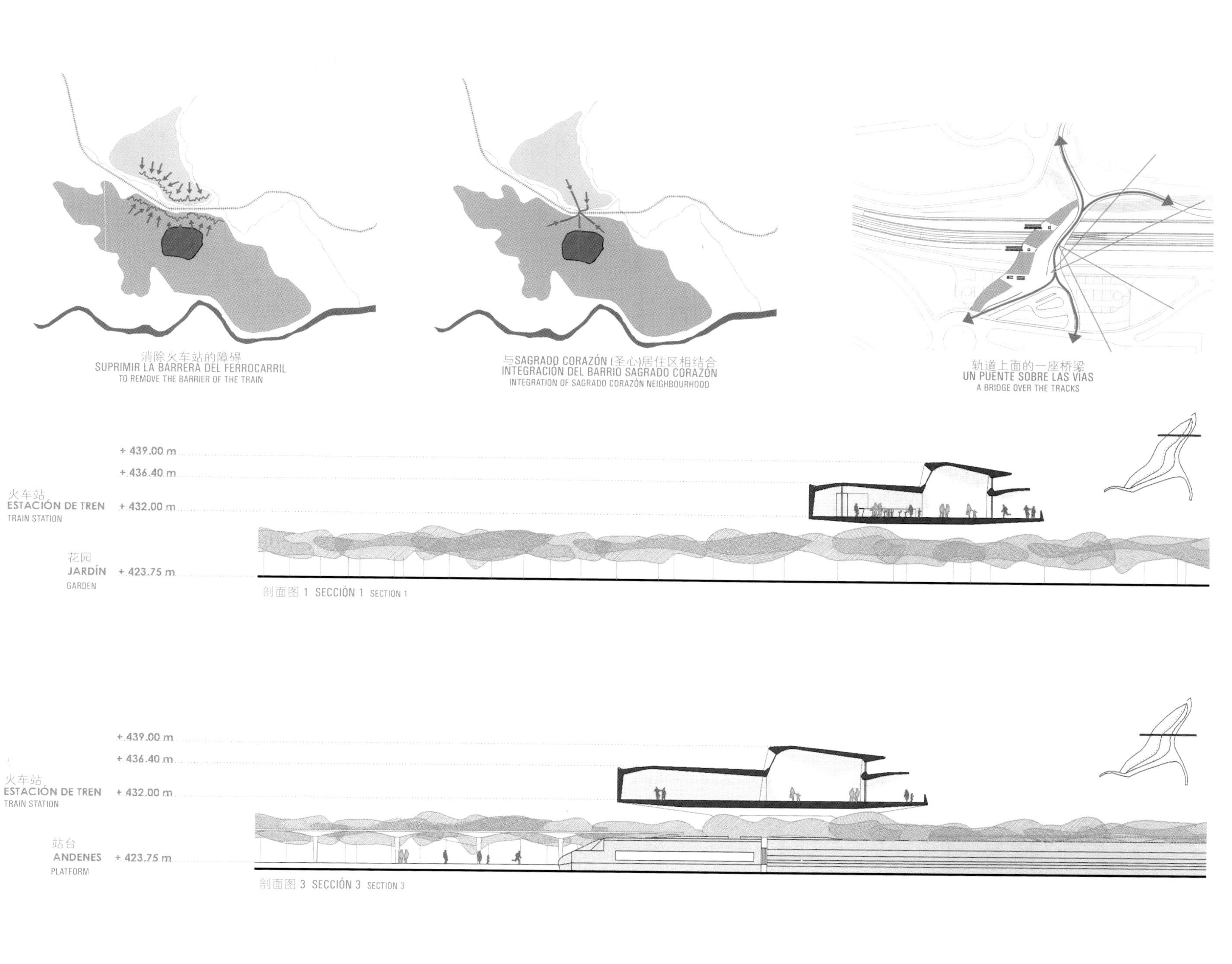

剖面图 1 SECCIÓN 1 SECTION 1

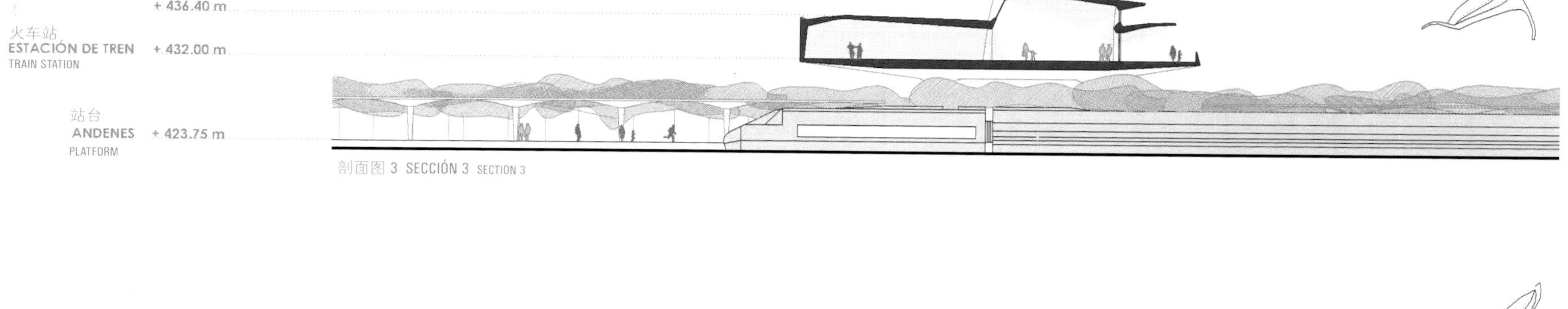

剖面图 3 SECCIÓN 3 SECTION 3

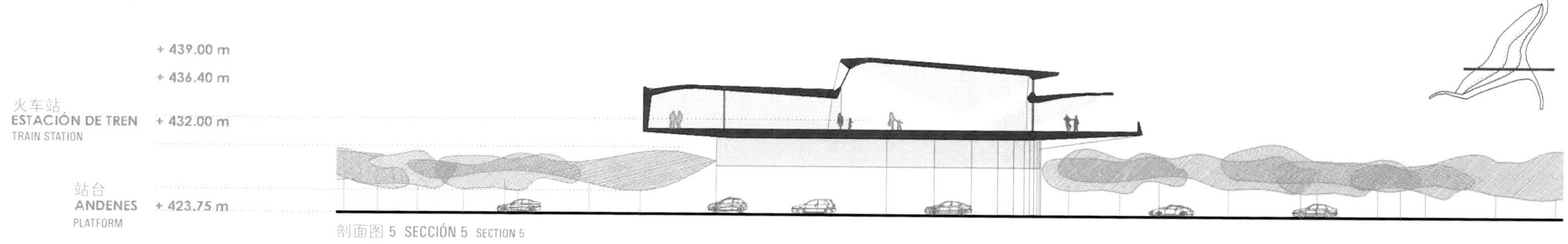

剖面图 5 SECCIÓN 5 SECTION 5

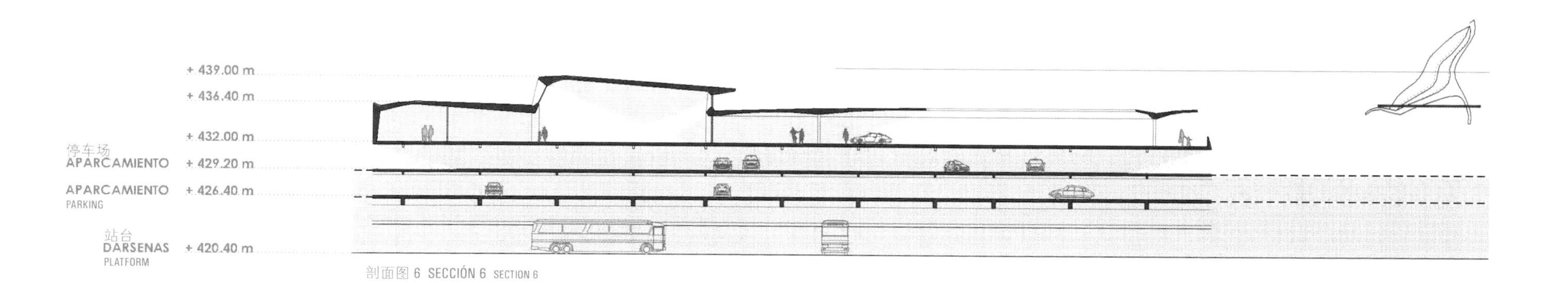

剖面图 6 SECCIÓN 6 SECTION 6

总体剖面图 SECCIÓN GENERAL OVERALL SECTION

联运车站 · 卢戈
Estación Intermodal · Lugo
Intermodal Station · Spain
入围 · **Finalista** · Finalist

omuiño (竞标代码)

Rafael de La-Hoz Castanys (建筑师)

单体

在很多其他城市中，铁路和墙体被认为是城市两大限制，但在这里，两者是平行的。这一物理和概念紧凑性激发了我们的项目灵感。设计火车及汽车站的双重挑战使我们确信，将它们统一至一个单体内，一定是最有效且紧凑的。而最能够满足这些特征的几何模型是圆形。

UN ÚNICO VOLUMEN

Ferrocarril y Muralla como en tantas otras ciudades se manifiestan como dos límites urbanos pero aquí ambos discurren en paralelo y esta cercanía física y conceptual es la que inspira nuestro proyecto. El doble reto formulado de proyectar tanto una estación de trenes como una de autobuses nos conduce a la convicción de plantear su unificación en un único volumen, y que éste sea el más eficaz y compacto posible. La forma geométrica por antonomasia que reúne estas características es el círculo.

A SINGLE VOLUME

Rail and Wall, as in many other cities are manifested as two city limits but here both run in parallel and this physical and conceptual nearness is what inspires our project. The double challenge to design both a train and a bus station takes us to the conviction to raise their unification into a single volume, which must be the most efficient and compact as possible. The geometric form, par excellence, that meets these characteristics is the circle.

从上部平面图来看：火车站上方+广场
ESTACIÓN FERROVIARIA + PLAZA · MIRADOR EN PLANTA SUPERIOR
OVETRAIN STATION + PLAZA · VIEWPOINT IN UPPER FLOOR PLAN

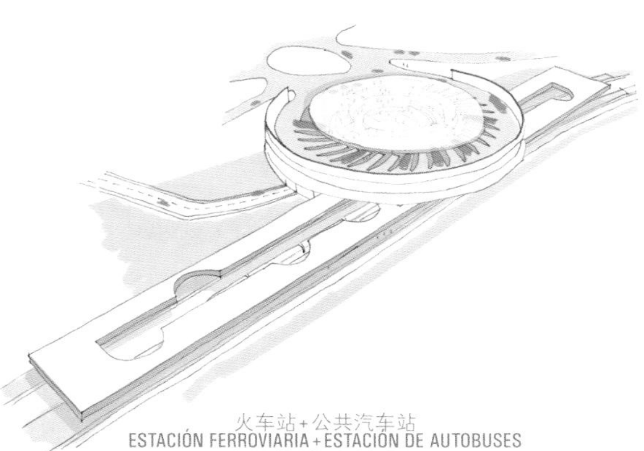

火车站+公共汽车站
ESTACIÓN FERROVIARIA + ESTACIÓN DE AUTOBUSES
TRAIN STATION + BUS STATION

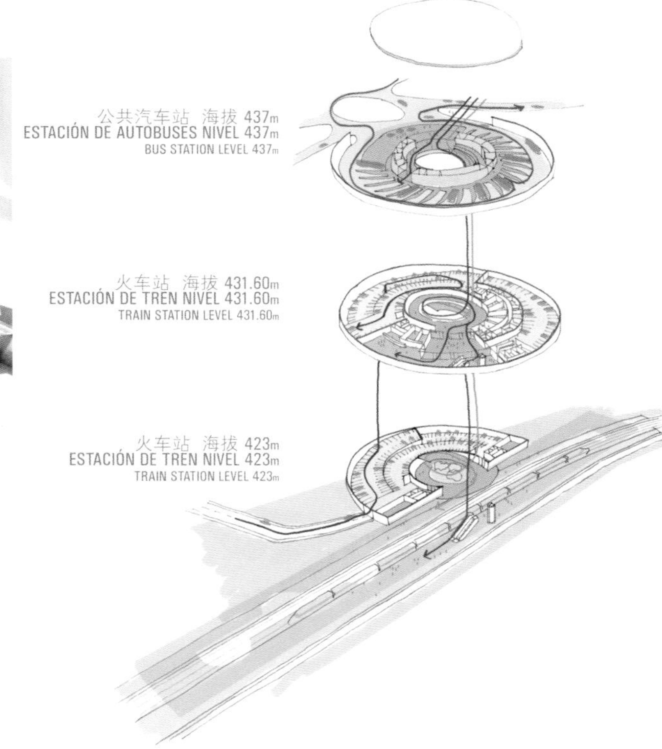

纵向剖面图 **SECCIÓN LONGITUDINAL** LONGITUDINAL SECTION

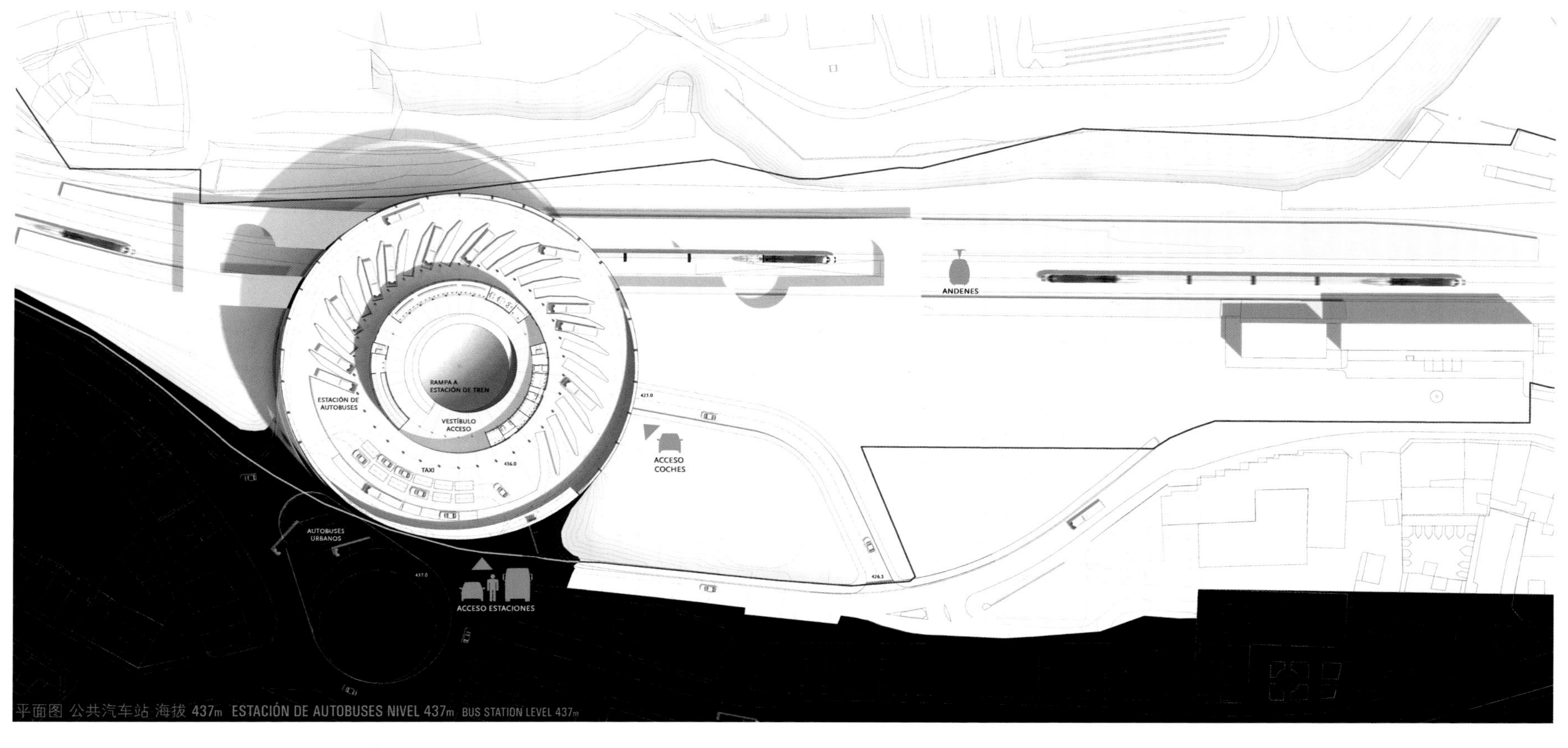

平面图 公共汽车站 海拔 437m ESTACIÓN DE AUTOBUSES NIVEL 437m BUS STATION LEVEL 437m

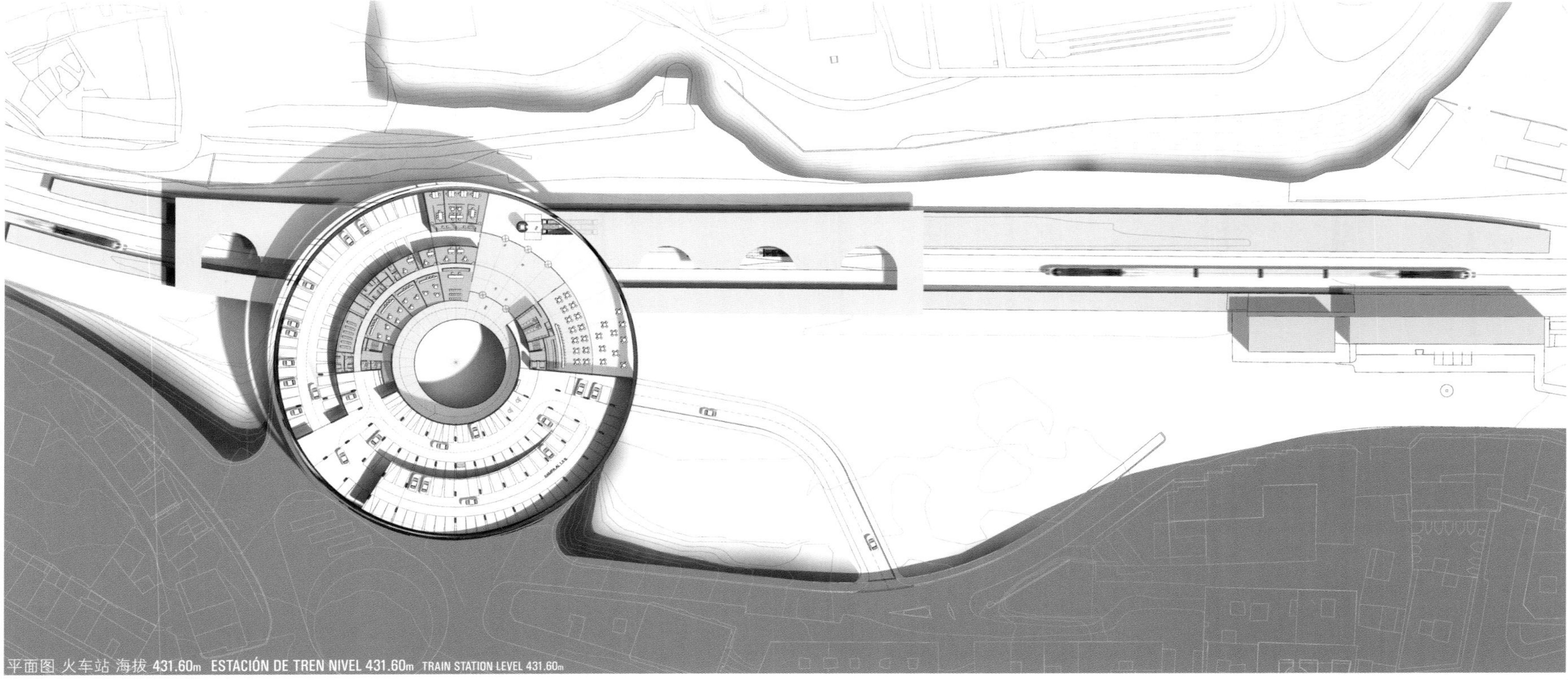

平面图 火车站 海拔 431.60m ESTACIÓN DE TREN NIVEL 431.60m TRAIN STATION LEVEL 431.60m

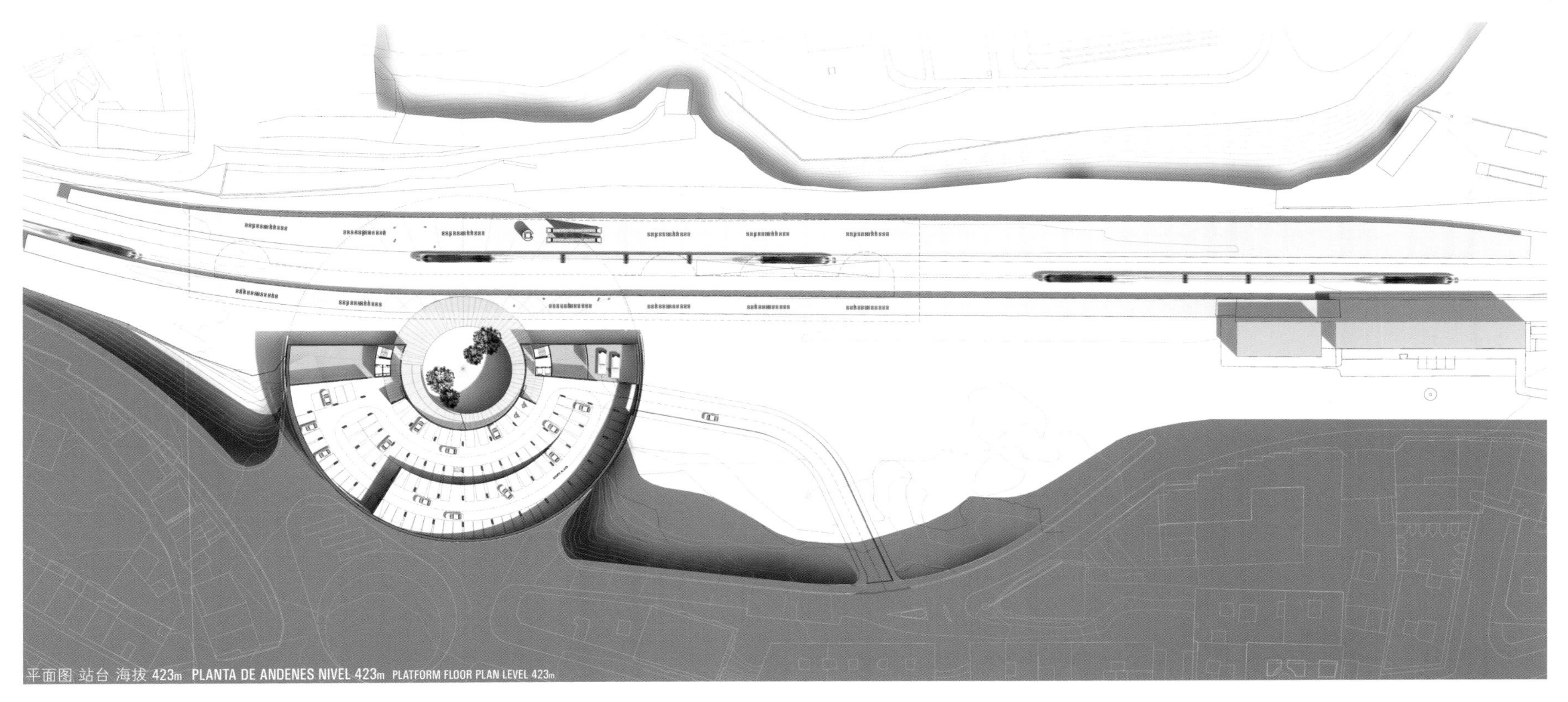

平面图 站台 海拔 423m PLANTA DE ANDENES NIVEL 423m PLATFORM FLOOR PLAN LEVEL 423m

联运车站·卢戈
Estación Intermodal · Lugo
Intermodal Station · Spain
入围 · **Finalista** · Finalist

vidas cruzadas (竞标代码)

Cesar Portela · Antonio Barrionuevo (建筑师)

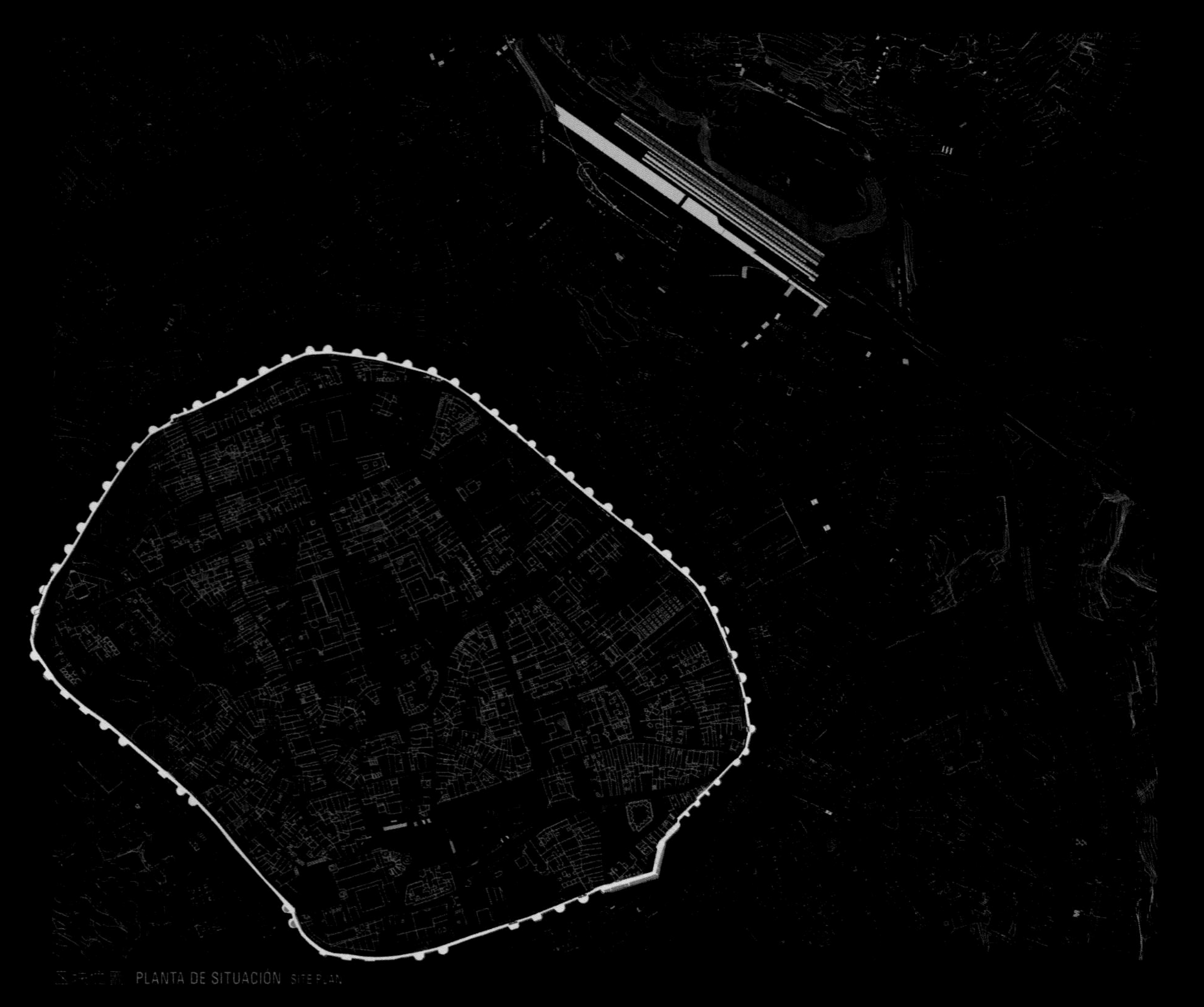

区域位置图 PLANTA DE SITUACIÓN SITE PLAN

三项措施

该提议的与众不同之处在于其在尊重历史建筑的同时，向既有的旅客大楼注入活力。因此，该提议融合了这座火车站建筑的宝贵价值：过去，这是西班牙卢戈(Lugo)的地标性建筑，以体现交通领域所呈现的蒸蒸日上的新局面。

3 OPERACIONES

La singularidad de la propuesta reside en rehabilitar el actual edificio de viajeros, siendo totalmente respetuoso con su configuración histórica. Por tanto, la propuesta aúna al mismo tiempo el indudable valor de esta arquitectura ferroviaria; icono en su día de la modernidad de Lugo, con la nueva realidad que presenta el imparable progreso de los medios de transporte.

THREE OPERATIONS

The uniqueness of the proposal is to recover the existing passenger building, with total respect for its historical architecture. Therefore, the proposal combines at once the great value of this railway architecture; a past icon in the modernity of Lugo, with the new reality that follows the unstoppable progress of transportation.

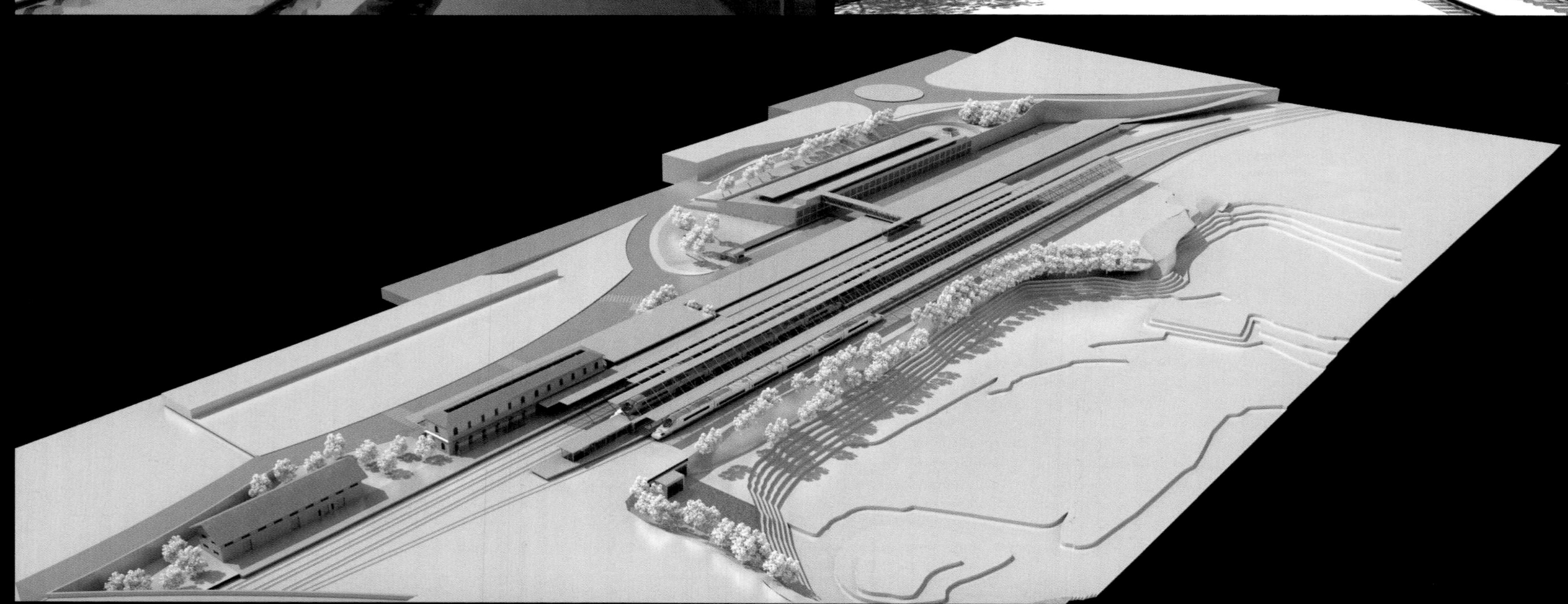

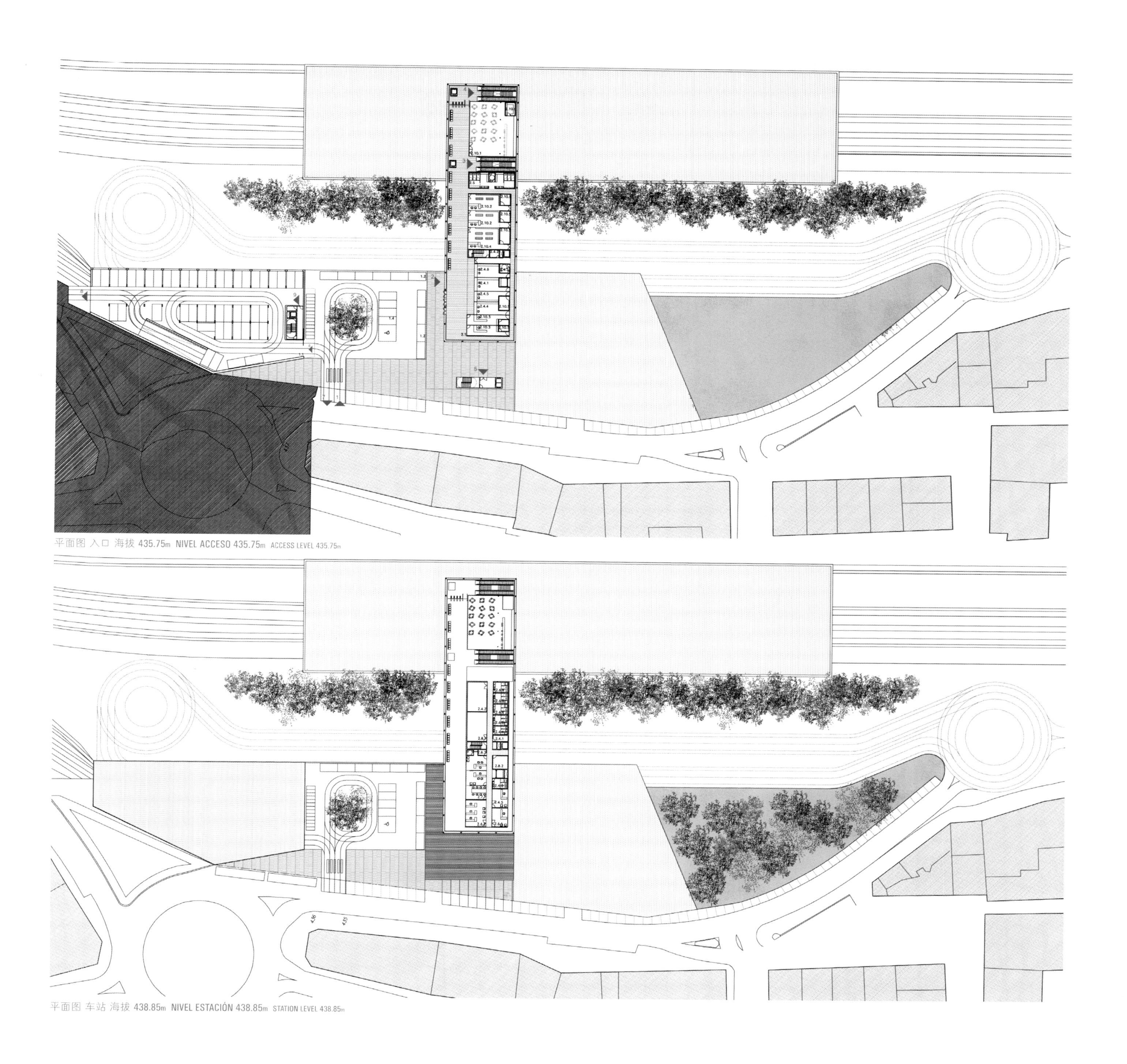

平面图 入口 海拔 435.75m NIVEL ACCESO 435.75m ACCESS LEVEL 435.75m

平面图 车站 海拔 438.85m NIVEL ESTACIÓN 438.85m STATION LEVEL 438.85m

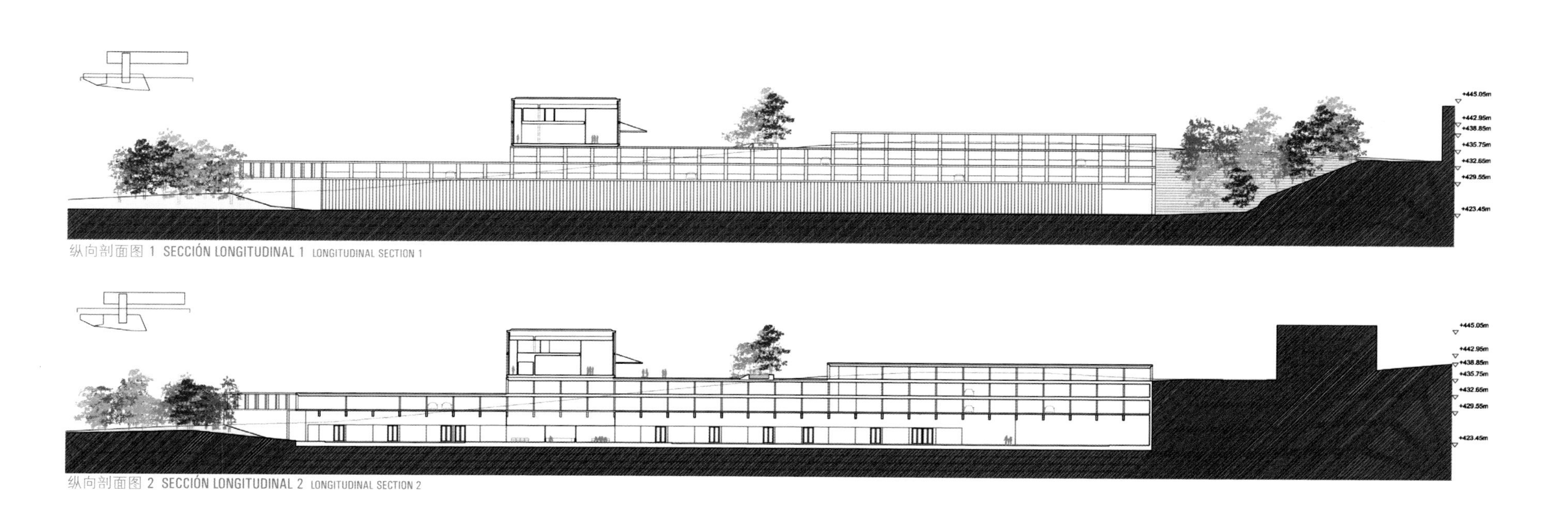

纵向剖面图 1 SECCIÓN LONGITUDINAL 1 LONGITUDINAL SECTION 1

纵向剖面图 2 SECCIÓN LONGITUDINAL 2 LONGITUDINAL SECTION 2

联运车站 · 卢戈
Estación Intermodal · Lugo
Intermodal Station · Spain
入围 · **Finalista** · Finalist

PROXIMA estación (竞标代码)

Rubio & Álvarez Sala (建筑师事务所)
Carlos Rubio Carvajal · Enrique Álvarez Sala (建筑师)

连接

该提议的主要特征是使得新车站与原车站紧密相邻。该建筑与卢戈市的接合，实现了它们之间的清晰连接，这使得该火车站作为其环境中的一个新的里程碑，不论是在视觉上还是在功能上均能发挥一个重要的明确的作用。

VÍNCULADO

La principal característica de la propuesta es la proximidad o cercanía que la nueva estación presenta con respecto a la antigua. La continuidad que esta construcción proporciona con la ciudad de Lugo permite una clara unión entre ambas que hacen que, tanto visual como funcionalmente, la estación intermodal adquiera un papel rotundo y claro que marca un nuevo hito en el entorno.

LINKED

The main feature of the proposal is the proximity or closeness of the new station to the former. The continuity that this construction provides with the city of Lugo allows a clear connection between them which stimulates the train station to acquire, both visually and functionally, a resounding and clear role to be a new milestone within the environment.

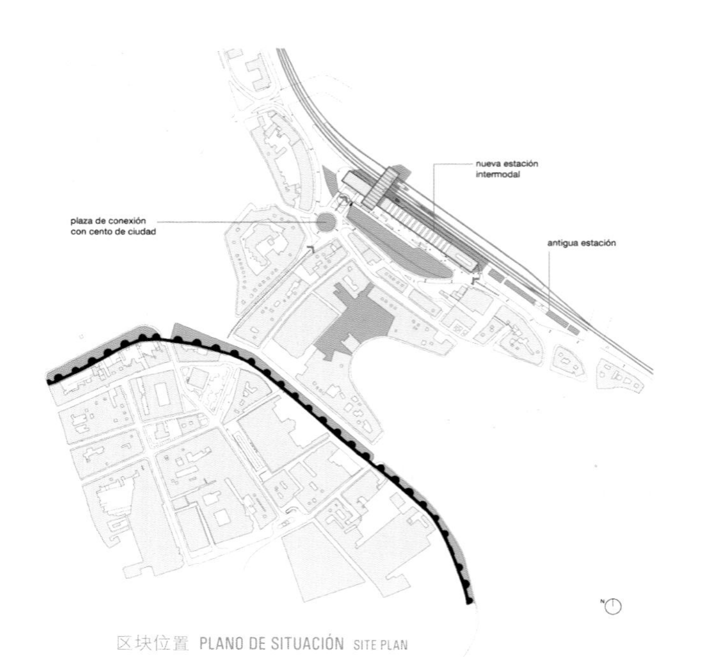

区块位置 PLANO DE SITUACIÓN SITE PLAN

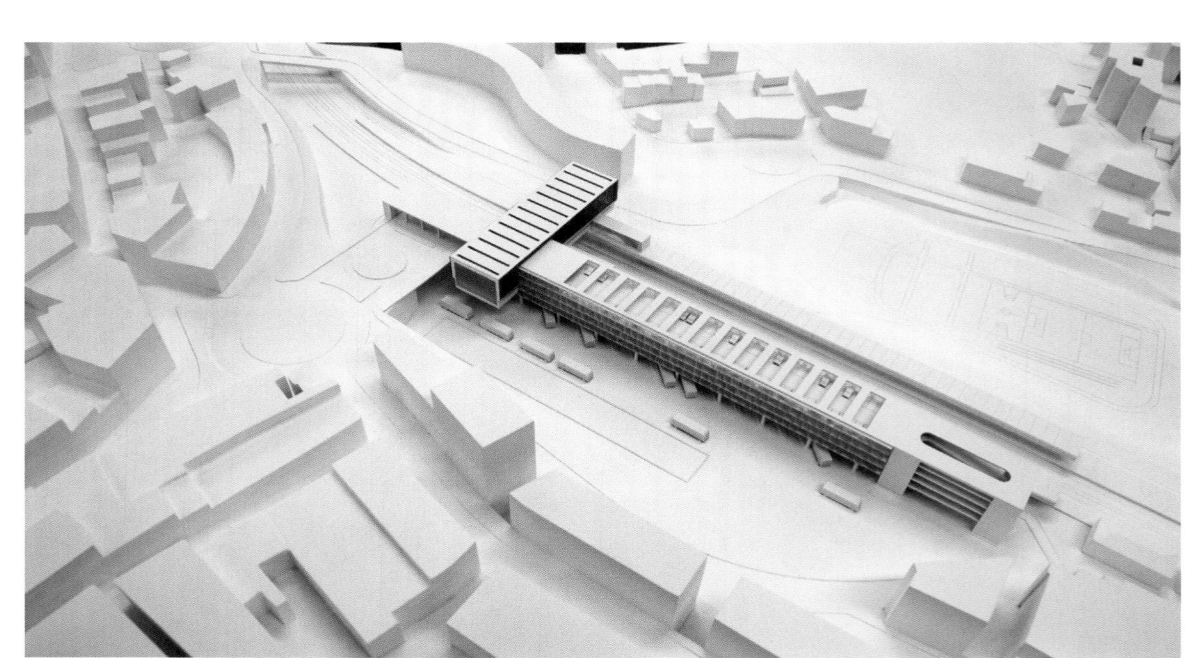

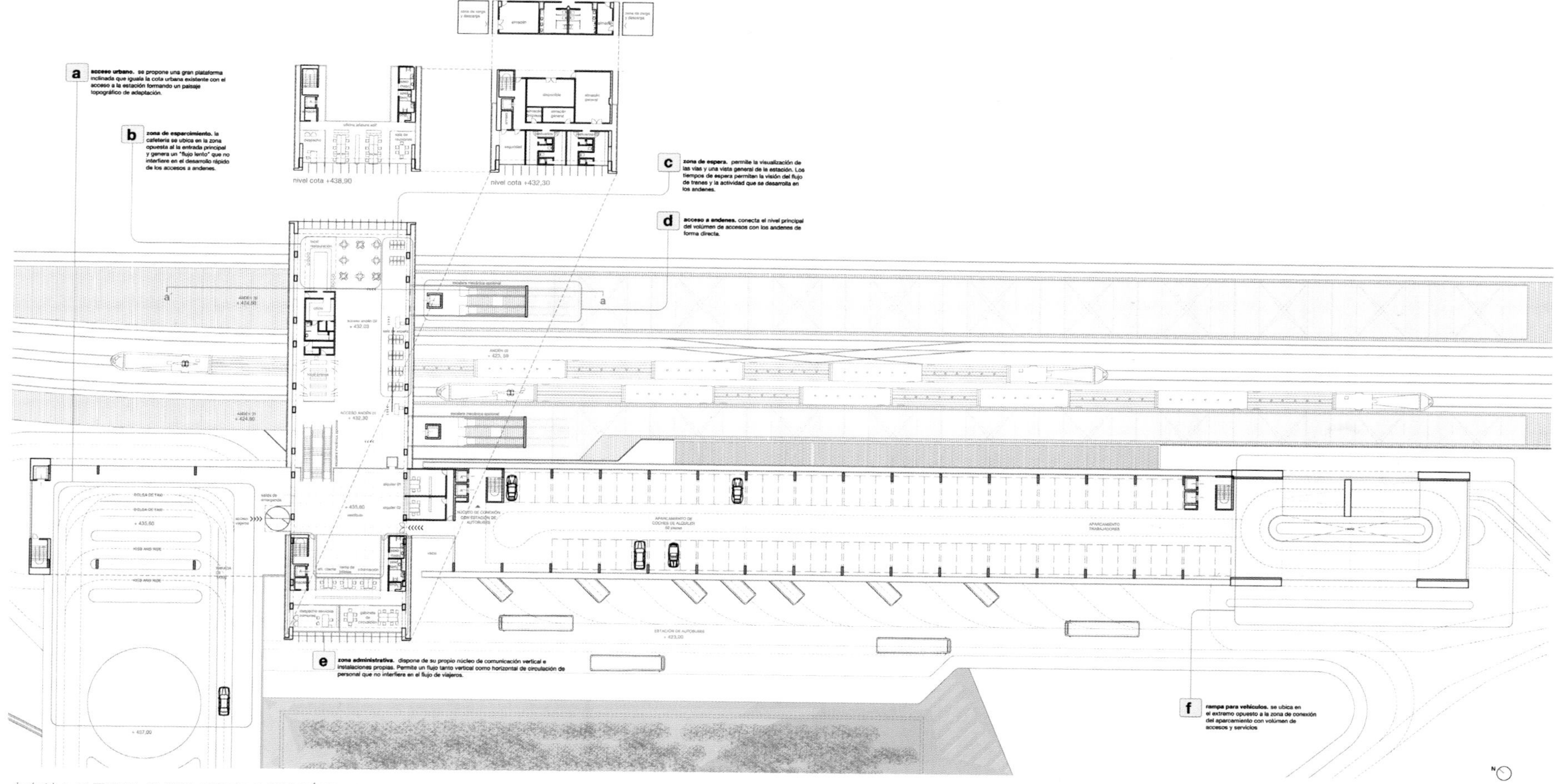

火车站入口平面图 PLANTA ACCESO A ESTACIÓN DE TREN ACCESS FLOOR PLAN TO TRAIN STATION

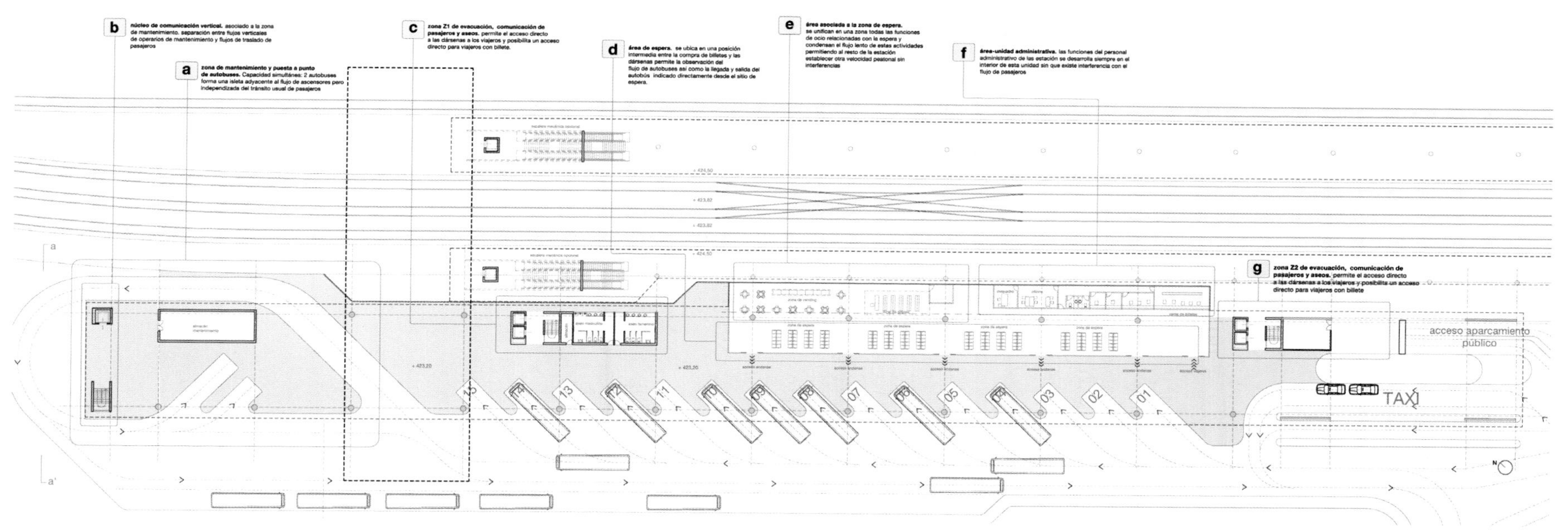

公共汽车站入口平面图 PLANTA ACCESO A ESTACIÓN DE AUTOBUSES ACCESS FLOOR PLAN TO BUS STATION

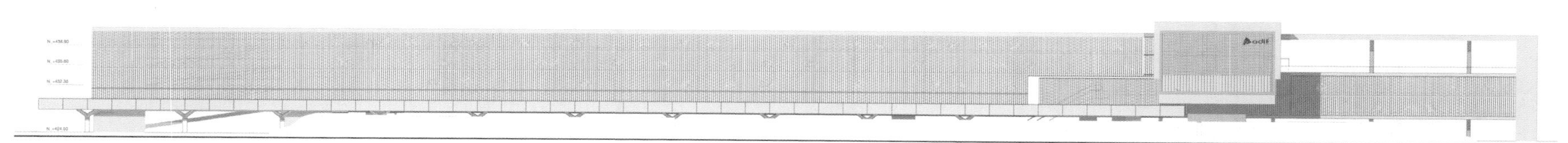

纵向北立面图 ALZADO LONGITUDINAL NORTE LONGITUDINAL NORTH ELEVATION

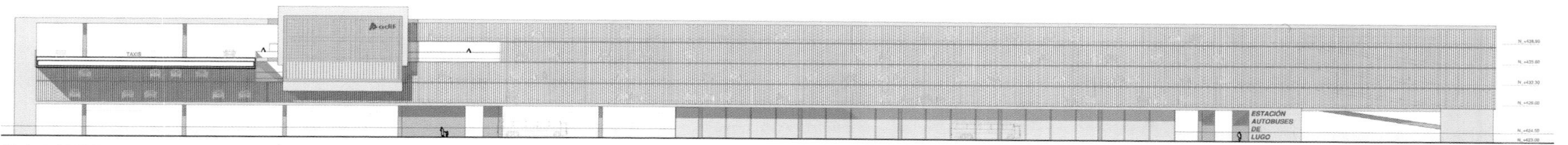

纵向南立面图 ALZADO LONGITUDINAL SUR LONGITUDINAL SOUTH ELEVATION

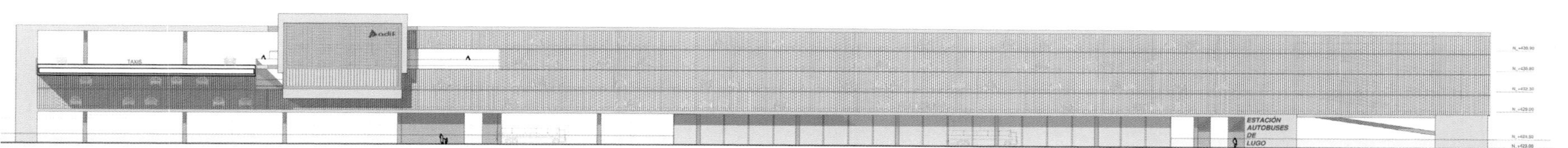

剖面图 A-A' SECCIÓN A-A' SECTION A-A'

联运车站 · 卢戈

Estación Intermodal · Lugo

Intermodal Station · Spain

入围 · **Finalista** · Finalist

Nieto Sobejano Arquitectos (建筑师事务所)

Fuensanta Nieto · Enrique Sobejano (建筑师)

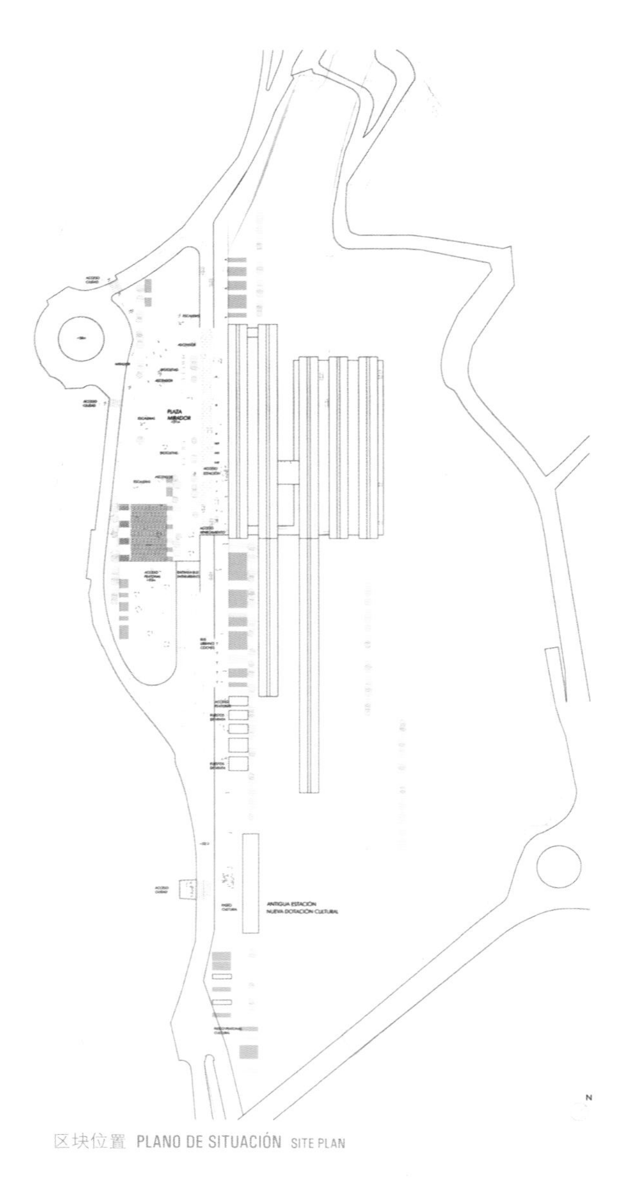

区块位置 PLANO DE SITUACIÓN SITE PLAN

新广场

该提议的一个主要特征是创建一个新的广场，这是一个"viewpoint-Lek"(即阿拉伯人称呼卢克为"城市/景点")——这不仅成为一个新的入口，而且还是到该历史中心的一个人行通道。

NUEVA PLAZA

La propuesta se caracteriza ante todo como la creación de una nueva plaza, un mirador -Lek, según el nombre que los árabes dieron a Lugo como "ciudad/mirador"- que no solo resuelve el nuevo acceso, sino que genera asimismo la conexión peatonal con el centro histórico.

NEW SQUARE

The proposal is primarily characterized by the creation of a new square, a viewpoint-Lek, the name the Arabs gave Lugo as "city/viewpoint" — which not only solves the new access but also generates pedestrian connection to the historic center.

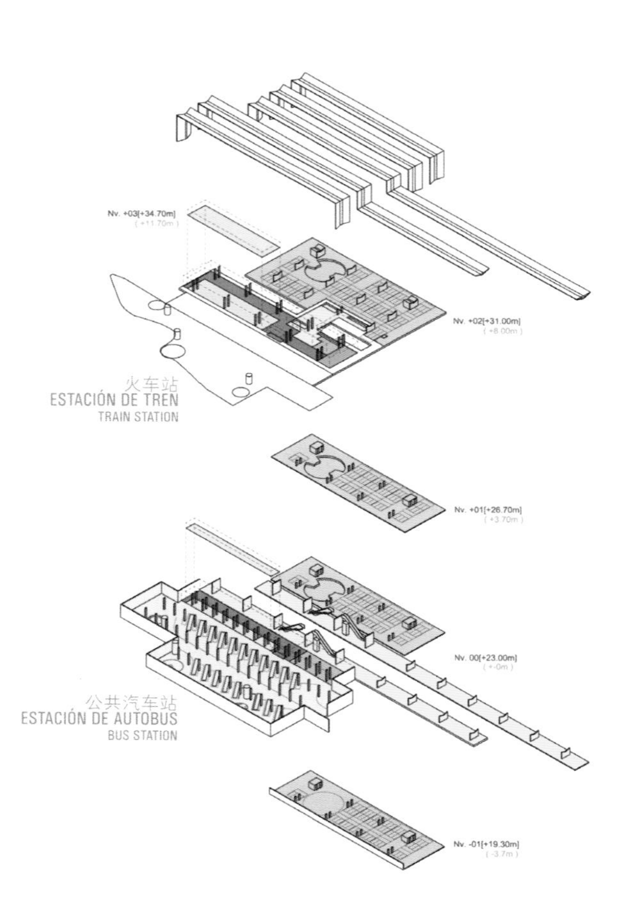

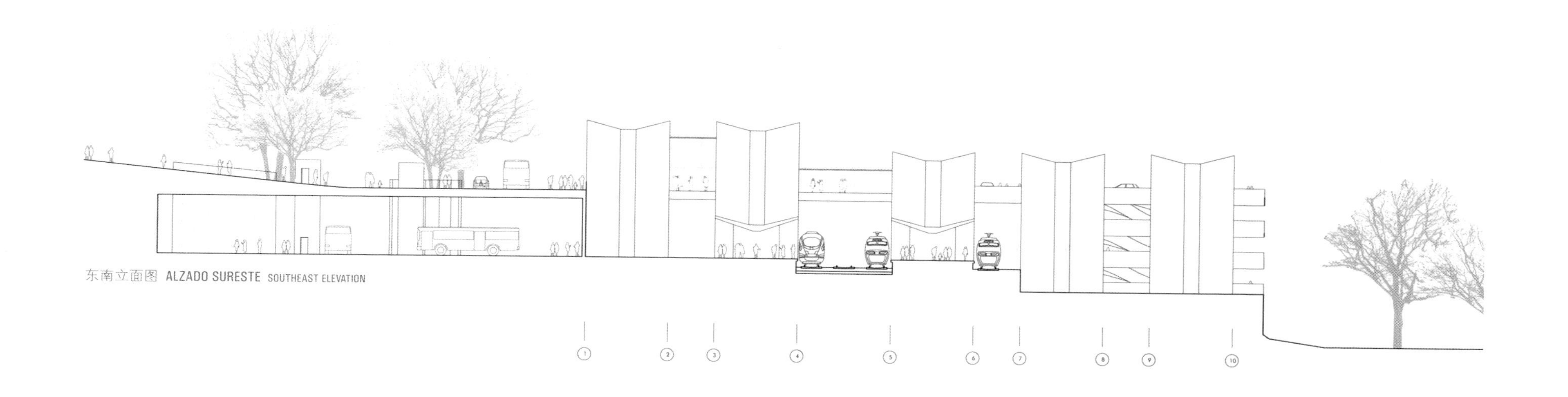

东南立面图 ALZADO SURESTE SOUTHEAST ELEVATION

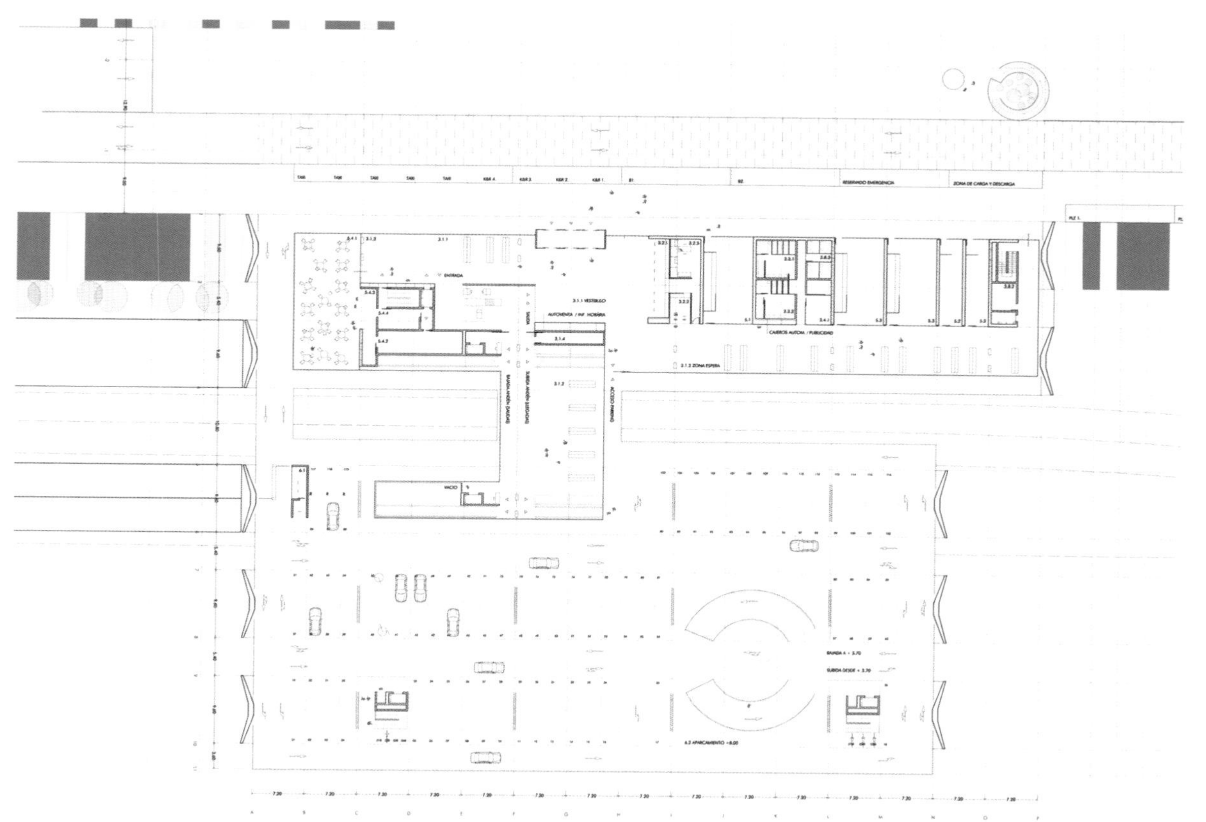

平面图 标高 8m PLANO NIVEL +8m FLOOR PLAN LEVEL +8m

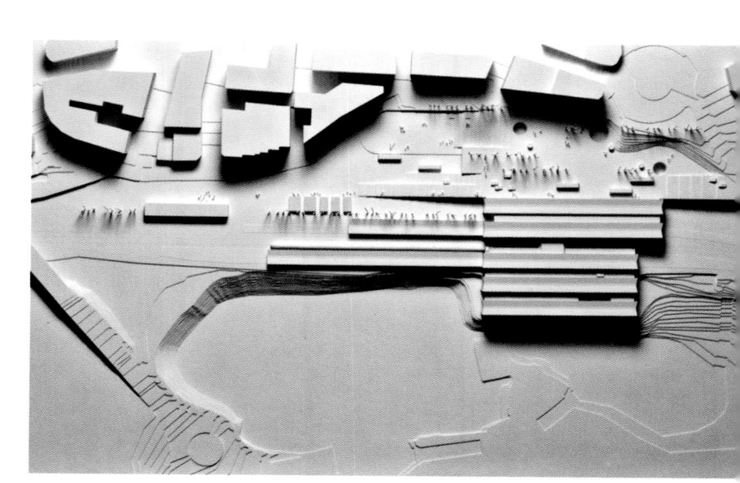

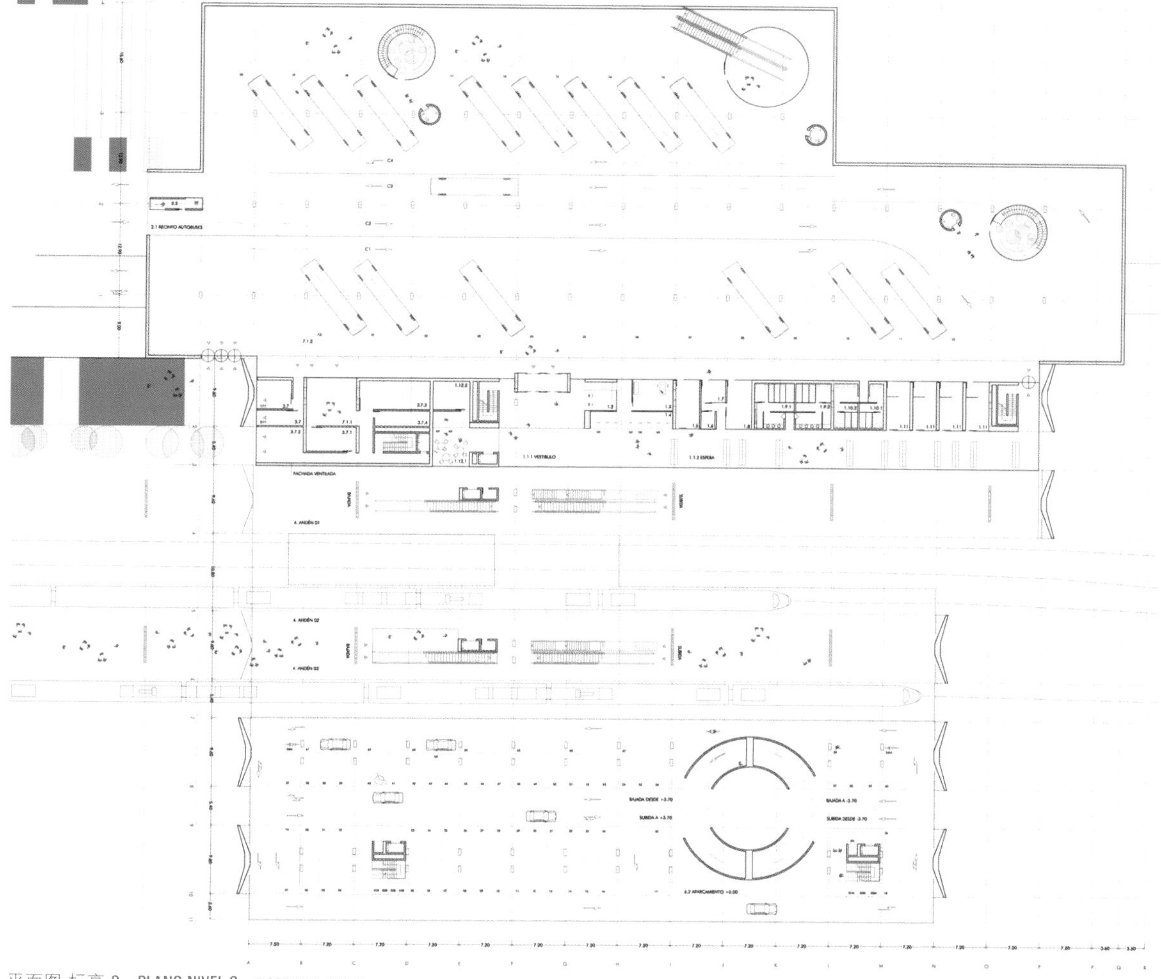

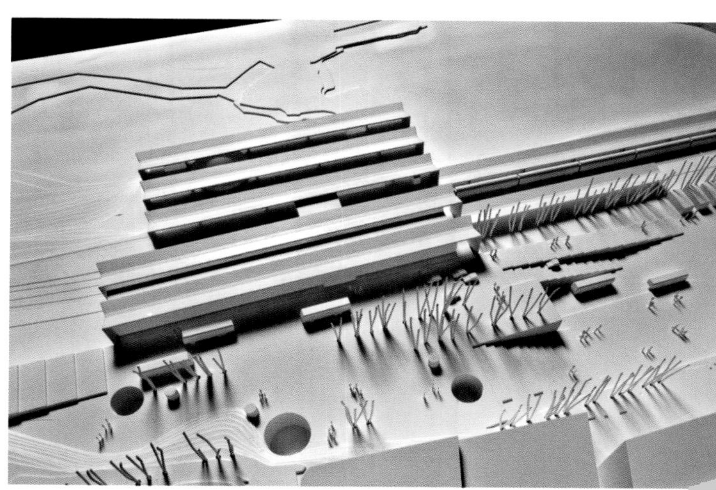

平面图 标高 0m PLANO NIVEL 0m FLOOR PLAN LEVEL 0m

联运车站 · 圣地亚哥 · 德 · 孔波斯特拉
Estación Intermodal · Santiago de Compostela
Intermodal Station · Spain

竞标 · concurso · competition

联运车站

Estación Intermodal

Intermodal Station

竞标类型 · tipo de concurso · competition type

两阶段公开竞标竞选参建公司

concurso abierto en dos fases para seleccionar empresas participantes

two-stage open competition to select firms participating

项目地点 · localización · site area

圣地亚哥 · 德 · 孔波斯特拉 · 西班牙 Santiago de Compostela · Spain

主办方 · órgano convocante · promoter

铁路基建管理局 ADIF Administración de Infraestructuras ferroviarias

日程安排 · fechas · schedule

招标 · Convocatoria · Announcement 10.2011

评审结果 · Fallo de jurado · Jury´s results 12.2011

评审团 · jurado · jury

Antonio González Marín · Jorge Duarte Vázquez · Enrique Urcola Fernández-Miranda

获奖者 · premios · awards

一等奖 · primer premio · **first prize**

Herreros Arquitectos + Rubio & Alvarez-Sala (建筑师事务所)

Juan Herreros · Carlos Rubio Carvajal · Enrique Alvarez-Sala (建筑师)

工程 engineering: Intecsa-Inarsa

结构 structure: BOMA

设备 facilities: Úrculo Ingenieros Consultores

合作 (c) Herreros Arquitectos: Ramón Bermúdez · Jens Richter · Víctor Lacima · Blanca Sánchez Ana Torres · Mikel Martínez · Andreas Kalstveit · Eric Lilhanand · Maria Rius

合作 (c) Rubio & Alvarez-Sala: Gabriela Hombravella · Pablo García · Alberto Martín · Javier Rubio · Enrique Alvarez-Sala · Mateo Fernández-Muro · Bosco Pita

模型 model: Jorge Queipo

效果图 renders: Poliedro Estudio

入围 · finalista · **finalist**

Nieto Sobejano Arquitectos (建筑师事务所)

Fuensanta Nieto · Enrique Sobejano (建筑师)

工程 engineering: Sener Ingeniería y Sistemas, S.A

合作 (c) Patricia Grande · Alexandra Sobral · Ana Pascual · Francisco Monforte · Sebastian Sasse

模型 model: Juan de Dios Hernández · Jesús Rey

摄影 photographs: Diego Hernández

入围 · finalista · **finalist**

Rafael Moneo · Arenas & Asociados (建筑师事务所)

R. Moneo: Rafael Moneo Vallés · Hayden Salter

Ruben Hernandez · José Ramon Sierra · Raul Higuera

Alex Sarkis Kardishian

A&A: Juan José Arenas de Pablo · Guillermo Capellán Miguel Héctor Beade Pereda Santiago Guerra Soto (建筑师)

入围 · finalista · **finalist**

Manuel Gallego Jorreto Arquitecto + Martínez Lapeña - Torres Arquitectos (建筑师事务所)

Manuel Gallego Jorreto

José Antonio Martinez Lapeña · Elías Torres Tur (建筑师)

工程 engineering: ESTEYCO, S.A.P

合作 (c) Alexandre Borràs · Marc Marí · Francesc Martínez · Luís Valiente · Borja Gutiérrez San Martín · Roger Panadès · Aureli Mora · Camil Bosch · Luís Perales · José San Martín Jennifer Vera · Julio Grande

模型 model: Martínez Lapeña - Torres Arquitectos

入围 · finalista · **finalist**

Dominique Perrault Architecture(建筑师事务所)

Dominique Perrault (建筑师)

该项目涵盖了为旅客提供服务和关照的铁路建筑、停车场、汽车站，以及可选择不同交通方式的**换乘点**，使之成为一个联运区域和都市中心。

El proyecto incluye un edificio ferroviario destinado al servicio y atención de los viajeros, un aparcamiento y una estación de autobuses, además de una **adecuada conexión** para los usuarios de los diferentes modos de transporte, generando un área de intermodalidad y centralidad urbana.

The project includes a railway building for travelers´ service and attention, parking and a bus station, as well as a **suitable connection** for users to different transports generating an intermodal area and an urban center.

联运车站 · 圣地亚哥 · 德 · 孔波斯特拉

Estación Intermodal · Santiago de Compostela

Intermodal Station · Spain

一等奖 · **Primer Premio** · First Prize

Herreros Arquitectos+ Rubio & Alvarez-Sala (建筑师事务所)

Juan Herreros · Carlos Rubio Carvajal · Enrique Alvarez-Sala (建筑师)

城市阳台

我们提议建造一个具有桥梁作用的建筑，这样私家车和出租车道通往“移动平台”，而行人、公交乘客以及自行车道通往“火车站广场”。

BALCÓN URBANO

Proponemos construir un edificio a modo de puente al que los sistemas de transporte privado y los taxis acceden desde una "Plataforma de Movilidad", mientras que los peatones, los usuarios de las redes de transporte público y los ciclistas lo hacen por la "Plaza de la Estación".

URBAN BALCONY

We propose to construct a building as a bridge where the private transport system and taxis access from the "Platform for Mobility", while pedestrians, users of public transport networks and cyclists access from the "Plaza of the Station ".

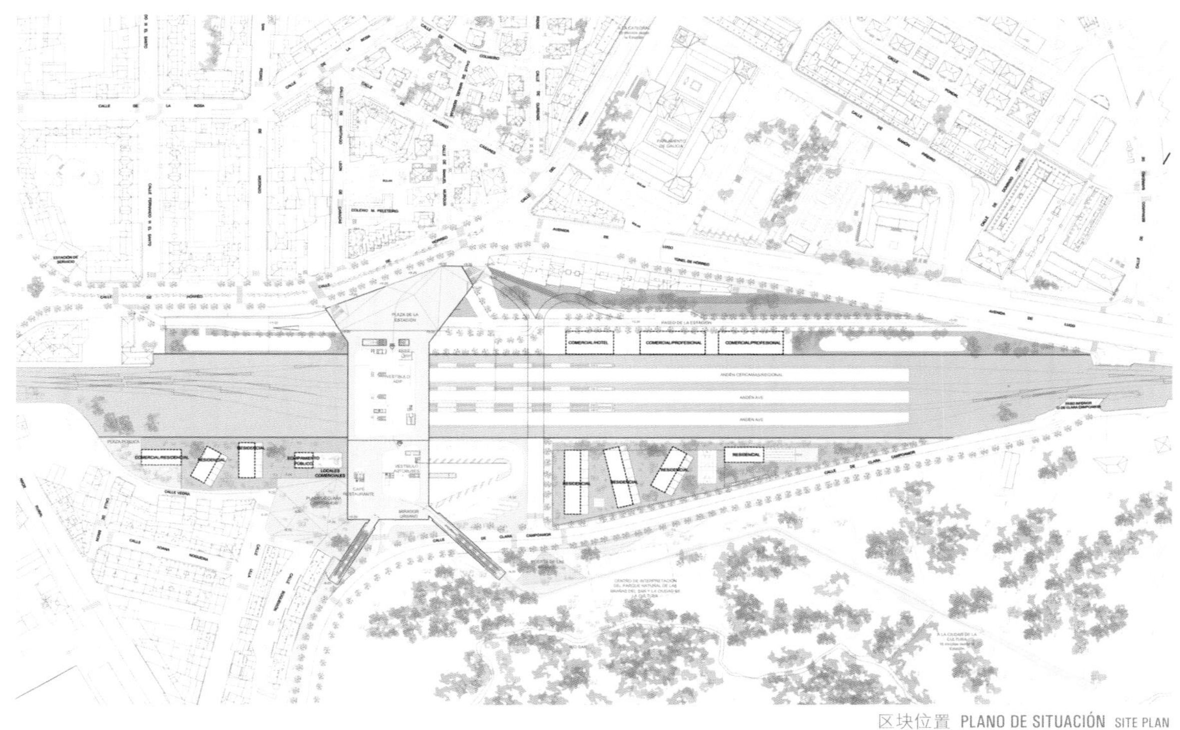

区块位置 PLANO DE SITUACIÓN SITE PLAN

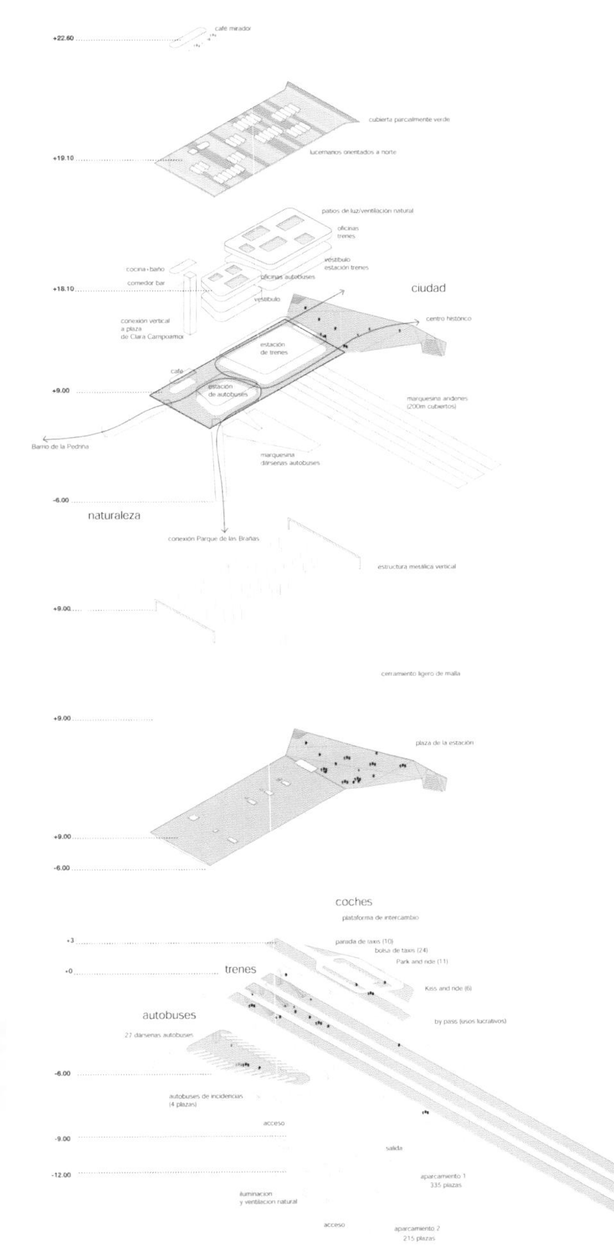

布局图 ESQUEMA DE DISTRIBUCIÓN DISTRIBUTION SCHEME

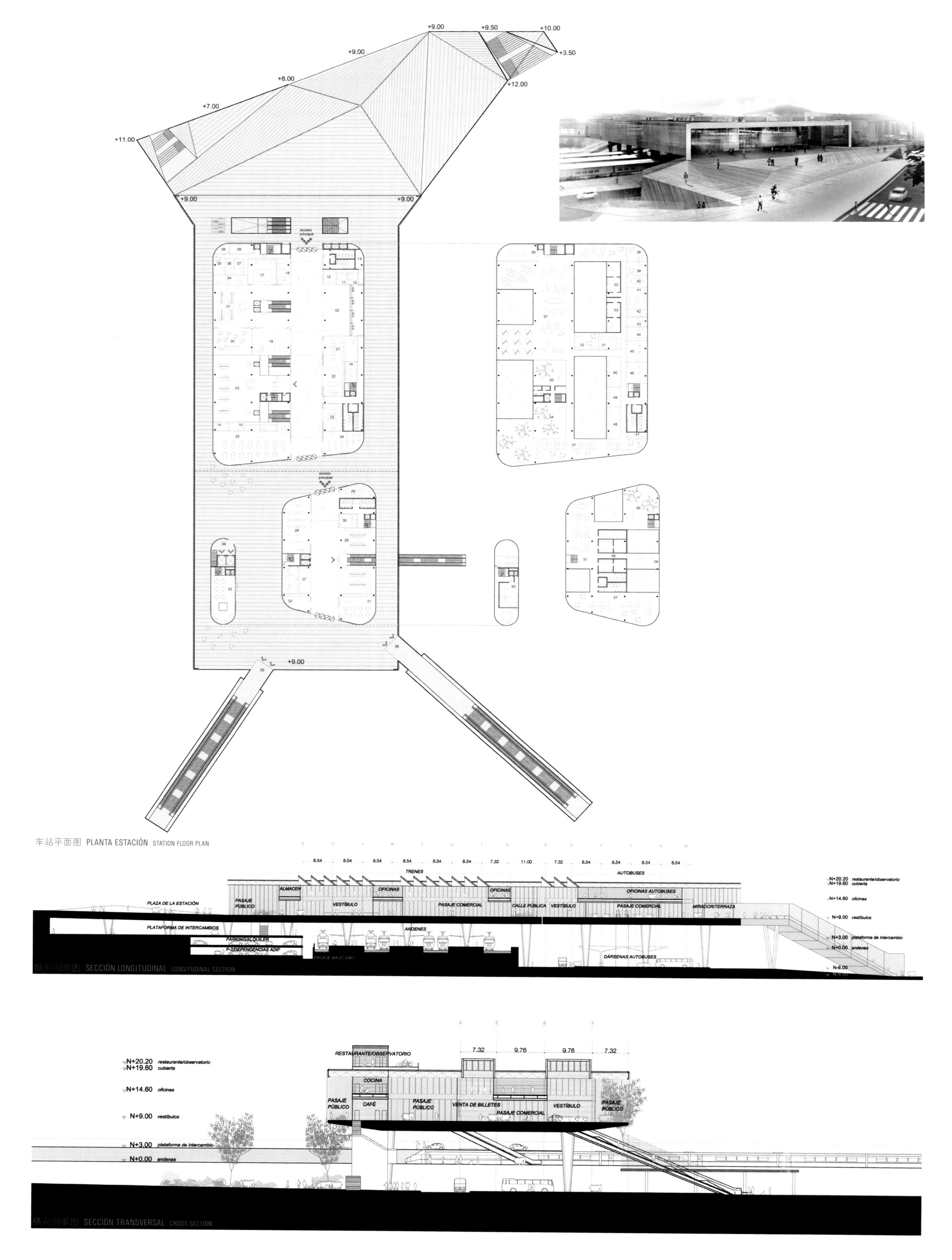
+9.00
+9.50
+10.00
+3.50
+12.00
+8.00
+7.00
+11.00
+9.00
acceso principal
+9.00
车站平面图 PLANTA ESTACIÓN STATION FLOOR PLAN
TRENES
AUTOBUSES
PLAZA DE LA ESTACIÓN
PASAJE PÚBLICO
ALMACEN
VESTÍBULO
OFICINAS
PASAJE COMERCIAL
CALLE PÚBLICA
OFICINAS AUTOBUSES
MIRADOR/TERRAZA
PLATAFORMA DE INTERCAMBIOS
ANDENES
PARKING/ALQUILER
DÁRSENAS AUTOBUSES
N+20.20 restaurante/observatorio
N+19.60 cubierta
N+14.60 oficinas
N+9.00 vestíbulos
N+3.00 plataforma de intercambio
N+0.00 andenes
N-6.00
纵向剖面图 SECCIÓN LONGITUDINAL LONGITUDINAL SECTION
RESTAURANTE/OBSERVATORIO
COCINA
CAFÉ
VENTA DE BILLETES
7.32
9.76
横向剖面图 SECCIÓN TRANSVERSAL CROSS SECTION

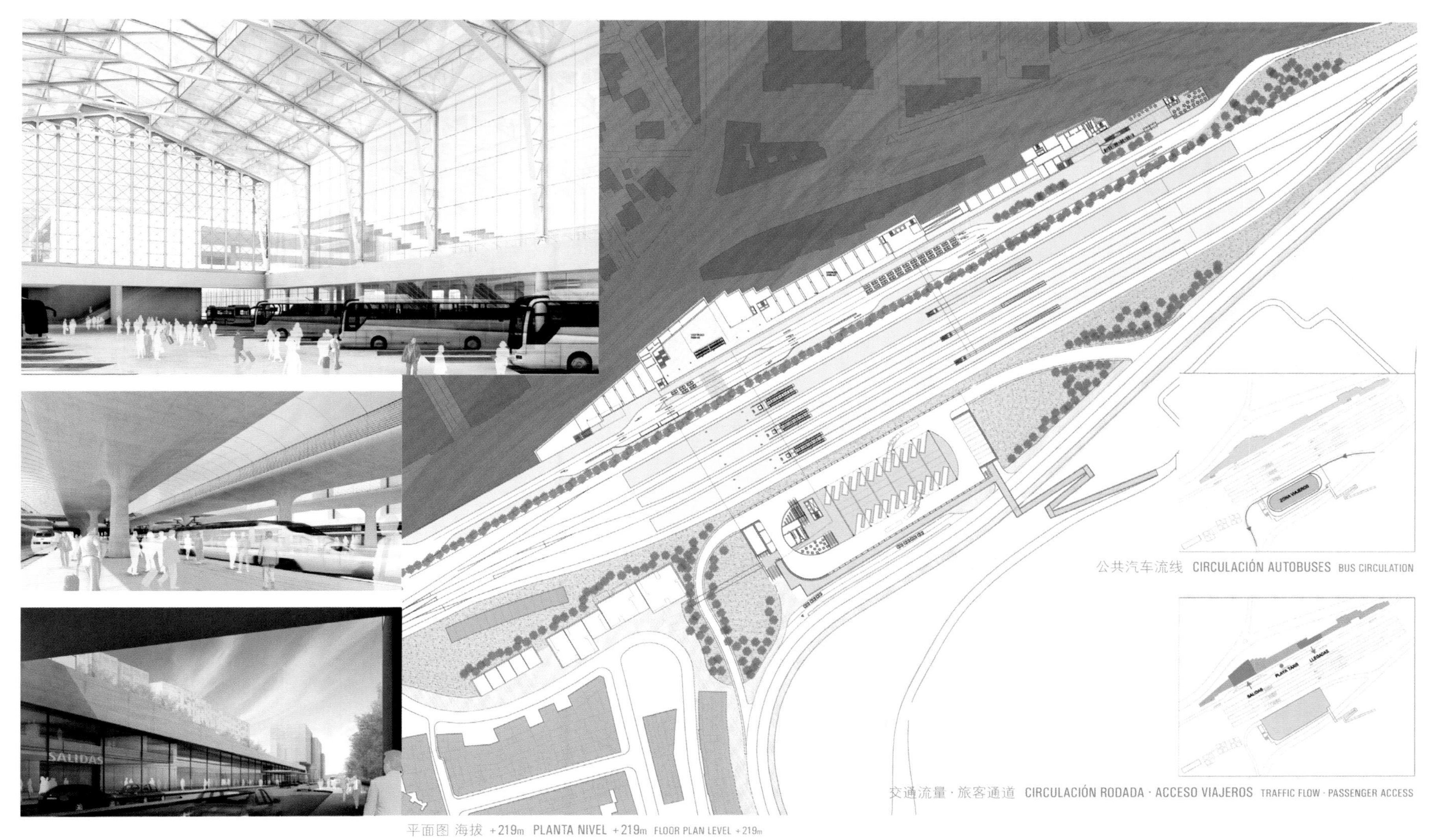

公共汽车流线 CIRCULACIÓN AUTOBUSES BUS CIRCULATION

交通流量·旅客通道 CIRCULACIÓN RODADA · ACCESO VIAJEROS TRAFFIC FLOW · PASSENGER ACCESS

平面图 海拔 +219m PLANTA NIVEL +219m FLOOR PLAN LEVEL +219m

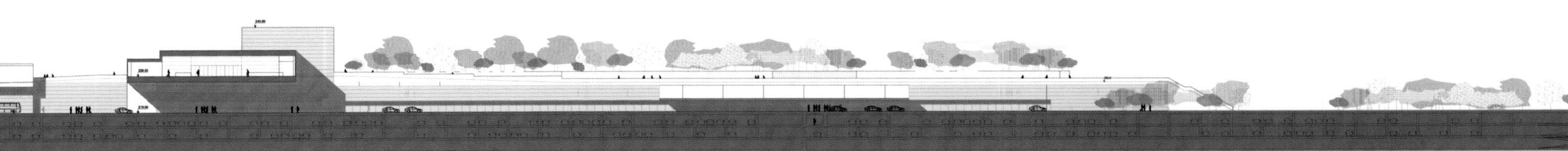

纵向剖面图 SECCIÓN LONGITUDINAL LONGITUDINAL SECTION

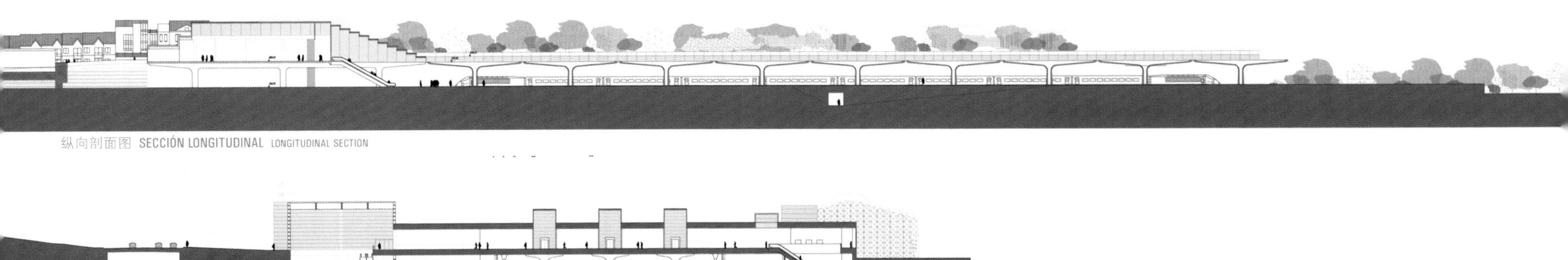

纵向剖面图 SECCIÓN LONGITUDINAL LONGITUDINAL SECTION

横向剖面图 SECCIÓN TRANSVERSAL CROSS SECTION

联运车站 · 圣地亚哥 · 德 · 孔波斯特拉

Estación Intermodal · Santiago de Compostela

Intermodal Station · Spain

入围 · **Finalista** · Finalist

co ave mais cidade (竞标代码)

Manuel Gallego Jorreto Arquitecto + Martínez Lapeña · Torres Arquitectos (建筑师事务所)

Manuel Gallego Jorreto · José Antonio Martinez Lapeña · Elías Torres Tur (建筑师)

区块位置 PLANO DE SITUACIÓN SITE PLAN

公共广场

新的联运车站除了其功能外，还应为城市清除障碍，并创造一个公共的、互通互连的空间，以及大型行人区。因此，施工不仅在于建造建筑，而且要通过改变连接轨道两边的城市地形，使人行道不受任何干扰。铁路线打破了社区间的联系，而该公共区域可为城市解决这个问题。

LA PLAZA PÚBLICA

La nueva estación intermodal, además de sus funciones, debe de eliminar barreras, crear un espacio público de conexión y un gran espacio peatonal de relación para la ciudad. Así su construcción consiste más que en crear edificios, en rehacer una topografía urbana que al tiempo que hace de nexo entre sus lados, permite al peatón mantener sus recorridos sin interferencias. La ciudad gana un espacio público que resuelve un problema de conexión entre barrios creado por el trazado ferroviario.

THE PUBLIC SQUARE

The new intermodal station, in addition to its functions, must remove barriers; create a public connective space and a large pedestrian relationship space for the city. Thus, its construction is more than creating buildings; it reshapes an urban topography which links both sides, allowing pedestrians to keep their routes without interference. The city gains a public space that solves a problem of connection between neighborhoods created by the railway line.

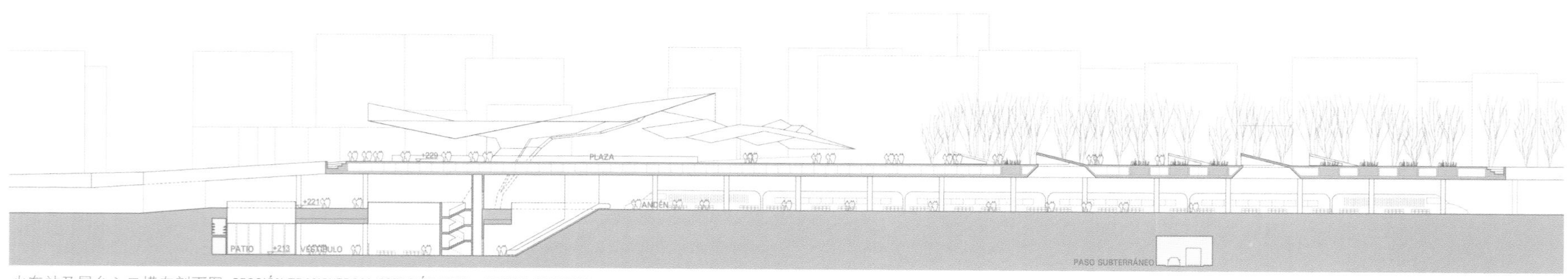

火车站及展台入口横向剖面图 SECCIÓN TRANSVERSAL ESTACIÓN TREN + ACCESO ANDENES CROSS SECTION TRAIN STATION + PLATFORM ACCESS

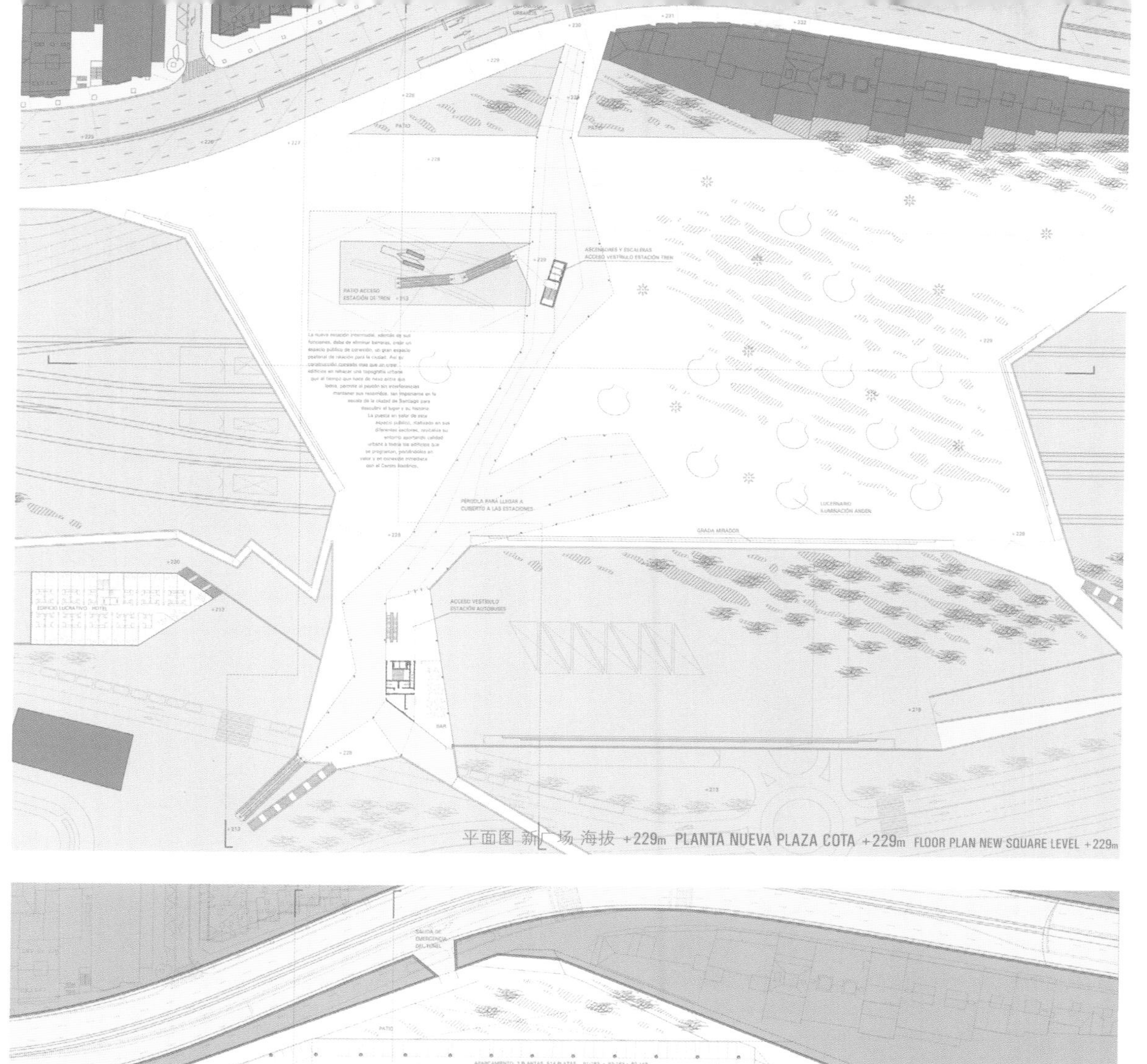

平面图 新广场 海拔 +229m PLANTA NUEVA PLAZA COTA +229m FLOOR PLAN NEW SQUARE LEVEL +229m

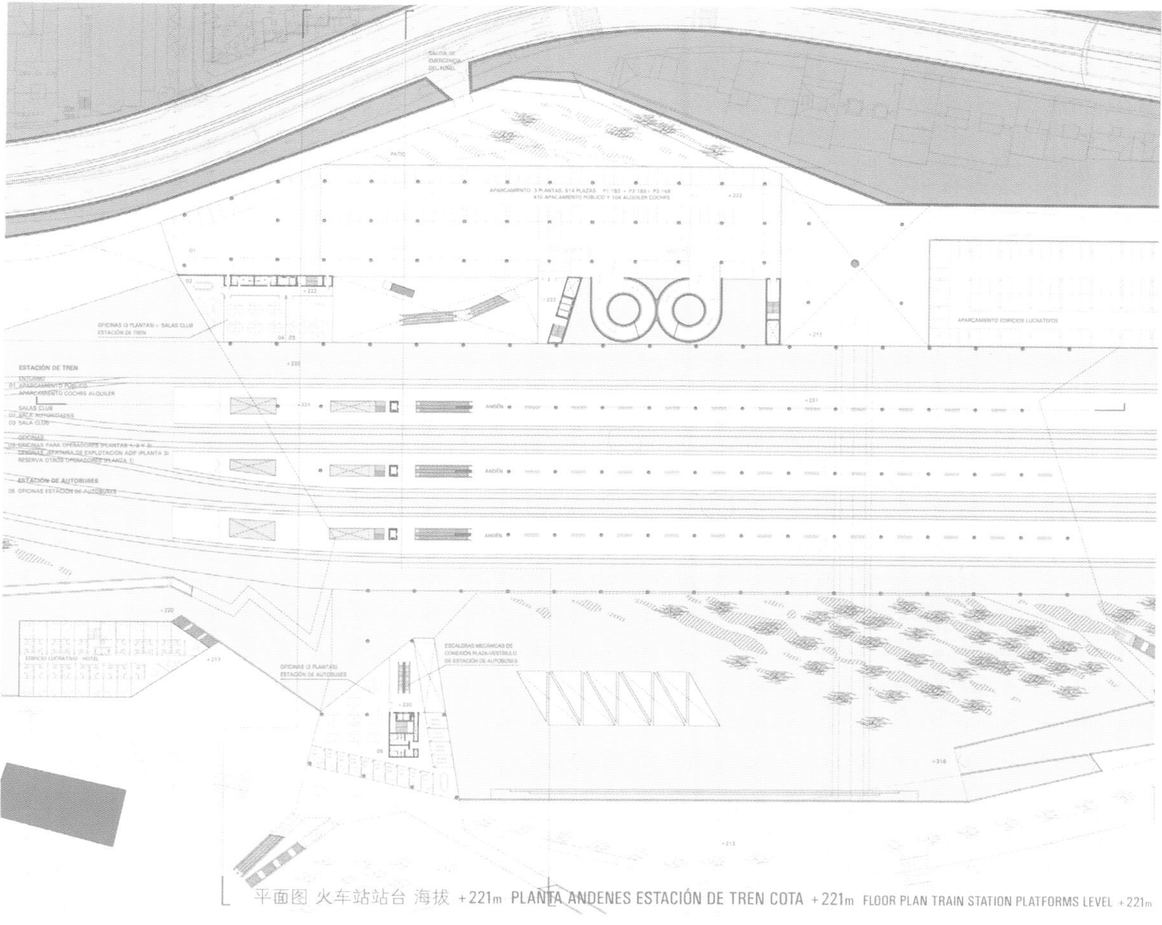

平面图 火车站站台 海拔 +221m PLANTA ANDENES ESTACIÓN DE TREN COTA +221m FLOOR PLAN TRAIN STATION PLATFORMS LEVEL +221m

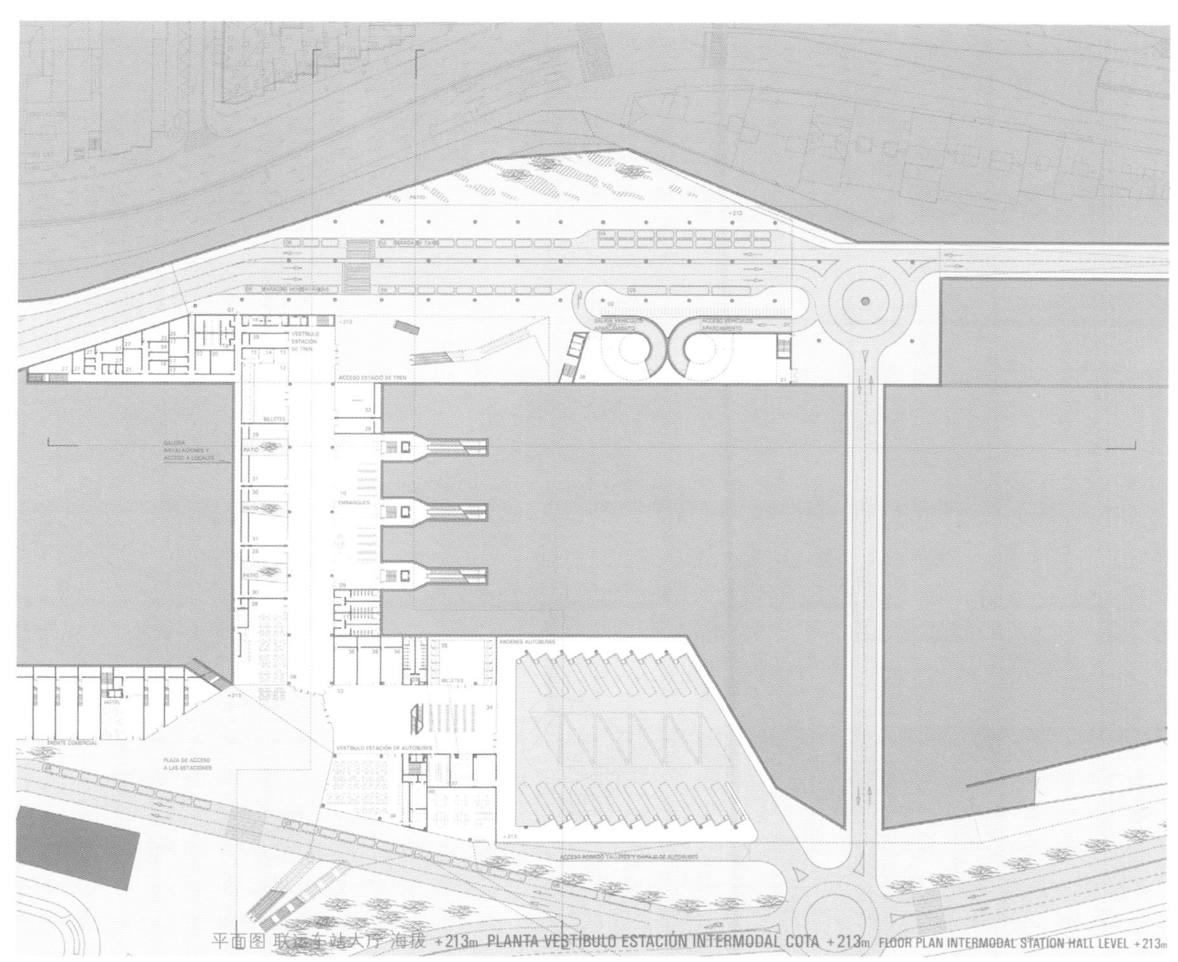

平面图 联运车站大厅 海拔 +213m PLANTA VESTÍBULO ESTACIÓN INTERMODAL COTA +213m FLOOR PLAN INTERMODAL STATION HALL LEVEL +213m

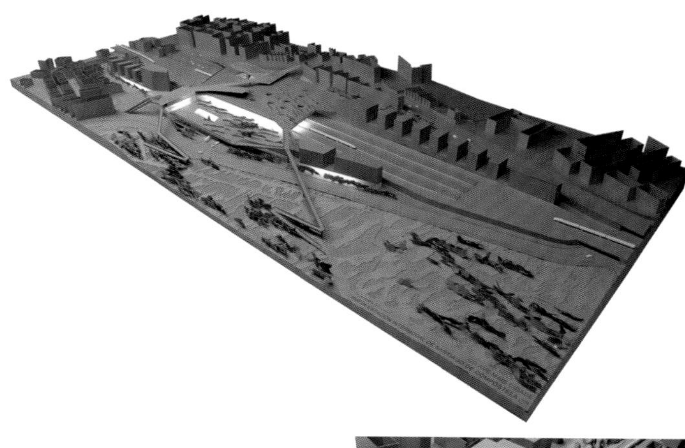

联运车站·圣地亚哥·德·孔波斯特拉

Estación Intermodal · Santiago de Compostela

Intermodal Station · Spain

入围 · **Finalista** · Finalist

Dominique Perrault Architecture (建筑师事务所)

Dominique Perrault (建筑师)

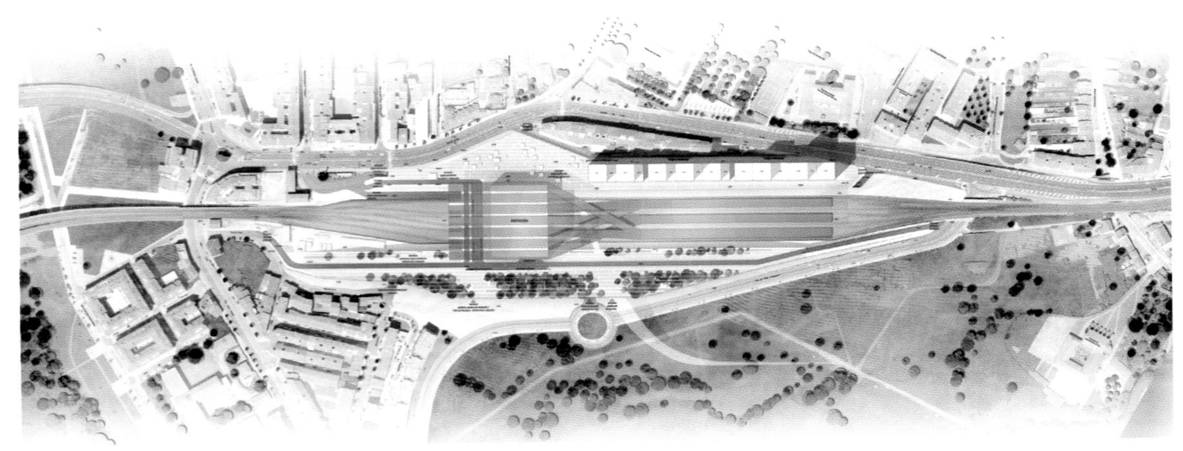

区块位置 PLANO DE SITUACIÓN SITE PLAN

黄金地带

由于城市郊区向Sar河方向无序扩张，没有一丝活力，拟建造新的联运车站来解决该问题。同时，新车站还被赋予了新的身份，站台纵横交错，表明这个城市是多条线路的终点。车站天篷为刚抵达该城市的旅客们提供庇护作用，同时具有象征意义的金黄色光线透过天篷倾泻下来。

BANDAS DORADAS

La nueva estación Intermodal propone resolver urbanísticamente un borde de la ciudad tradicionalmente difuso, fruto de un crecimiento desordenado hacia el río Sar, al tiempo que dota de una identidad propia a la nueva estación, significando con sus andenes cruzados y protectores, la llegada a una ciudad que es fin de muchos caminos. Y todo bajo la presencia simbólica de la luz dorada que filtran las marquesinas y que envuelve en su llegada a estos nuevos peregrinos.

GOLDEN STRIPS

The new intermodal station proposes to solve the urban edge of the city, traditionally dim, as the result of an untidy sprawl towards the river Sar, while it empowers identity to the new station, expressing the arrival to a city which is the end of so many routes, with crossing and protective platforms, and everything under the symbolic presence of the golden light that filters the canopies which shelters new pilgrims on their arrival.

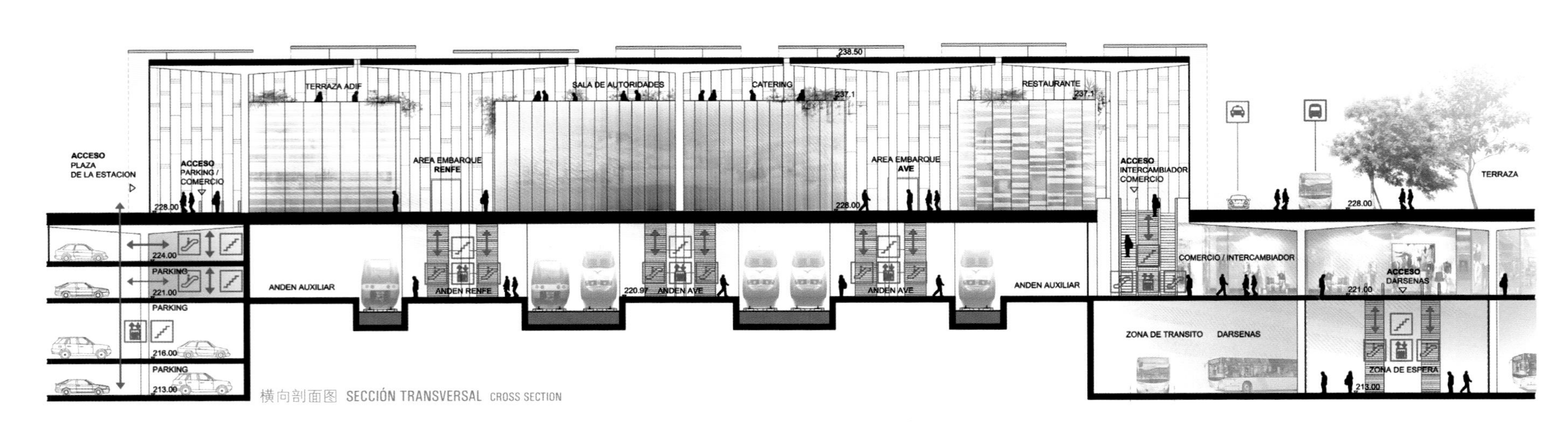

横向剖面图 SECCIÓN TRANSVERSAL CROSS SECTION

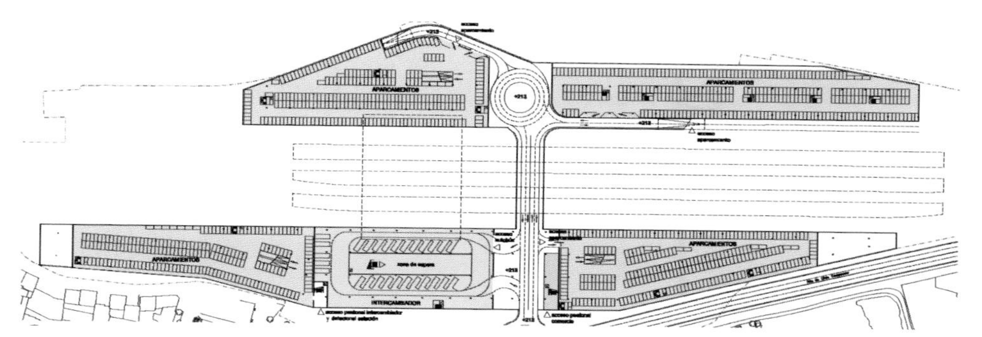
平面图 海拔 +213m PLANTA COTA +213m FLOOR PLAN LEVEL +213m

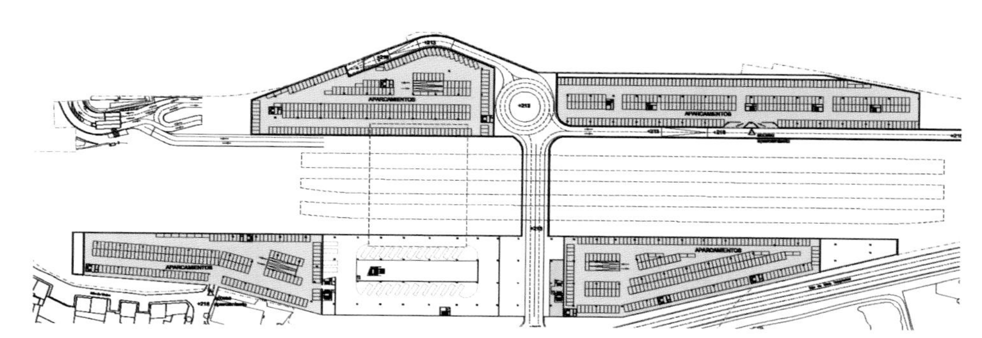
平面图 海拔 +216m PLANTA COTA +216m FLOOR PLAN LEVEL +216m

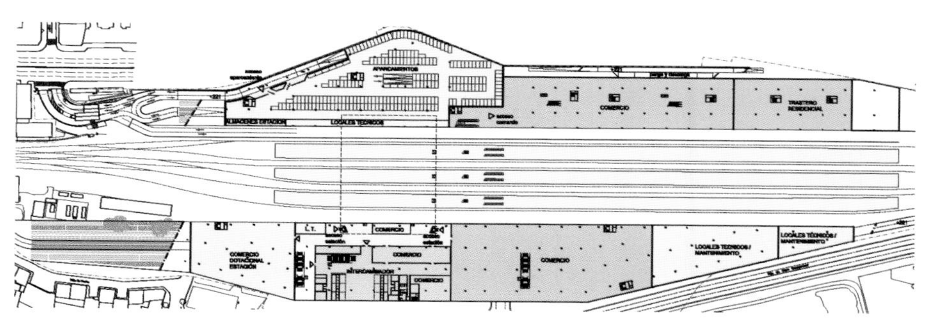
平面图 海拔 +221m PLANTA COTA +221m FLOOR PLAN LEVEL +221m

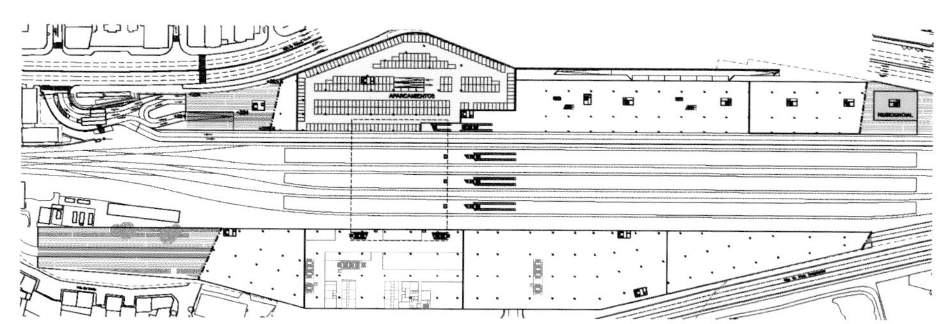
平面图 海拔 +224m PLANTA COTA +224m FLOOR PLAN LEVEL +224m

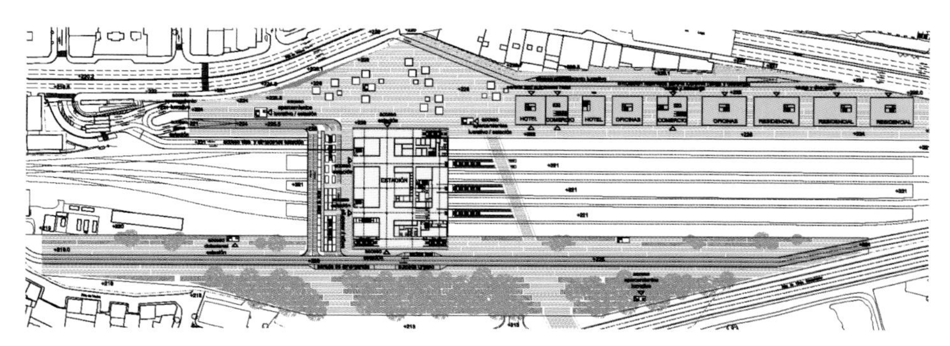
平面图 海拔 +228m PLANTA COTA +228m FLOOR PLAN LEVEL +228m

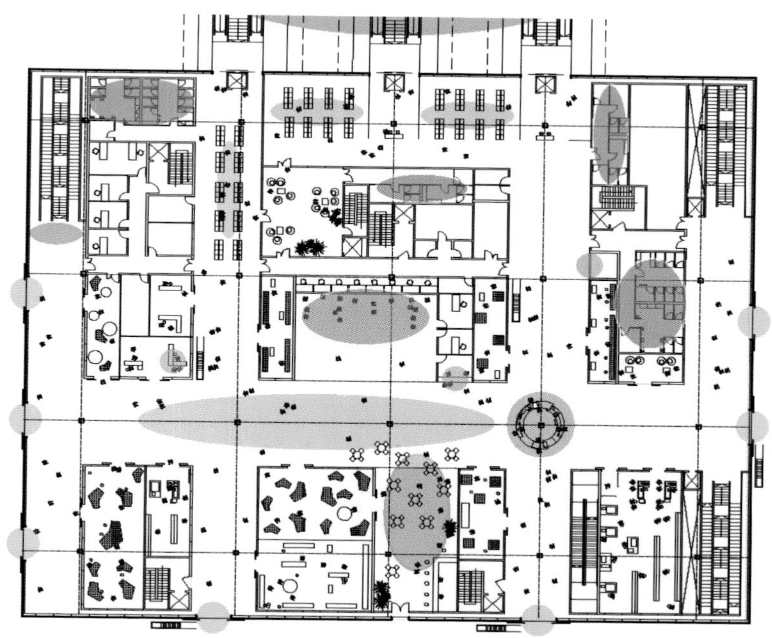
车站底层平面图 海拔 +228m PLANTA BAJA ESTACIÓN COTA +228m STATION GROUND FLOOR PLAN LEVEL +228m

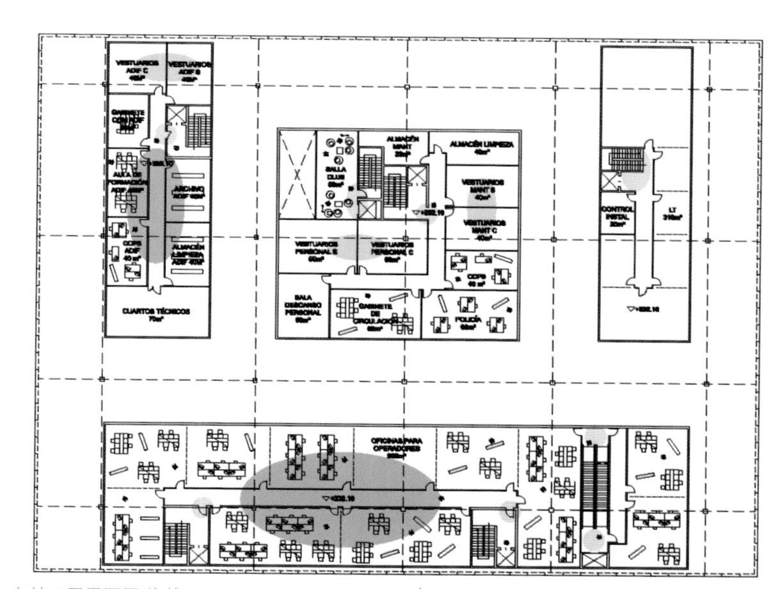
车站二层平面图 海拔 +232m PLANTA PRIMERA ESTACIÓN COTA +232m STATION FIRST FLOOR PLAN LEVEL +232m

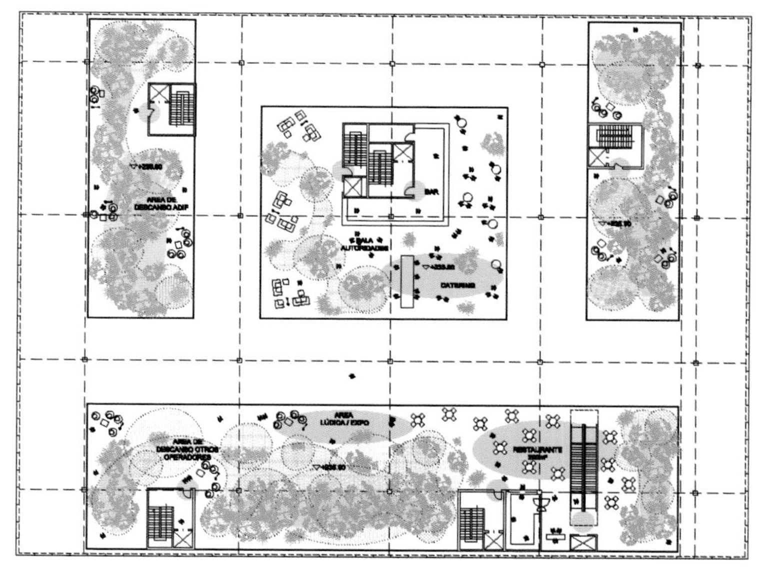
车站三层平面图 海拔 +236m PLANTA SEGUNDA ESTACIÓN COTA +236m STATION SECOND FLOOR PLAN LEVEL +236m

立面图 ALZADO ELEVATION

San Cristobal联运车站 · 阿 · 格鲁尼亚
Estación Intermodal de San Cristobal · A Coruña

San Cristobal Intermodal Station · Spain

竞标 · concurso · competition
联运车站
Estación Intermodal
Intermodal Station

竞标类型 · tipo de concurso · competition type
两阶段公开竞标竞选参建公司
concurso abierto en dos fases para seleccionar empresas participantes
two-stage open competition to select firms participating

项目地点 · localización · site area
阿 · 格鲁尼亚 · 西班牙 A Coruña · Spain

主办方 · órgano convocante · promoter
铁路基建管理局 ADIF Administrador de Infraestructuras Ferroviarias

日程安排 · fechas · schedule
招标 · Convocatoria · Announcement 02.2011
评审结果 · Fallo de jurado · Jury´s results 04.2011

评审团 · jurado · jury
Antonio González Marín · Javier Losada · Martín Fernández Prado · Enrique Calvete
Andrés Fernández-Albalat · Enrique Urcola

获奖者 · premios · awards

一等奖 · primer premio · **first prize**
Cesar Portela (建筑师)
工程 engineering: Ingeniería Idom Internacional, S.A.

入围 · finalista · **finalist**
Cruz y Ortiz arquitectos (建筑师事务所)
Antonio Cruz Villalón · Antonio Ortiz García
Blanca Sánchez Lara (建筑师)
工程 engineering: Prointec
合作 (c) Héctor Salcedo · Alejandro Álvarez · Lukas Hoye · Manuel Romero · Jesús Mejías · Rocío Peinado · Mercedes Pérez · Rosa Melero
效果图 renders: Luis Alejandro Álvarez
模型 models: Jorge Queipo

入围 · finalista · **finalist**
Herreros Arquitectos + Rubio & Alvarez-Sala (建筑师事务所)
Juan Herreros · Carlos Rubio Carvajal · Enrique Alvarez-Sala (建筑师)
工程 engineering: Intecsa-Inarsa
合作 (c) Herreros Arquitectos: Ramón Bermúdez · Jens Richter · Víctor Lacima · Violeta Ferrero Margarita Martínez · Gonzalo Rivas · Vicente Castillo · Iván Guerrero
合作 (c) Rubio & Alvarez-Sala: Gabriela Hombravella · Pablo García · Alberto Martín · Javier Rubio · Enrique Alvarez-Sala · Mateo Fernández-Muro · Bosco Pita.
模型 models: Jorge Queipo

入围 · finalista · **finalist**
Toyo Ito Arquitectos Asociados (伊东丰雄建筑师事务所)
Toyo Ito · Takeo Higashi · Atsushi Ito · Wataru Fujie · Shuichi Kobari Makoto Fukuda · Minori Hoshijima · Takayuki Ohara Mami Takahashi (建筑师)
工程 engineering: Inserco Ingenieros · Eptisa Ingeniería
结构 structure: BOMA, s.l.
合作 (c) Yuta Martínez · Wenjao Ji · Elena Magaglio · Géraldine Ribaud-Chevrey · Adrià Clapés
模型 models: Maquet-Barna
效果图 renders: Estudio-33

入围 · finalista · **finalist**
MVRDV + Naos04 (建筑师事务所)
Winy Maas · Jacob van Rijs · Nathalie de Vries (建筑师)
工程 engineering: Arup · Esteyco
合作 (c) Renske van der Stoep · Fokke Moerel Nacho Velasco · Maria Lopez · Ito Yu
效果图 Renders: Zwartlicht
模型 models: EME Maquetas

入围 · finalista · **finalist**
Rogers Stirk Harbour & Partners (建筑师事务所)
Vidal y Asociados arquitectos (建筑师事务所)
Richard Rogers · Simon Smithson · Luis Vidal (建筑师)
工程 engineering: Fhecor · Aguilera
团队 team: Simon Smithson · Juan Laguna · Jason García · Jugatx Lopez Amurrio Carlos Peña Sol Uriarte · Julio Isidro Lozano · Mario Castillo · Ignacio Merry · Carmen Marquez · Eva Couto

入围 · finalista · **finalist**
Rafael Moneo · Arenas & Asociados (建筑师事务所)
R. Moneo: Rafael Moneo Vallés · Alberto Sacristán Montesinos
A&A: Juan José Arenas de Pablo · Guillermo Capellán Miguel
Héctor Beade Pereda · Santiago Guerra Soto (建筑师)
工程 engineering: Saitec
合作 (c) Temha: Jesús Corbal Álvarez · Antonio González Meijide
合作 (c) Arenas & Asociados · Juan Ruíz Escobedo · Diego González Pascual
模型 models: Juan de Dios Hernández · Jesús Rey
效果图 renders: Christian Robles Erena · Oscar Payno Madrazo · Santiago Guerra Soto

这座新联运车站将高速火车站**与市际和市内交通系统**融为一体，有助于铁路旅客和乘坐其他交通工具的旅客进行换乘。

En la nueva estación intermodal se integrará la estación ferroviaria de alta velocidad **con los demás sistemas de transporte urbano e interurbano** para facilitar el intercambio entre los usuarios de ferrocarril y otros modos de transporte.

The new intermodal station will integrate high-speed train station **with other systems of urban and interurban transports** to facilitate exchanges among railway users and users of other transports.

San Cristobal联运车站 · 阿 · 格鲁尼亚
Estación Intermodal de San Cristóbal · A Coruña
San Cristobal Intermodal Station · Spain
一等奖 · **Primer Premio** · First Prize

y A Coruña se divierte(竞标代码)

César Portela (建筑师)

视觉连贯性

该提议追求：
a)建立一个名副其实的联运车站，使乘客都能在此轻松换乘所有陆路交通工具。
b)确保联运车站及其组成部分与城市融为一体。
c)利用该项目的重要性，进行“城市再造”。

CONTINUIDAD VISUAL

La propuesta ha buscado:
a) Configurar una autentica Estación Intermodal, donde confluyen con facilidad todos los servicios de transporte público terrestre.
b) Lograr la integración urbana de la Estación Intermodal en su conjunto, así como de cada una de las piezas que la conforman.
c) Aprovechar la importancia de la actuación para "hacer ciudad".

VISUAL CONTINUITY

The proposal has sought to:
a) Set up an authentic intermodal station, where all public land transport services easily meet.
b) Ensure the urban integration of the intermodal station as a whole and of each of the parts that comprise it.
c) Take advantage of the importance of the project to "make city".

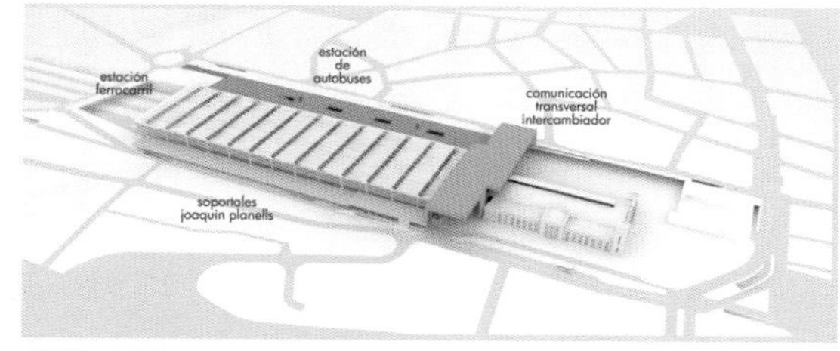

阶段1 FASE 1 PHASE 1

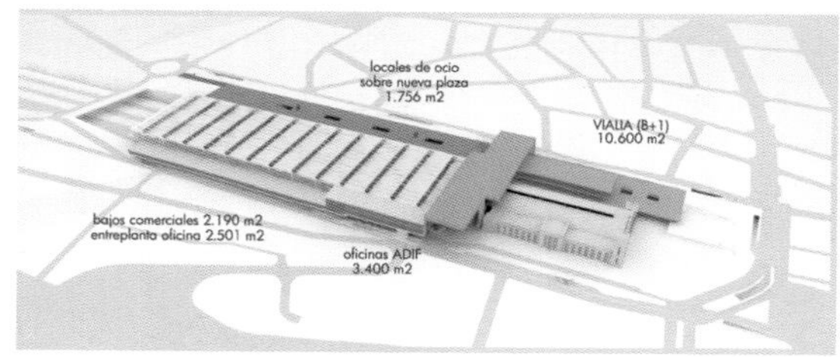

阶段2 · 场景1 FASE 2 · ESCENARIO1 PHASE 1 · STAGE 1

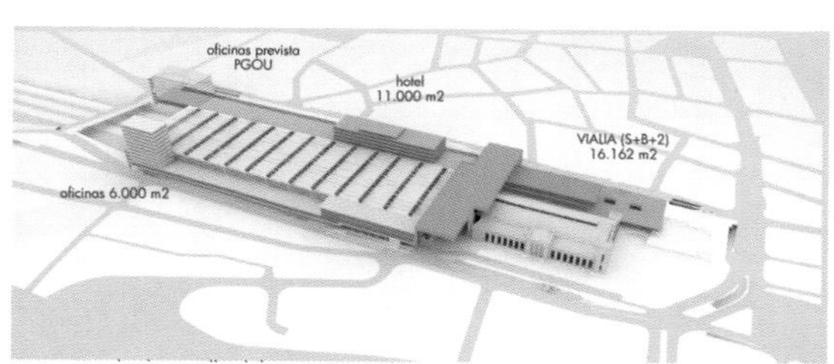

阶段3 · 场景2 FASE 3 · ESCENARIO2 PHASE 3 · STAGE 2

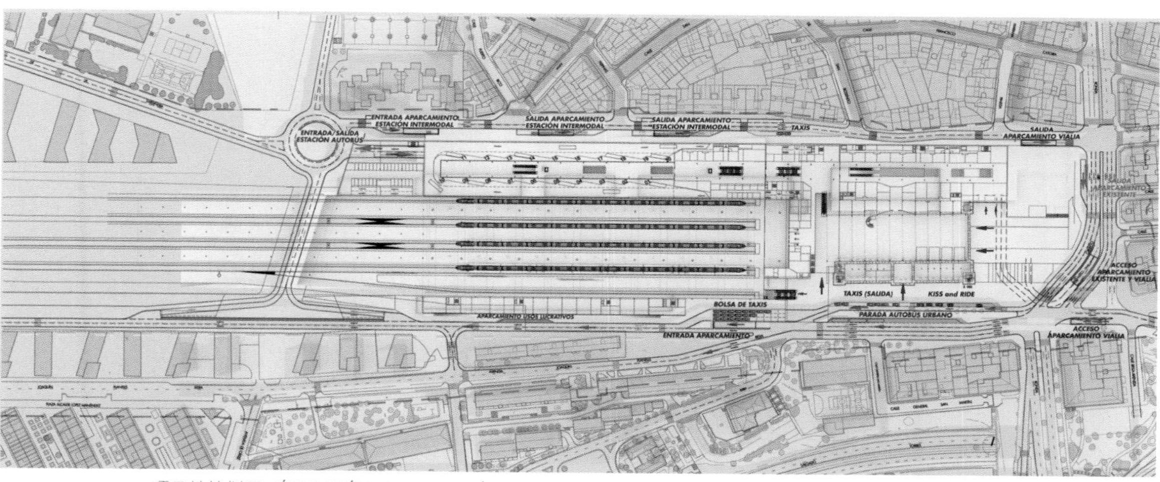

— — — — 项目地块划界 LÍMITE POLÍGONO DE ACTUACIÓN LIMIT OF PROJECT SECTOR
— — — - 电车 TRANVÍA TRAM

区块位置 PLANO DE SITUACIÓN SITE PLAN

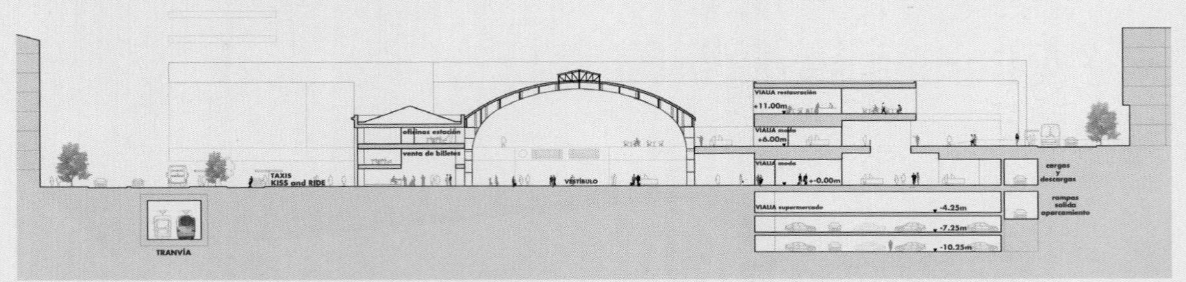

VIALIA横向剖面图 SECCIÓN TRANSVERSAL POR VIALIA CROSS SECTION THROUGH VIALIA

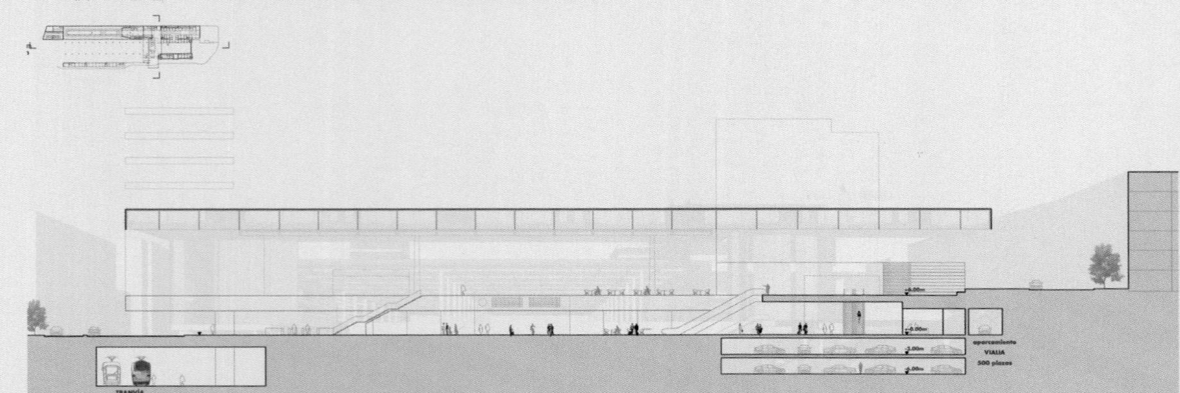

VIALIA旧车站横向剖面图 SECCIÓN TRANSVERSAL POR ESTACIÓN ANTIGUA · VIALIA CROSS SECTION THROUGH OLD STATION · VIALIA

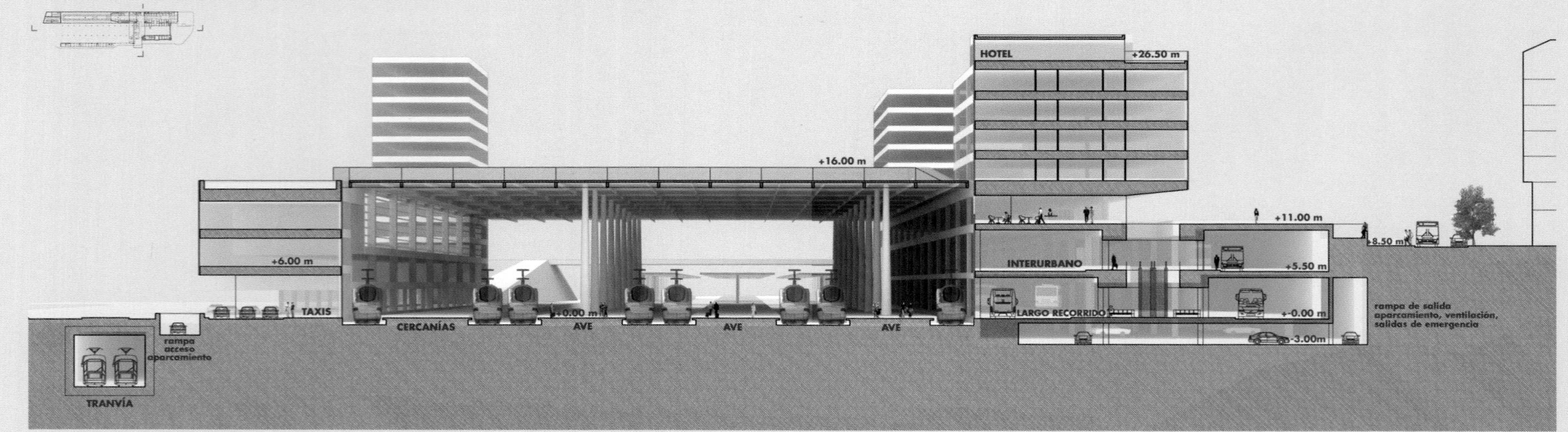

酒店横向剖面图 SECCIÓN TRANSVERSAL POR HOTEL CROSS SECTION THROUGH HOTEL

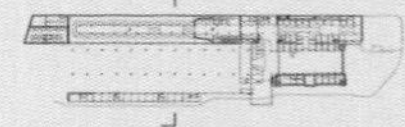

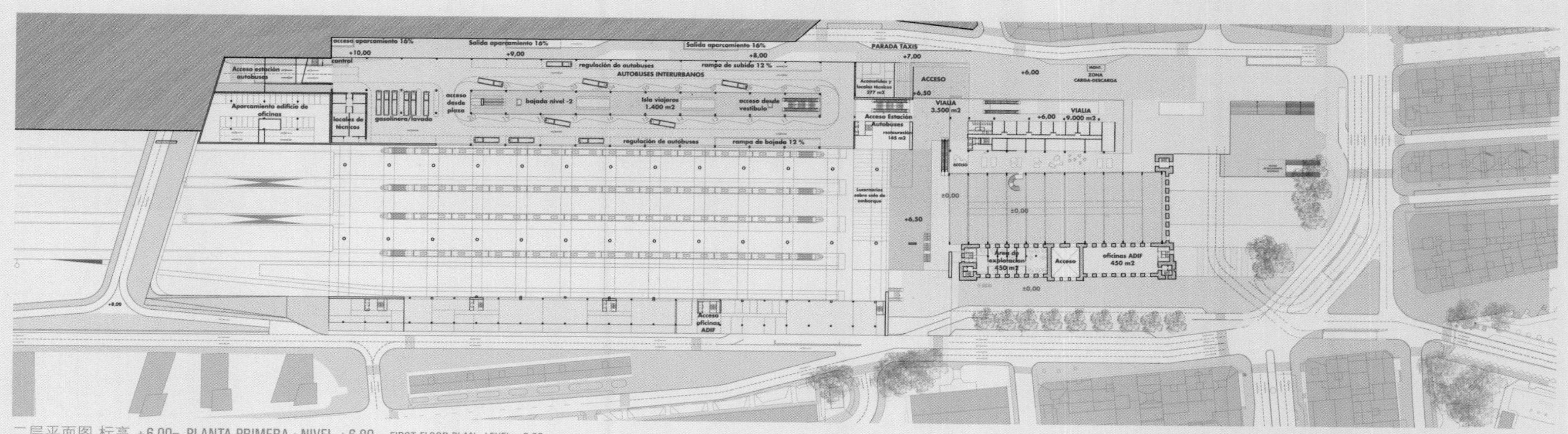

二层平面图 标高 +6.00m PLANTA PRIMERA · NIVEL +6.00m FIRST FLOOR PLAN · LEVEL +6.00m

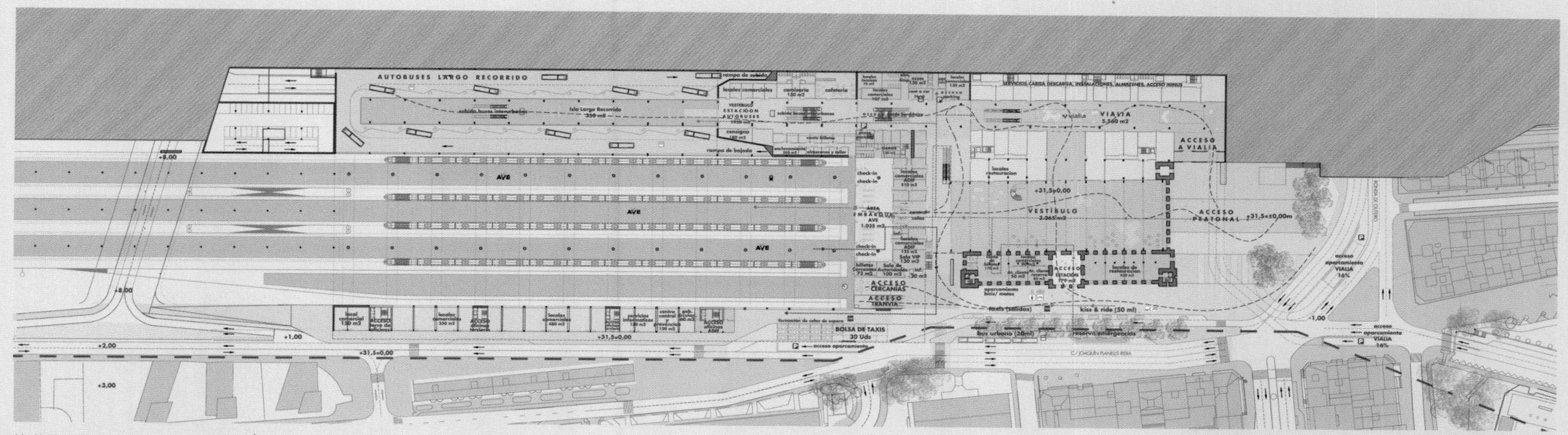

轨道层平面图 标高 0.00m PLANTA VÍAS · NIVEL 0.00m RAILS FLOOR PLAN · LEVEL 0.00m

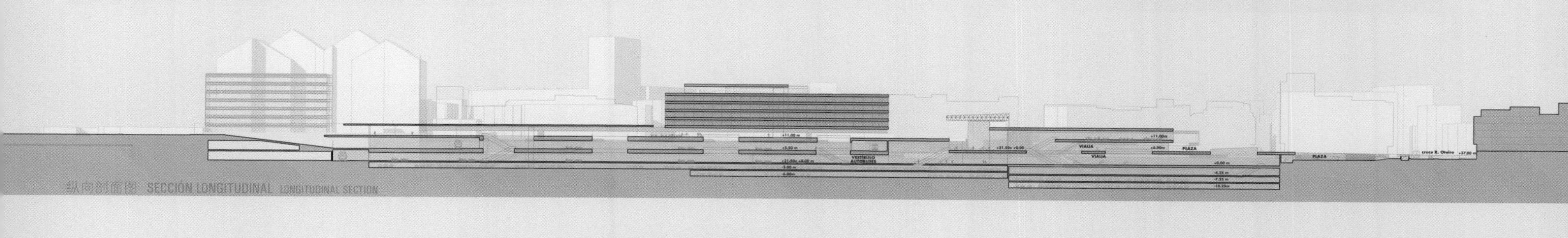

纵向剖面图 SECCIÓN LONGITUDINAL LONGITUDINAL SECTION

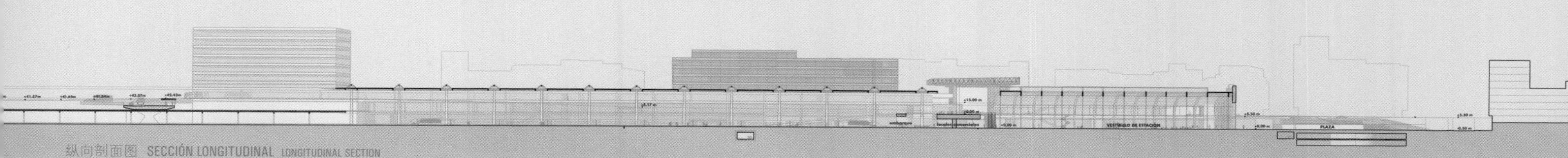

纵向剖面图 SECCIÓN LONGITUDINAL LONGITUDINAL SECTION

San Cristobal联运车站 · 阿 · 格鲁尼亚

Estación Intermodal de San Cristóbal · A Coruña

San Cristobal Intermodal Station · Spain

入围 · **Finalista** · Finalist

abril(竞标代码)

Cruz y Ortiz arquitectos (建筑师事务所)

Antonio Cruz Villalón · Antonio Ortiz García · Blanca Sánchez Lara (建筑师)

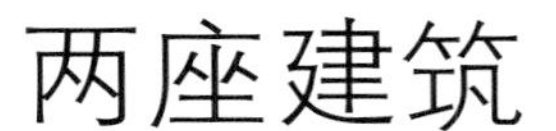

两座建筑

该项目由两幢建筑构成。第一幢汇集了所有的火车、汽车站和停车场等交通问题。第二幢为商业项目。第一幢为紧凑型建筑，其中，三个项目的规模与其功能和施工顺序相吻合。其顶部通过延伸，表达了整体的统一性。商场纵向排列，从站台和新广场均可出入。办公室和酒店位于高层。

DOS EDIFICIOS

Se divide el programa en 2 edificios. El primero concentrará toda la movilidad, la estación de trenes y autobuses y su aparcamiento. El segundo concentrará el programa comercial. El primer edificio es un edificio compacto en el que los tres usos coinciden en dimensiones y orden funcional y constructivo. La cubierta pretende expresar la unidad del conjunto. El centro comercial se ordena longitudinalmente en el solar con acceso desde los andenes y la nueva plaza. Las oficinas y hotel se desarrollan en altura.

TWO BUILDINGS

The program is divided into 2 buildings. The first will concentrate all the mobility, train and bus stations and the parking. The second will concentrate the commercial program. The first building is a compact building in which the three programs agree in size and in its functional and constructive order. The cover is intended to express the unity of the whole. The mall is arranged longitudinally on the site with access from the platforms and the new square. The offices and hotel develop in height.

纵向剖面图 **SECCIONES LONGITUDINAL** LONGITUDINAL SECTION

横向剖面图 **SECCIONES TRANSVERSALES** CROSS SECTION

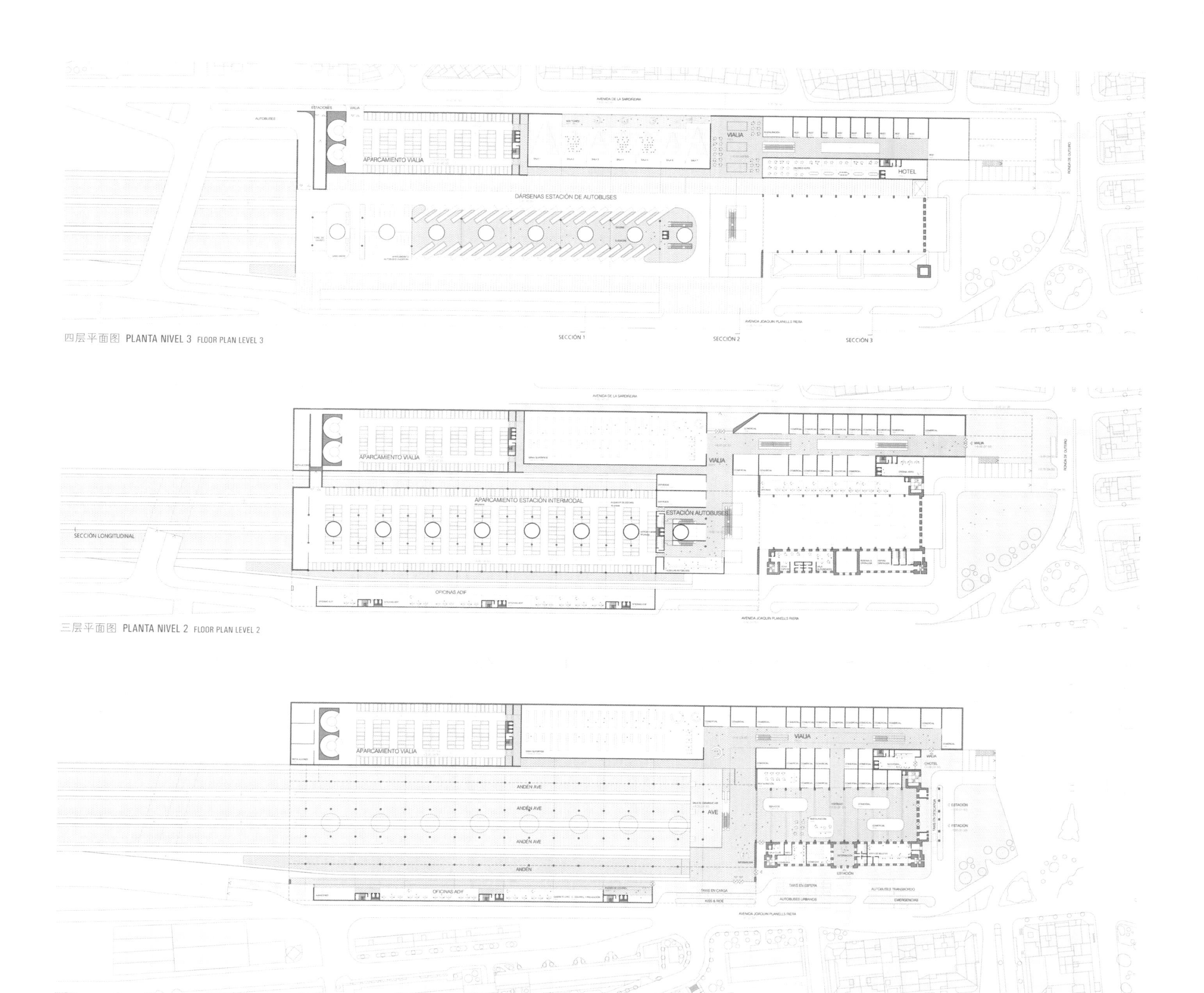

四层平面图 PLANTA NIVEL 3 FLOOR PLAN LEVEL 3

三层平面图 PLANTA NIVEL 2 FLOOR PLAN LEVEL 2

底层平面图 PLANTA NIVEL 0 FLOOR PLAN LEVEL 0

San Cristobal联运车站 · 阿 · 格鲁尼亚
Estación Intermodal de San Cristóbal · A Coruña
San Cristobal Intermodal Station · Spain
入围 · **Finalista** · Finalist

alta costura urbana(竞标代码)

Herreros Arquitectos + Rubio & Álvarez-Sala (建筑师事务所)

Juan Herreros · Carlos Rubio Carvajal · Enrique Alvarez-Sala (建筑师)

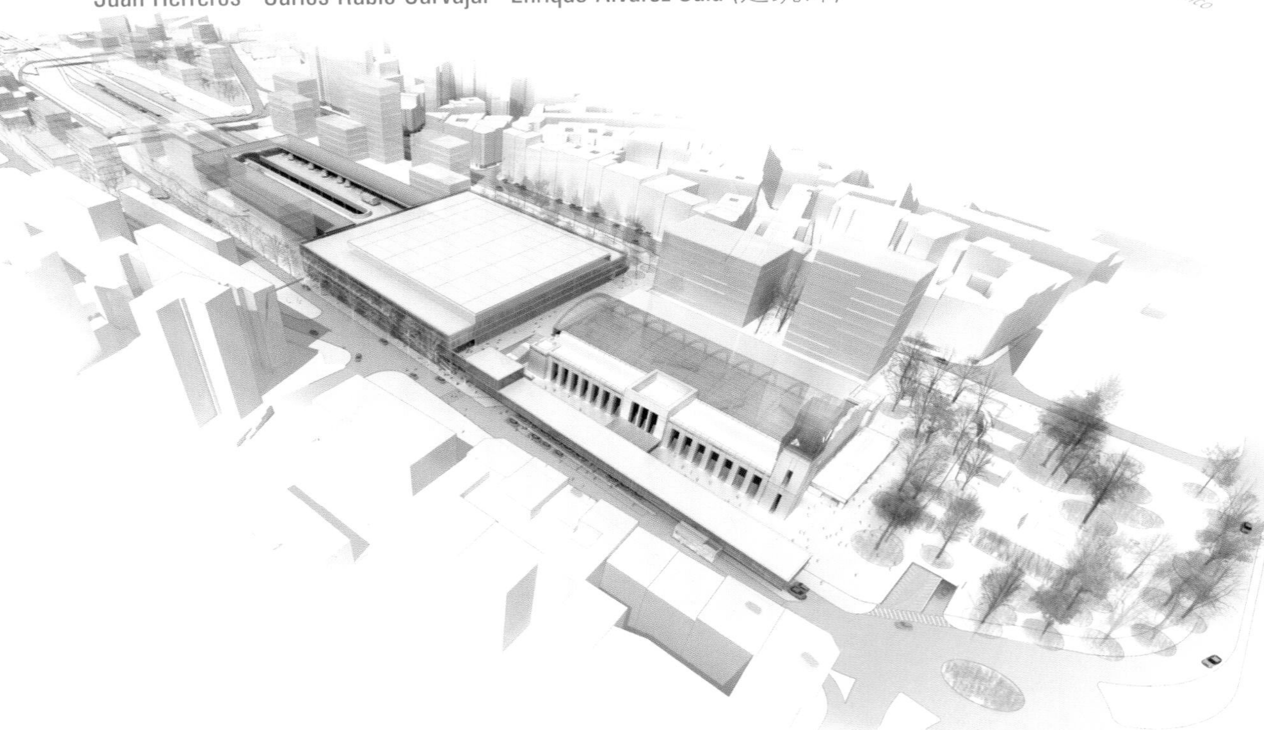

相连接的

该项目的特点为一系列纵向独立式建筑——广场车站、商场、Salas大厅、候车大厅、站台大厅、汽车站换乘处、码头。该直线式项目的优势还在于对其横向布局进行改变，包括四个区域：圣克里斯托瓦尔广场、车站走道、Sardiñeira走道和Vines走道。

CONECTOR

El proyecto se puede definir como una sucesión longitudinal de acontecimientos independientes – Plaza de La Estación, Vestíbulo Comercial, Salas de Embarque Ferroviarias, Salón de Andenes, Conexiones Comerciales con La Estación de Autobuses, Vestíbulo de Autobuses, Dársenas. La fuerza de esta linealidad programática se completa con un empeño en lograr una transversalidad que se materializa en cuatro pasos que hemos denominado costuras urbanas: Plaza de San Cristóbal, Pasaje de la Estación, Pasaje de Sardiñeira y Pasaje de las Viñas.

CONNECTIVE

The project can be defined as a sequence of longitudinal independent events–Square Station, Commercial Hall, ·Salas Hall, Boarding Train Halls, Platform Hall, Commercial Connections with Bus Station Bus, Docks. The strength of this linear program is completed with a commitment to a shape, a cross layout which is embodied in four steps that we call urban couture: Plaza de San Cristobal, Station Passage, Sardiñeira Passage and the Vines Passage.

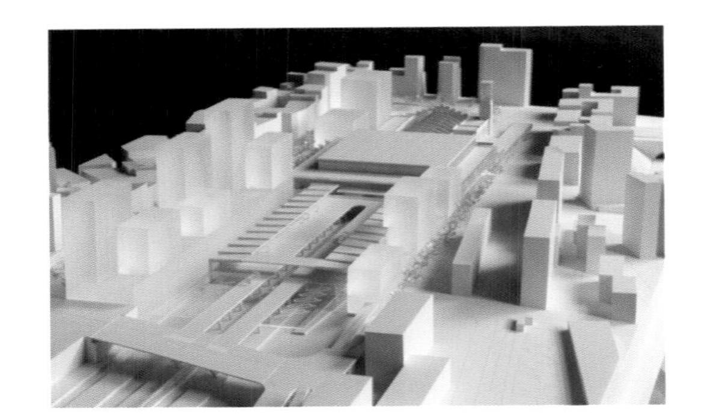

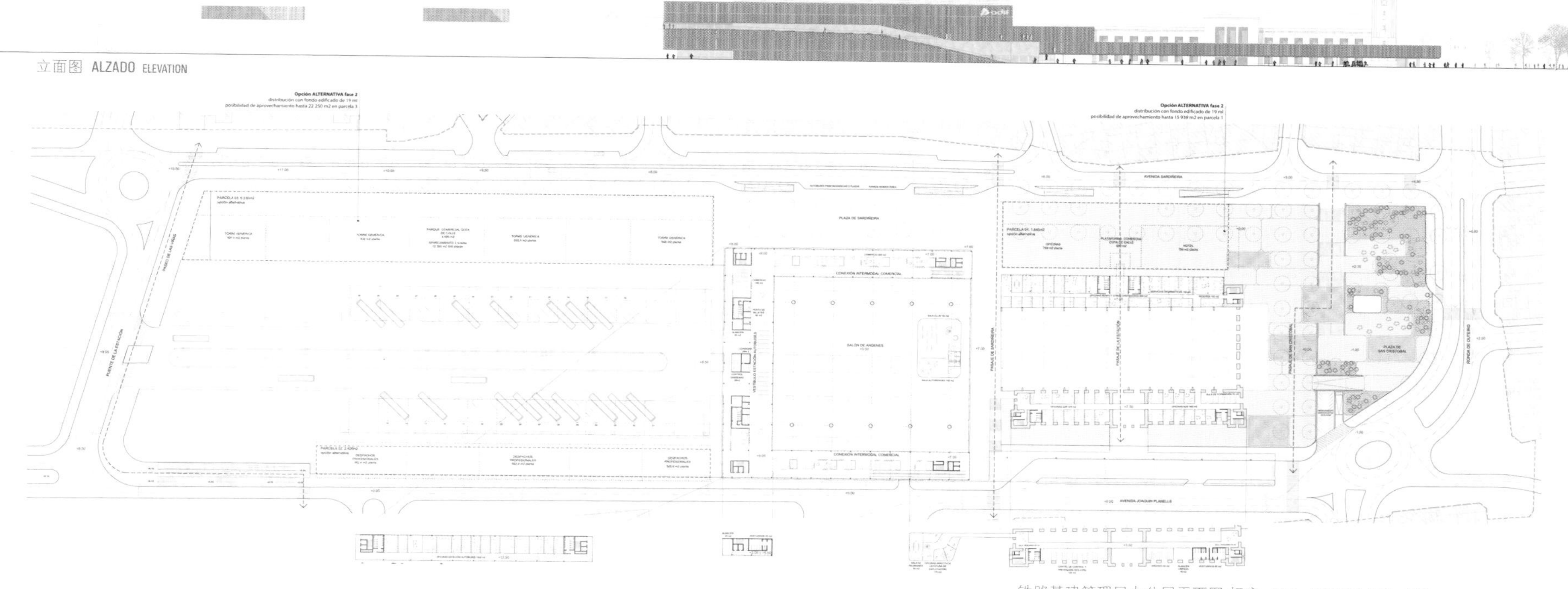

立面图 ALZADO ELEVATION

铁路基建管理局办公层平面图 标高 +3.50m OFICINAS ADIF +3.50m ADIF OFFICES +3.50m

公共汽车站办公层平面图 标高 +12.50m PLANTA OFICINAS AUTOBUSES +12.50m BUS OFFICES FLOOR PLAN +12.50m 公共汽车换乘大厅层平面图 标高 +3.00m/+6.00m VESTUARIOS AUTOBUSES +3.00m/+6.00m BUS CHANGING ROOMS +3.00m/+6.00m

上层平面图 标高 +7.00m/+9.00m PLANTA ALTA NIVEL +7.00m/+9.00m UPPER FLOOR PLAN LEVEL +7.00m/+9.00m

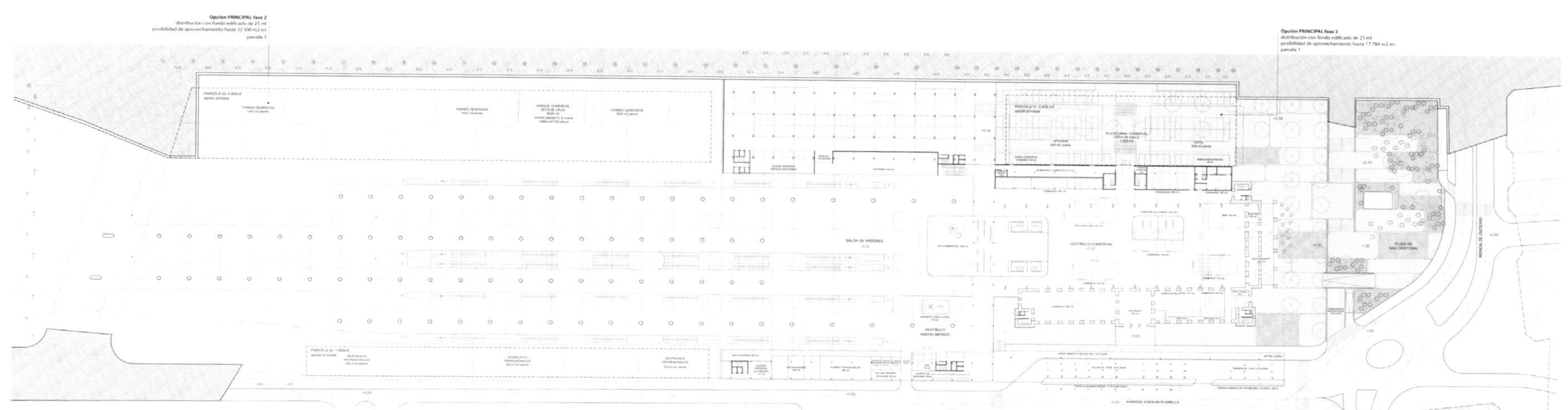

底层平面图 标高 0.00m PLANTA BAJA NIVEL 0.00m GROUND FLOOR PLAN LEVEL 0.00m

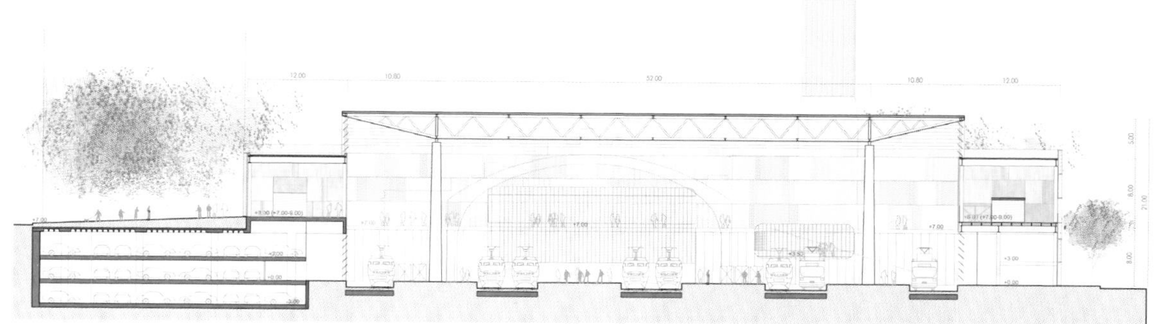

站台大厅横向剖面图 SECCIÓN TRANSVERSAL SALÓN DE ANDENES CROSS SECTION PLATFORM HALL

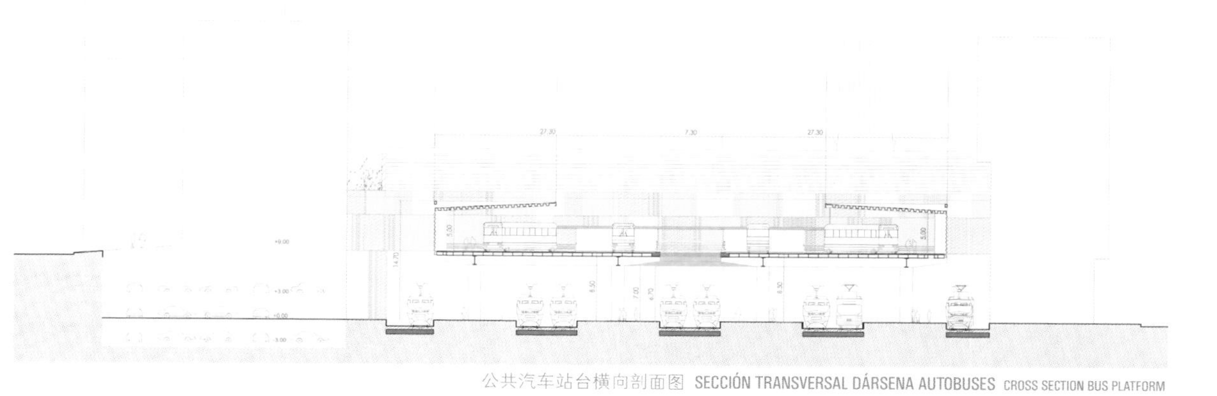

公共汽车站台横向剖面图 SECCIÓN TRANSVERSAL DÁRSENA AUTOBUSES CROSS SECTION BUS PLATFORM

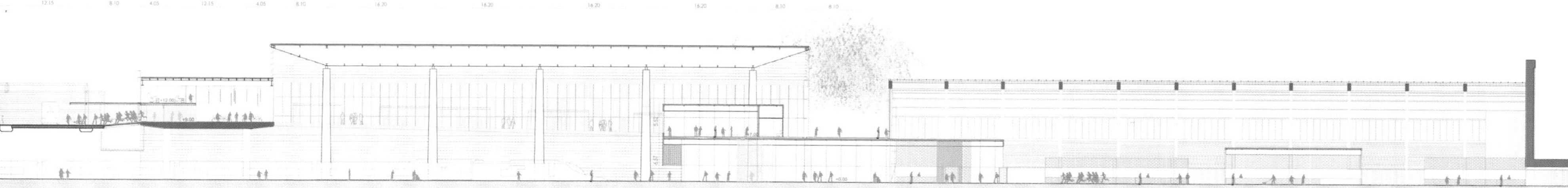

公共汽车站台纵向剖面图 SECCIÓN LONGITUDINAL DÁRSENA AUTOBUSES LONGITUDINAL SECTION BUS PLATFORM

San Cristobal联运车站 · 阿 · 格鲁尼亚
Estación Intermodal de San Cristóbal · A Coruña
San Cristobal Intermodal Station · Spain
入围 · **Finalista** · Finalist

paraguas de luz(竞标代码)

Toyo Ito Arquitectos Asociados (建筑师事务所)

植被走道

车站采光良好，光线充足。阳光透过软性伞状薄膜，为旅客营造一种温馨的新感觉。街面朝向Joaquin Planells Riera街——铁路基建管理局办公室坐落于此，这是从城市的玻璃结构以及大海中得到的启发。从生物气候的角度看，它以一种创新的方式对阿 · 格鲁尼亚省美术馆进行了演绎。

OLAS VEGETALES

Inundamos la estación de luz natural, que pasa a través de la suave membrana con forma de paraguas creando un nuevo espacio luminoso y emotivo que da la bienvenida al viajero. La fachada de la calle Joaquin Planells Riera, donde se ubican las oficinas de ADIF, está inspirada en la ciudad del cristal y del mar. Esta interpreta la solución de galería de A Coruña de manera innovadora, llevando implícita una función bioclimática.

VEGETAL WAVES

We flood the station with natural light, which passes through the soft umbrella-shaped membrane creating a new and emotional space that welcomes the traveler. The street façade towards street Joaquin Planells Riera, which houses the offices of ADIF, is inspired by the city of glass and sea. It interprets the gallery of A Coruña in an innovative way, stigmatized by a bioclimatic function.

横向剖面图 **SECCIÓN TRANSVERSAL** CROSS SECTION

总立面图 **ALZADO GENERAL** OVERALL ELEVATION

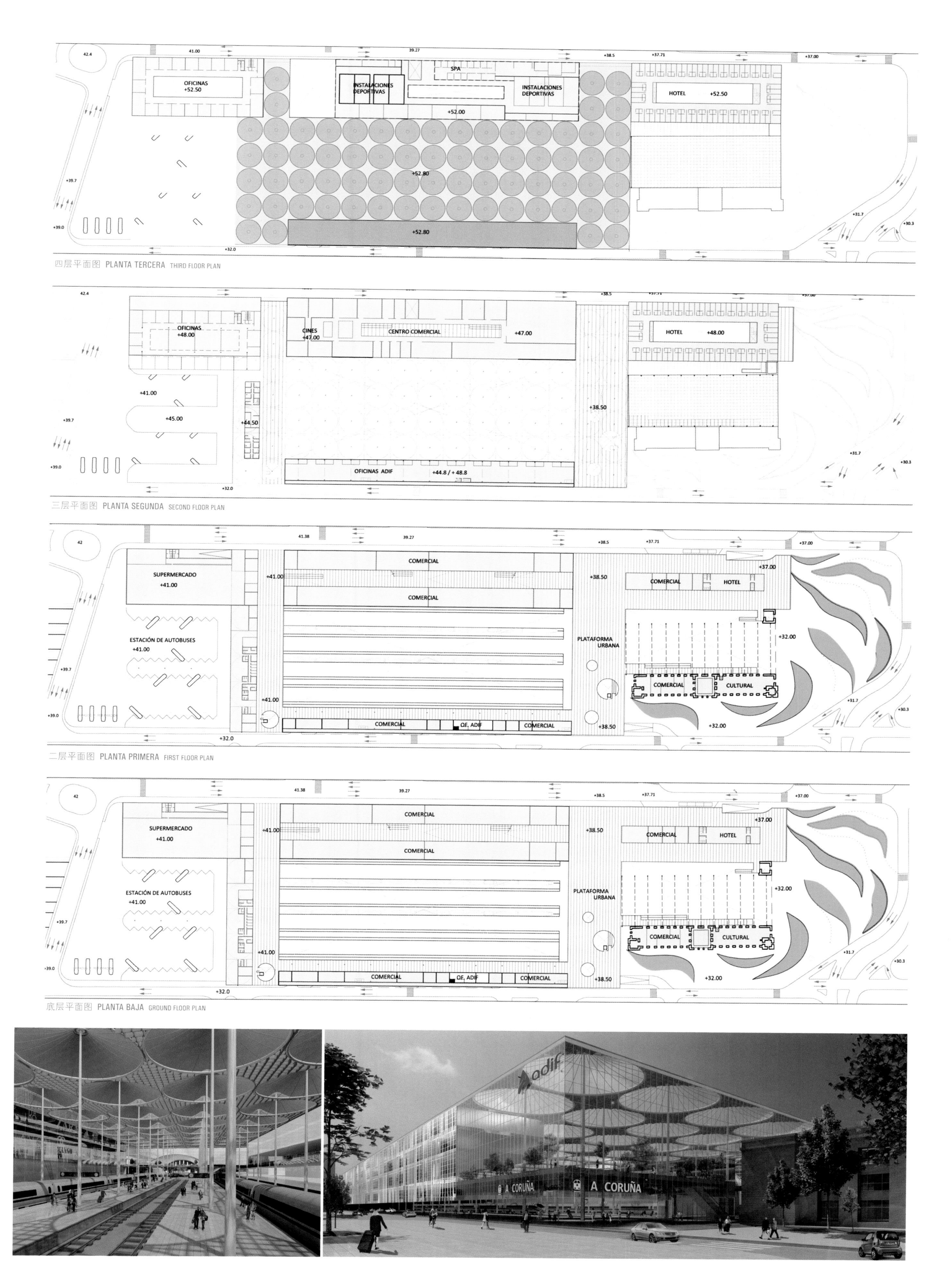

四层平面图 PLANTA TERCERA THIRD FLOOR PLAN

三层平面图 PLANTA SEGUNDA SECOND FLOOR PLAN

二层平面图 PLANTA PRIMERA FIRST FLOOR PLAN

底层平面图 PLANTA BAJA GROUND FLOOR PLAN

San Cristobal联运车站 · 阿 · 格鲁尼亚
Estación Intermodal de San Cristóbal · A Coruña
San Cristobal Intermodal Station · Spain
入围 · **Finalista** · Finalist

rompeolas(竞标代码)

MVRDV + NAOS 04 Arquitectos (建筑师事务所)

Winy Maas · Jacob van Rijs · Nathalie de Vries (建筑师)

光+运动

我们在火车站顶部打造一个新的空间——圣克里斯托瓦尔公园。软绳的坚固结构性可节省大跨度的架构，有助于采光和通风。在旧火车站"插入"新火车，而不是在周边扩建建筑。新扩建指南以不同体量建筑的高度为准，与大厦顶部的高度相吻合。

LUZ + MOVIMIENTO

Se crea un nuevo espacio encima de las vías, la cubierta de la estación, el nuevo parque de San Cristóbal. Una estructura robusta de líneas ligeras capaz de salvar grandes luces, crear aperturas para la entrada de luz y correcta ventilación. En vez de crear una serie de objetos adyacentes, la nueva estación se "inserta" en la ya existente. La nueva extensión se apoya en las líneas marcadas por las alturas de los diferentes volúmenes coincidiendo así la altura de la cubierta con la de la torre.

LIGHT + MOVEMENT

We create a new space above the tracks, the cover of the station, the new park of San Cristobal. A robust structure of soft lines capable of saving large spans create openings for the entry of light and ventilation. Instead of creating a series of adjacent objects, the new station is "inserted" into the existing one. The new extension is based on the guidelines set by the heights of the different volumes matching up with the height of the roof of the tower.

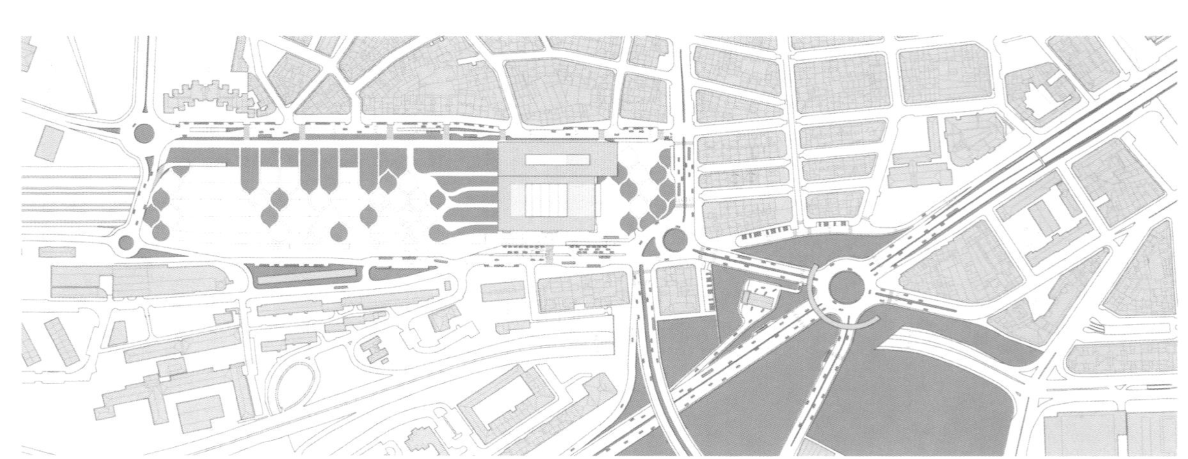

区块位置 PLANO DE SITUACIÓN SITE PLAN

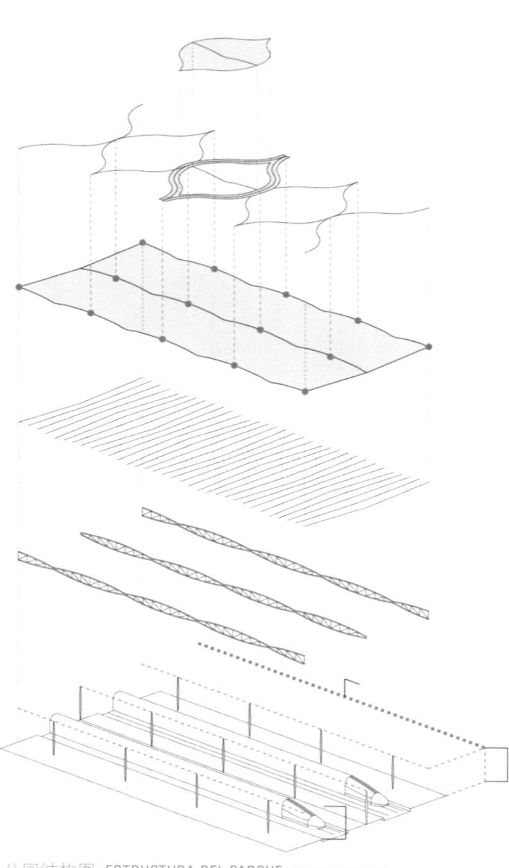

公园结构图 ESTRUCTURA DEL PARQUE PARK STRUCTURE

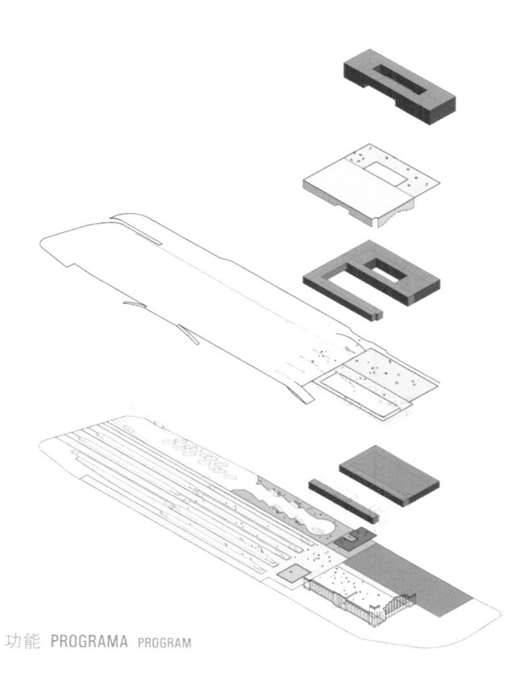

功能 PROGRAMA PROGRAM

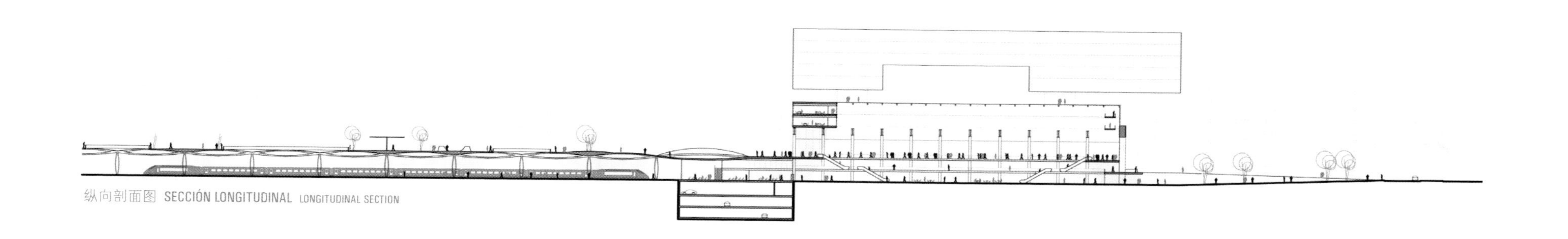

纵向剖面图 SECCIÓN LONGITUDINAL LONGITUDINAL SECTION

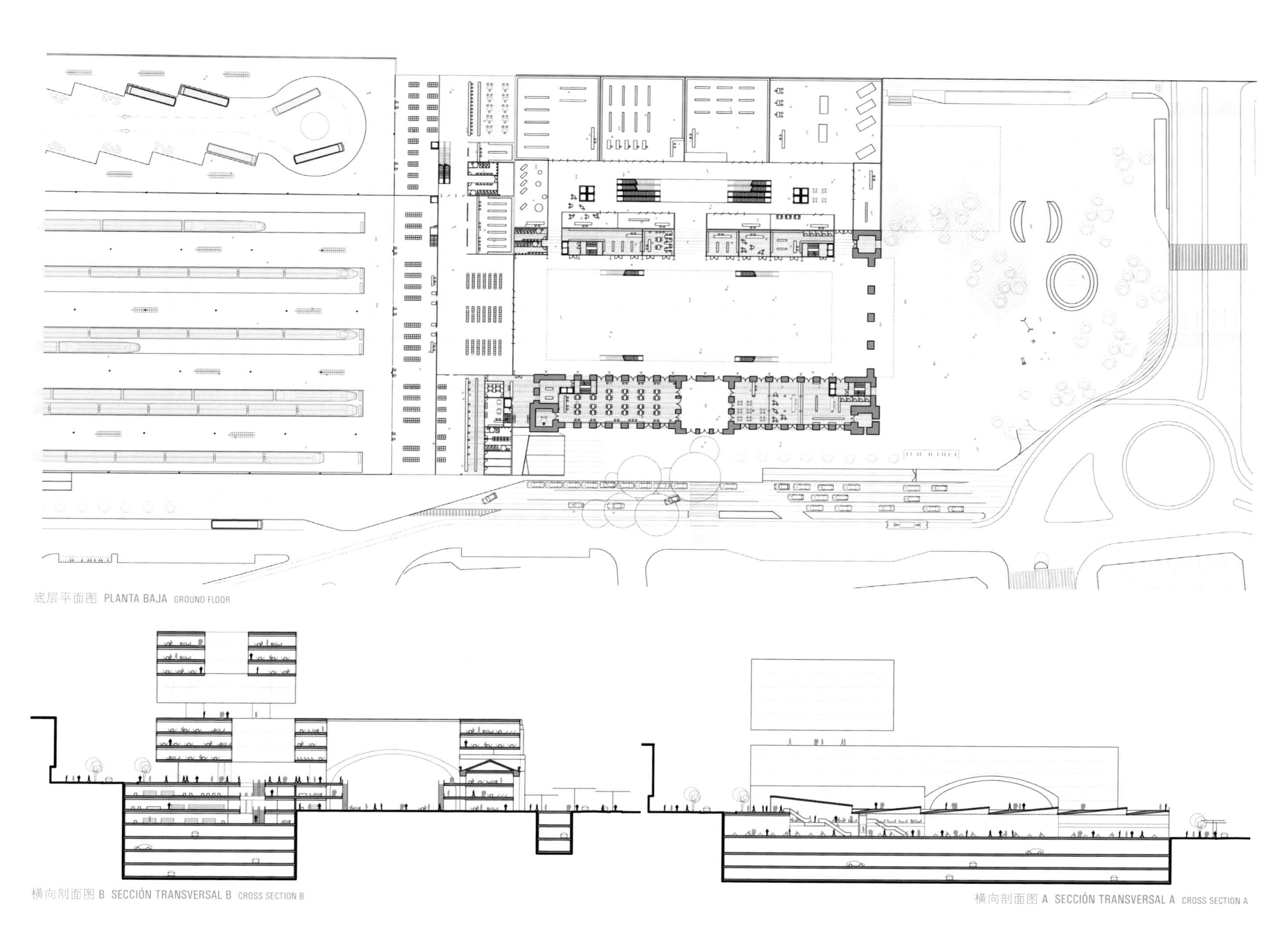

底层平面图 PLANTA BAJA GROUND FLOOR

横向剖面图 B SECCIÓN TRANSVERSAL B CROSS SECTION B

横向剖面图 A SECCIÓN TRANSVERSAL A CROSS SECTION A

San Cristobal联运车站 · 阿 · 格鲁尼亚
Estación Intermodal de San Cristóbal · A Coruña
San Cristobal Intermodal Station · Spain
入围 · **Finalista** · Finalist

conexiones(竞标代码)

Rogers Stirk Harbour & Partners · Vidal y Asociados Arquitectos (建筑师事务所)

Richard Rogers · Simon Smithson · Luis Vidal (建筑师)

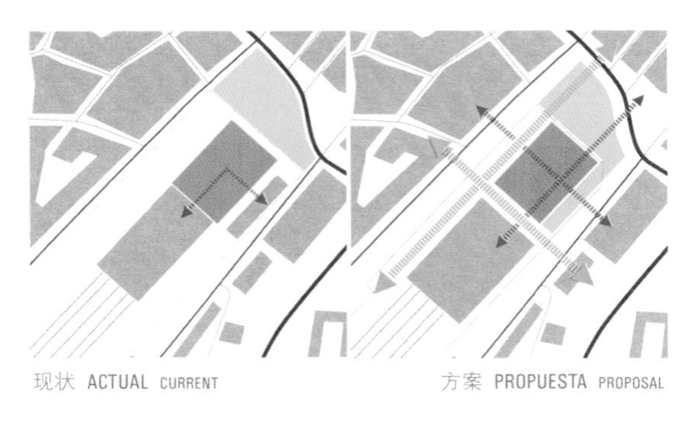

公共空间
ESPACIOS PÚBLICOS
PUBLIC SPACES

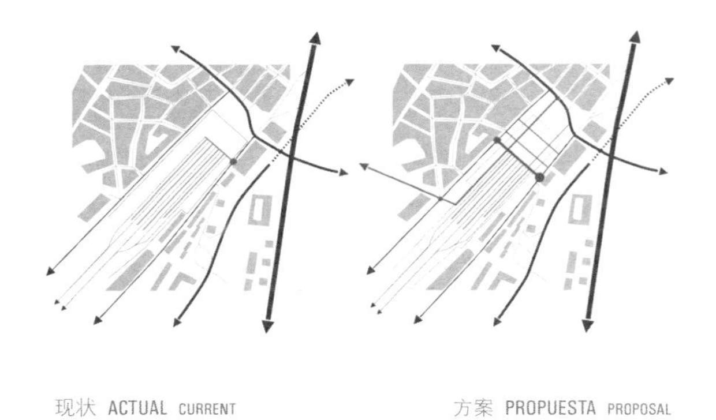

流线分析
DIAGRAMA CIRCULACIÓN
CIRCULATION DIAGRAM

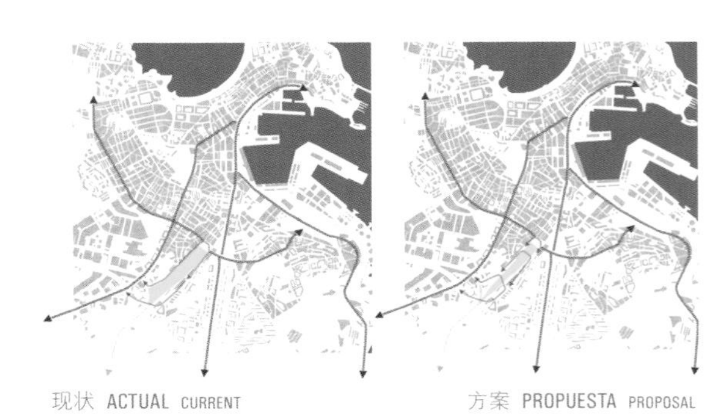

轨道分析
DIAGRAMA VÍAS
RAILS DIAGRAM

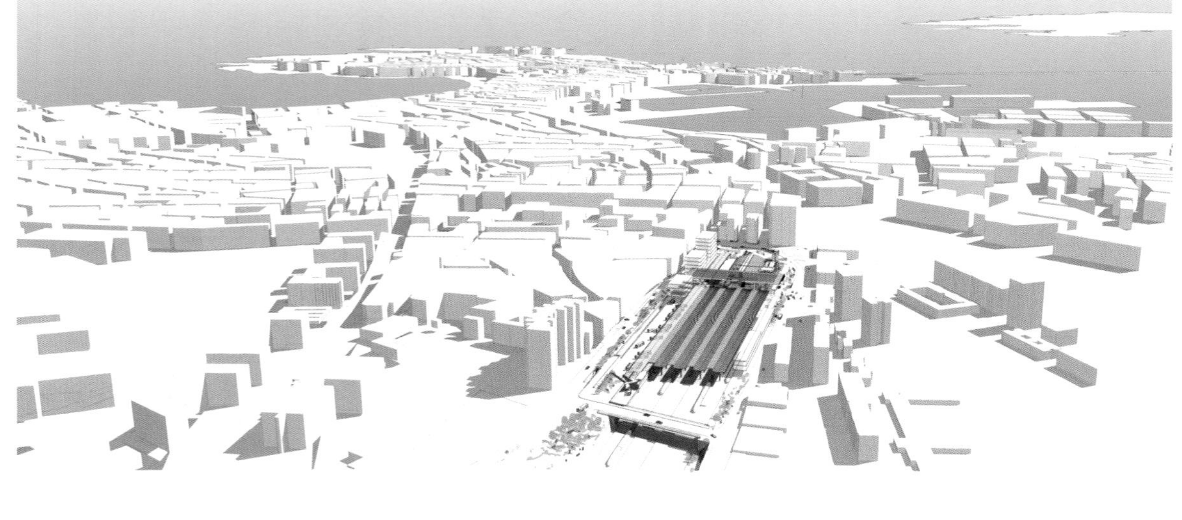

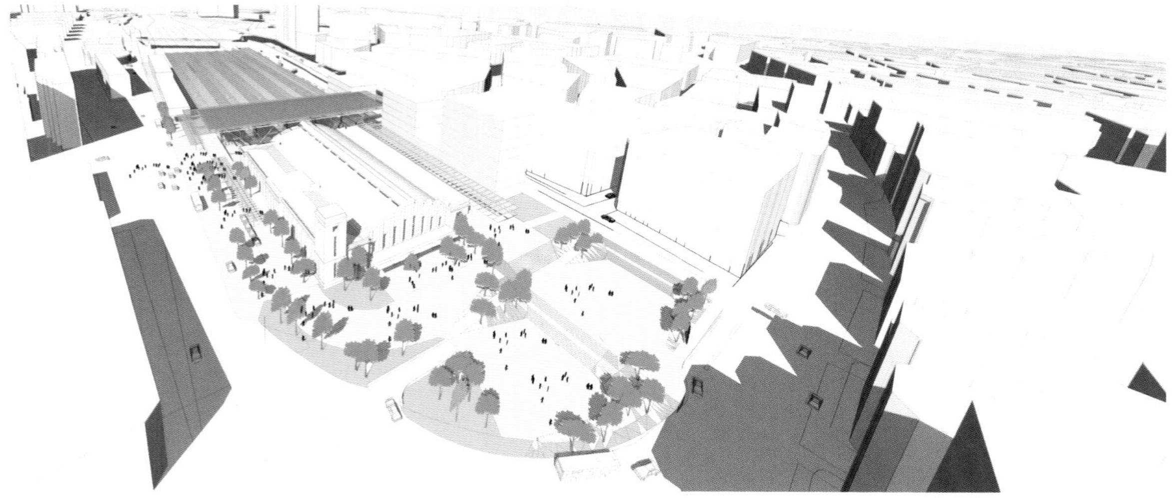

灵活性

该提议提出建造一座新的人行天桥，以解决城市结构的连通性问题。另外还提出通过宽敞的大厅，将城市与新的火车站连接起来。通过处理旧的车站顶部，释放空间，为市民提供极佳的聚集地点，这对于人口密度高、公共空间小的社区来说是极其宝贵的。

FLEXIBILIDAD

La propuesta crea un nuevo nexo peatonal, resolviendo la conectividad del tejido urbano. La propuesta soluciona los problemas de conexión mediante el gran vestíbulo conector que conecta la ciudad y la nueva estación. Se libera el espacio bajo la antigua marquesina, creando una fantástica plaza de encuentro para los ciudadanos muy necesaria en un barrio de alta densidad y con pocos espacios públicos.

FLEXIBILITY

The proposal creates a new pedestrian bridge, solving the connectivity of the urban fabric. The proposal addresses the connection through the great connective hall that connects the city and the new station. Space is released under the old roof, creating a fantastic meeting place for citizens, which is highly valued in a high density neighborhood with few public spaces.

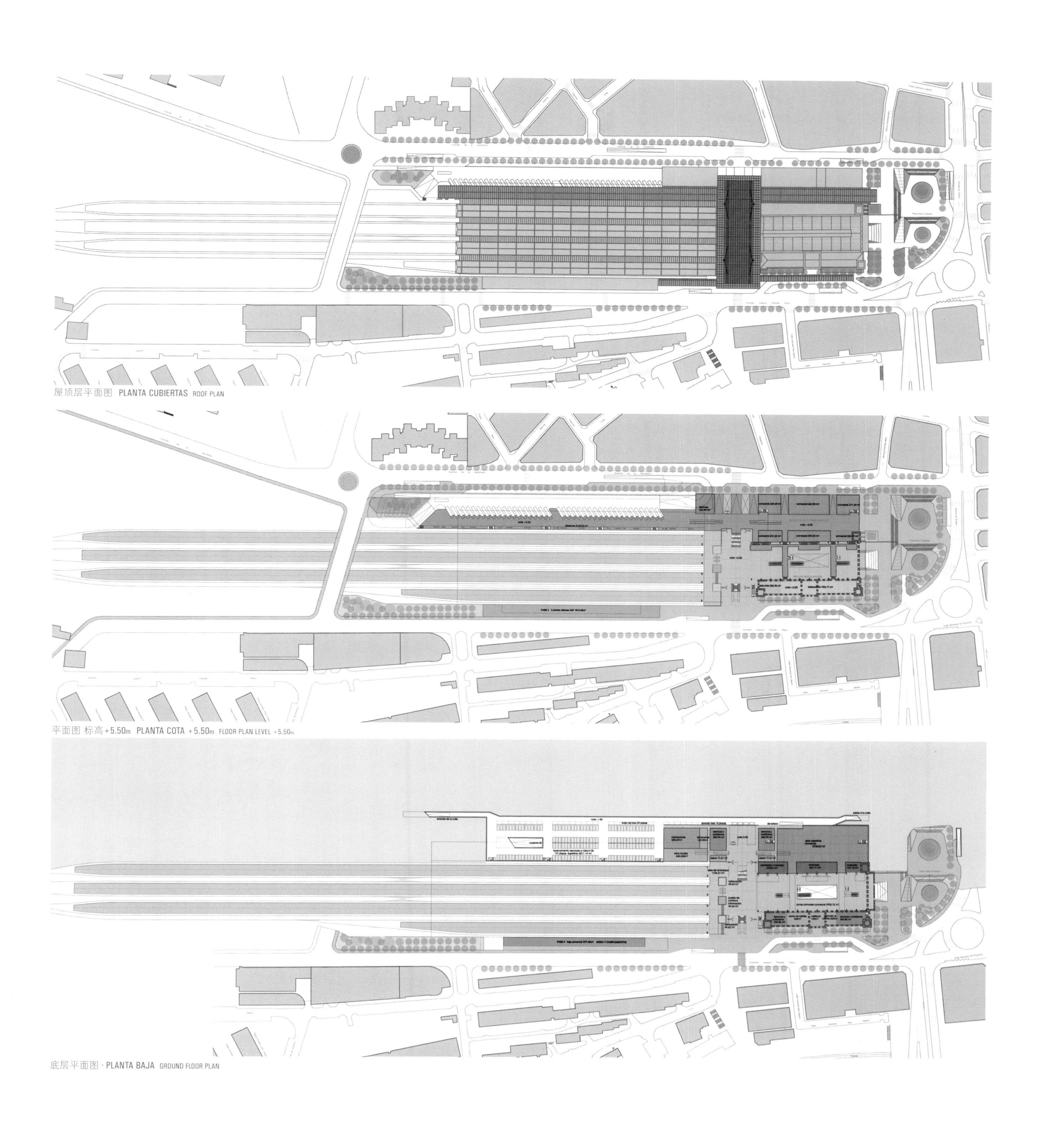

屋顶层平面图 PLANTA CUBIERTAS ROOF PLAN

平面图 标高+5.50m PLANTA COTA +5.50m FLOOR PLAN LEVEL +5.50m

底层平面图 · PLANTA BAJA GROUND FLOOR PLAN

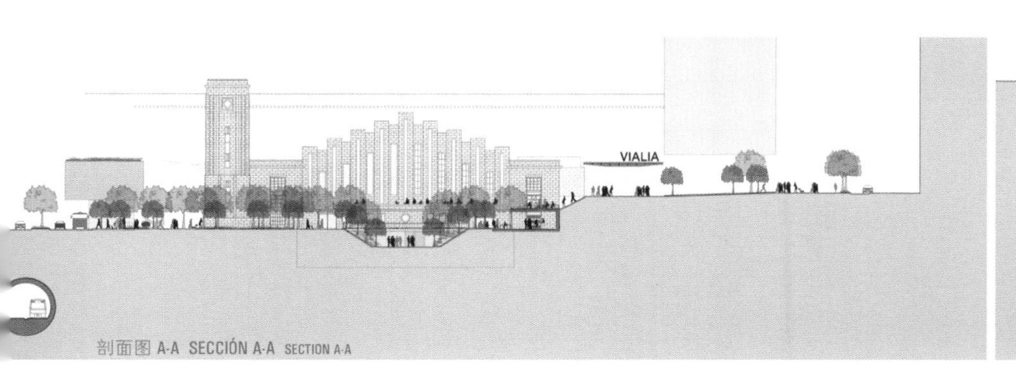

剖面图 A-A SECCIÓN A-A SECTION A-A

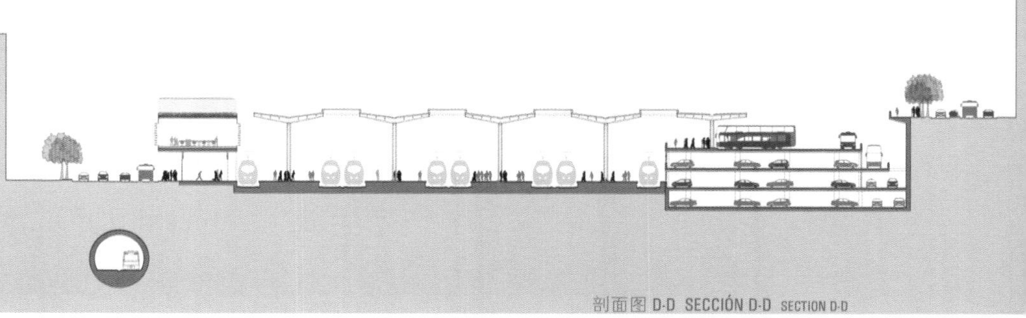

剖面图 D-D SECCIÓN D-D SECTION D-D

San Cristobal联运车站 · 阿 · 格鲁尼亚
Estación Intermodal de San Cristóbal · A Coruña
San Cristobal Intermodal Station · Spain
入围 · **Finalista** · Finalist

sardiñeira(竞标代码)

Rafael Moneo · Arenas & Asociados (建筑师事务所)

城市一体化

借助火车站和汽车站，将既有的建筑改建成受旅客欢迎的区域。该提议提出将火车站站台与车站进行融合，在同一建筑内即可连接。其玻璃屋顶有助于光线达到两个车站内部。

INTEGRACIÓN URBANA

Se transforma el edificio existente en un espacio de acogida tanto para los viajeros de Estación de Ferrocarril como para los de la Estación de Autobuses. La propuesta integra los andenes de la Estación de Ferrocarril y las Dársenas de la Estación de Autobuses bajo un mismo techo. Es una cubierta acristalada para permitir el paso de luz a ambas estaciones.

URBAN INTEGRATION

The existing building is transformed into a welcoming space for travelers using the Railway Station and the Bus Station. The proposal integrates the platforms of the railway station and of the bus station under one single roof. It is a glazed roof which promotes the passing of light to both stations.

区块位置 PLANO DE SITUACIÓN SITE PLAN

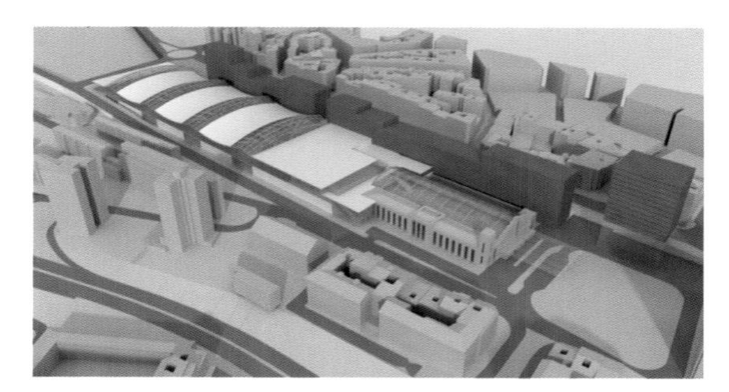

立面图 ALZADO ELEVATION

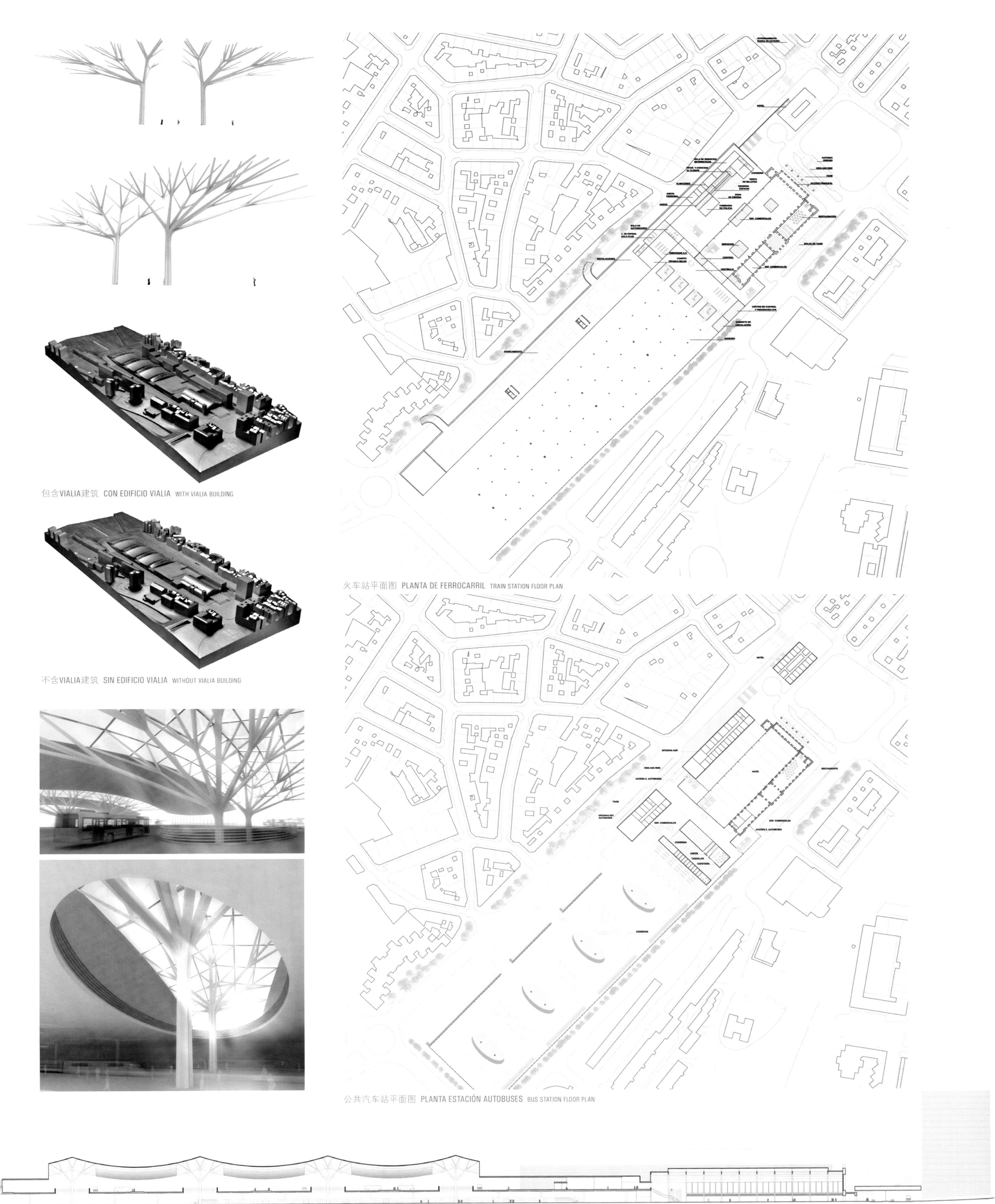

包含VIALIA建筑 CON EDIFICIO VIALIA WITH VIALIA BUILDING

不含VIALIA建筑 SIN EDIFICIO VIALIA WITHOUT VIALIA BUILDING

火车站平面图 PLANTA DE FERROCARRIL TRAIN STATION FLOOR PLAN

公共汽车站平面图 PLANTA ESTACIÓN AUTOBUSES BUS STATION FLOOR PLAN

纵向剖面图 SECCIÓN LONGITUDINAL LONGITUDINAL SECTION

联运车站 · 奥伦塞
Estación Intermodal · Ourense
Intermodal Station · Spain

竞标 · concurso · **competition**
联运车站
Estación Intermodal
Intermodal Station

竞标类型 · tipo de concurso · **competition type**
公开竞标
concurso abierto
open competition

项目地点 · localización · **site area**
奥伦塞 · 西班牙 Ourense · Spain

主办方 · órgano convocante · **promoter**
铁路基建管理局 ADIF Administración de Infraestructuras ferroviarias

日程安排 · fechas · **schedule**
招标 · Convocatoria · Announcement 05-2011
评审结果 · Fallo de jurado · Jury´s results 11-2011

评审团 · jurado · **jury**
Antonio González Marín · Jorge Duarte Vázquez · Enrique Urcola Fernández-Miranda

获奖者 · premios · **awards**

一等奖 · primer premio · **first prize**
FOSTER + PARTNERS (建筑师事务所)
CABANELAS CASTELO ARCHITECTS (建筑师事务所)

工程 engineering: G.O.C.

入围 · finalista · **finalist**
AZPA - ALEJANDRO ZAERA-POLO ARCHITECTURE (建筑师事务所)
Alejandro Zaera-Polo (建筑师)

合作 (c) Pep Wennberg · Robert · Berenguer · Ravi Lopes · Guillermo Fernandez-Abascal Manuel Eijo · Alicia Villagrá · Tomas Hallander · Eduardo Sanz de Acedo · Cristina Galmés

入围 · finalista · **finalist**
CRUZ Y ORTIZ ARQUITECTOS (建筑师事务所)
Antonio Cruz Villalón · Antonio Ortiz García
Blanca Sánchez Lara (建筑师)

效果图 renders: Cruz y Ortiz arquitectos, S.L.P
模型 models: Jorge Queipo

入围 · finalista · **finalist**
SOUTO MOURA ARQUITECTOS · JOÃO ÁLVARO ROCHA ARQUITECTOS
ADRIANO PIMENTA ARQUITECTOS (建筑师事务所)
Eduardo Souto de Moura · João Álvaro Rocha · Adriano Pimenta
Co-author: Javier Bespín Oliver (建筑师)
合作 (c) Alvaro Melo · Xavier De Rocafiguera · Angel Muñoz · Agnés Vila · Xavier García Marcel Juan Morera · Jose Mª Bosch · Juan A. Núñez · Carlos González · Jorge Laborda Carlos Alberto Muñoz · Carolina Jarreta · Montserrat Ballesteros · Federico Ramos

入围 · finalista · **finalist**
HERREROS ARQUITECTOS + RUBIO & ALVAREZ-SALA (建筑师事务所)
Juan Herreros · Carlos Rubio Carvajal · Enrique Alvarez-Sala (建筑师)
工程 engineering: KV Ingenieros
合作 (c) Herreros Arquitectos: Ramón Bermúdez · Jens Richter · Víctor Lacima · Blanca Sánchez Ana Torres · Mikel Martínez · Andreas Kalstveit · Eric Lilhanand · Maria Rius
合作 (c) Rubio & Alvarez-Sala: Gabriela Hombravella · Pablo García · Alberto Martín · Javier Rubio enrique Alvarez-Sala · Mateo Fernández-Muro · Bosco Pita
模型 model: Jose Luis Alcoceba
效果图 renders: Poliedro Estudio

入围 · finalista · **finalist**
ROGERS STIRK HARBOUR & PARTNERS (建筑师事务所)
VIDAL Y ASOCIADOS ARQUITECTOS (建筑师事务所)
Richard Rogers · Simon Smithson · Luis Vidal (建筑师)

工程 engineering: Fhecor Ingenieros Consultores · Aguilera Ingenieros
基建 infrastructure: TRN Ingeniería · Planificación de Infraestructuras

入围 · finalista · **finalist**
FRANCISCO MANGADO (建筑师事务所)

工程 engineering: SAITEC. Javier Urgoiti · Pino Urgoiti
合作 (c) Jose Mª Gastaldo · Alfredo González · María Esnaola · Paula Juango · Scott Betz

该项目涵盖了奥伦塞省高速列车火车站、调度办公室新大楼、Xesús Pousa Rodriguez街的扩建，以及连接新火车站和Avenida de Santiago广场的设计。

El proyecto **incluye la estación ferroviaria de Ourense, a la que llegará el AVE**, nuevos edificios para el Puesto de Mando y oficinas, la prolongación de la Calle Xesús Pousa Rodríguez y el proyecto básico de plaza de cobertura de vías entre la nueva estación y la Avenida de Santiago.

The project **includes the railway station of Ourense, where the high-speed train will arrive**, new buildings for the Control post and offices, the extension of the Street Xesús Pousa Rodríguez and the design for a square covering the rails between the new station and Avenida de Santiago.

联运车站 · 奥伦塞

Estación Intermodal · Ourense

Intermodal Station · Spain

一等奖 · Primer Premio · First Prize

as burgas (竞标代码)

Foster + Partners · Cabanelas Castelo Architects (建筑师事务所)

贯通

西班牙高速铁路(AVE)火车站位于既有的轨道地点，与汽车站以及地下停车场相结合。火车站的地面部分通透简洁，建筑表面采用玻璃材料，透明玻璃可以看到远处的山脉。候车大厅顶部采用一系列轻型材质，呈弧形横越于火车站上方，为广场和公园入口提供遮蔽作用。公园延伸至火车站广场，步行道路结构严谨，横穿广场，一泓清泉点缀其间。

VÍNCULOS

La estación del tren de alta velocidad AVE se ubica por encima de las vías existenes e integra una estación de autobuses y un área de aparcamiento. Por encima del suelo, la presencia de la estación es discreta y transparente, con fachadas vidriadas que ofrecen vistas a las montañas. La explanada se protege bajo una secuencia de cubiertas ligeras, que emergen en forma de arco sobre la estación y se extienden para dar sombra y acceso a la plaza. El parque se extiende desde la plaza de la estación intersectada por piscinas de agua y una trama formal de caminos peatonales.

LINKS

The high-speed AVE train station is located over the existing track level and integrates a bus station and parking area below. Above ground, the station's presence is discreet and transparent, with glazed façades that allow views through to the mountains beyond. The concourse is sheltered beneath a sequence of lightweight roof canopies, which rise in a sweeping arc over the station and extend to shade the plaza and entrance to the park. The park extends to the station plaza and is intersected by pools of water and a formal network of pedestrian walkways.

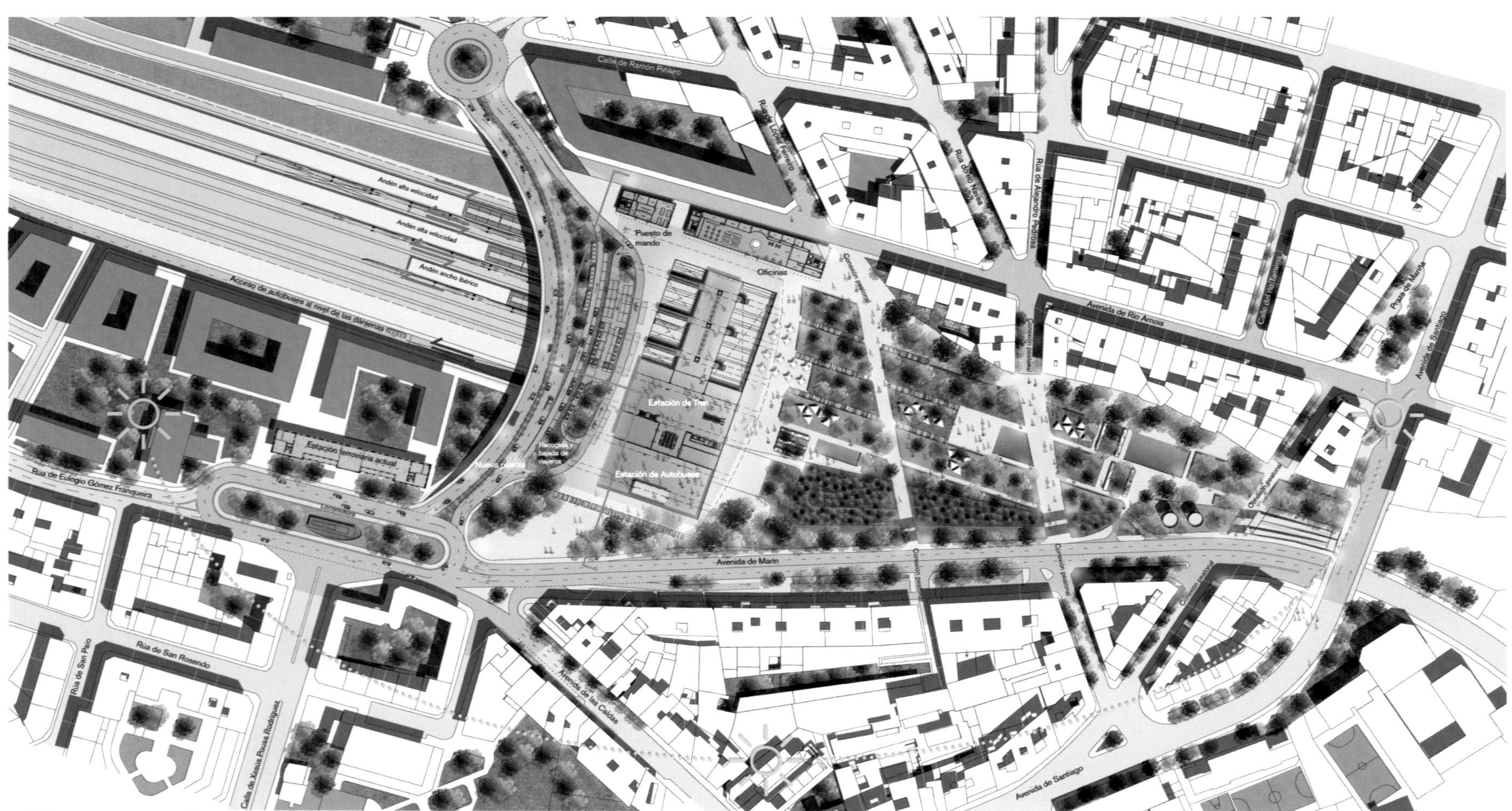

区块位置 PLANO DE SITUACIÓN SITE PLAN

OURENSE

联运车站 · 奥伦塞
Estación Intermodal · Ourense
Intermodal Station · Spain
入围 · Finalista · Finalist

ponte dourada (竞标代码)

AZPA - Alejandro Zaera-Polo Architecture (建筑师事务所)

Alejandro Zaera-Polo (建筑师)

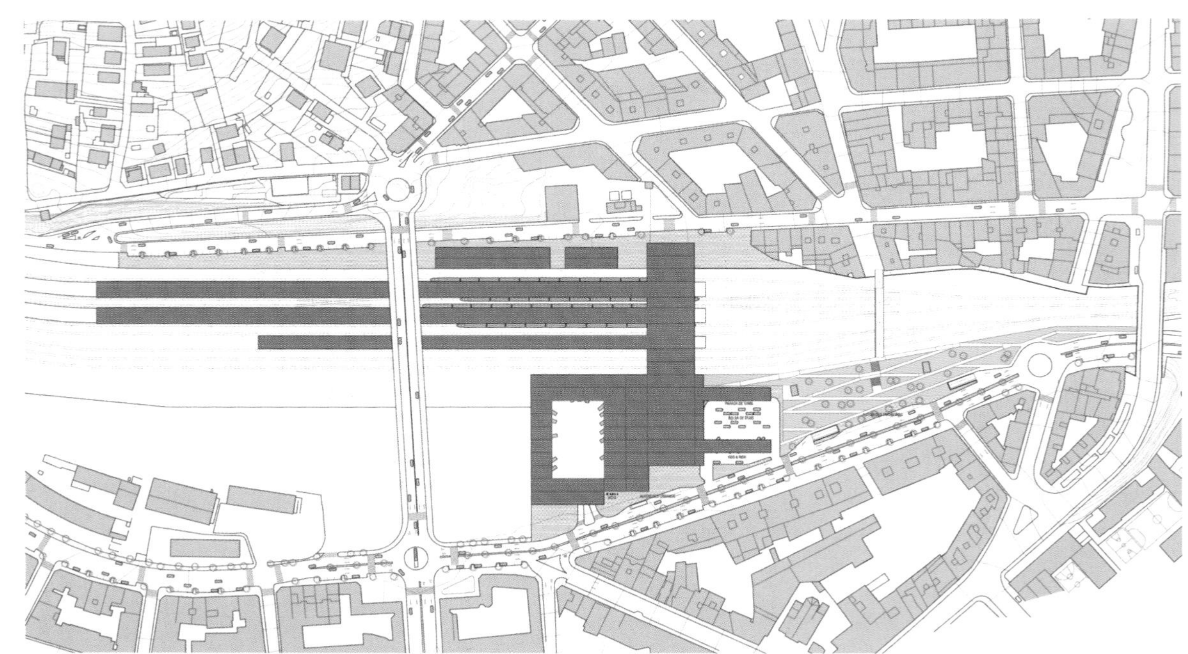

区块位置 PLANO DE SITUACIÓN SITE PLAN

拱状物的重复

该项目力图将桥梁视为城市集体记忆的一个重要元素。火车站成为桥梁和铁路隧道的一个混合体。两种土木工程基础设施均具有重要的区域连接特征，可将轨道两边的城市结构连接起来。火车站金黄色的建造材质旨在暗示这个城市过去辉煌的黄金时代。

REPETICIÓN DE BÓVEDAS

El proyecto trata de capitalizar en la presencia del puente como elemento importante en la memoria colectiva de la ciudad. La estación surge pues como un hibrido entre puente y túnel ferroviario. Ambas infraestructuras de ingeniería civil, con características fundamentales de conexión territorial, logran coser el tejido urbano a ambos lados de las vías. El color dorado del material con el que se construye la estación pretende ser una referencia al pasado aurífero de la ciudad.

REPETITION OF VAULTS

The project seeks to focus on the presence of the bridge as an important element in the collective memory of the city. The station emerges as a hybrid between bridge and railway tunnel. Both civil engineering infrastructures, with key features of territorial connection, manage to stitch the urban fabric on both sides of the tracks. The golden color of the material with which to build the station aims to be a reference to the golden past of the city.

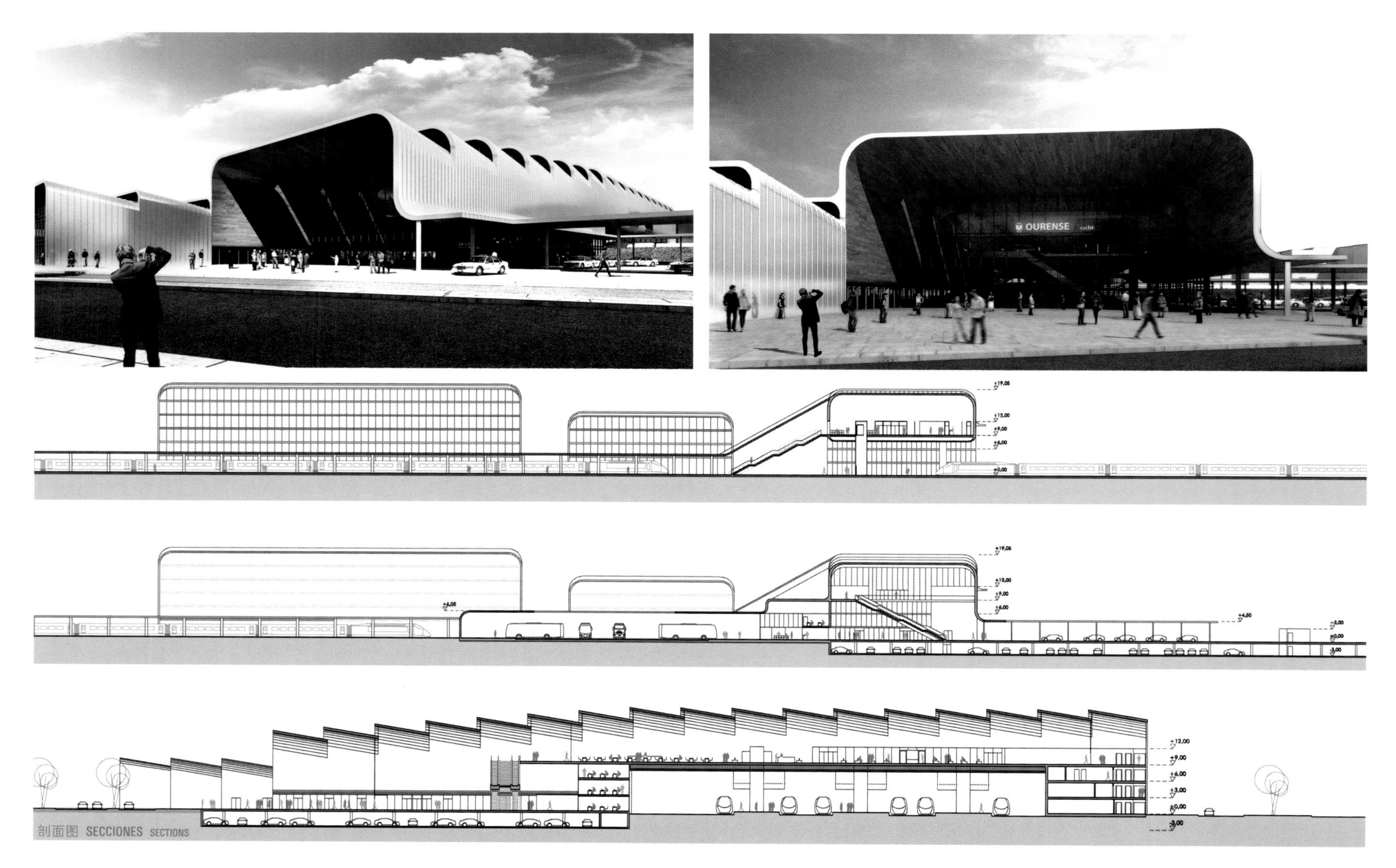

剖面图 SECCIONES SECTIONS

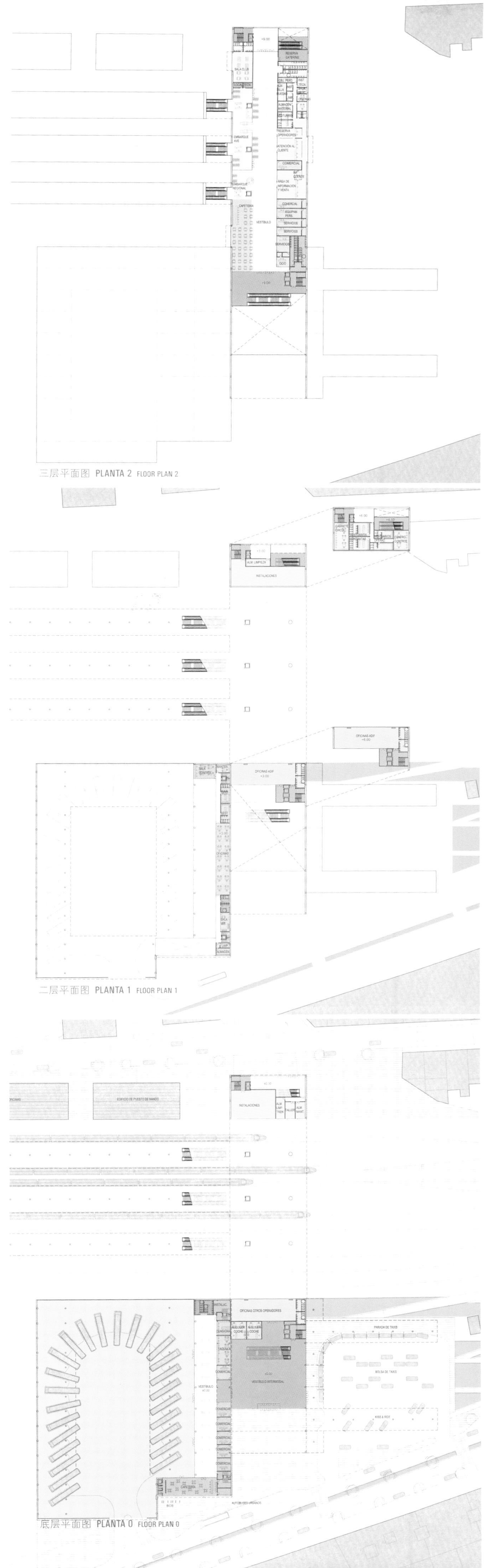

三层平面图 PLANTA 2 FLOOR PLAN 2

二层平面图 PLANTA 1 FLOOR PLAN 1

底层平面图 PLANTA 0 FLOOR PLAN 0

联运车站 · 奥伦塞

Estación Intermodal · Ourense

Intermodal Station · Spain

入围 · Finalista · Finalist

a ponte (竞标代码)

Cruz y Ortiz arquitectos (建筑师事务所)

Antonio Cruz Villalón · Antonio Ortiz García (建筑师)

紧凑型建筑

保留的车站建筑可用于多种用途：文化和商业。新火车站采用同样材料，对顶部进行改换，给人一种耳目一新的感觉。轨道的上方为新的公园——而非火车站广场——将两块城市区域融为一体。

UN PROYECTO COMPACTO

El edificio de la estación se conserva y queda disponible para cualquier uso: cultural y comercial. La sustitución de su cubierta por el mismo material de la nueva estación, rejuvenecerá su imagen. La cubrición de las vías, más que la plaza de la estación es un nuevo parque que unifica dos zonas urbanas.

A COMPACT BUILDING

The station building is preserved and is available for any use: cultural and commercial. The replacement of its roof for the same material of the new station rejuvenates its image. The cover of the tracks, rather than the square of the station, is a new park that unifies two urban areas.

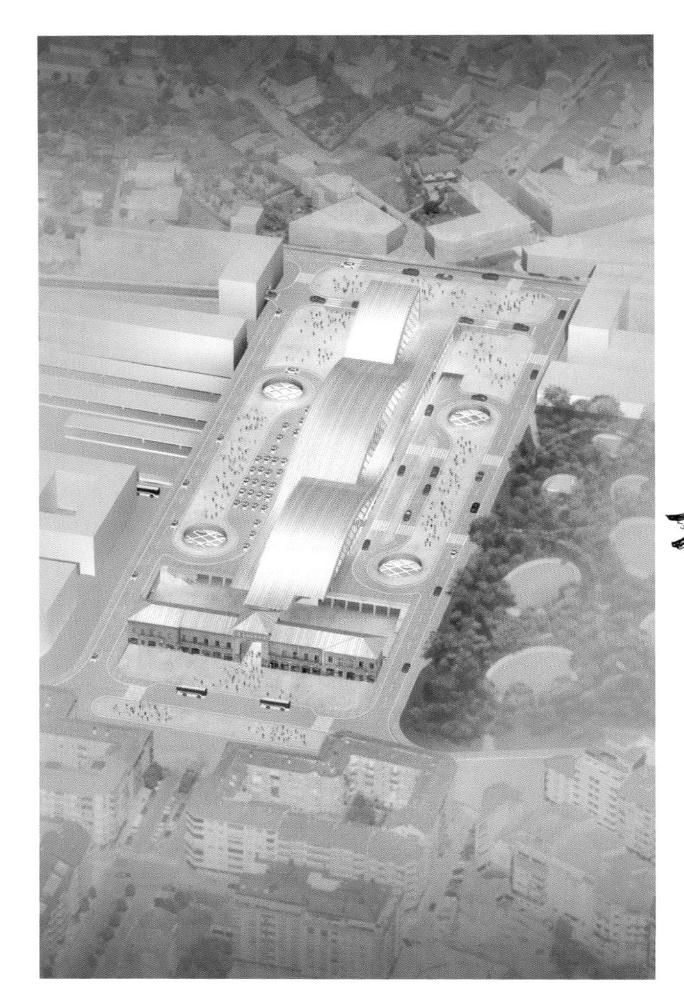

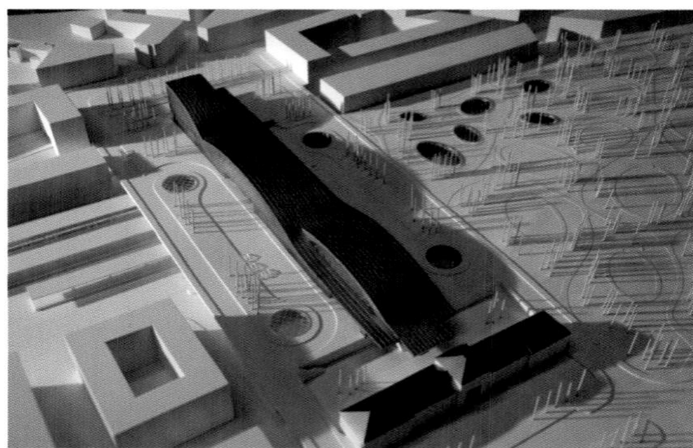

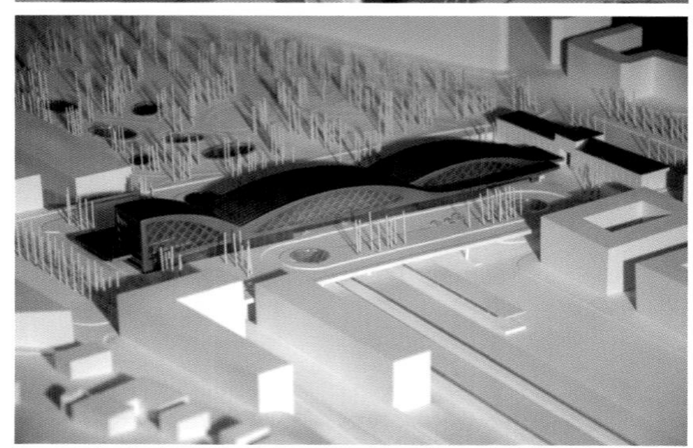

纵向剖面图 SECCIÓN LONGITUDINAL LONGITUDINAL SECTION

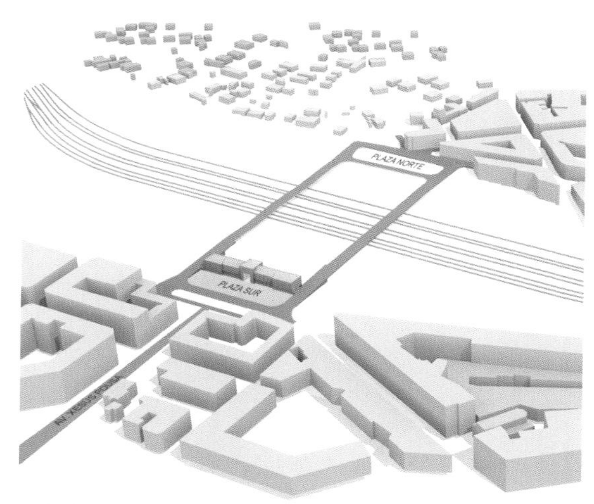

既有建筑可得以保存
EL EDIFICIO DE LA ACTUAL ESTACIÓN PUEDE MANTENERSE
THE EXISTING BUILDING CAN BE PRESERVED

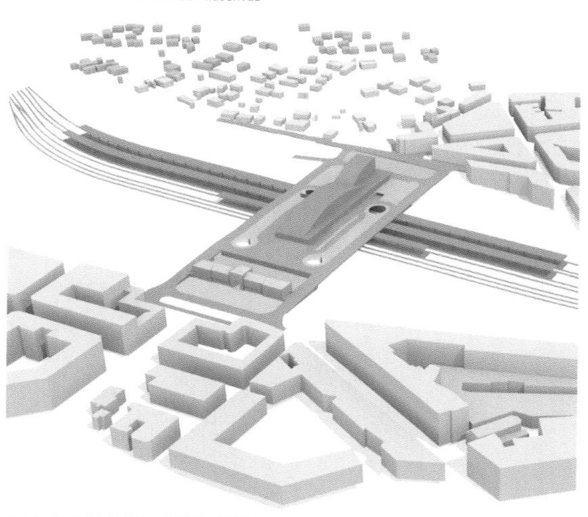
新火车站的位置，紧凑型建筑
LA POSICIÓN DE LA NUEVA ESTACIÓN, UN EDIFICIO COMPACTO
LOCATION OF THE NEW STATION, A COMPACT BUILDING

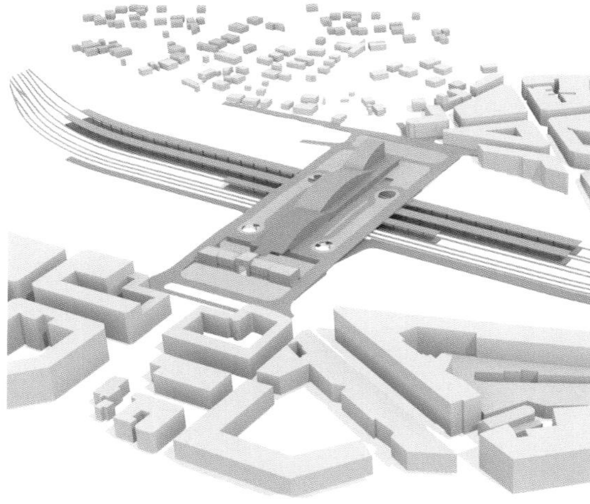
其施工独立于火车站
SU CONSTRUCCIÓN ES INDEPENDIENTE A LA ESTACIÓN DE TREN
ITS CONSTRUCTION IS INDEPENDENT TO THE TRAIN STATION

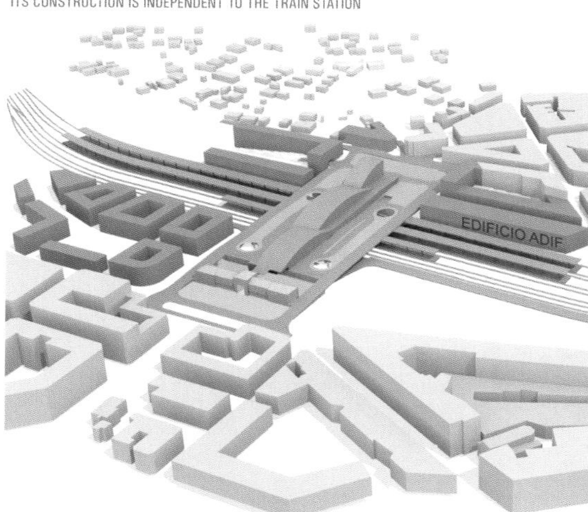

北面的火车站新广场
LA NUEVA PLAZA DE LA ESTACIÓN EN LA ZONA NORTE
THE NEW SQUARE OF THE STATION TO THE NORTH

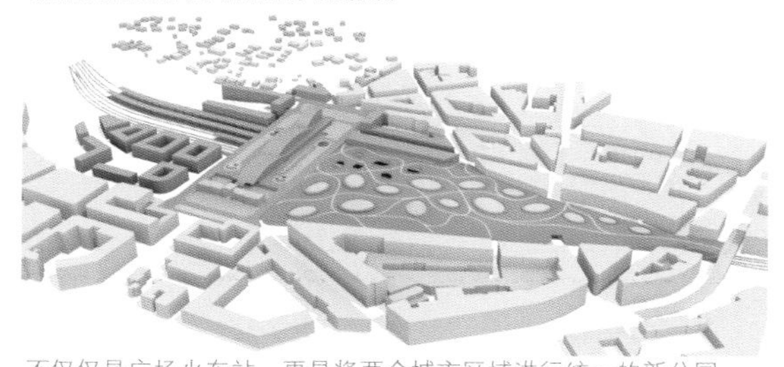
不仅仅是广场火车站，更是将两个城市区域进行统一的新公园
MAS QUE LA PLAZA DE LA ESTACIÓN, UN NUEVO PARQUE QUE UNIFICA DOS ZONAS URBANAS
MORE THAN THE PLAZA STATION, A NEW PARK THAT UNIFIES TWO URBAN ZONES

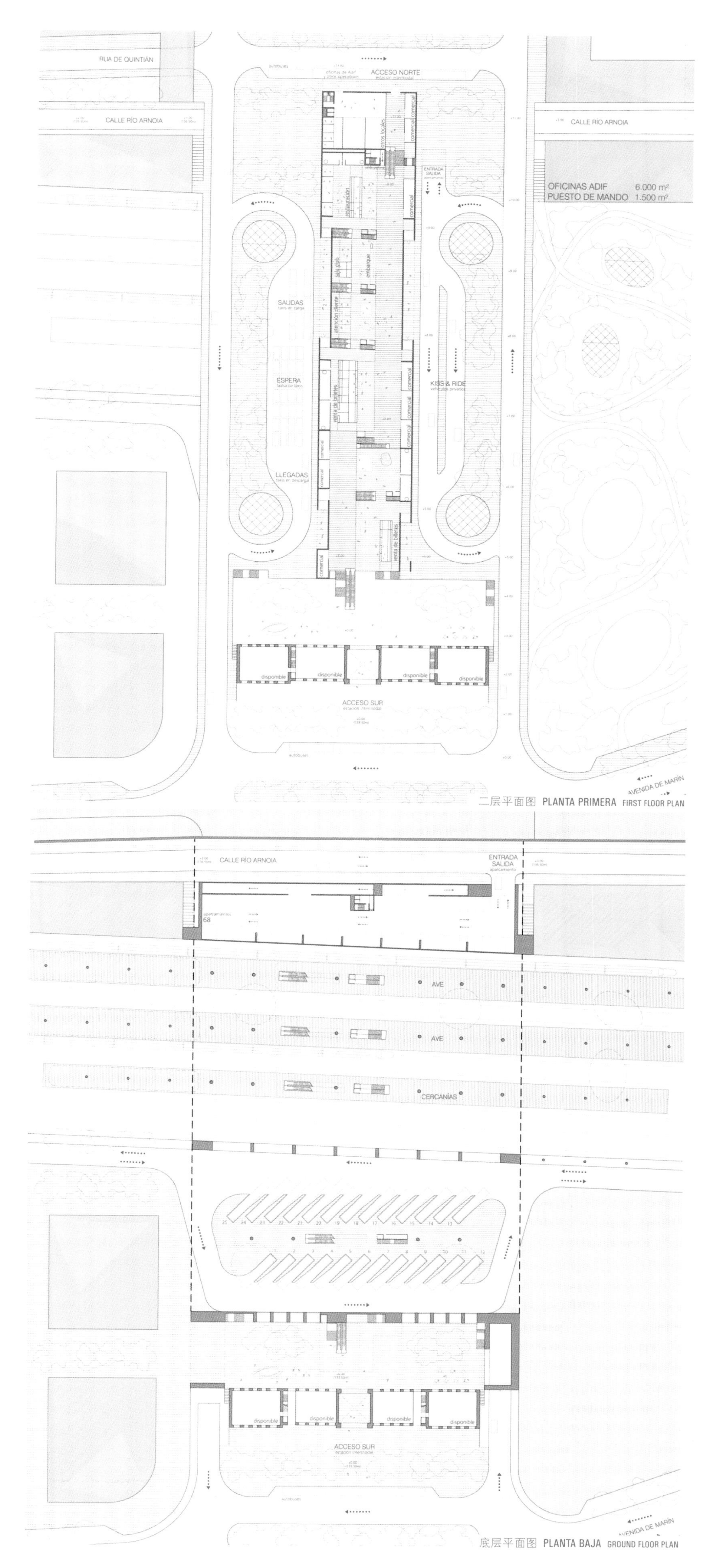

二层平面图 PLANTA PRIMERA FIRST FLOOR PLAN

底层平面图 PLANTA BAJA GROUND FLOOR PLAN

联运车站 · 奥伦塞
Estación Intermodal · Ourense
Intermodal Station · Spain
入围 · **Finalista** · Finalist

link (竞标代码)

Souto Moura Arquitectos · João Álvaro Rocha Arquitectos · Adriano Pimenta Arquitectos (建筑师事务所)

区块位置 PLANO DE SITUACIÓN SITE PLAN

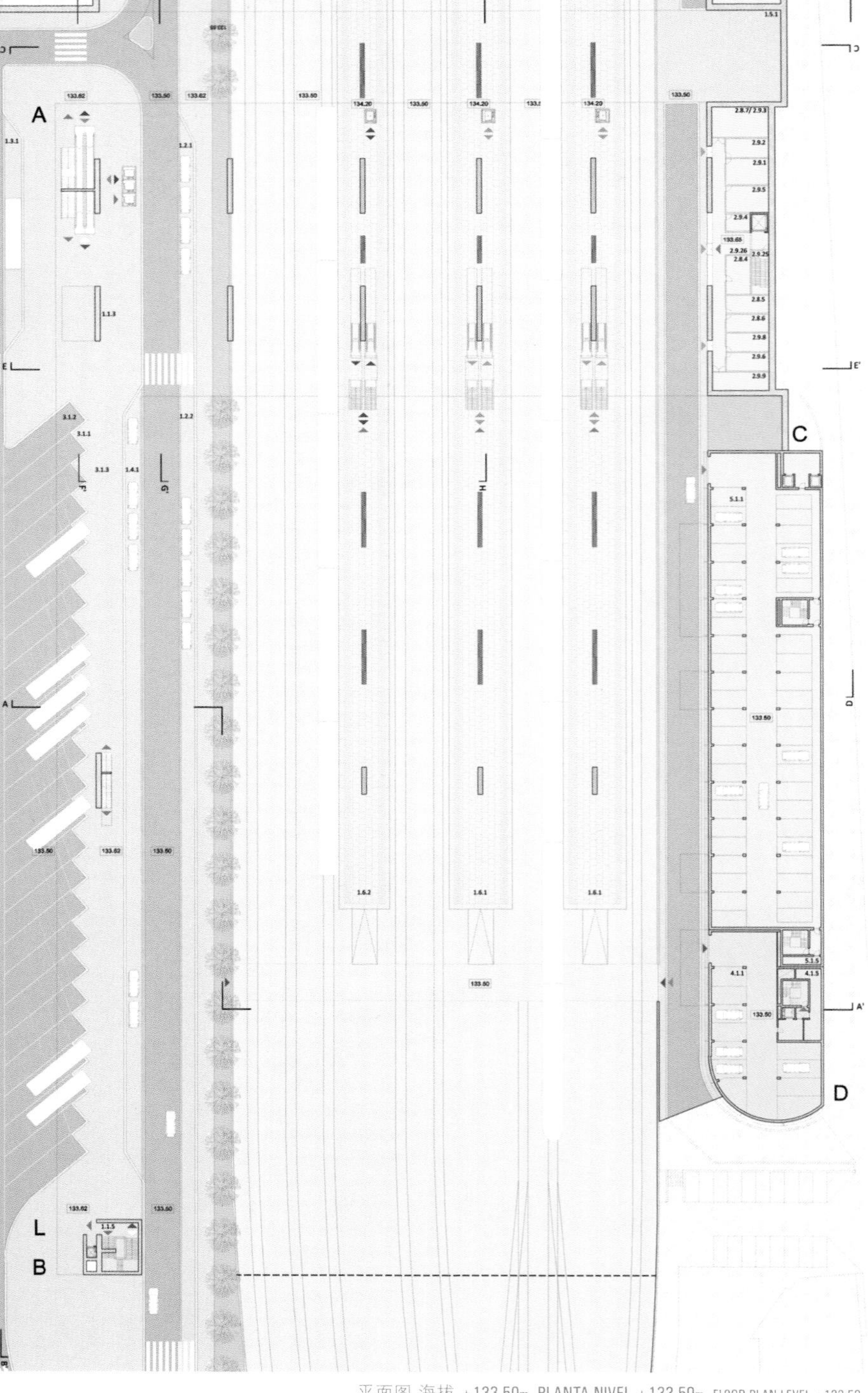
平面图 海拔 +133.50m PLANTA NIVEL +133.50m FLOOR PLAN LEVEL +133.50m

白色混凝土

该提议的关注点在于将支离破碎的城市“感觉”降至最低。新的桥梁可供车辆行驶，此外还包括一个28米宽的景观走道。鉴于火车站位置向西面移动，两个平行的市政基础设施宛若两个分散区域间的大型“订书钉”。

HORMIGÓN BLANCO

El interés de esta propuesta es minimizar la “presencia” de la ciudad fragmentada. Además de un nuevo puente que sirve al tráfico automovilístico, se incluye una alameda ajardinada con 28,00m de anchura. Desplazando la estación hacia el oeste del lugar, las dos infraestructuras urbanas paralelas forman una especie de “grapa” robusta entre las dos partes fragmentadas de la ciudad.

WHITE CONCRETE

The interest of this proposal is to minimize the “presence” of the fragmented city. Addition of a new bridge that serves the automobile traffic, it includes a 28.00m-wide landscaped walkway. Considering the shift of the station towards the west of the site, the two parallel urban infrastructures are like a robust “staple” between the two fragmented parts of the city.

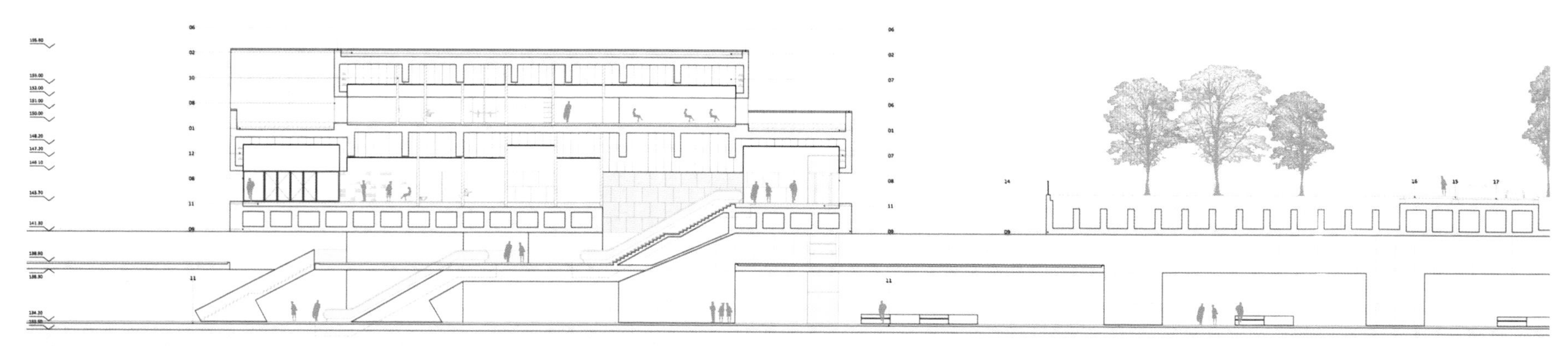
剖面图 H-H' SECCIÓN H-H' SECTION H-H'

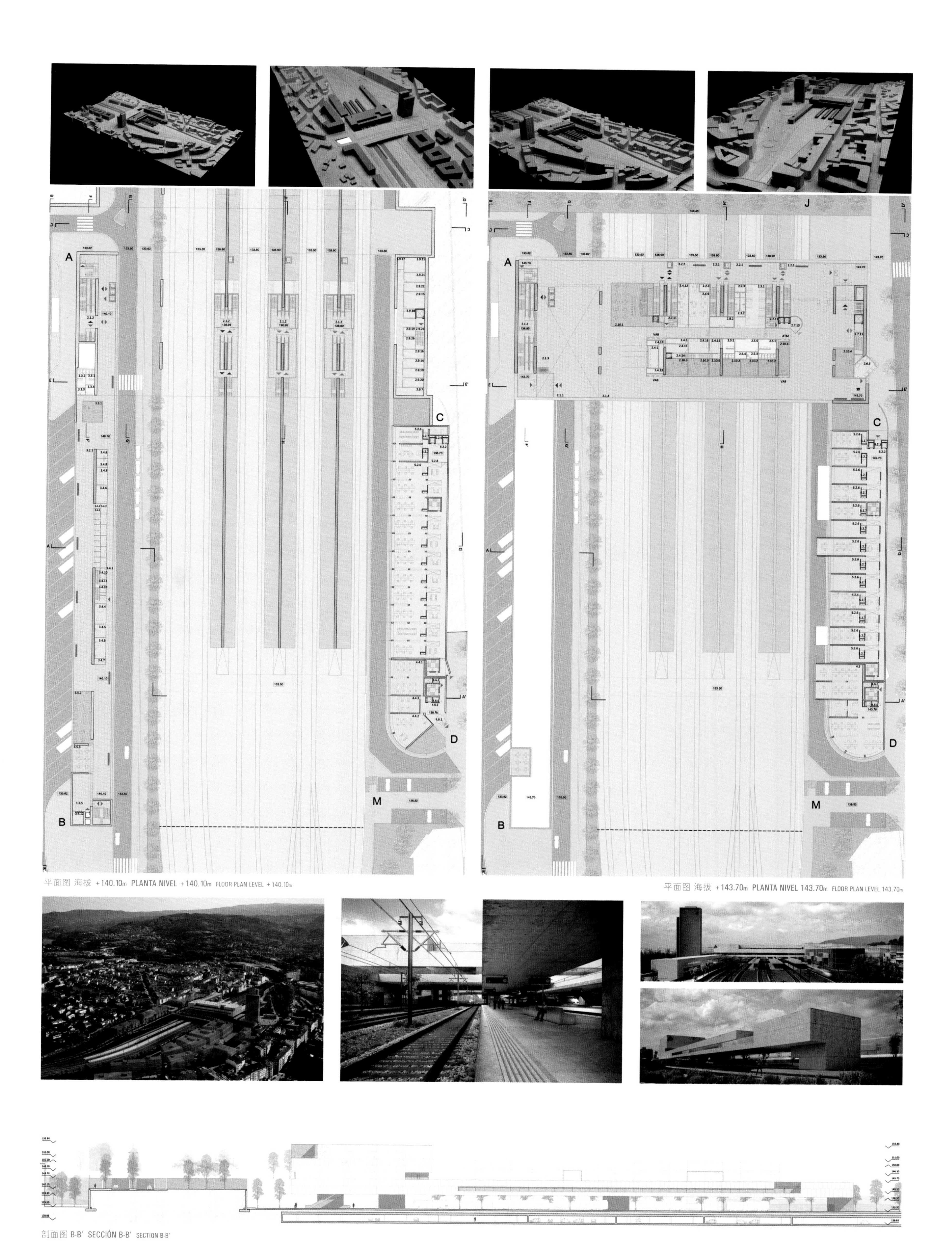

平面图 海拔 +140.10m PLANTA NIVEL +140.10m FLOOR PLAN LEVEL +140.10m

平面图 海拔 +143.70m PLANTA NIVEL 143.70m FLOOR PLAN LEVEL 143.70m

剖面图 B-B' SECCIÓN B-B' SECTION B-B'

联运车站 · 奥伦塞
Estación Intermodal · Ourense
Intermodal Station · Spain
入围 · Finalista · Finalist

4 cousas hai en ourense (竞标代码)

Herreros Arquitectos + Rubio & Alvarez-Sala (建筑师事务所)

Juan Herreros · Carlos Rubio Carvajal · Enrique Alvarez-Sala (建筑师)

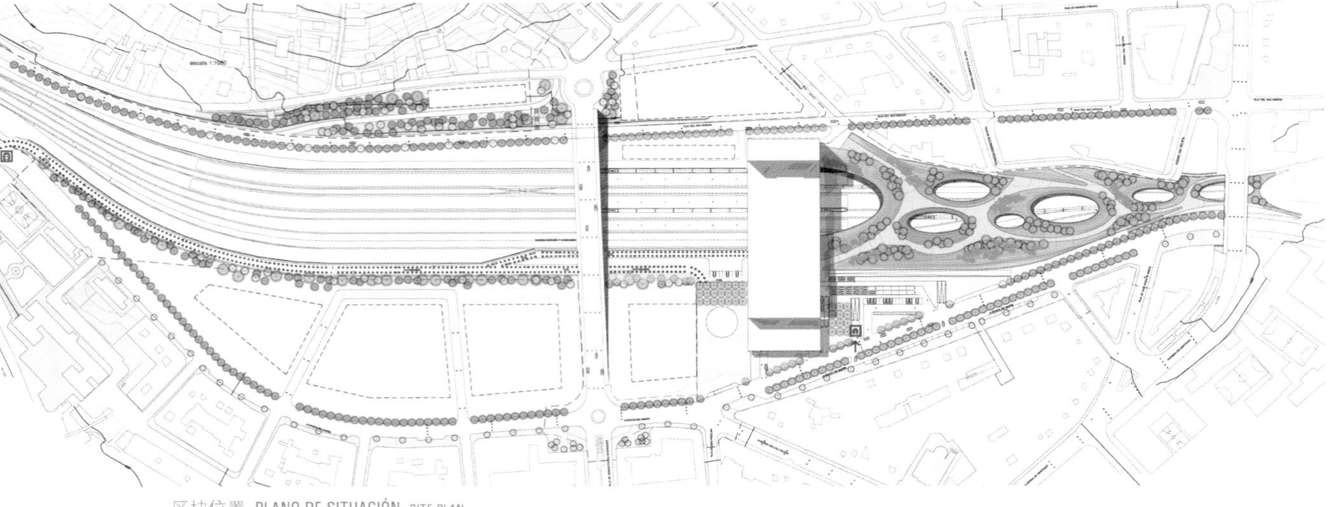

区块位置 PLANO DE SITUACIÓN SITE PLAN

白色铝材表皮

我们提议建造火车站桥梁、城市桥梁和建筑桥梁，可将两个地方连接起来。火车站与火车间为纵向连接，社区间为横向连接。我们提议应及时建造一座可变形的建筑，以使从各个角度都可以看到火车站上方为办公大楼。

PIEL DE ALUMINIO BLANCO

Se propone una estación puente, un puente urbano, un edificio puente, que cose dos zonas de ciudad mal relacionadas. La relación de la estación con los trenes se resuelve en vertical, en tanto que la relación entre barrios se resuelve en horizontal. Se propone un edificio transformable en el tiempo. Sobre la estación, pero autónomo desde todos los puntos de vista, el edificio de oficinas.

SKIN OF WHITE ALUMINIUM

We propose a station-bridge, an urban bridge, a building-bridge, which sews two areas badly connected. The relationship of the station with the trains is fixed vertically, while the relationship between neighborhoods is fixed horizontally. We propose a transformable building in time. Over the station, although autonomously from all points of view, is the office building.

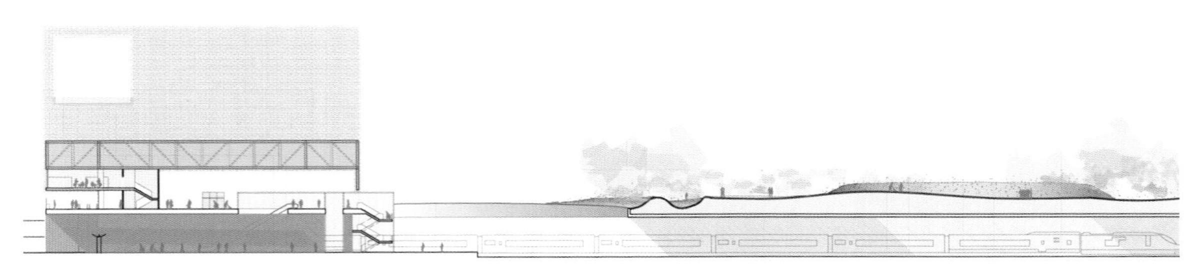

纵向立面图 ALZADO LONGITUDINAL LONGITUDINAL ELEVATION

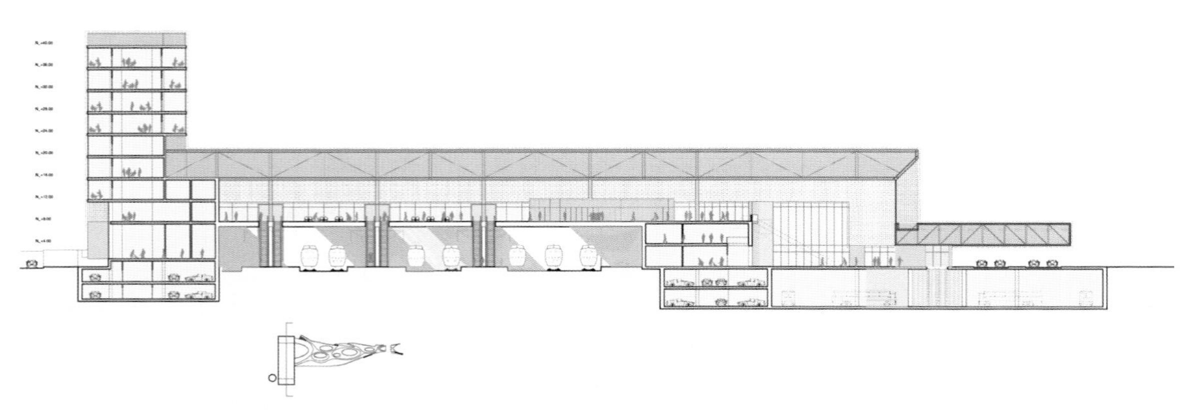

纵向剖面图 AA' SECCIÓN LONGITUDINAL AA' LONGITUDINAL SECTION AA'

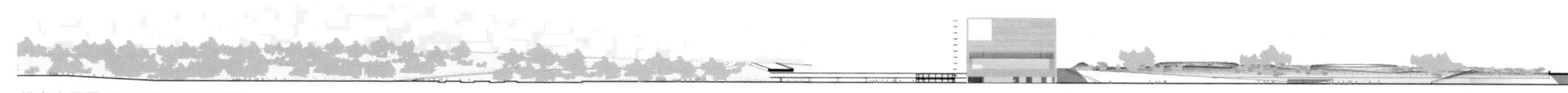

纵向立面图 ALZADO LONGITUDINAL LONGITUDINAL ELEVATION

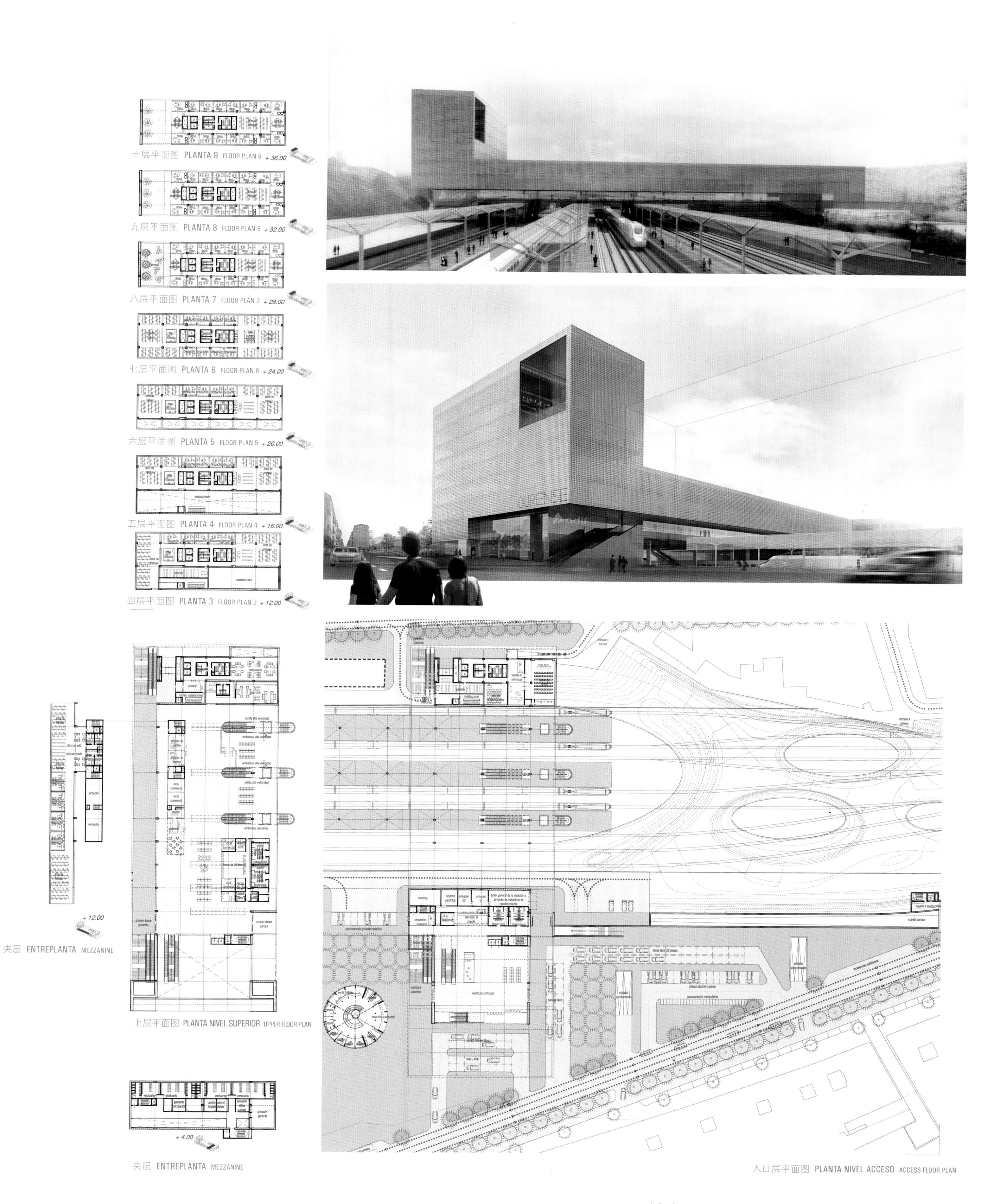

十层平面图 PLANTA 9 FLOOR PLAN 9 + 36.00
九层平面图 PLANTA 8 FLOOR PLAN 8 + 32.00
八层平面图 PLANTA 7 FLOOR PLAN 7 + 28.00
七层平面图 PLANTA 6 FLOOR PLAN 6 + 24.00
六层平面图 PLANTA 5 FLOOR PLAN 5 + 20.00
五层平面图 PLANTA 4 FLOOR PLAN 4 + 16.00
四层平面图 PLANTA 3 FLOOR PLAN 3 + 12.00
OURENSE
adif
+ 12.00
夹层 ENTREPLANTA MEZZANINE
上层平面图 PLANTA NIVEL SUPERIOR UPPER FLOOR PLAN
+ 4.00
夹层 ENTREPLANTA MEZZANINE
入口层平面图 PLANTA NIVEL ACCESO ACCESS FLOOR PLAN

联运车站 · 奥伦塞
Estación Intermodal · Ourense
Intermodal Station · Spain
入围 · **Finalista** · Finalist

E_O_G (竞标代码)

Rogers Stirk Harbour & Partners + Vidal y Asociados arquitectos (建筑师事务所)

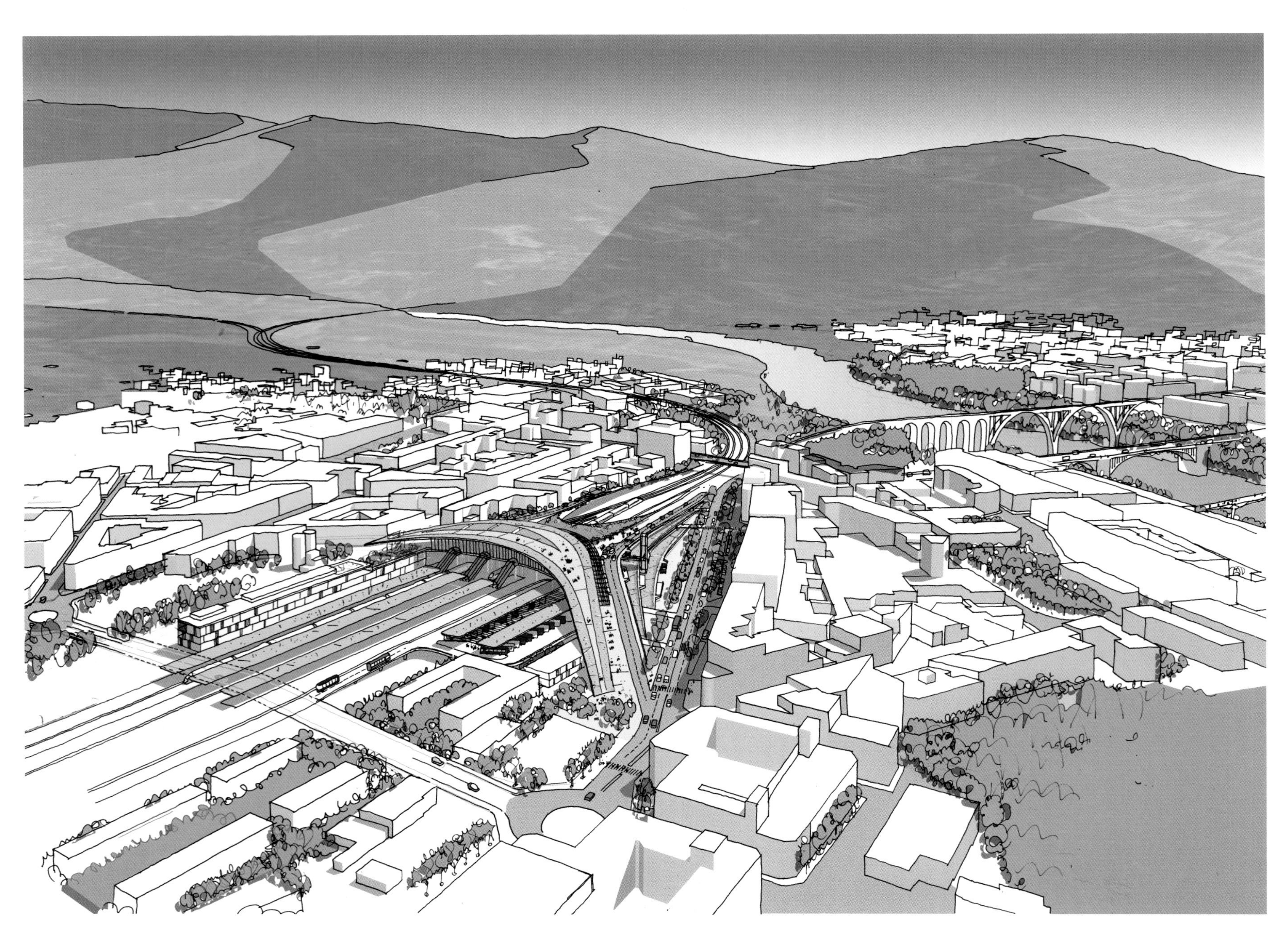

功能叠加

通过同样的语言和特征，建筑大面积梯状斜坡的概念可解决项目中的所有使用问题。梯状斜坡的连接可将不同运输方式连接起来。楼层平面图的曲线外形为客流方向。

SUPERPOSICIONES FUNCIONALES

El concepto de aterrazamiento mediante grandes superficies resuelve todos los usos del programa mediante un mismo lenguaje y carácter. La relación entre las terrazas articula la conectividad entre los diferentes medios de transporte. La forma curvilínea de las plantas es una expresión de los flujos de pasajeros.

FUNCTIONAL SUPERIMPOSITIONS

The concept of making a terraced slope with big surfaces solves all uses of the program using the same language and character. The relationship between the terraces articulates the connectivity between different modes of transport. The curvilinear shape of the floor plans is an expression of passenger flows.

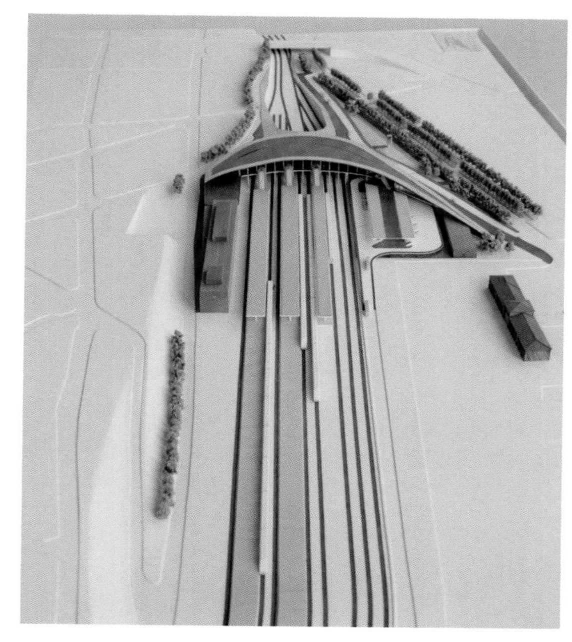

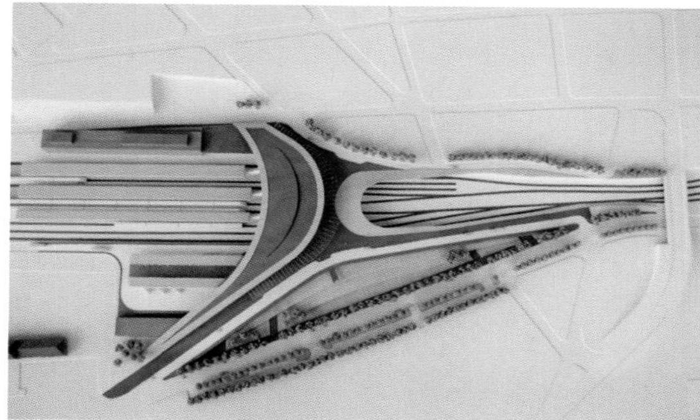

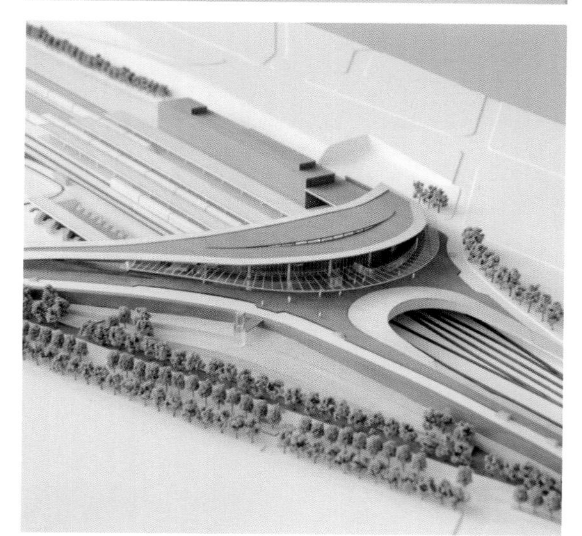

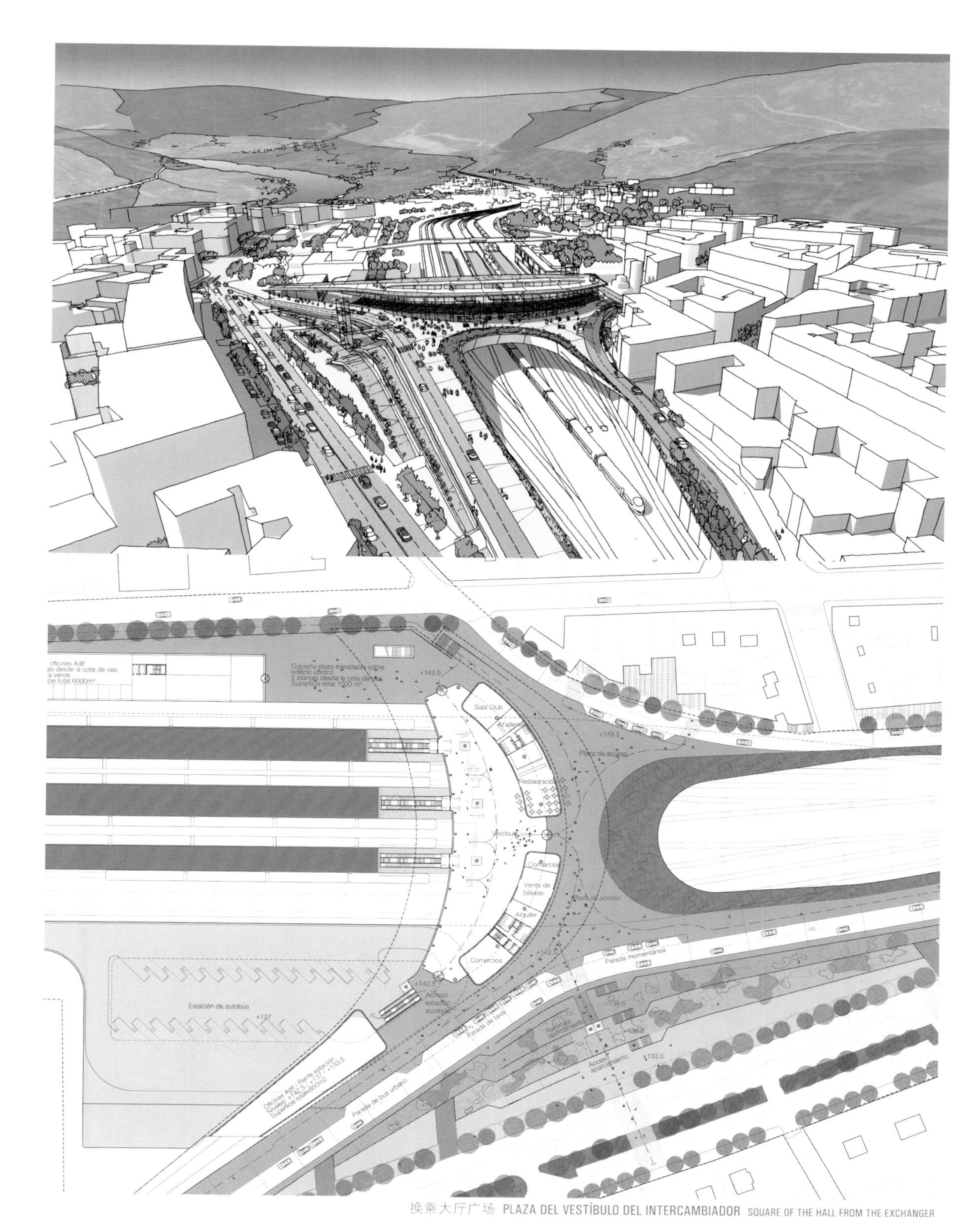

换乘大厅广场 PLAZA DEL VESTÍBULO DEL INTERCAMBIADOR SQUARE OF THE HALL FROM THE EXCHANGER

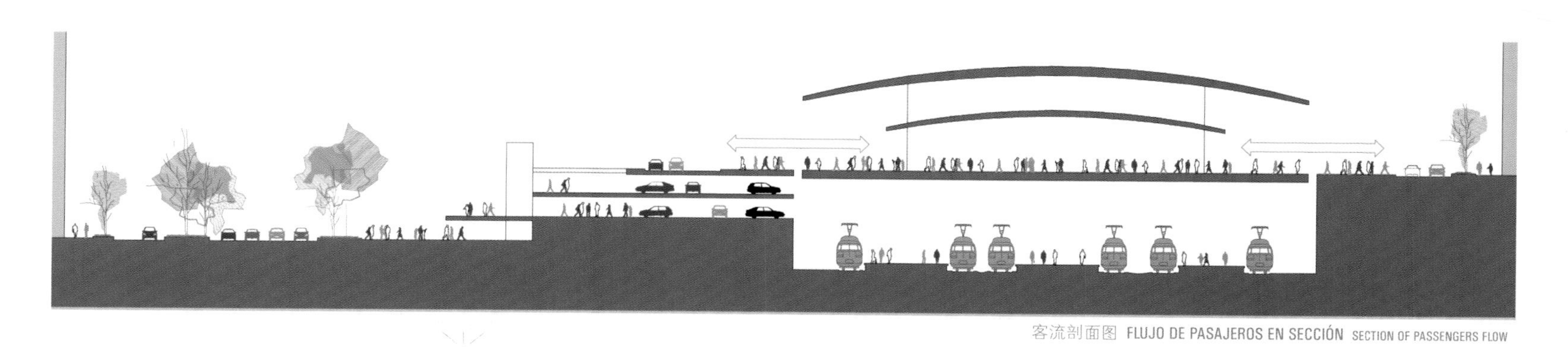

客流剖面图 FLUJO DE PASAJEROS EN SECCIÓN SECTION OF PASSENGERS FLOW

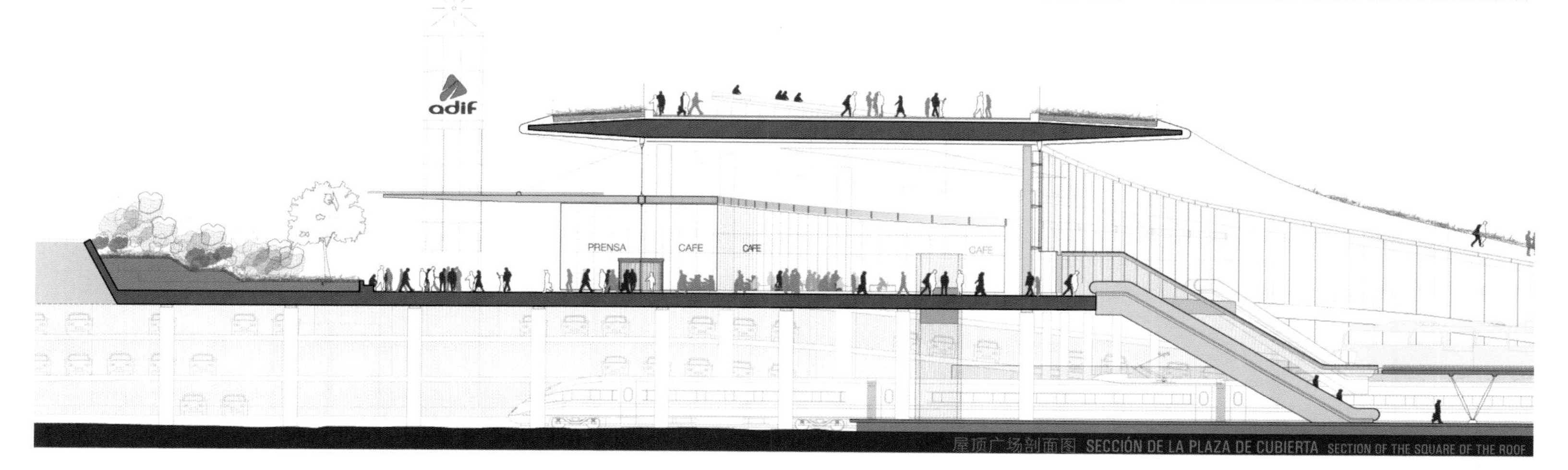

屋顶广场剖面图 SECCIÓN DE LA PLAZA DE CUBIERTA SECTION OF THE SQUARE OF THE ROOF

联运车站 · 奥伦塞

Estación Intermodal · Ourense

Intermodal Station · Spain

入围 · **Finalista** · Finalist

catenaria (竞标代码)

Francisco Mangado (建筑师)

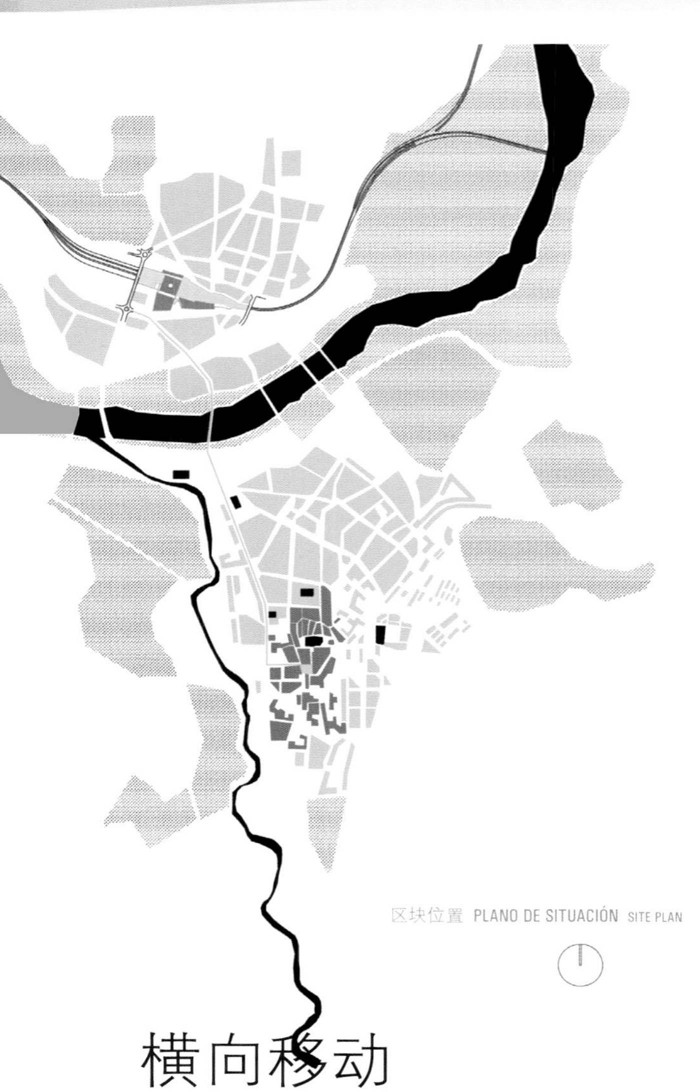

区块位置 PLANO DE SITUACIÓN SITE PLAN

横向移动

概念上的和正式的解决方案包括建造一个大型中央区，可作为独立结构的连接线。大型双层结构采用轻型“帐篷”外形，可将复杂的建筑方向融为一体，同时为火车站打造一个清晰有力的形象。

TRÁNSITO TRANSVERSAL

La solución conceptual y formal tiene que ver con la creación de un gran espacio central, definido como una estructura autónoma en forma de catenaria. Estas dos grandes cubiertas, planteadas como “tiendas” ligeras son una respuesta que permite compaginar la compleja direccionalidad, a la vez que se define una imagen rotunda y clara para la estación de trenes.

CROSS MOVEMENT

The conceptual and formal solution involves creating a large central space, defined as an autonomous structure as a catenary. These two large decks, shaped as light “tents” are a response that combines the complex directionality, while defining a clear and resounding image for the train station.

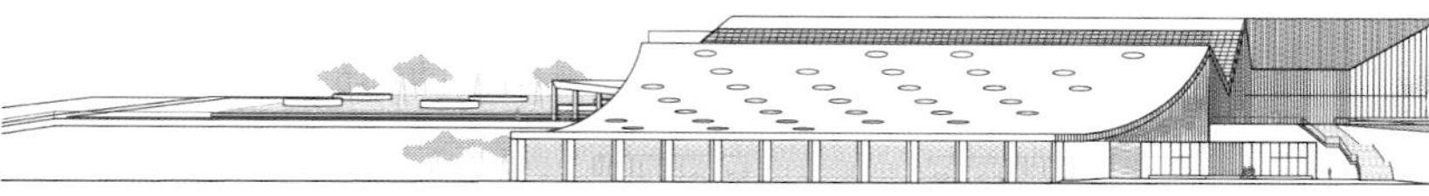

南立面图(公共汽车站) ALZADO SUR (ESTACIÓN AUTOBUSES) SOUTH ELEVATION (BUS STATION)

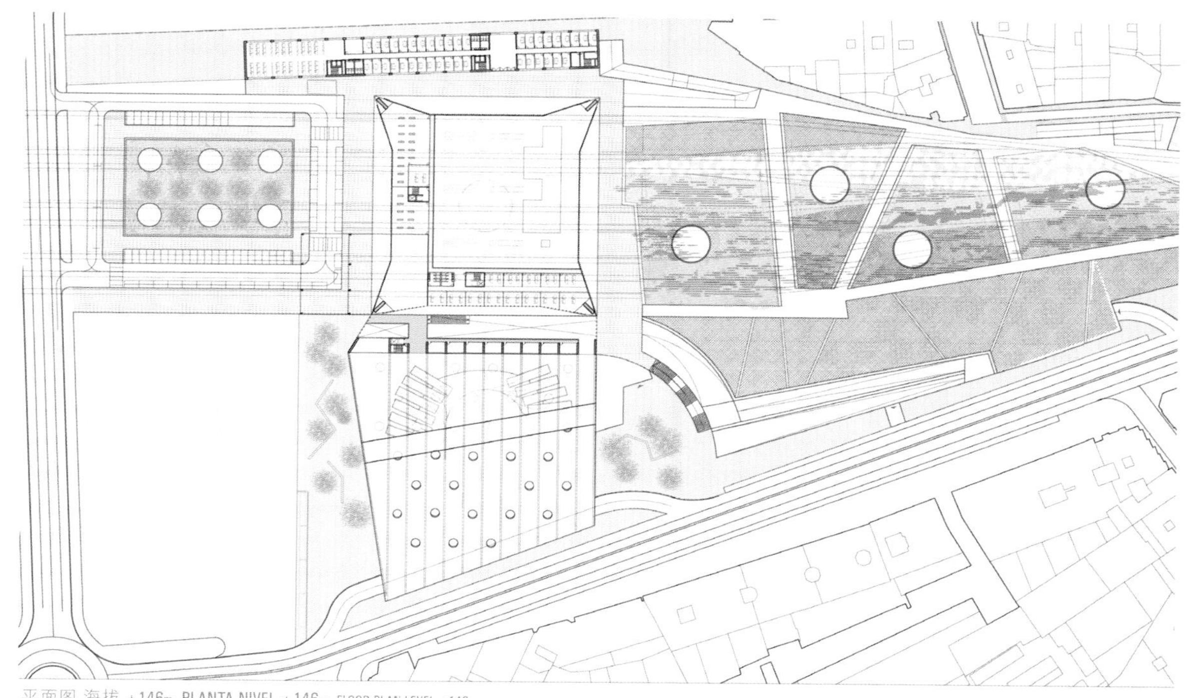

平面图 海拔 +146m PLANTA NIVEL +146m FLOOR PLAN LEVEL +146m

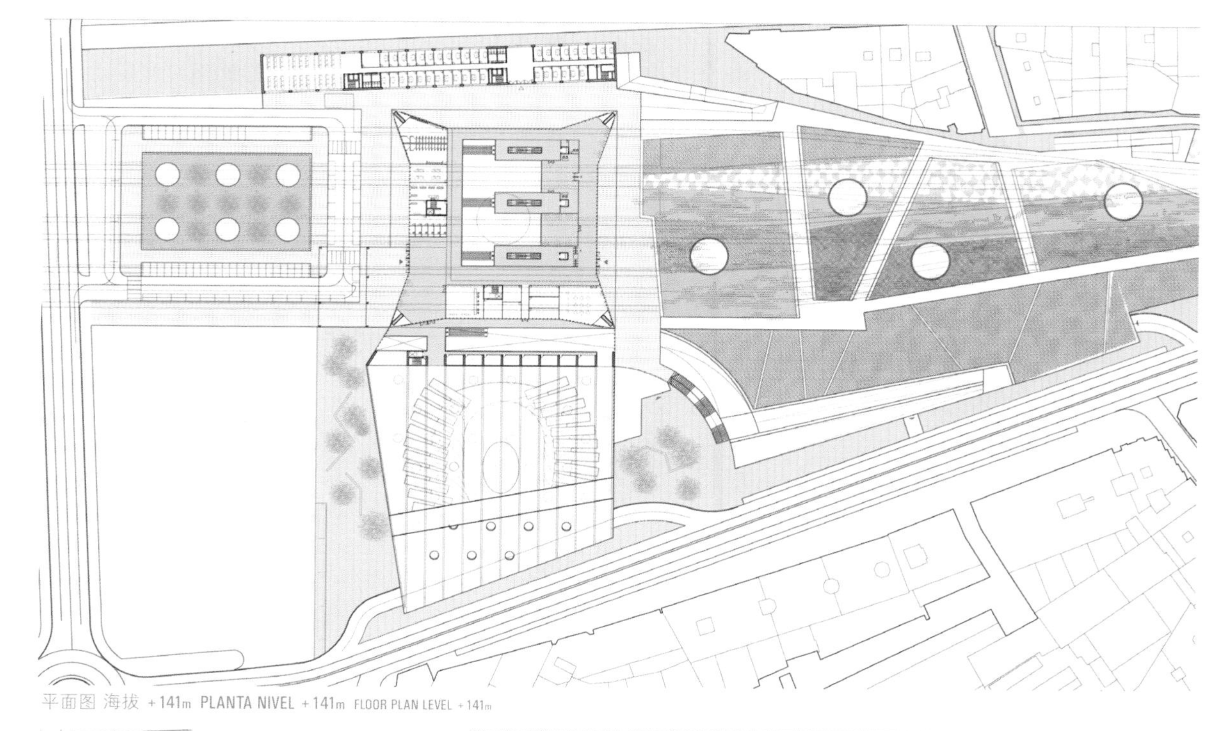

平面图 海拔 +141m PLANTA NIVEL +141m FLOOR PLAN LEVEL +141m

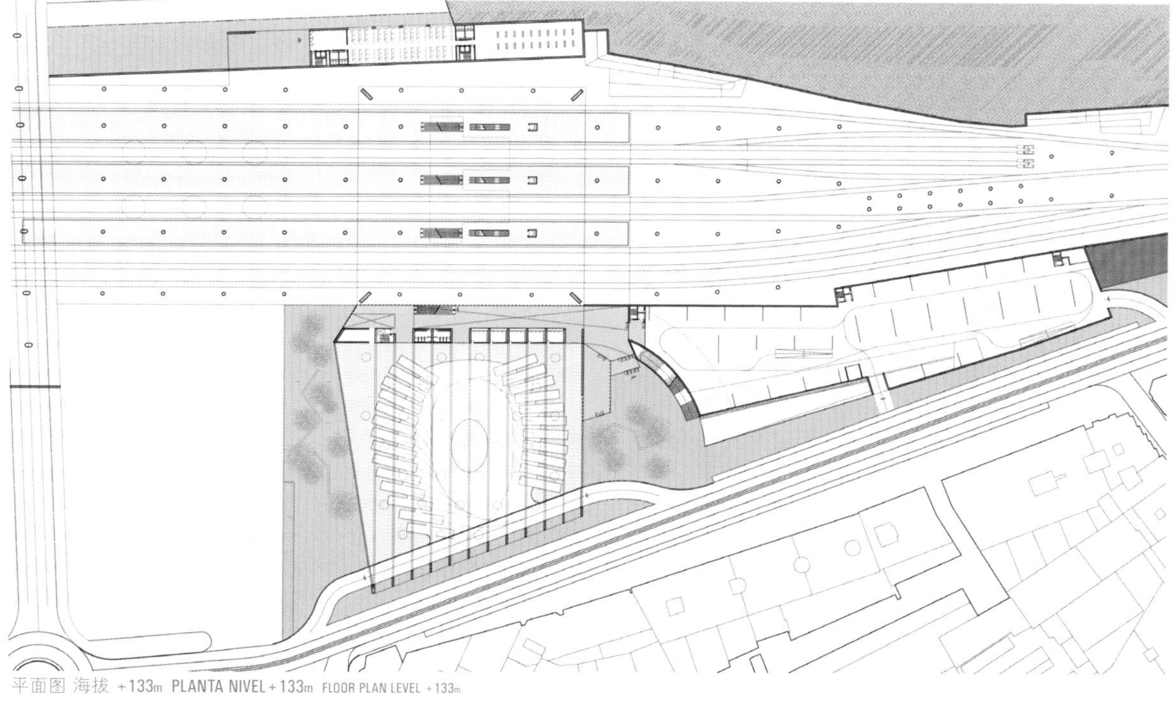

平面图 海拔 +133m PLANTA NIVEL +133m FLOOR PLAN LEVEL +133m

入口横向剖面图 SECCIÓN TRANSVERSAL POR ACCESO CROSS SECTION THROUGH ACCESS

站台纵向剖面图 SECCIÓN LONGITUDINAL POR ANDENES LONGITUDINAL SECTION THROUGH PLATFORMS

新游轮码头 · 里斯本
Nueva Terminal de Cruceros · Lisboa
New Lisbon Terminal Cruise · Portugal

竞标 · concurso · competition
里斯本的新游轮码头
Nueva Terminal de Cruceros de Lisboa
New Lisbon Terminal Cruise

竞标类型 · tipo de concurso · competition type
公开竞标
concurso abierto
open competition

项目地点 · ocalización · site area
里斯本 · 葡萄牙 Lisbon · Portugal

主办方 · órgano convocante · promoter
里斯本港口管理局 Administração do Porto de Lisboa · APL

日程安排 · fechas · schedule
招标 · Convocatoria · Announcement 04.2010
评审结果 · Fallo de jurado · Jury's results 07.2010

评审团 · jurado · jury
Andreia Fernandes · Manuel Graça · Gonçalo Ribeiro · Pedro Pacheco
María Manuel · Márcio Luiz · Catarina Almada

获奖者 · premios · awards

一等奖 · primer premio · **first prize**
JLCG · Carrilho da Graça Arquitectos (建筑师事务所)
João Luís Carrilho da Graça (建筑师)

工程 engineering: Fase · Estudos&Projectos · NaturalWorks
图形设计 graphic design: P-06, Nuno Gusmão
景观 landscape: Global
合作 (c) Francisco Freire · Paulo Costa · Yutaka Shiki · Gonçalo Baptista · João Jesus · Mariana Salvador · Nuno Castro Caldas · Nuno Pinto

二等奖 · segundo premio · **second prize**
Gonçalo Byrne · Manuel Aires Mateus (建筑师)

三等奖 · tercer premio · **third prize**
Guillermo Vázquez Consuegra (建筑师)

工程 engineering: SENER Ingeniería y Sistemas S.A
景观 landscaping: Teresa Galí
合作 (c) Pedro Hébil · Filippo Pambianco · Asia Jedrus · Juan José Baena · Isabel Alcalá
Joanna Ejsmont · Víctor Jiménez · Lucia Tinghi

四等奖 · cuarto premio · **fourth prize**
ARX PORTUGAL, Arquitectos (建筑师事务所)
José Mateus · Nuno Mateus (建筑师)

工程 engineering: Tal Projectopaisajismo: Traços na Paisagem

入围 · finalista · **finalist**
Mariñas Arquitectos Asociados (建筑师事务所)
José Carlos Mariñas · Catarina Lamy Dias · Jordi Bolaños Oncino · Samuele Evolvi
Noemí Vettore · Serena Ruffato (建筑师)

入围 · finalista · **finalist**
Ricardo Carvalho + Joana Vilhena Arquitectos (建筑师事务所)

合作 (c) Ricardo Carvalho · Joana Vilhena · Angela Marquito · José Maria Rhodes Sérgio
Nuno Gaspar
工程 engineering: ARA/ Fernando Rodrigues; Afaconsult
景观 landscape: Victor Beiramar Diniz
图形设计 graphic Design: Pedro Falcão
图片所有 images: ©RCJV Arquitectos

新建筑位于现在的圣阿波洛尼娅码头旁边。里斯本的新游轮码头**总投资达2550万欧元以上**，面积达8000平方米。

El nuevo edificio se ubicará adyacente a la presente terminal de Santa Apolónia. Con una **inversión de más de 25.5 millones de Euros**, la nueva Terminal de Cruceros de Lisboa tendrá una superficie total de 8000 m2.

The new building will be located next to the present terminal of Santa Apolónia. Resulting in an overall **investment of more than 25.5 million Euros**, the new Lisbon's Cruise Terminal will feature a total area of 8,000 sqm.

新游轮码头·里斯本

Nueva Terminal de Cruceros · Lisboa

New Lisbon Cruise Terminal · Portugal

一等奖 · **Primer Premio** · First Prize

JLCG - Carrilho da Graça Arquitectos (建筑师事务所)

João Luís Carrilho da Graça (建筑师)

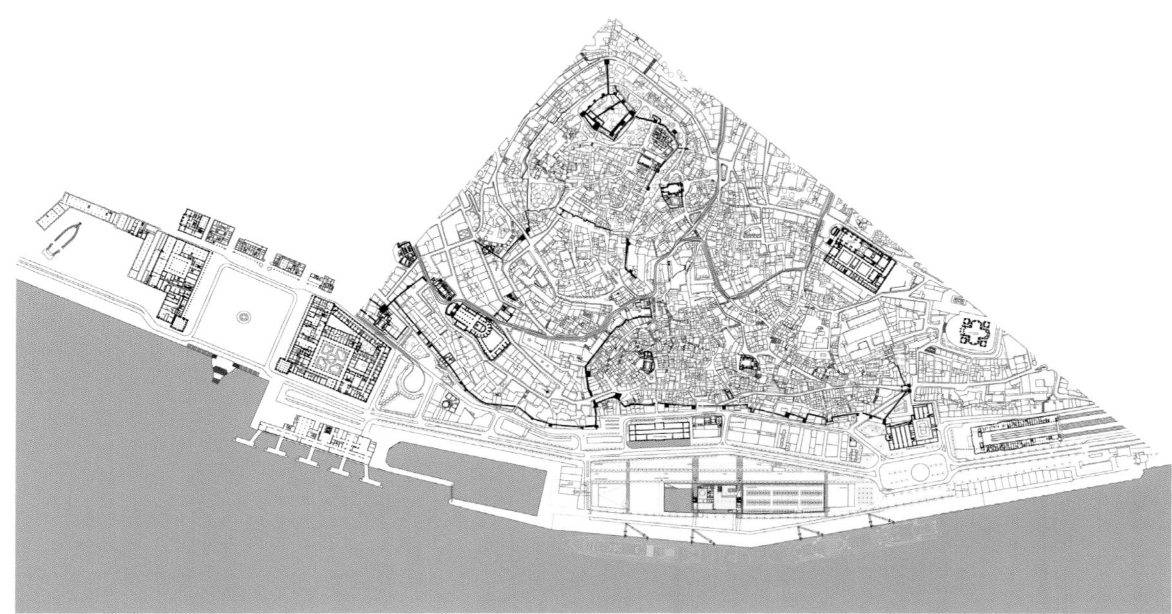

区块位置 PLANO DE SITUACIÓN SITE PLAN

简单的体量

里斯本的新游轮码头提供了一个难得的机会：可以使人们对城市与塔霍河之间的城市和生活的关系产生质疑，并予以思考。其实，几百年以来，人们针对塔霍河已经提出过大量的建议。紧凑型建筑可以使其周围释放出更多空间，为城市和社区打造出绿色空间，还可提供多种活动空间。该建筑是一个高效率的项目，与游轮相得益彰，而公园与城市则交相辉映。

VOLUMEN SIMPLE

La creación de la Nueva Terminal de Cruceros en Lisboa ofrece una rara oportunidad para cuestionar y repensar las relaciones vivas y urbanas entre la ciudad y el río Tajo, objeto de numerosas propuestas durante centenarios. Un edificio compacto que permite la liberación del espacio circundante, ofreciendo a la ciudad y al barrio un espacio verde de referencia, con capacidad para albergar diferentes actividades. El edificio emerge como una respuesta programática efectiva hacia los barcos, mientras el parque responde a la ciudad.

SIMPLE VOLUME

The creation of the new Cruise Terminal in Lisbon offers a rare opportunity to question and rethink the urban and living relations between the city and the Tagus River, an object of numerous proposals through the centuries. A compact building allows for the liberation of the surrounding space, offering the city and the neighborhood a referential green space, with capacity to house different activities. The building emerges as an effective programmatic response to the ships, while the park responds to the city.

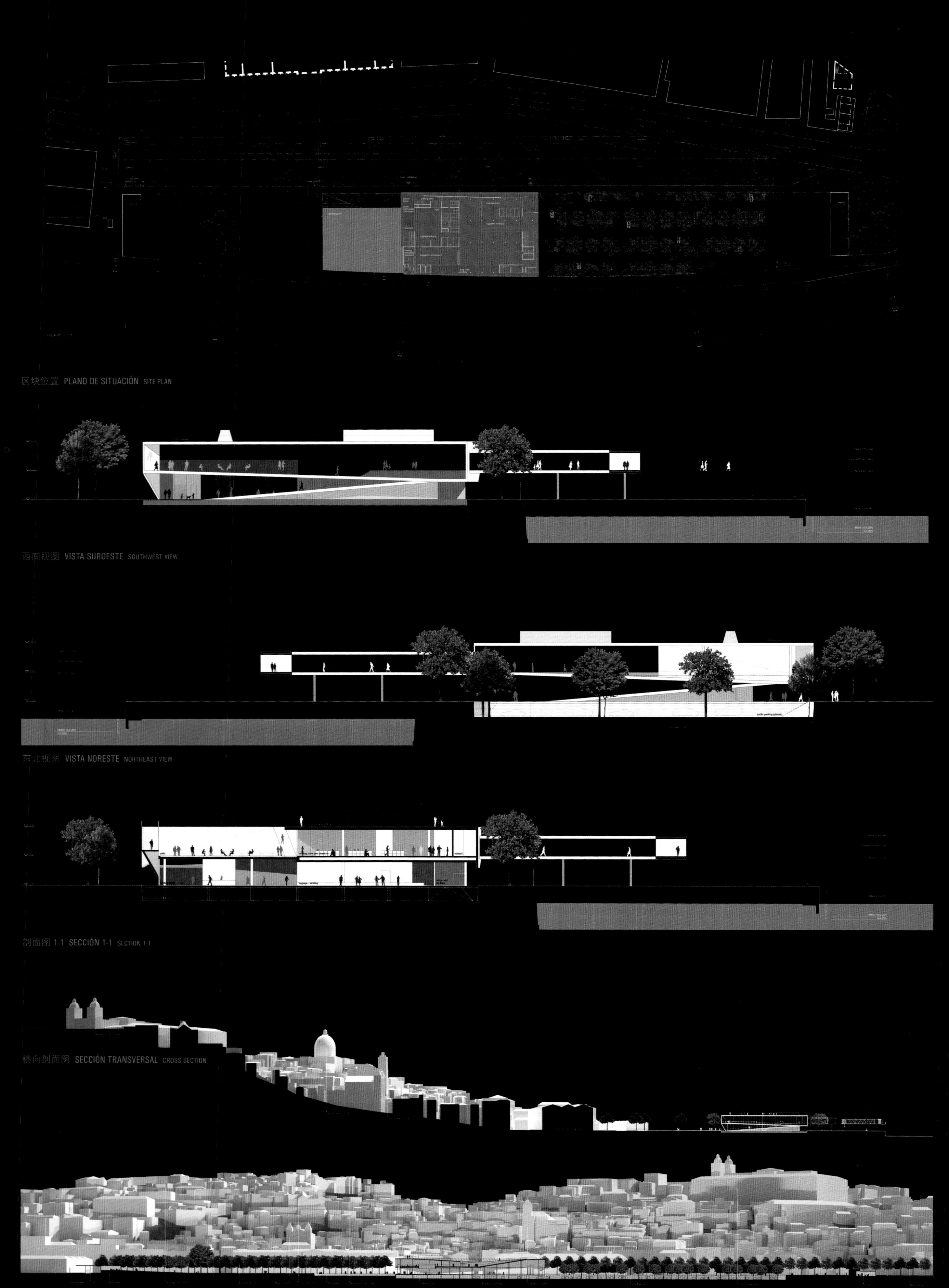

区块位置 PLANO DE SITUACIÓN SITE PLAN

西南视图 VISTA SUROESTE SOUTHWEST VIEW

东北视图 VISTA NORESTE NORTHEAST VIEW

剖面图 1-1 SECCIÓN 1-1 SECTION 1-1

横向剖面图 SECCIÓN TRANSVERSAL CROSS SECTION

纵向剖面图 SECCIÓN LONGITUDINAL LONGITUDINAL SECTION

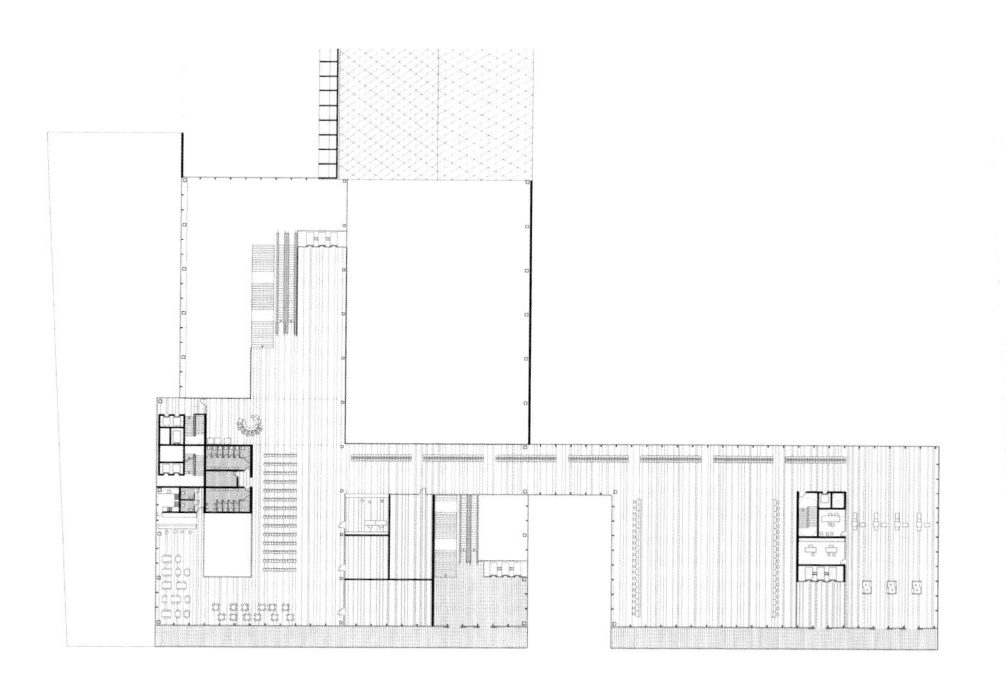

二层平面图 PLANTA PRIMERA FIRST FLOOR PLAN

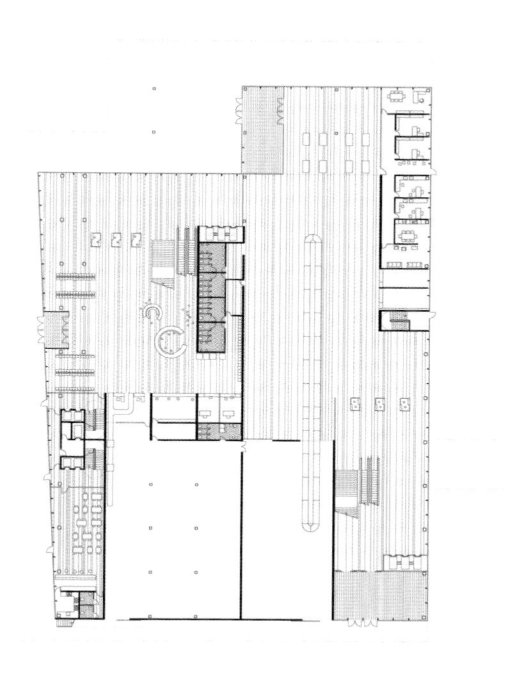
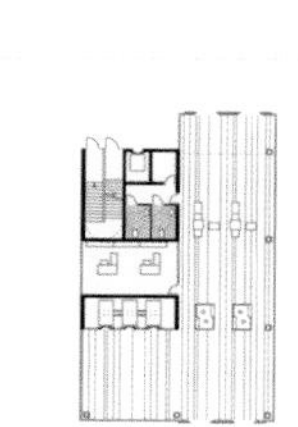

底层平面图 PLANTA BAJA GROUND FLOOR PLAN

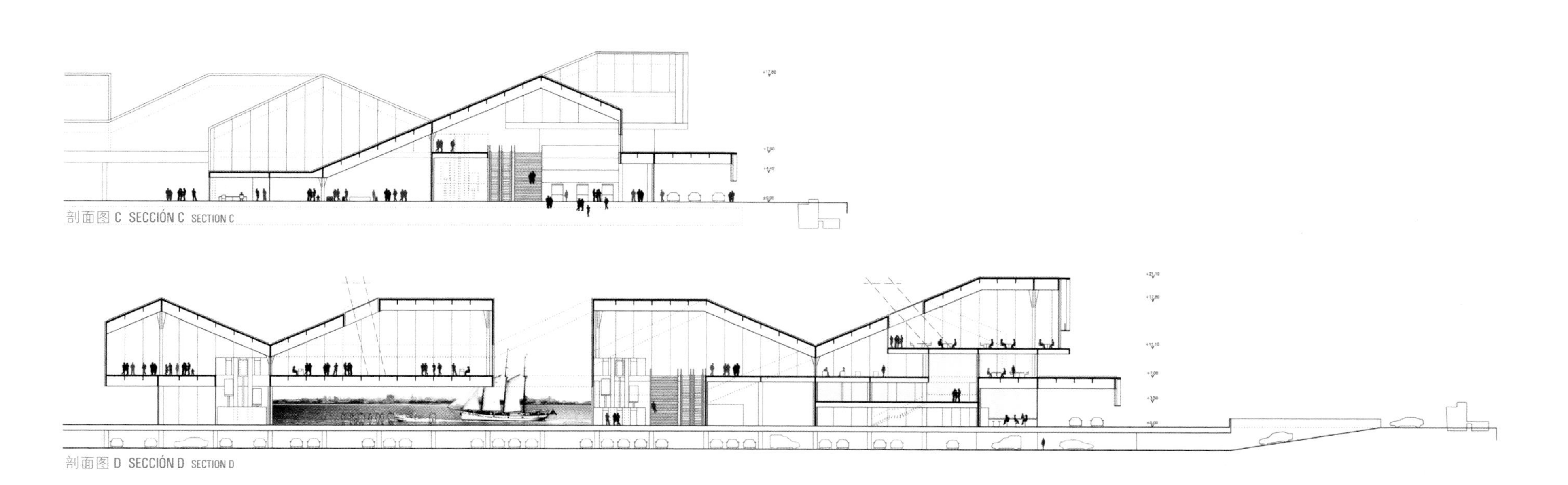

剖面图 C SECCIÓN C SECTION C

剖面图 D SECCIÓN D SECTION D

新游轮码头 · 里斯本

Nueva Terminal de Cruceros · Lisboa

New Lisbon Cruise Terminal · Portugal

四等奖 · **Cuarto Premio** · Fourth Prize

ARX PORTUGAL, Arquitectos (建筑师事务所)

José Mateus · Nuno Mateus (建筑师)

南立面图 ALZADO SUR SOUTH ELEVATION

项目分块

该项目分成几乎独立的四个单元，并在码头区由一系列可进出游轮的平台进行连接。根据建筑结构打造了精致的玻璃式升降结构，从而使得建筑的采光度和透明度俱佳。

FRAGMENTACIÓN DEL PROGRAMA

El proyecto divide el programa en cuatro unidades, casi autónomas, interconectadas en el frente marítimo mediante un sistema de balcones que acceden a los barcos. Los delicados alzados de vidrio, que resultan de la estructura, confieren mucha ligereza y transparencia al edificio.

立面图 ALZADO ELEVATION

PROGRAM FRAGMENTATION

The project divides the program into four units, almost autonomous, interconnected within the waterfront by a system of balconies accessing the ships. The delicate elevations in glass, resulting from structure, give great lightness and transparency to the building.

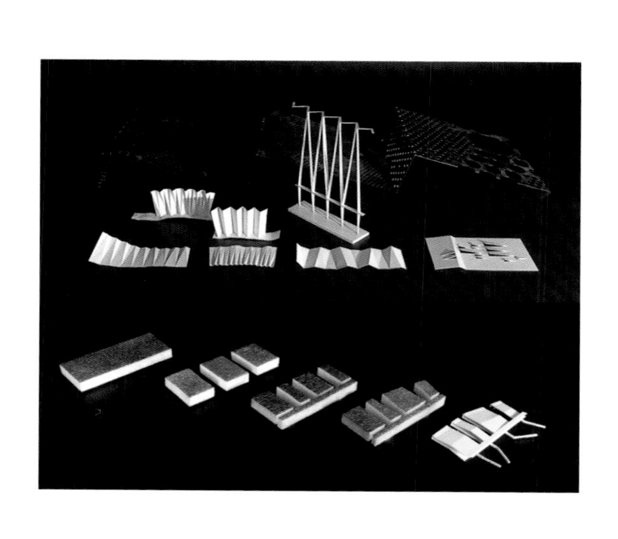

二层平面图 PLANTA PRIMERA FIRST FLOOR PLAN
底层平面图 PLANTA BAJA GROUND FLOOR PLAN
横向剖面图 SECCIÓN TRANSVERSAL CROSS SECTION
西立面图 ALZADO OESTE WEST ELEVATION
北立面图 ALZADO NORTE NORTH ELEVATION

新游轮码头 · 里斯本

Nueva Terminal de Cruceros · Lisboa

New Lisbon Cruise Terminal · Portugal

入围 · **Finalista** · Finalist

Mariñas Arquitectos Asociados (建筑师事务所)

三个模块

我们在城市和码头之间留出一块空地，旨在使里斯本恢复原有的气派和外观。另外将各边连接起来，使其形成新的布局，消除实体之间的分隔。我们提议建造三个独立的方形模块，以形成一个模块式结构，这既有利于对结构进行规划，又有利于对建筑进行维护。

TRES MÓDULOS

Hemos creado una bolsa de aire entre la ciudad y el puerto en un intento de devolver la dignidad a Lisboa y configurar un espacio que ha reclamado durante tiempo. Creamos un nuevo escenario de relaciones entre los lados, desaparece la separación física. Proponemos tres módulos cuadrados que funcionan independientemente, con una estructura modular, que facilita la organización programática, así como el mantenimiento del edificio.

THREE MODULES

We have created an air pocket between the city and the port in an attempt to return Lisbon to its dignity and shape a space that has long complained. We created a new scenario of relationships between the sides, the physical separation disappears. We propose three square modules that work independently, with a modular structure, which facilitates organization programming, as well as maintenance of the building.

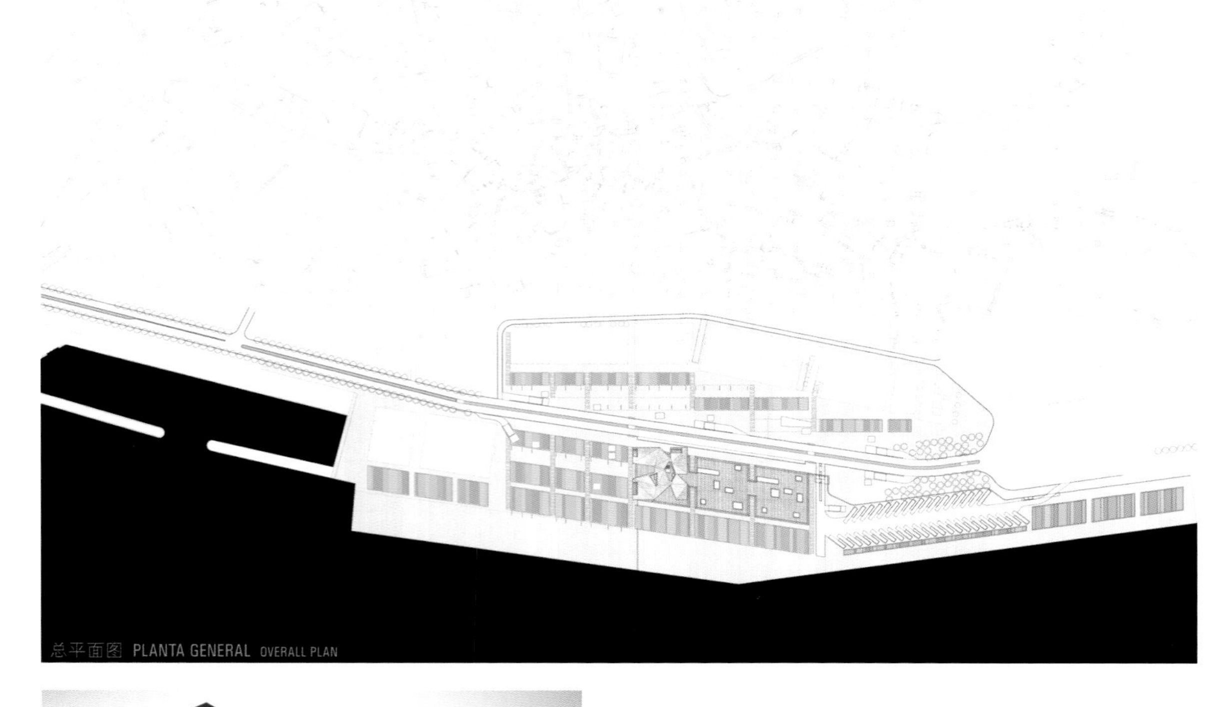

总平面图 PLANTA GENERAL OVERALL PLAN

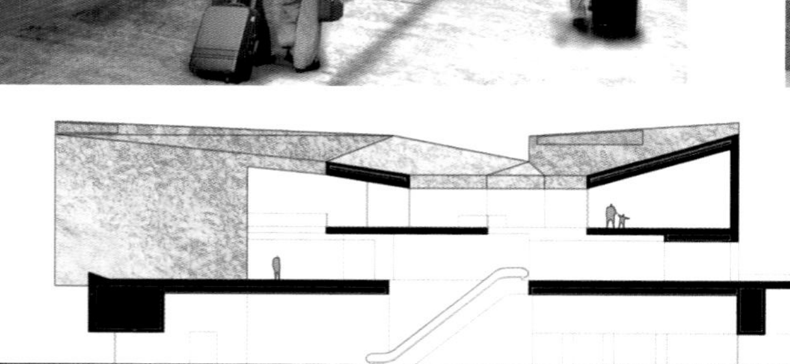

剖面图 A-A' SECCIÓN A-A' SECTION A-A'

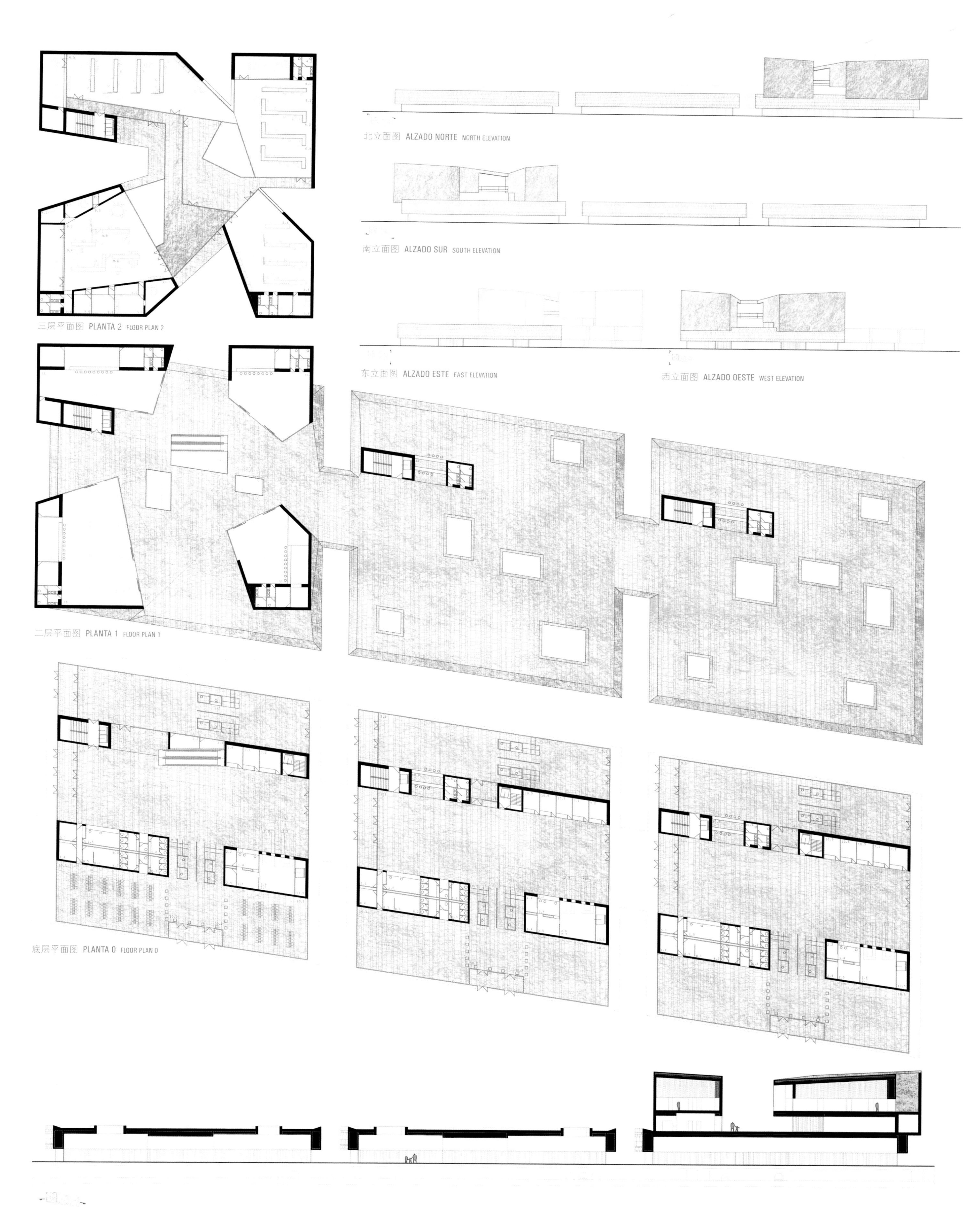
北立面图 ALZADO NORTE NORTH ELEVATION
南立面图 ALZADO SUR SOUTH ELEVATION
东立面图 ALZADO ESTE EAST ELEVATION
西立面图 ALZADO OESTE WEST ELEVATION
三层平面图 PLANTA 2 FLOOR PLAN 2
二层平面图 PLANTA 1 FLOOR PLAN 1
底层平面图 PLANTA 0 FLOOR PLAN 0
剖面图 B-B' SECCIÓN B-B' SECTION B-B'

新游轮码头 · 里斯本

Nueva Terminal de Cruceros · Lisboa

New Lisbon Cruise Terminal · Portugal

入围 · **Finalista** · Finalist

Ricardo Carvalho + Joana Vilhena Arquitectos (建筑师事务所)

连续系统

项目以平台为基础，共三层，以弱化游轮码头对城市的影响。项目旨在寻求：公共区域与城市周边的连续性、建筑作为城市的一种表达方式应有的明亮性以及低成本建筑的要求。

SISTEMA CONTINUO

El proyecto se asienta en una plataforma, dividido en tres plantas, para reducir el impacto de la Terminal de Cruceros en la ciudad. Busca: la conexión entre los espacios públicos y la continuidad urbana, la ligereza de la expresión urbana del edificio hacia la ciudad y el uso de una construcción de bajo coste.

CONTINUOUS SYSTEM

The project sits on a platform, divided into three floors, to reduce the impact of the Cruise Terminal within the city. It seeks for: the connection between public spaces and urban continuum, lightness of urban expression of the building facing the city and the use of low-cost construction.

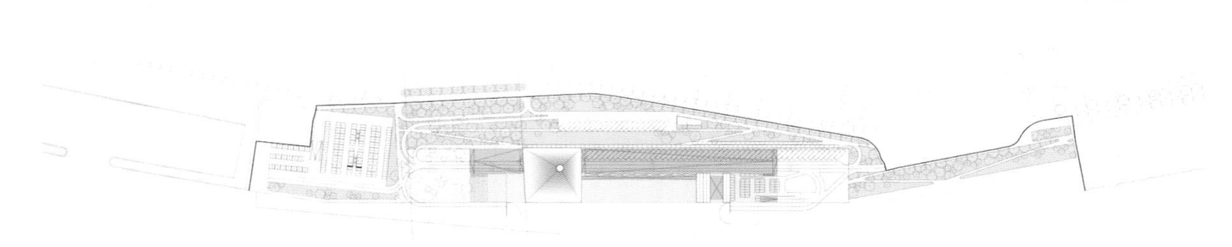

区块位置 PLANO DE SITUACIÓN SITE PLAN

初状
SITUACIÓN INICIAL
CURRENT SITUATION

抑制
SUPRESIÓN
SUPPRESSION

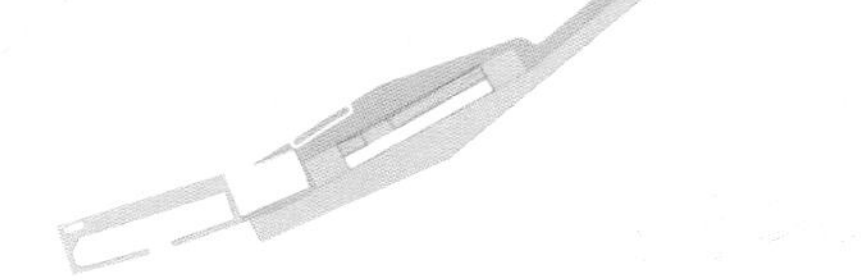

与城市连接性 · 拓宽公共区域
CONEXIÓN URBANA · ÁREA PÚBLICA EXTENDIDA
URBAN CONNECTION · EXTENDED PUBLIC AREA

码头雏形
APROPIACIÓN DEL MUELLE
APPROPRIATION OF THE DOCK

码头重叠
SUPERPOSICIÓN DEL MUELLE
OVERLAP OF THE DOCK

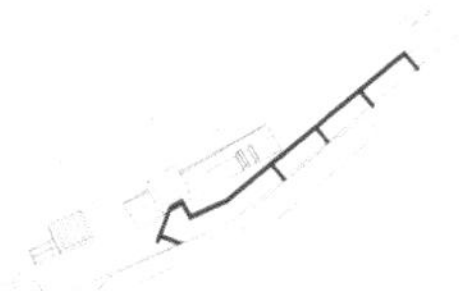

乘客上船的连接点
CONEXIÓN DE PASAJEROS AL BARCO
CONNEXION OF PASSENGERS TO THE SHIP

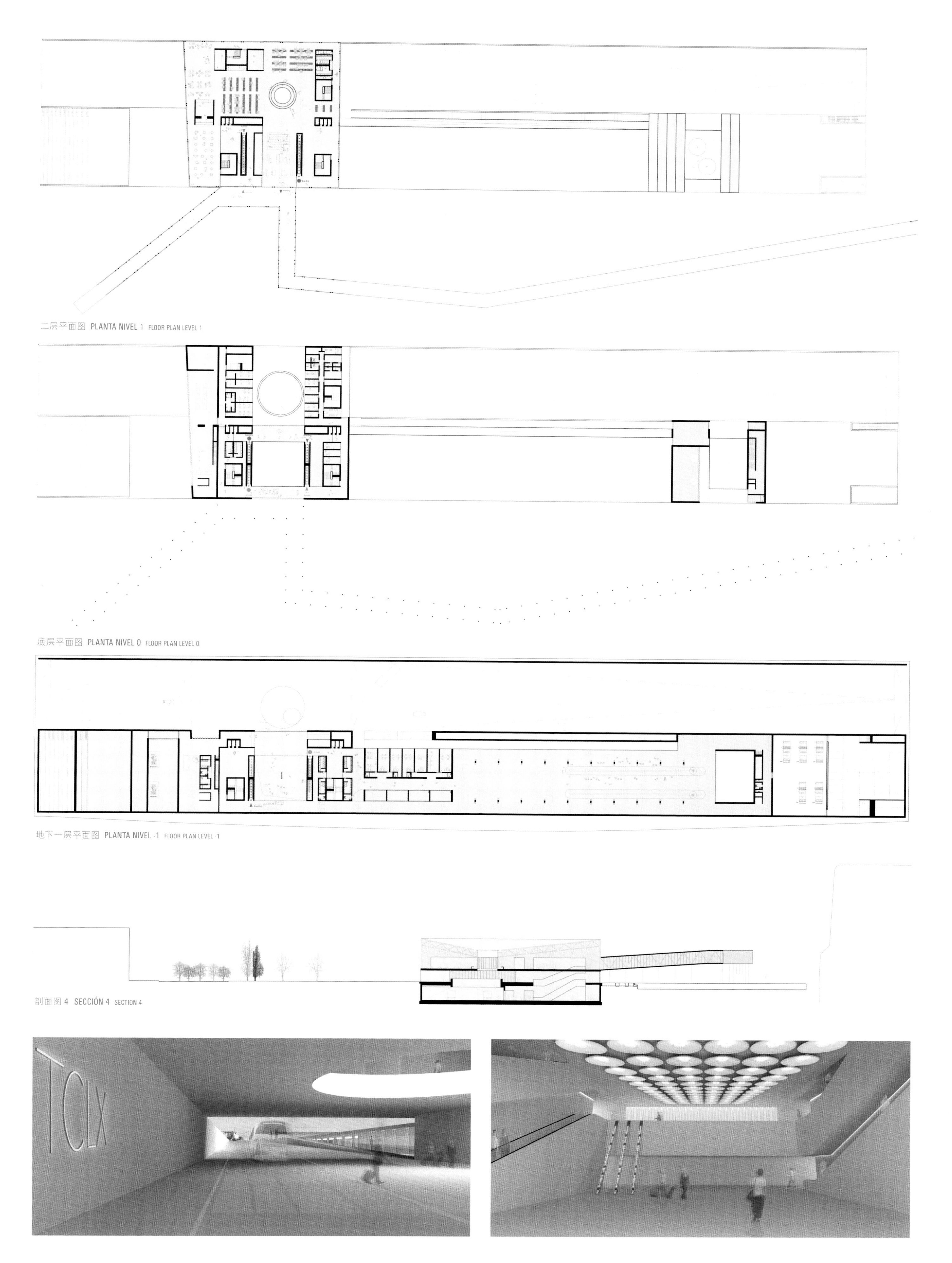

二层平面图 PLANTA NIVEL 1 FLOOR PLAN LEVEL 1

底层平面图 PLANTA NIVEL 0 FLOOR PLAN LEVEL 0

地下一层平面图 PLANTA NIVEL -1 FLOOR PLAN LEVEL -1

剖面图 4 SECCIÓN 4 SECTION 4

20#地铁站 · 索非亚
Estación de Metro 20 · Sofia
Metro Station 20 · Bulgaria

竞标 · concurso · competition
索非亚地铁一号线“20#地铁站”
Estación de Metro 20 de la Línea 1 del Sistema de Metro de Sofía
Metro Station 20 on Metro Line 1 of the Sofia Metro System

竞标类型 · tipo de concurso · competition type
公开竞标
concurso abierto
open competition

项目地点 · localización · site area
索菲亚 · 保加利亚 Sofia · Bulgaria

主办方 · órgano convocante · promoter
索菲亚市政府 Sofia Municipality

日程安排 · fechas · schedule
招标 · Convocatoria · Announcement 10.2011
评审结果 · Fallo de jurado · Jury´s results 12.2011

评审团 · jurado · jury
Petar Dikov · Petar Torniov · Anna Tilova · Elena Paktiaval · Ivo Panteleev · Boicho Boichev
Hans Ibelings · Eduardo Gutiérrez · Adam Hatvani

获奖者 · premios · awards

一等奖 · primer premio · first prize

Amin Taha Architects (建筑师事务所)
Amin Taha · Victor Jimenez · Dominik Kacinskas · Elisabeth Molina · Jason Coe
Alex Cotterill · Peter Rae · Nikolay Banpev · Tihomir Tilev · Nikos Vogiatzi (建筑师)

一等奖 · primer premio · first prize
1Astudio (建筑师事务所)
Alexander Shinolov (建筑师)

二等奖 · segundo premio · second prize
Architect-K (建筑师事务所)
Kichul Lee (建筑师)

合作 (c) Myounghee Kim · Chilsang Jeon

荣誉提名奖 · mención honorífica · honourable mention
FBarch (建筑师事务所)
Mihaela Zaharieva · Marya Popova · Anahid Tahtakran · David Bricard · Guillaume Sprenger (建筑师)

荣誉提名奖 · mención honorífica · honourable mention
Suppose Design Office (建筑师事务所)
Makoto Tanijiri (建筑师)

团队 team: Yuko Fukuma · Ryo Otsuka · Masaki Takeuchi · Tatsuya Nishinaga

荣誉提名奖 · mención honorífica · honourable mention
ShaGa Studio + MaDG (建筑师事务所)
ShaGa Studio: Shany Barath · Gary Freedman (建筑师)
MaDG: Margherita Del Grosso (建筑师)

荣誉提名奖 · mención honorífica · honourable mention
Sosa + Alonso (建筑师事务所)
Jose Antonio Sosa · Evelyn Alonso Rohner (建筑师)

荣誉提名奖 · mención honorífica · honourable mention
Boschi + Serboli Architetti Associati (建筑师事务所)
Luigi Serboli (建筑师)

工程 engineering: Marco Medeghini
合作 (c) Sara Antonelli · Andrea Busi · Nicola Mandelli

荣誉提名奖 · mención honorífica · honourable mention
Archabits (建筑师事务所)
Yana Radeva · Anastas Marchev · Bistra Popova (建筑师)

荣誉提名奖 · mención honorífica · honourable mention
ANG (建筑师事务所)
Tom Tang · Yijie Dang (建筑师)

荣誉提名奖 · mención honorífica · honourable mention
Jose Manuel Jimenez Cao (建筑师)

合作 (c) Adolfo Vivó Gozalbo · Carlos Riera Santonja

荣誉提名奖 · mención honorífica · honourable mention
BETAPLAN (建筑师事务所)
Ioannis Ventourakis · Thomas Amargianos
Igor Stipac · Marousso Chanioti (建筑师)

经过20年的发展，保加利亚首都索非亚已成为欧洲相对快速发展的首都之一。始料不及的人口增长和运输量的增加已成为基础设施投资的一个原因。

自20世纪70年代起开始致力于该方面的研究，索非亚地铁系统开发的大型项目已成为**市政府和市民面临的最大挑战之一**。

该竞赛为就其中一个新地铁站的建筑的想法进行交流、讨论提供了一个新机会。

Sofía ha sido una de las capitales europeas de crecimiento relativamente rápido durante los últimos 20 años. El inesperado crecimiento de la población y el tráfico ha sido la razón de la inversión en proyectos infraestructurales.

Desde que empezó la investigación en los años 70, el proyecto de gran escala del desarrollo del sistema de metro de Sofía ha sido **uno de los grandes retos del gobierno de la ciudad y sus ciudadanos**.

Este concurso proporciona una oportunidad para intercambiar y debatir sobre ideas arquitectónicas para una de las nuevas estaciones de metro.

Sofia has been one of the relatively rapidly developing European capitals over the past 20 years. The unplanned increase in population and traffic has been a reason for investments in infrastructural projects.

Since research on it began in the 1970s, the large-scale project for the development of Sofia's metro system has been **one of the biggest challenges for the city's government and citizens**.

This competition provides a novel opportunity for exchanging and discussing architectural ideas for one of the new metro stations.

20#地铁站 · 索非亚
Estación de Metro 20 · Sofia
Metro Station 20 · Bulgaria
一等奖 · Primer Premio · First Prize

008800 (竞标代码)

Amin Taha Architects (建筑师事务所)
Amin Taha · Victor Jimenez · Dominik Kacinskas · Elisabeth Molina · Jason Coe
Alex Cotterill · Peter Rae · Nikolay Banpev · Tihomir Tilev · Nikos Vogiatzi (建筑师)

地心
探险

地心之旅的叙述从非正式的浪漫式景观传统开始，将周围山区的植物群引入城市，并根据第二个宏伟目标，将绿色与开放区域连接起来。

VIAJE AL MUNDO SUBTERRÁNEO

El proceso sigue un viaje hacia el mundo subterráneo a través de la tradición paisajística romántica, utilizando la flora de las montañas circundantes hasta la ciudad con una segunda ambición más acentuada, vincular sus espacios verdes y abiertos.

JOURNEY TO THE UNDERWORLD

The narrative follows a journey to the underworld through an informal Romantic Landscape tradition, bringing the flora of the surrounding mountains into the city with a second wider ambition to link its green and open spaces.

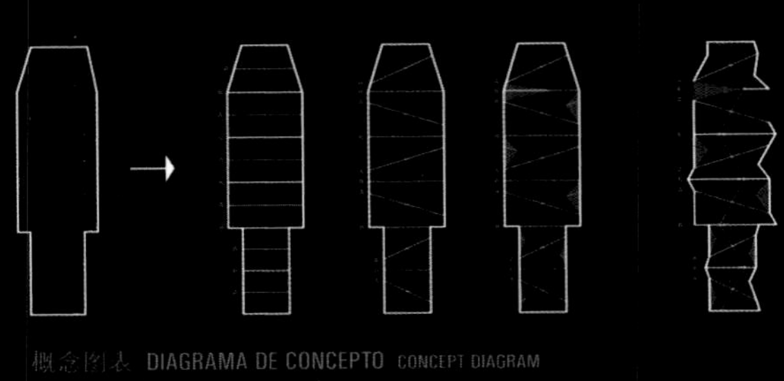

概念图表 DIAGRAMA DE CONCEPTO CONCEPT DIAGRAM
最终的几何图形 GEOMETRÍA FINAL FINAL GEOMETRY

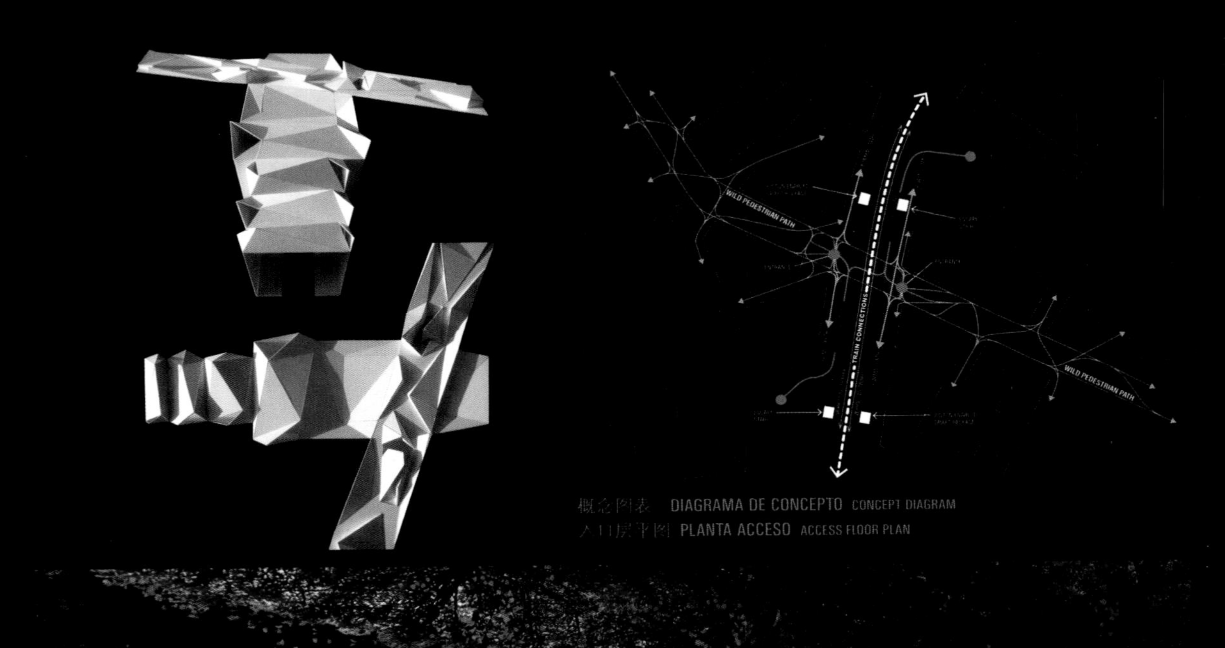

概念图表 DIAGRAMA DE CONCEPTO CONCEPT DIAGRAM
入口层平面图 PLANTA ACCESO ACCESS FLOOR PLAN

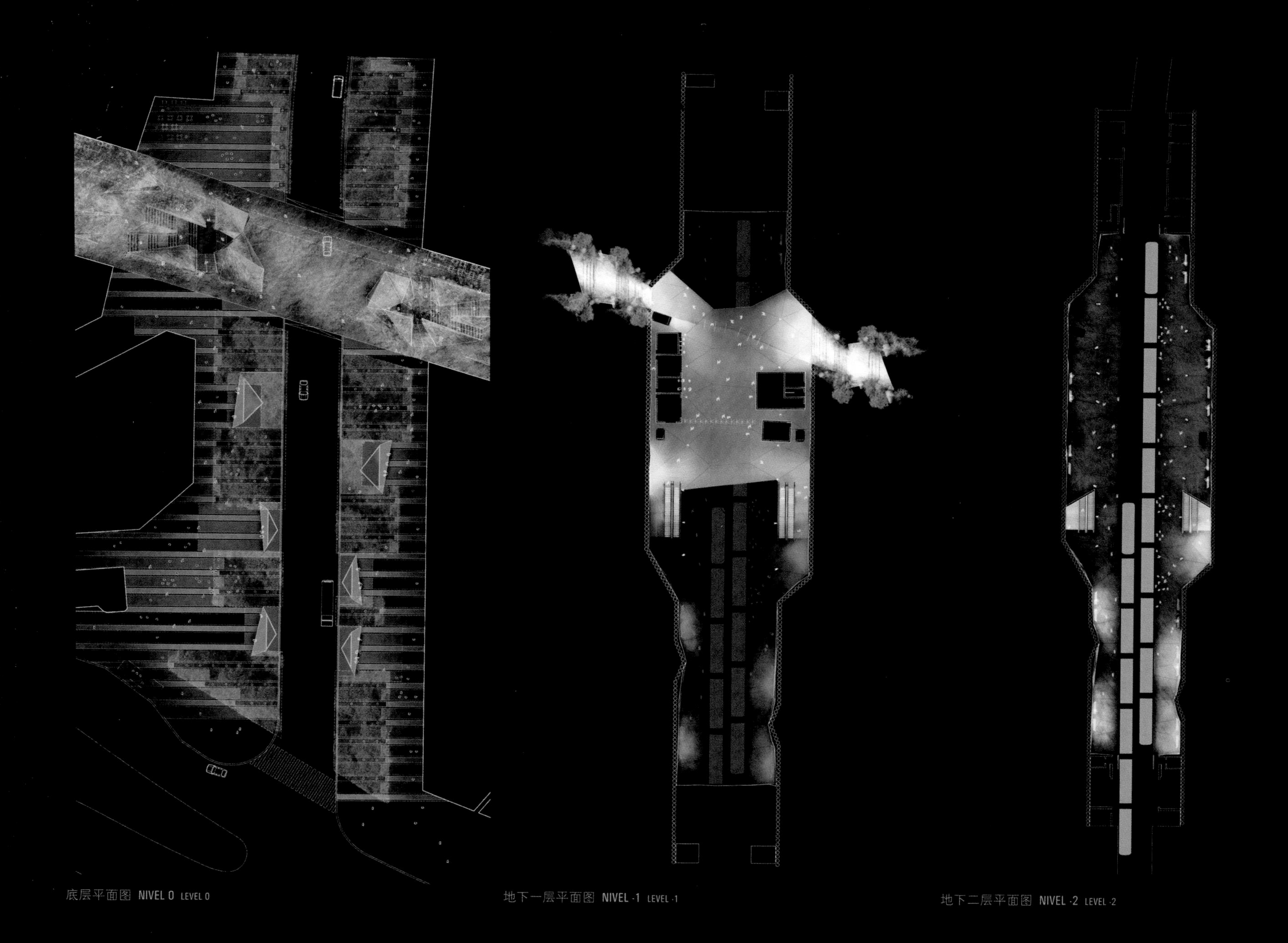

底层平面图 NIVEL 0 LEVEL 0

地下一层平面图 NIVEL -1 LEVEL -1

地下二层平面图 NIVEL -2 LEVEL -2

] B SECCIÓN B SECTION B

剖面图 C SECCIÓN C SECTION C

绿色走道剖面图 SECCIONES PASILLO VERDE SECTIONS GREEN PATH

剖面图 A SECCIÓN A SECTION A

20#地铁站 · 索非亚

Estación de Metro 20 · Sofia

Metro Station 20 · Bulgaria

一等奖 · **Primer Premio** · First Prize

1Astudio (建筑师事务所)

Alexander Shinolov (建筑师)

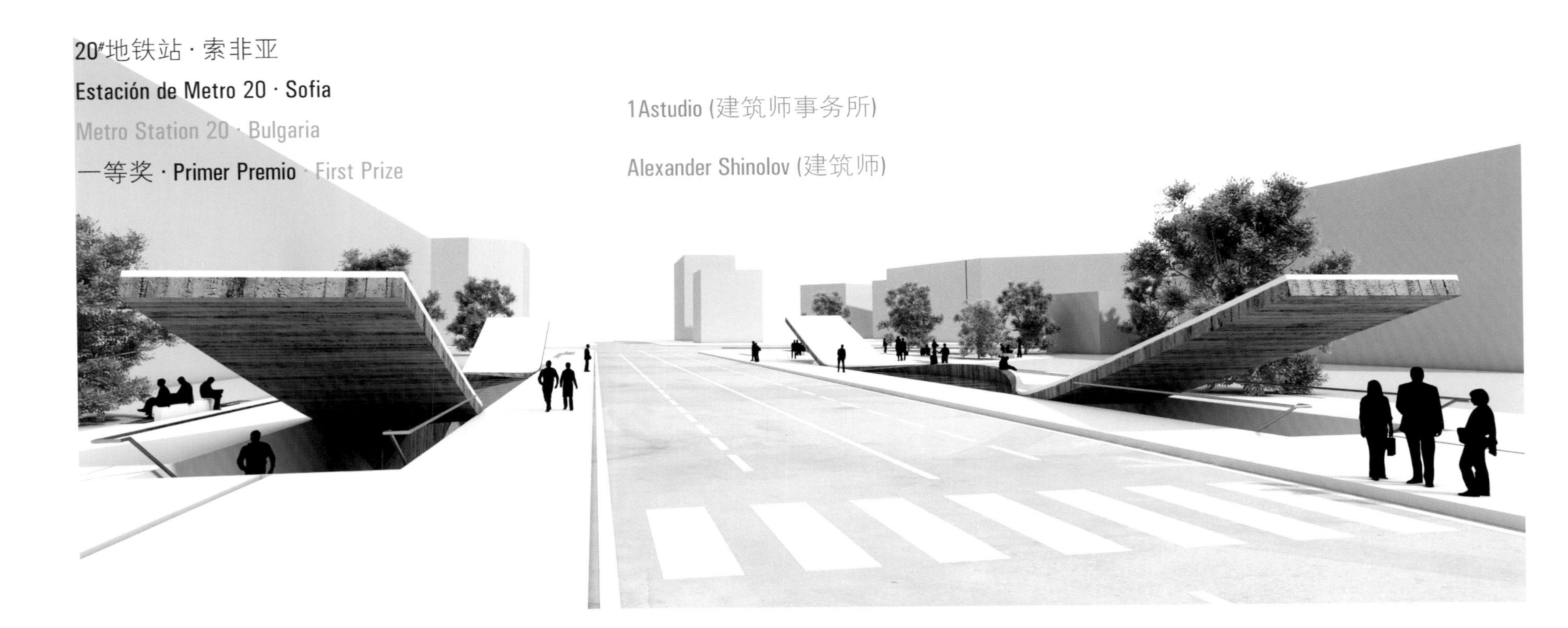

进出口

地铁站地块主要呈斧形十字状：南北两侧分别通向地铁隧道和Krastyo Pastuhov大道，东西两侧为绿色人行道和娱乐区。两个斧形的叠加勾勒出一个线性结构，突出其作为动力、速度和无穷的运动参照物的总方向。就下一阶段而言，城市环境的发展目标是挤压线段。生成的条纹演变成一排排的树木、绿化区、凳子、铺木路面等，其中两块条纹图案衬托出车站的外形。

DENTRO Y FUERA

La característica principal del solar que alberga la estación subterránea es su forma cruciforme con ejes: norte-sur que orientan el túnel del metro y el bulevar Krastyo Pastuhov y este-oeste, donde se forman pasillos verdes y áreas recreativas. La multiplicación de estos dos ejes crea una estructura lineal, que enfatiza la dirección del movimiento como referencia al dinamismo, velocidad e infinito. La siguiente fase del desarrollo del entorno urbano es la extrusión de los segmentos de línea. Las bandas resultantes se convierten en filas de árboles, espacios verdes, bancos, pavimentos de madera...etc. Dos de estas bandas generan la forma de la estación.

IN AND OUT

The main feature of the plot, housing the underground station is its cruciform shape with axes respectively: north-south, on which the subway tunnel and Krastyo Pastuhov Blvd. are oriented and east-west, on which green walkways and recreational areas are formed. Multiplication of each of these two axes creates a linear structure, which emphasizes the general direction of movement as a reference to dynamic, speed and endlessness. The next stage in the development of the urban environment is the extrusion of line segments. The resulting stripes become rows of trees, green areas, benches, wooden pavement etc. Two of these stripes generate the shape of the station.

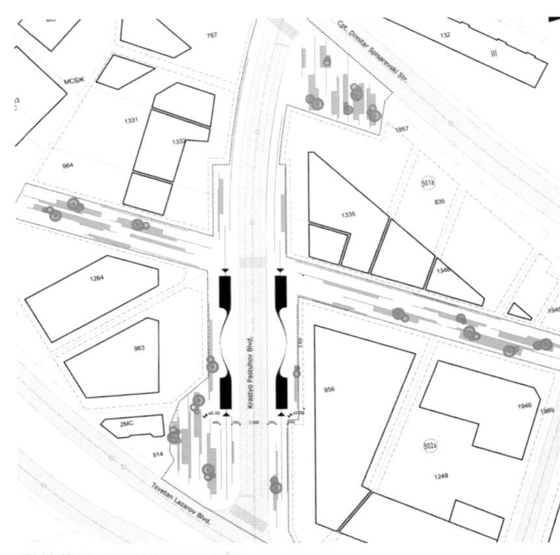

区块位置 PLANO DE SITUACIÓN SITE PLAN

1 轮椅通行楼梯 STAIRCASE WITH WHEEL CHAIR LIFT STAIRCASE WITH WHEEL CHAIR LIFT
2 入口及商业设施 ENTRANCE & COMMERCIAL EQUIPMENT ENTRANCE & COMMERCIAL EQUIPMENT
3 KPS房间 ROOM FOR KPS ROOM FOR KPS
4 MDF房间 ROOM FOR MDF ROOM FOR MDF
5 保安室 SECURITY OFFICE SECURITY OFFICE
6 售票处 TICKET OFFICE TICKET OFFICE
7 车站控制室 OFFICE FOR THE STATION MASTER OFFICE FOR THE STATION MASTER
8 员工洗手间 TOILETS FOR THE STAFF TOILETS FOR THE STAFF
9 技术室 TECHNICAL ROOM TECHNICAL ROOM
10 技术室 TECHNICAL ROOM TECHNICAL ROOM
11 市中心方向的站台 PLATFORM TO CENTER PLATFORM TO CENTER
12 机场方向站台 PLATFORM TO AIRPORT PLATFORM TO AIRPORT
13 铁轨 RAIL ROAD RAIL ROAD
14 电梯 标高-4.00m · -9.50m ELEVATOR -4.00 · -9.50 ELEVATOR -4.00 · -9.50

地下一层平面图 NIVEL SÓTANO -1 UNDERGROUND FLOOR LEVEL -1

地下二层平面图 NIVEL SÓTANO -2 UNDERGROUND FLOOR LEVEL -2

剖面图 2-2 SECCIÓN 2-2 SECTION 2-2

20#地铁站 · 索非亚

Estación de Metro 20 · Sofia

Metro Station 20 · Bulgaria

二等奖 · **Segundo Premio** · Second Prize

Architect-K (建筑师事务所)

Kichul Lee (建筑师)

通透

地上空间和地下空间为完全分离的两处空间。在这些独立的空间之间加入间隙："地上"、"门厅区"和"站台区"，实现连接。

COMUNICACIÓN

El espacio ´Sobre el suelo´y ´Bajo el suelo´ se define como superficies totalmente separadas. Mediante grietas sobre estos espacios independientes: ´Sobre el suelo´, ´Area de Acceso´y ´Area de Andenes´, se crean comunicaciones e interferencias.

COMMUNICATION

"Above ground" space and "Under ground"space are defined as totally separated spaces. Making cracks among these independent spaces: "Above ground", "Entrance Hall Zone" and "Platform Zone", create communications and induce interferences.

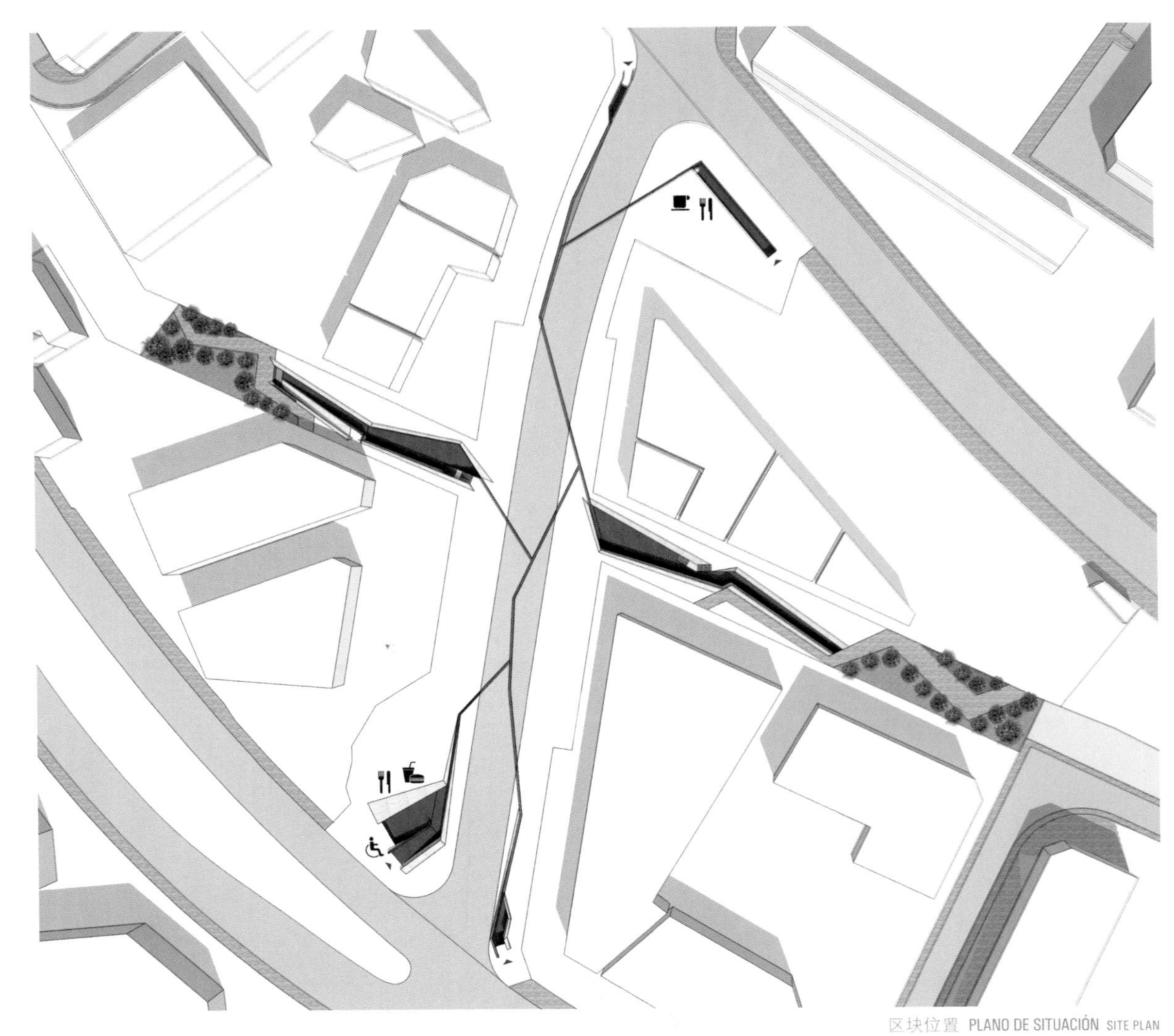

区块位置 PLANO DE SITUACIÓN SITE PLAN

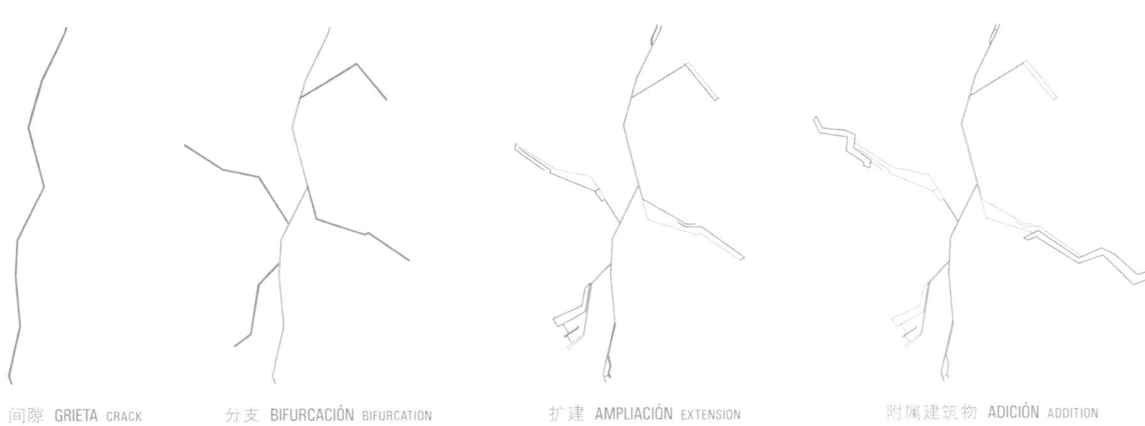

间隙 GRIETA CRACK　分支 BIFURCACIÓN BIFURCATION　扩建 AMPLIACIÓN EXTENSION　附属建筑物 ADICIÓN ADDITION

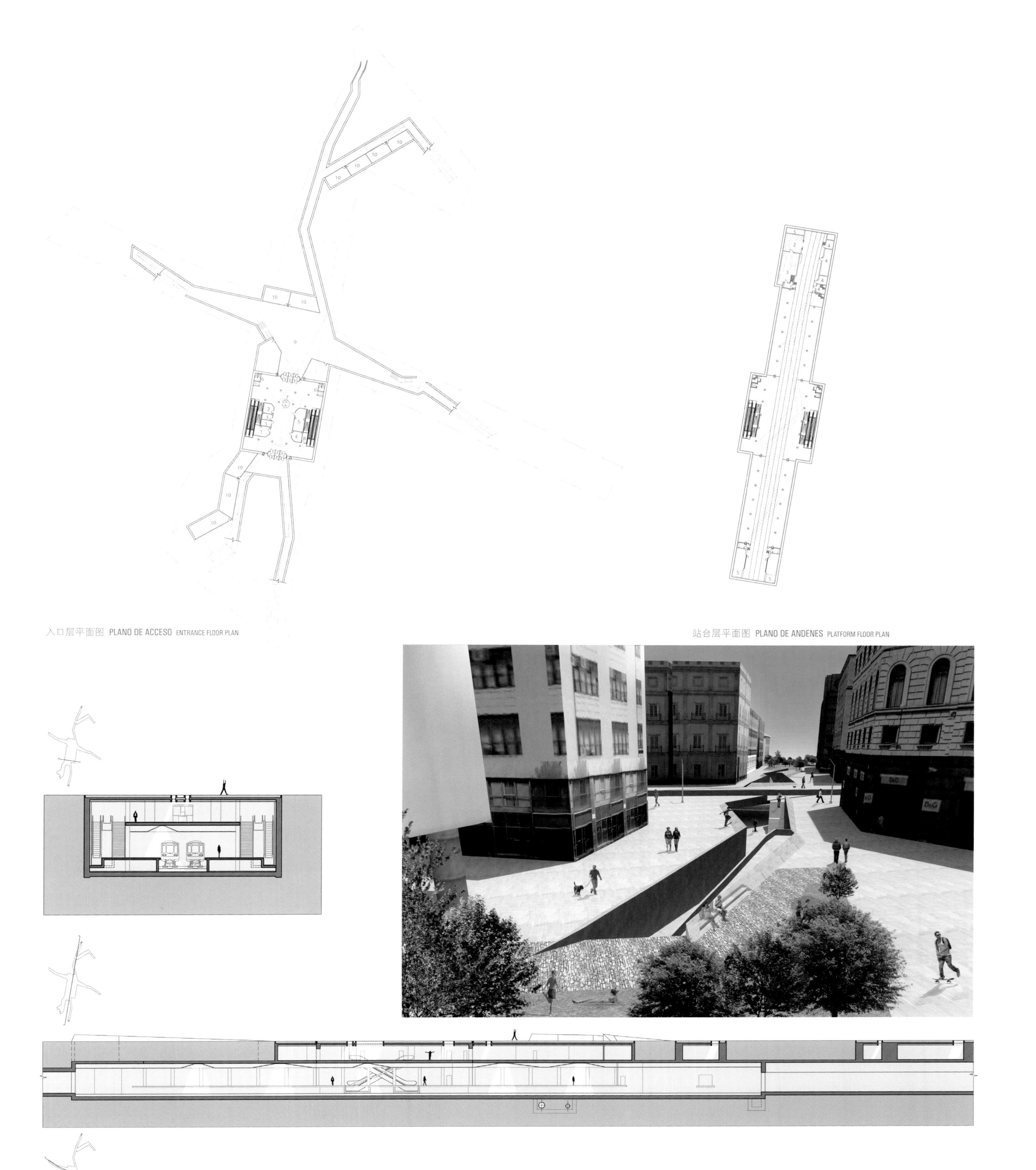

入口层平面图 PLANO DE ACCESO ENTRANCE FLOOR PLAN

站台层平面图 PLANO DE ANDENES PLATFORM FLOOR PLAN

剖面图 SECCIONES SECTIONS

20#地铁站 · 索非亚

Estación de Metro 20 · Sofia

Metro Station 20 · Bulgaria

荣誉提名奖 · **Mención Honorífica** · Honourable Mention

588885 (竞标代码)

FBarch (建筑师事务所)

Mihaela Zaharieva · Marya Popova · Anahid Tahtakran · David Bricard · Guillaume Sprenger (建筑师)

冰川结构

该项目的理念是经过对白天/夜间行人来往进行全面分析后产生的。该设计有助于疏导交通，提高两个平台间的连通性。纵向流通，行政办公室以及调控、维修等部门均汇集于最底部的一个个"灯箱"内。这些冰川结构将这三个层次连接起来，并为地铁站台提供照明。

ICEBERGS

El concepto del proyecto emerge de un completo análisis de la circulación peatonal del día y noche. El diagrama facilita el flujo del tráfico y las interconexiones entre los dos andenes. La circulación vertical y las oficinas administrativas, control, mantenimiento, se agrupan en "cajas de luz" que emergen desde el nivel más bajo. Estos icebergs conectan los tres niveles e iluminan los andenes del metro.

ICEBERGS

The concept of the project emerged from a full analysis of a daily and overnight pedestrian circulation. The diagram facilitates the traffic flow and interconnections between the two platforms. Vertical circulation and administration offices, control, maintenance, are grouped into "light boxes" that emerge from the lowest level. These icebergs connect the three levels and illuminate the subway platforms.

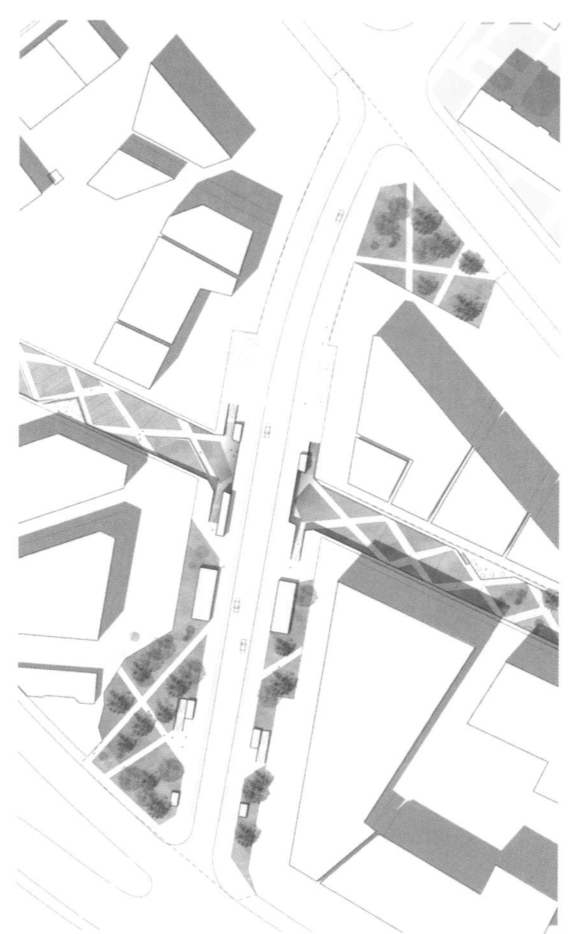

地块位置 PLANO DE SITUACIÓN SITE PLAN

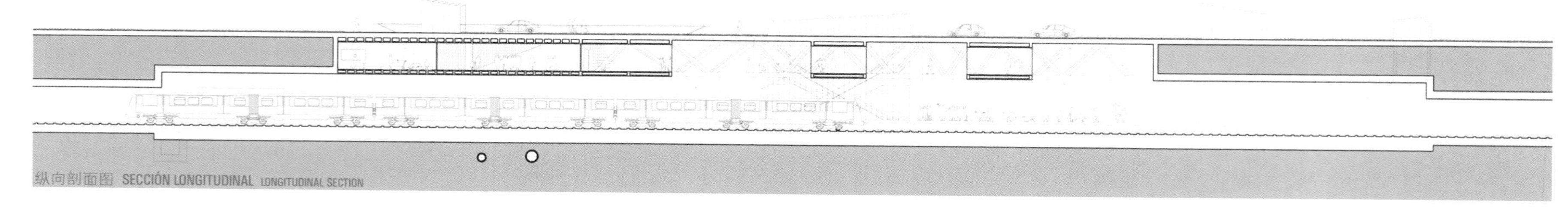

纵向剖面图 SECCIÓN LONGITUDINAL LONGITUDINAL SECTION

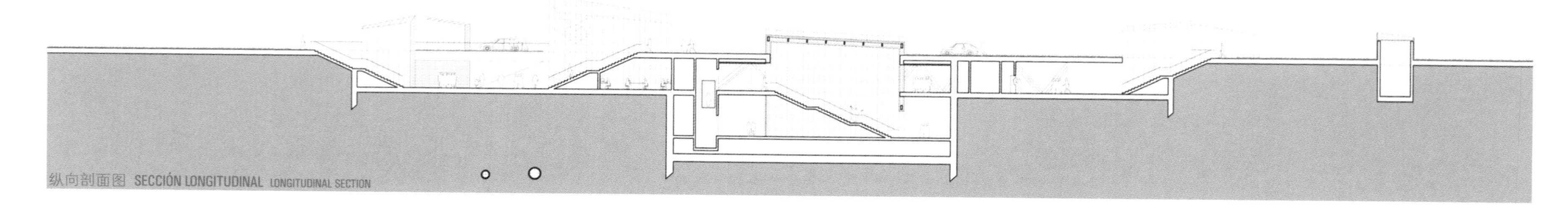

纵向剖面图 SECCIÓN LONGITUDINAL LONGITUDINAL SECTION

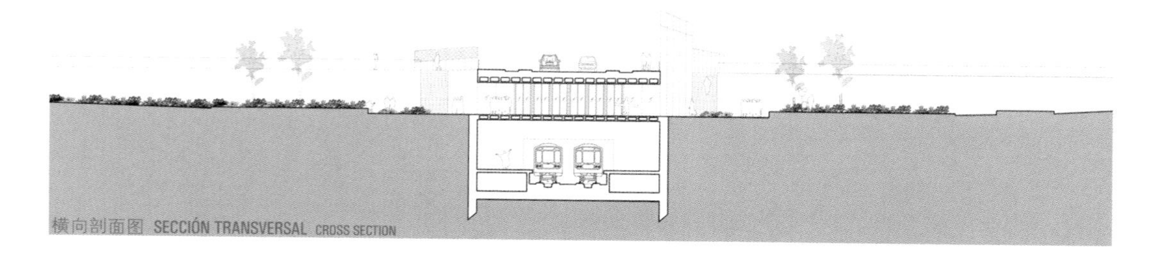

横向剖面图 SECCIÓN TRANSVERSAL CROSS SECTION

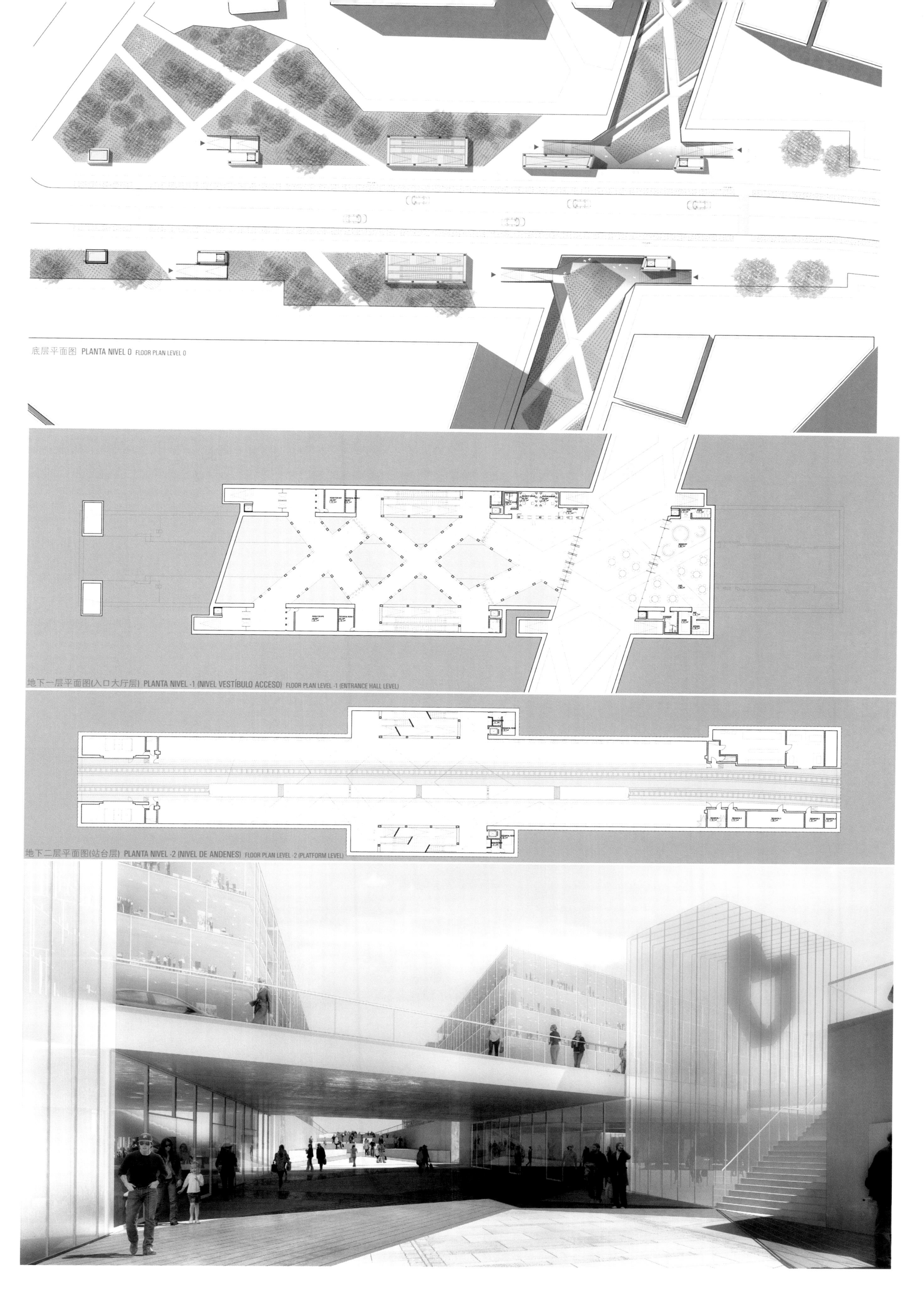
底层平面图 PLANTA NIVEL 0 FLOOR PLAN LEVEL 0
地下一层平面图(入口大厅层) PLANTA NIVEL -1 (NIVEL VESTÍBULO ACCESO) FLOOR PLAN LEVEL -1 (ENTRANCE HALL LEVEL)
地下二层平面图(站台层) PLANTA NIVEL -2 (NIVEL DE ANDENES) FLOOR PLAN LEVEL -2 (PLATFORM LEVEL)

20#地铁站 · 索非亚

Estación de Metro 20 · Sofia

Metro Station 20 · Bulgaria

荣誉提名奖 · **Mención Honorífica** · Honourable Mention

Suppose Design Office (建筑师事务所)

Makoto Tanijiri (建筑师)

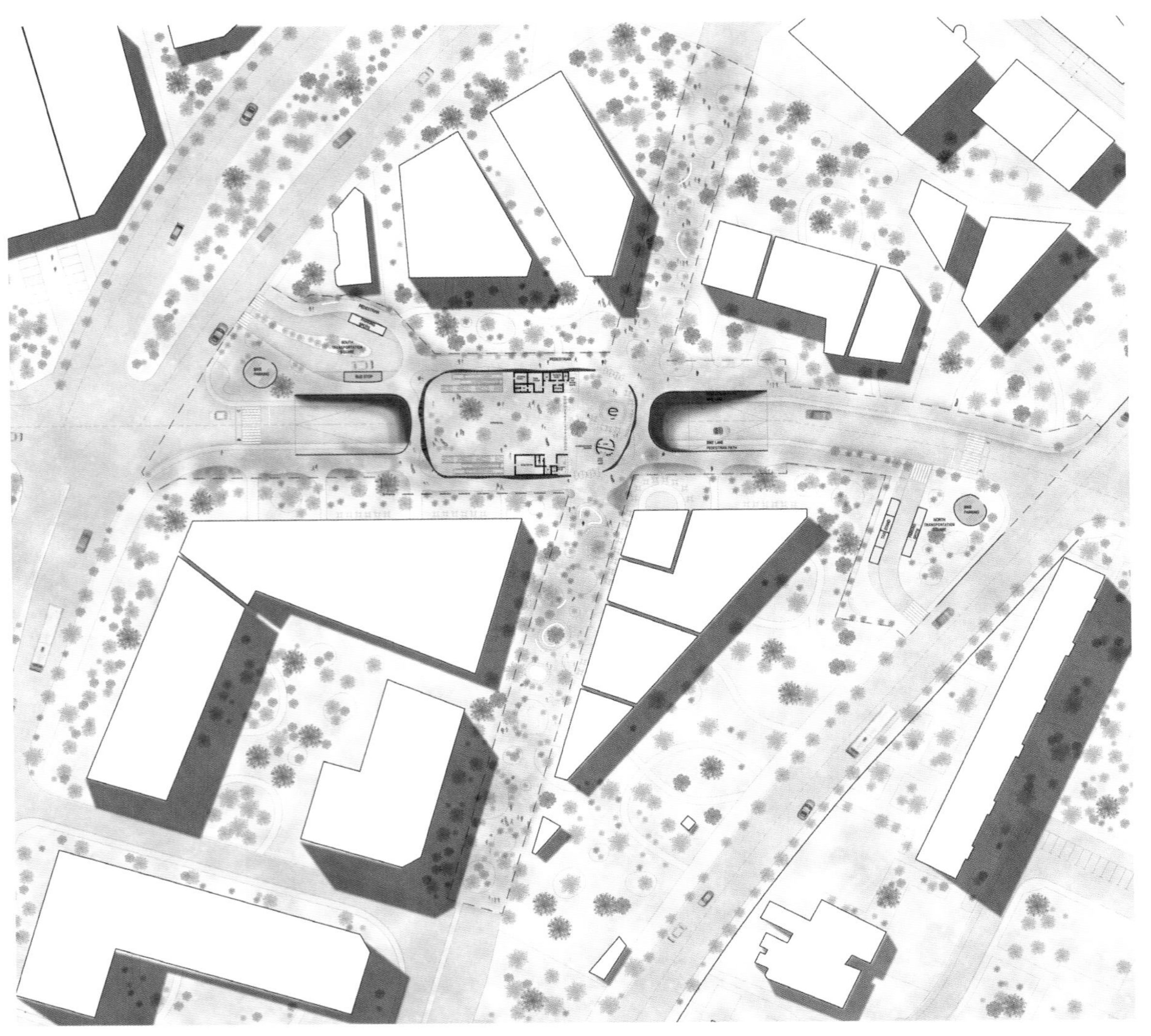

区块位置 PLANO DE SITUACIÓN SITE PLAN

赋予建筑以大自然环境

该项目的目的在于建造一幢具有大自然的惟美性的建筑。自然现象尽管短暂，但具有绝对的力度。人流、环境与建筑之间的互动总是处于变化之中的。变化莫测正是该建筑空间的特性。我们设想的建筑可以经得起时间的考验，具有永恒性。

ARQUITECTURA COMO LA NUEVA NATURALEZA

La idea fue crear una arquitectura que tenga la belleza absoluta que se encuentra en la naturaleza. El fenómeno natural que tiene lugar es corto pero con mucha fuerza. La interacción entre el movimiento de la gente y del edificio siempre cambiará. El carácter del espacio del edificio cambia continuamente. Imaginamos una arquitectura que pueda resistir el cambio de naturaleza y continue existiendo.

ARCHITECTURE AS THE NEW NATURE

The idea was to create an architecture that has the absolute beauty that is found in nature. The natural phenomenon that occurs is short lived but with absolute strength. The interaction between the movement of people, surrounding and the building will always change. The ever-changing feature is the character of the space in the building. We imagine an architecture that can withstand the time of nature and continue to exist.

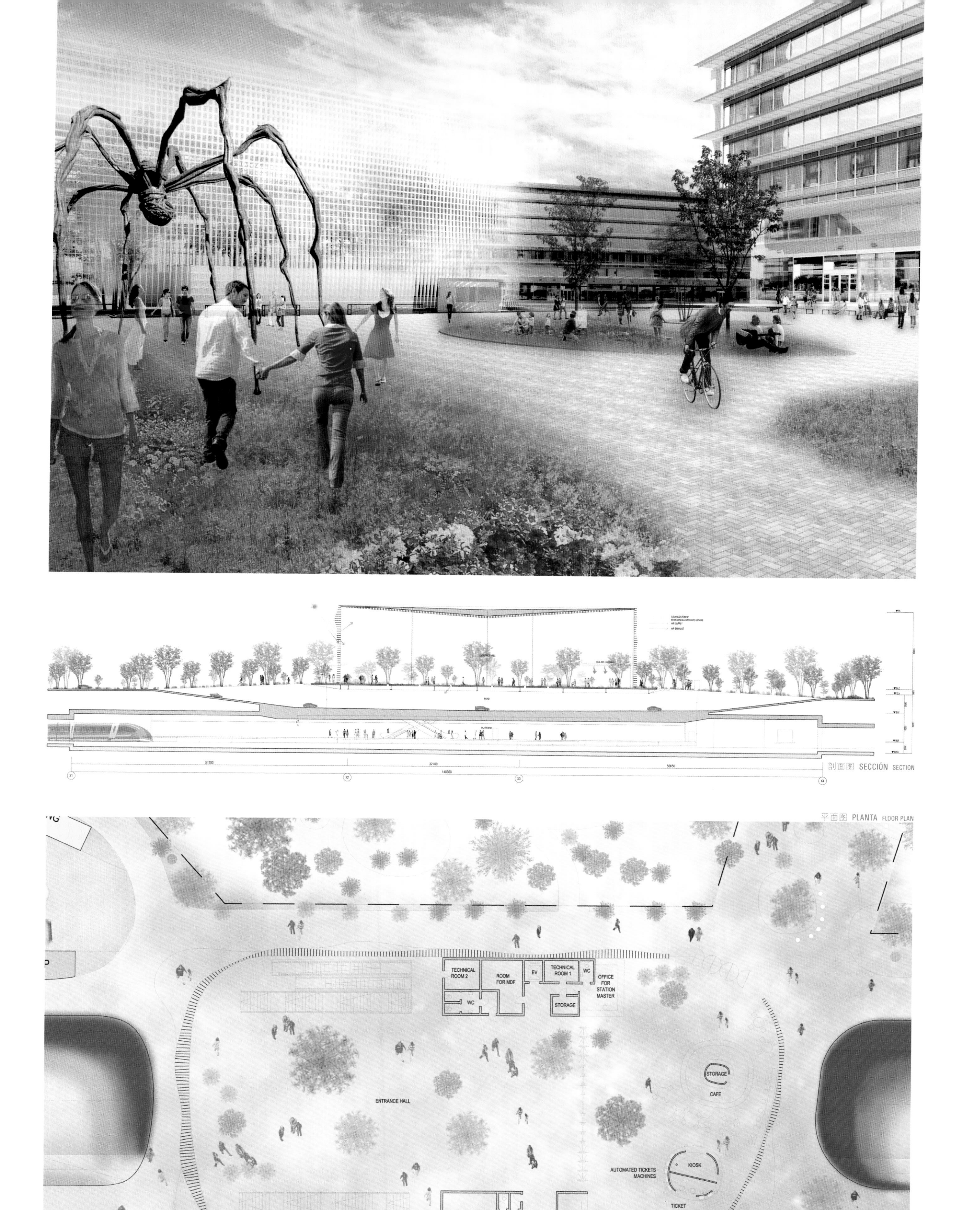
剖面图 SECCIÓN SECTION
平面图 PLANTA FLOOR PLAN
TECHNICAL ROOM 2
ROOM FOR MDF
EV
TECHNICAL ROOM 1
WC
OFFICE FOR STATION MASTER
WC
STORAGE
ENTRANCE HALL
STORAGE
CAFE
KIOSK
AUTOMATED TICKETS MACHINES
TICKET OFFICE
ROOM FOR KPS
WC
EV
WC
SECURITY OFFICE

20#地铁站 · 索非亚

Estación de Metro 20 · Sofia

Metro Station 20 · Bulgaria

荣誉提名奖 · **Mención Honorífica** · Honourable Mention

ShaGa Studio + MaDG (建筑师事务所)

Shany Barath · Gary Freedman · Margherita Del Grosso (建筑师)

灯笼

该设计重视地下层的自然采光以及地铁站内部和表面的照明特征的融合，这样有助于乘客辨别方向，提高视觉连接性，优化客流。设计将场地最初的道路布局进行分支处理，将道路旁边分散的人行区域改造成具有统一性的中央活动空间。

LA LINTERNA

A través del énfasis en las condiciones de iluminación natural bajo tierra y la integración de la iluminación en el interior y la fachada de la estación, el proyecto enfatiza la orientación de los visitantes, conexiones visuales y una organización optimizada de flujos públicos. Bifurcando el esquema de calles del lugar, el proyecto transforma la banda peatonal fragmentada de la calle en un espacio coherente y central de eventos.

THE LANTERN

Through an emphasis on the natural lighting conditions below ground and the integration of lighting features in the station interior and façade, the design enhances visitors' orientation, visual connections and an optimized orchestration of public flow. Bifurcating the initial road layout on site, the design transforms the fragmented pedestrian strip along the road into a coherent central event space.

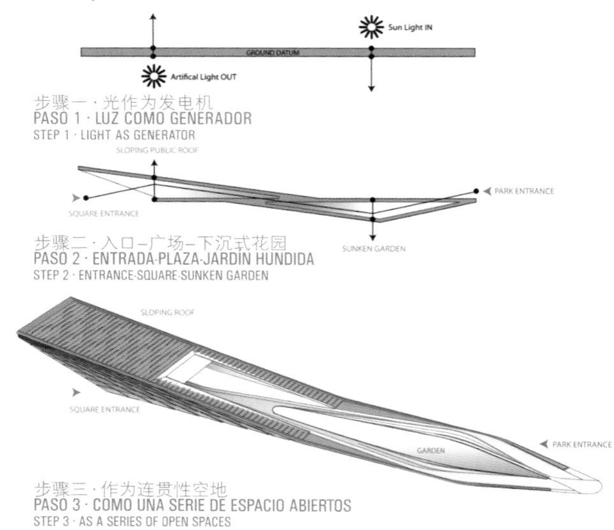

步骤一 · 光作为发电机
PASO 1 · LUZ COMO GENERADOR
STEP 1 · LIGHT AS GENERATOR

步骤二 · 入口—广场—下沉式花园
PASO 2 · ENTRADA-PLAZA-JARDIN HUNDIDA
STEP 2 · ENTRANCE-SQUARE-SUNKEN GARDEN

步骤三 · 作为连贯性空地
PASO 3 · COMO UNA SERIE DE ESPACIO ABIERTOS
STEP 3 · AS A SERIES OF OPEN SPACES

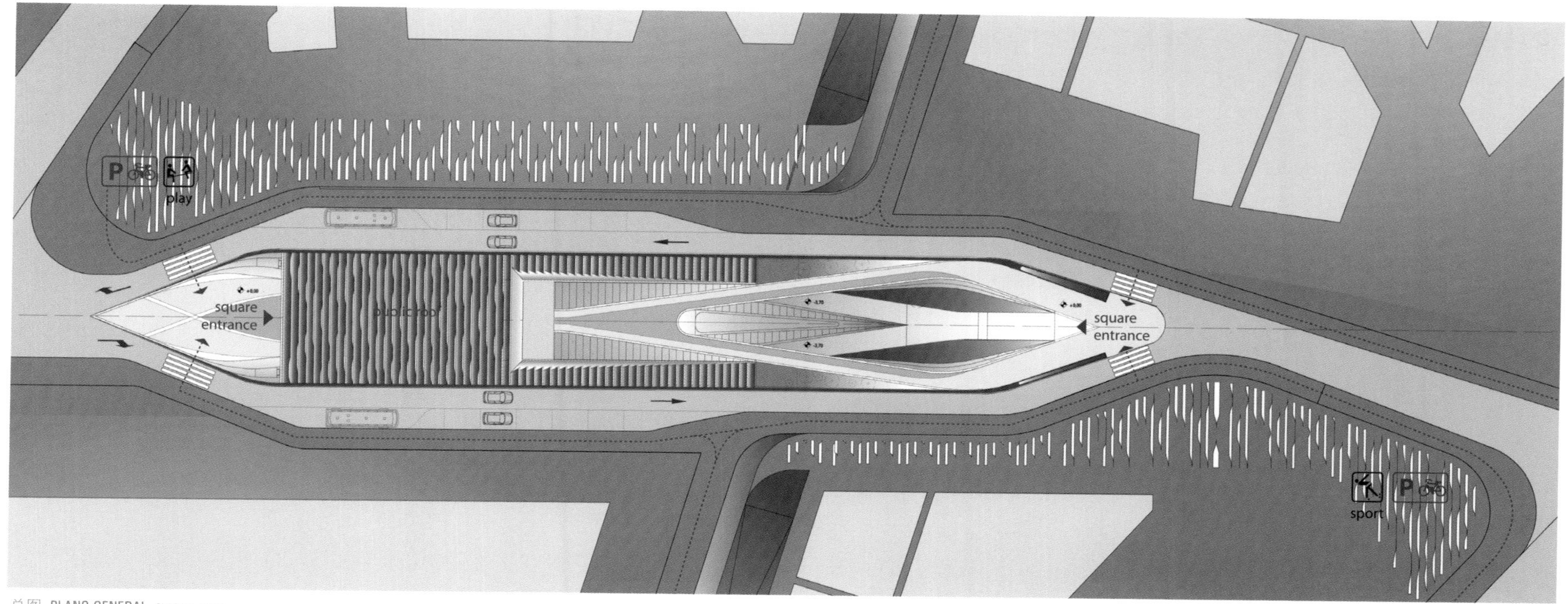

总图 PLANO GENERAL OVERALL PLAN

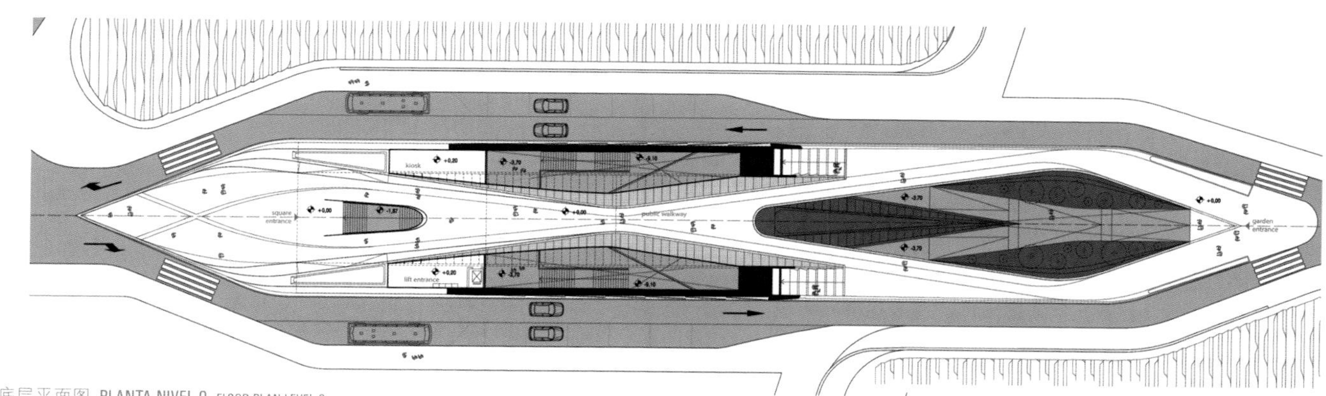

底层平面图 PLANTA NIVEL 0 FLOOR PLAN LEVEL 0

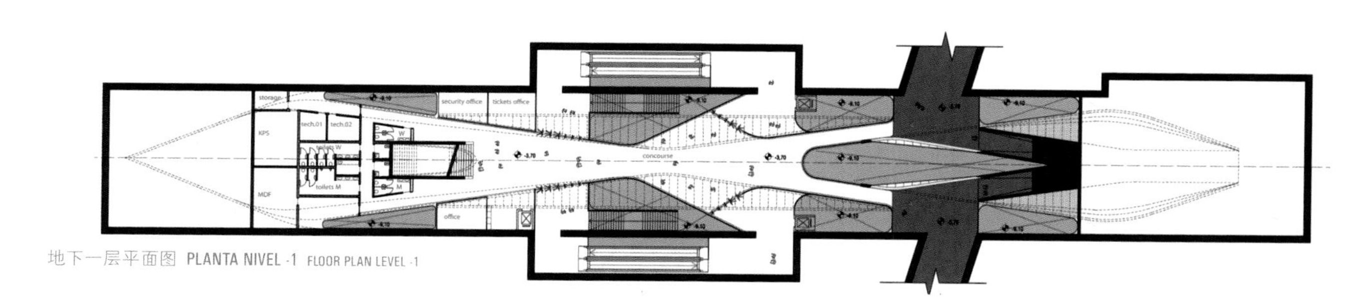

地下一层平面图 PLANTA NIVEL -1 FLOOR PLAN LEVEL -1

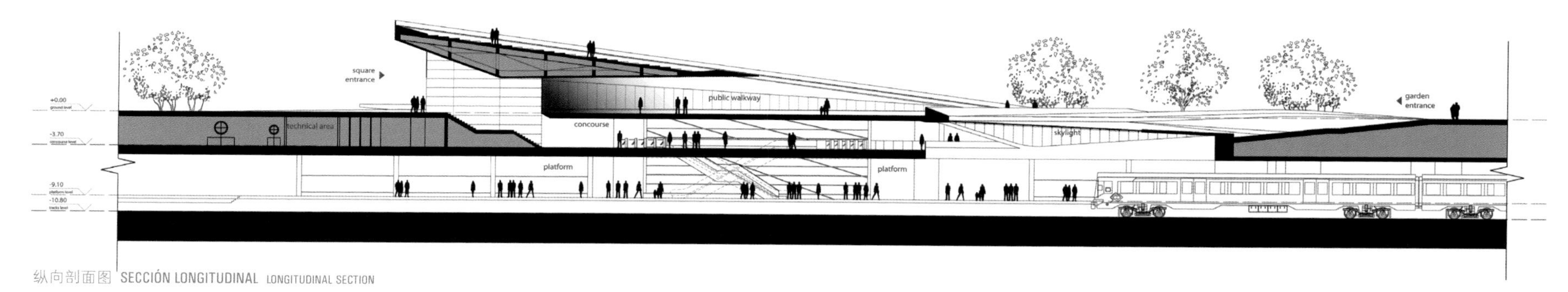

纵向剖面图 SECCIÓN LONGITUDINAL LONGITUDINAL SECTION

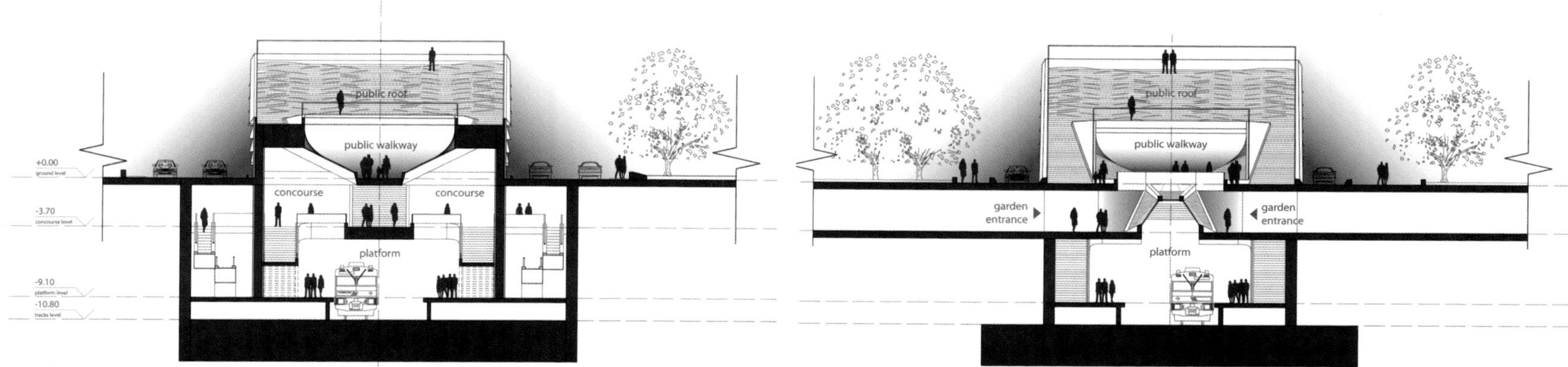

横向剖面图 1 SECCIÓN TRANSVERSAL 1 CROSS SECTION 1

横向剖面图 2 SECCIÓN TRANSVERSAL 2 CROSS SECTION 2

20#地铁站 · 索非亚
Estación de Metro 20 · Sofia
Metro Station 20 · Bulgaria
荣誉提名奖 · Mención Honorífica · Honourable Mention

170511 (竞标代码)

Sosa + Alonso (建筑师事务所)

Jose Antonio Sosa · Evelyn Alonso Rohner (建筑师)

动态的线条

在视觉上，通过双倍高度的空间将地铁站与街面进行连接，实现空间的连续性。站在夹楼上，下面的一切活动一览无遗。

动态的移动在街面层形成了新的公共空间。各个线条的连接形成了花园和走道的轮廓。人行道、自行车道、漫步道、板凳、树木……均交织成具有连续性的线条。

LÍNEAS DINÁMICAS

Se consigue continuidad espacial a través de los espacios de doble altura que conectan visualmente los niveles de la estación y la calle. Desde la entreplanta, uno puede ver lo que pasa debajo con una simple mirada. El dinamismo del movimiento confiere la forma del nuevo espacio público a nivel de calle. Los jardínes y pavimentos se conforman por la interconexión de varias líneas. Caminos peatonales, carriles bici, caminos, bancos, la masa arbórea.. se organizan en líneas entrelazadas y continuas.

DYNAMIC LINES

Spatial continuity is achieved through double-height spaces that visually link the levels of the station and street. From the mezzanine, one can see what is taking place below with a single glance. The dynamism of movement gives shape to the new public space at street level. The gardens and pavements are shaped by the interconnection of various lines. Pedestrian paths, bicycle lines, strolling paths, benches, the mass of the trees... are all organized in interwoven, continuous lines.

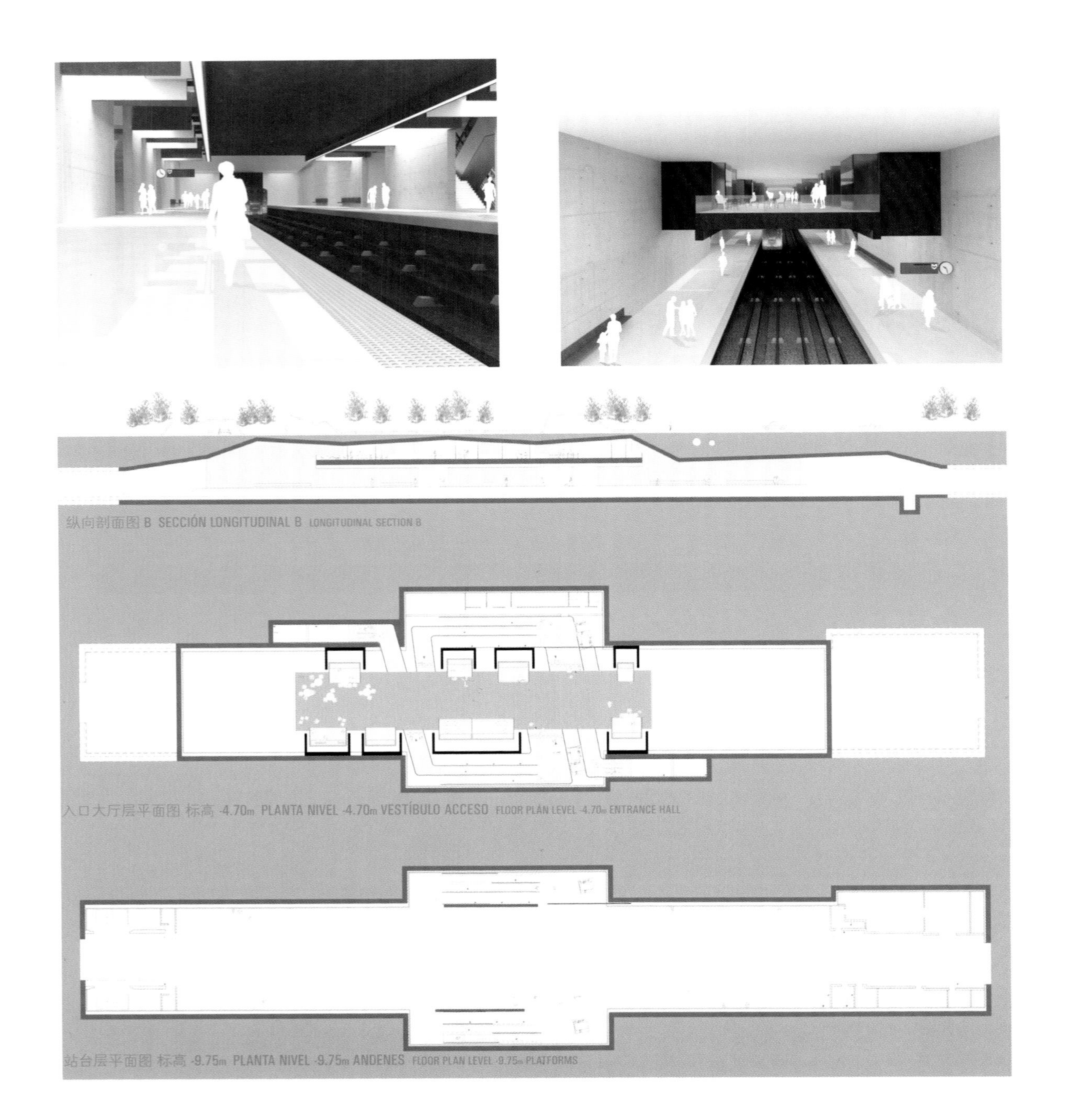

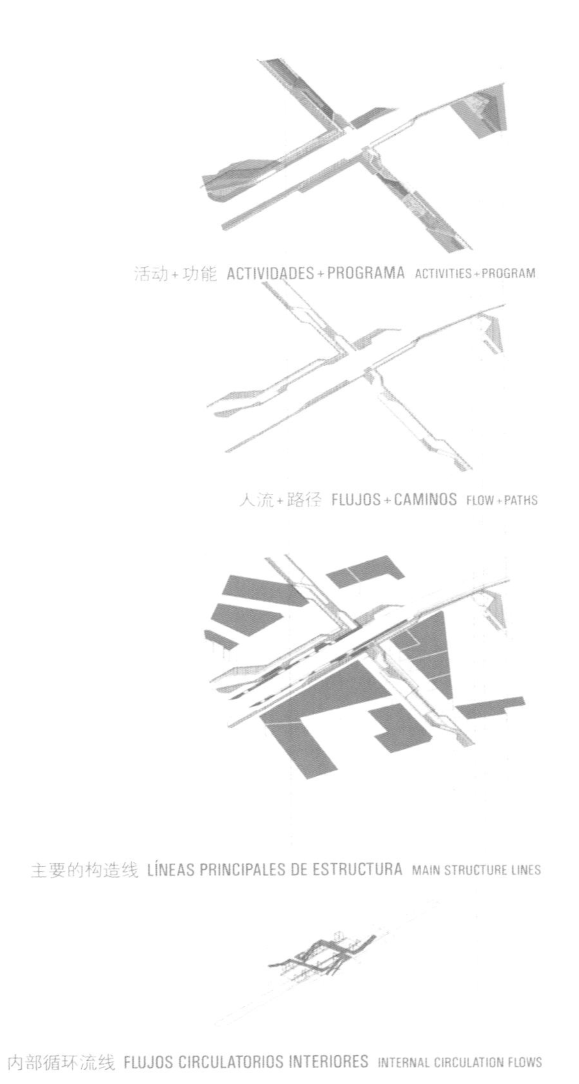

20#地铁站 · 索非亚

Estación de Metro 20 · Sofia

Metro Station 20 · Bulgaria

荣誉提名奖 · **Mención Honorífica** · Honourable Mention

078585

Boschi + Serboli Architetti Associati

Luigi Serboli

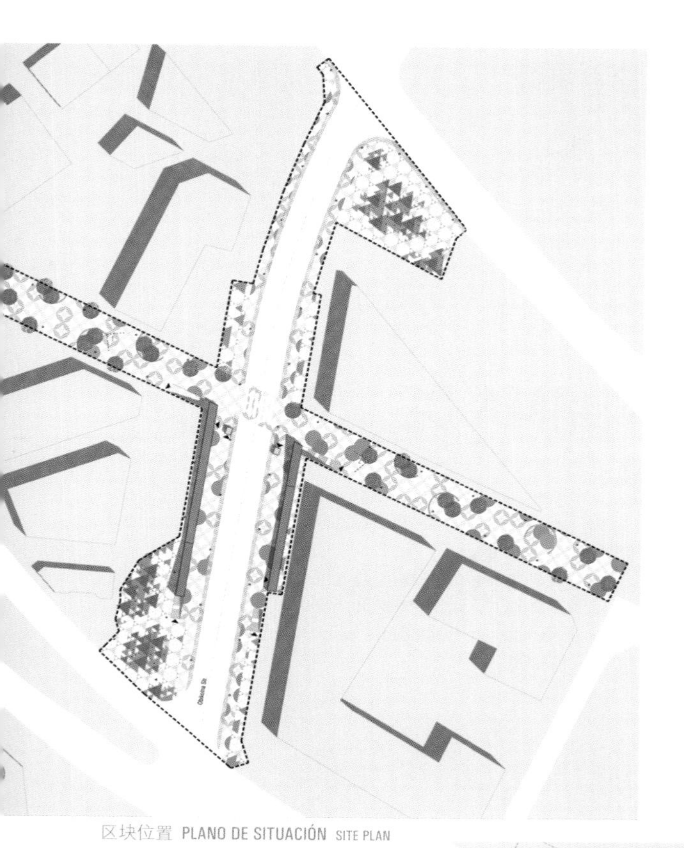

区块位置 PLANO DE SITUACIÓN SITE PLAN

剖面图 GG SECCIÓN GG SECTION GG

剖面图 FF SECCIÓN FF SECTION FF

剖面图 EE SECCIÓN EE SECTION EE

站台区平面图 PLANTA ÁREA ANDENES FLOOR PLAN PLATFORM ZONE

易于识别

该项目的目的在于提出一个可再生的设计——一种可扩展使用范围的语言。地铁站共有三层，在构造上、视觉上均实现连接。由内向外、由外向内的锥形布局有助于乘客识别方向。

RECONOCIBLE

La idea es proponer un proyecto reproducible, un lenguaje que pueda extenderse. La estación se desarrolla en tres niveles que se conectan tanto física como visualmente. Los conos que se abren desde el interior hacia el exterior y vice-versa facilitan la orientación.

RECOGNISABLE

The idea is to propose a reproducible design, a language that may be extended. The station is developed on three levels which are linked both physically and visually. The cones that open from inside towards the outside and vice-versa facilitate orientation.

剖面图 BB SECCIÓN BB SECTION BB

剖面图 HH SECCIÓN HH SECTION HH

剖面图 AA SECCIÓN AA SECTION AA

20#地铁站 · 索非亚
Estación de Metro 20 · Sofia
Metro Station 20 · Bulgaria
荣誉提名奖 · **Mención Honorífica** · Honourable Mention

046024 (竞标代码)

Archabits (建筑师事务所)

Yana Radeva · Anastas Marchev · Bistra Popova (建筑师)

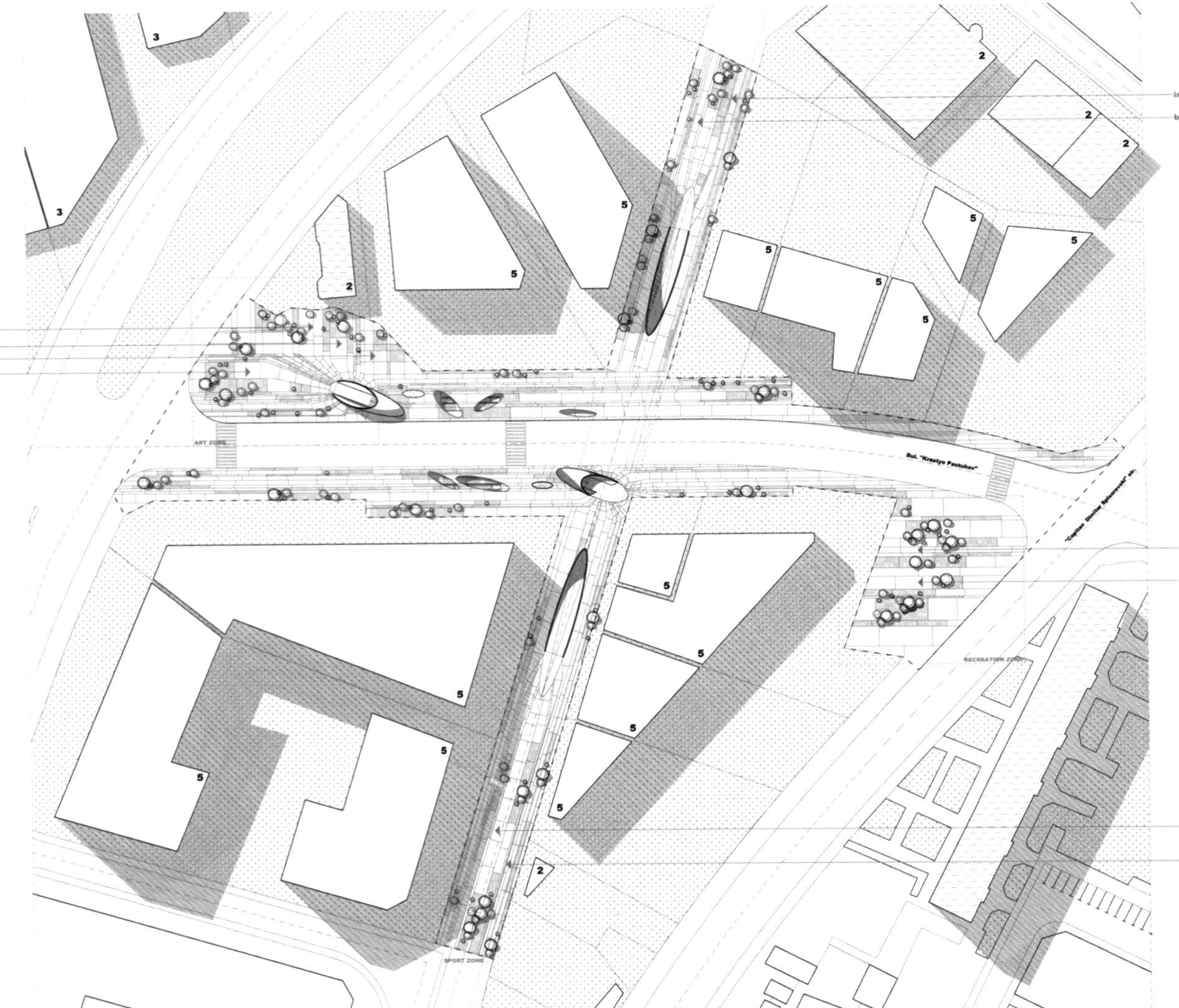

区块位置 PLANO DE SITUACIÓN SITE PLAN

锥形

我们的项目注重动力和沟通，并通过居住生活与自然之间的平衡得以实现。

城市中基本元素的使用，如小巷、绿化区域、最小干预的设施(如地上的洞)决定以最经济的方式来处理空间，并与周围环境相符合。

FORMA DE CONO

Lo que nuestro proyecto enfatiza es este dinamismo, esta comunicacion. Lo conseguimos mediante una paralela entre la vida residencial y la naturaleza.
El uso de los elementos básicos de un área urbana como callejuelas, áreas verdes y la mínima intervención (sólo agujeros en el suelo) determina un tratamiento ecónomico del espacio, válido para el entorno.

CONE-SHAPED

What our project emphasizes is this dynamism, this communication. We achieve that by drawing a parallel between life in the environment of panel housing projects and nature.
The use of the basic elements of an urban area like alleys, green areas and the minimum interventions (just holes in the ground) determines an economy treatment of the space, suitable for the surroundings.

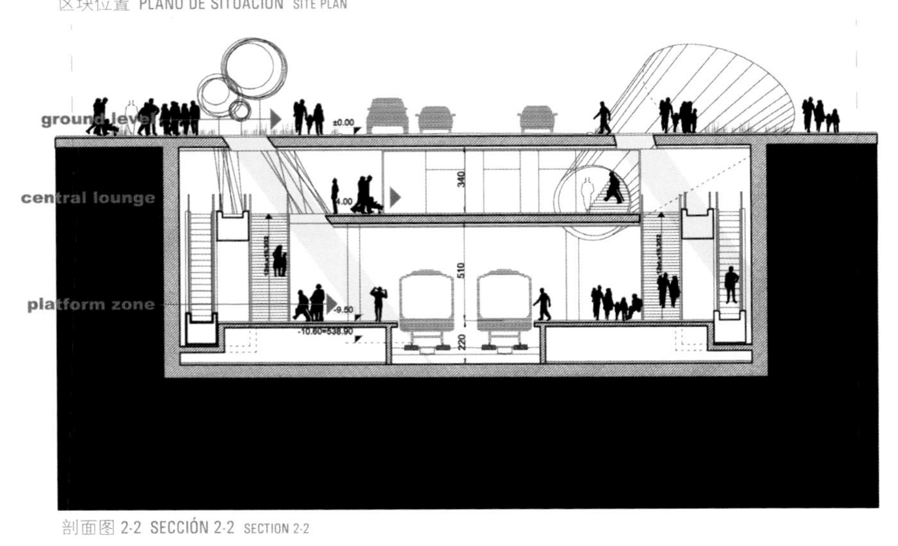

剖面图 2-2 SECCIÓN 2-2 SECTION 2-2

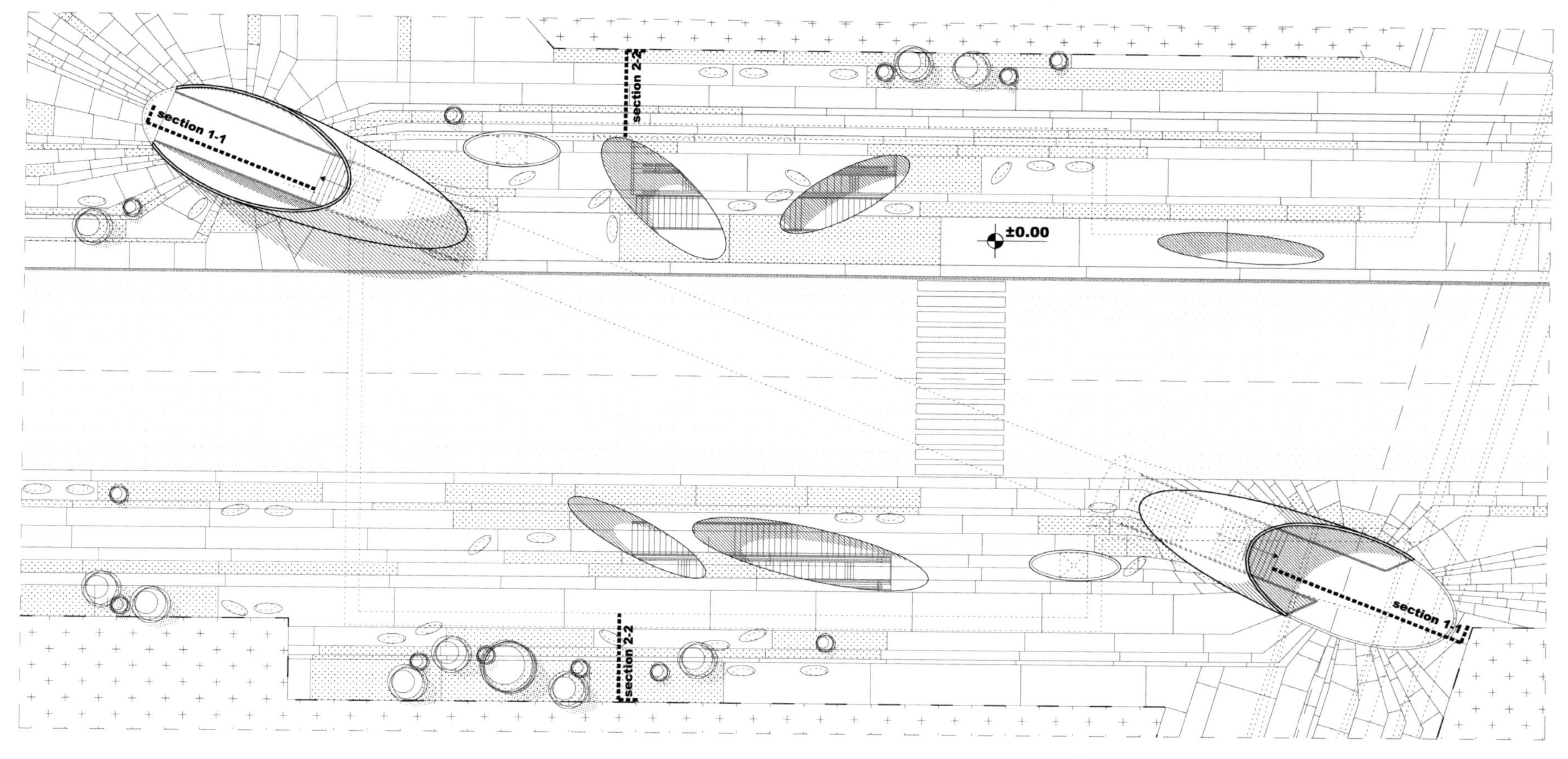

底层平面图 大街 PLANTA NIVEL 0 ÁREA DE CALLE FLOOR PLAN LEVEL 0 STREET ZONE

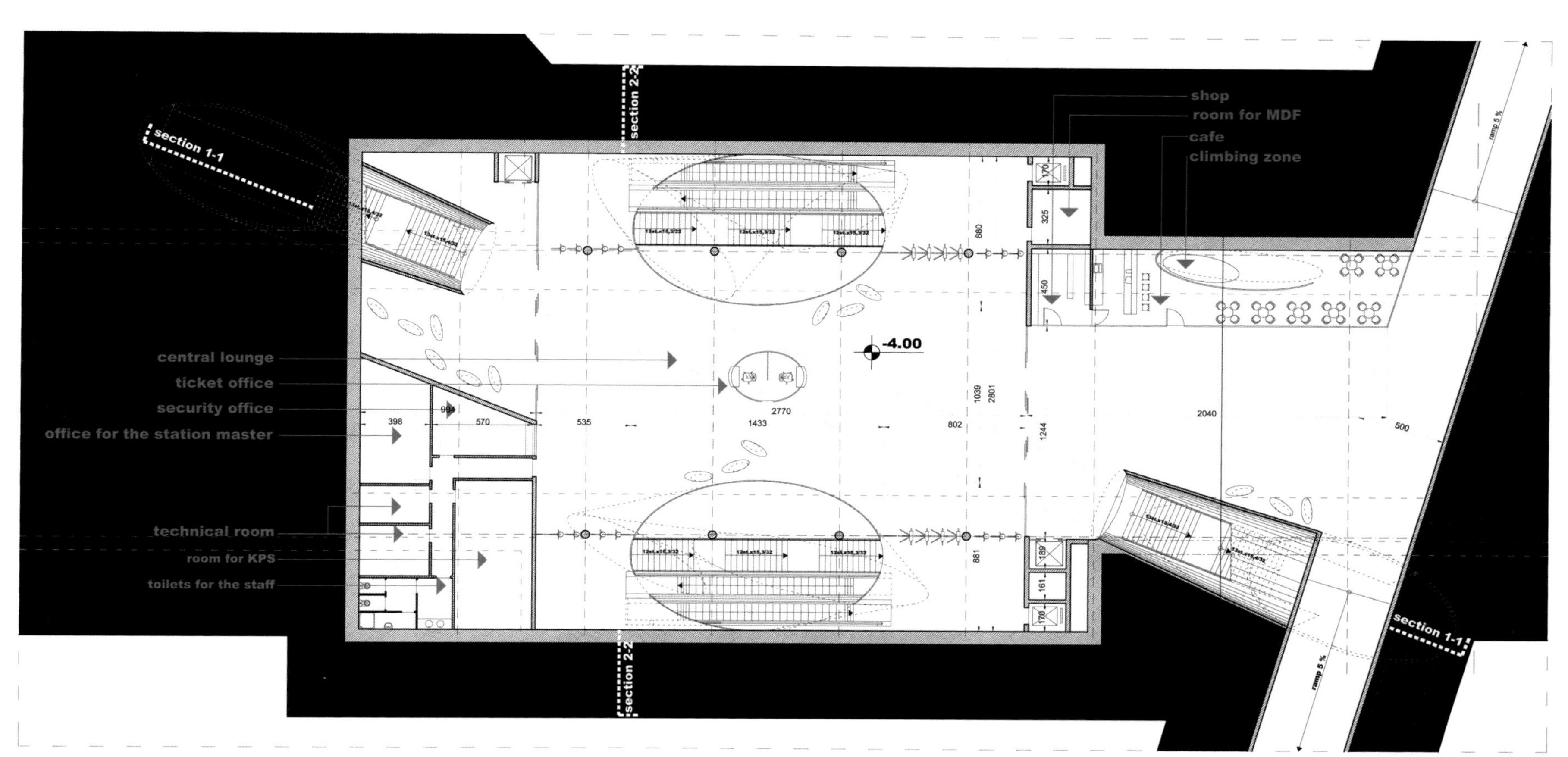

地下一层平面图 入口大厅 PLANTA NIVEL -1 VESTÍBULO DE ACCESO FLOOR PLAN LEVEL -1 ENTRANCE HALL

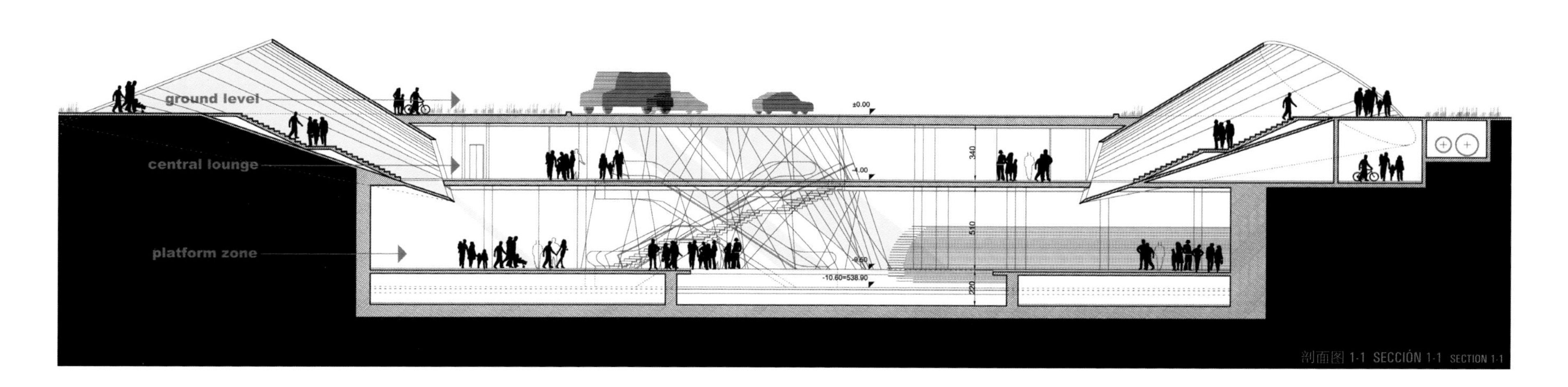

剖面图 1-1 SECCIÓN 1-1 SECTION 1-1

20#地铁站 · 索非亚
Estación de Metro 20 · Sofia
Metro Station 20 · Bulgaria
荣誉提名奖 · Mención Honorífica · Honourable Mention

ANG (建筑师事务所)
Tom Tang · Yijie Dang (建筑师)

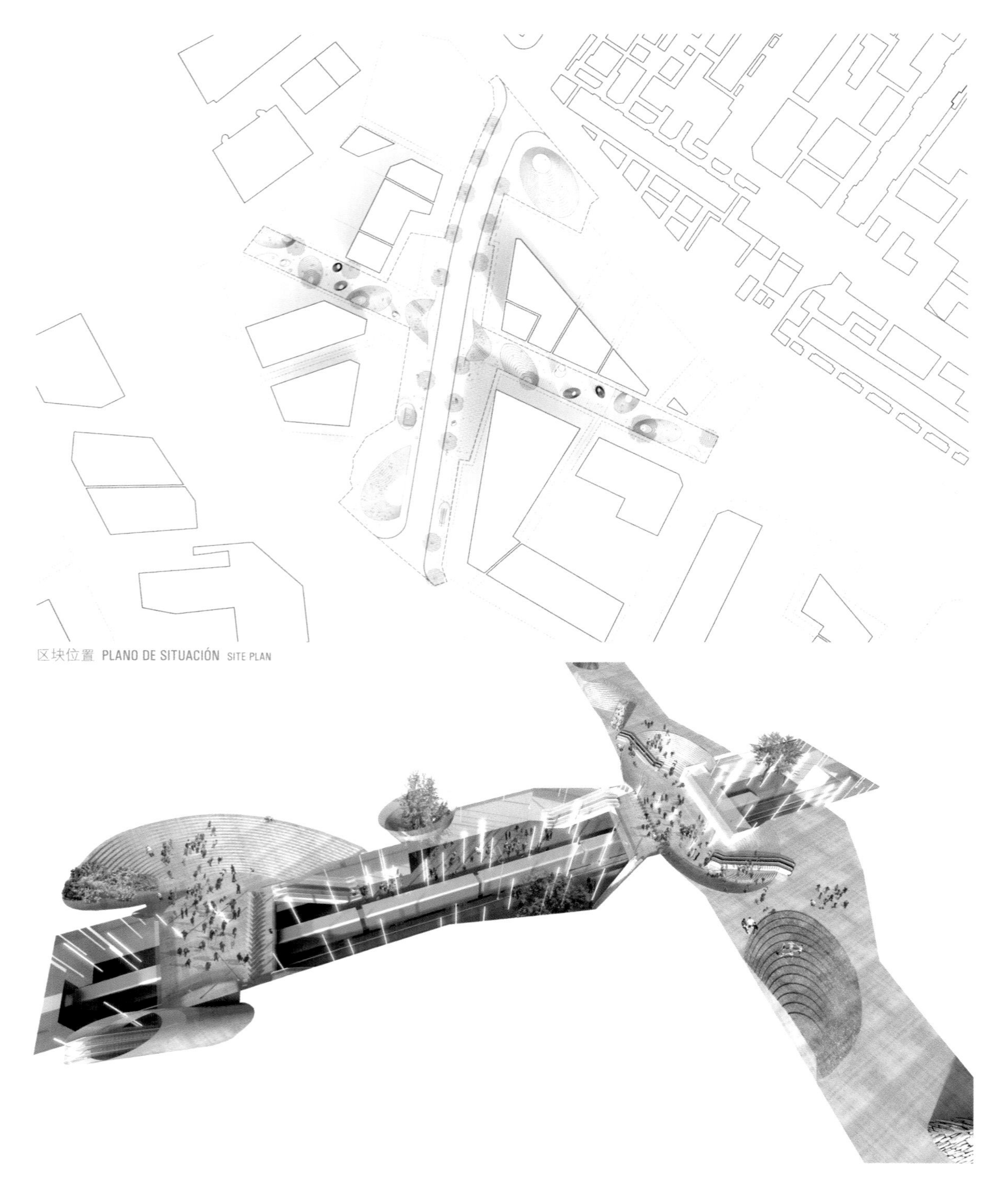
区块位置 PLANO DE SITUACIÓN SITE PLAN

玻璃面处理

地铁站从街面上看只有一个统一的标识，但具有城市广场的规模，而非使用指向各出口、地铁线的地下迷宫式标识。我们提出一个体积式规划：乘客一进入地铁站，列车及流通方向一目了然。地铁站的墙面采用玻璃面处理，以反射站内的自然光，使空间显得更加空旷。

SUPERFICIES ESPEJO

En lugar de un laberinto subterráneo de señales apuntando a varias salidas y andenes, la estación tiene una única identidad desde la calle y tiene la escala de una plaza urbana. Proponemos un espacio volumétrico donde los trenes están visibles inmediatamente desde el acceso y la circulación está clara. El tratamiento de las paredes de la estación como superficies espejo refleja la luz natural que penetra hasta el interior, y el espacio es mucho más generoso.

MIRRORED SURFACES

Rather than an underground labyrinth of signs pointing towards various exits and tracks, the station has a single identity from the street and has the scale of the urban plaza. We propose a volumetric planning where upon entering the station, the trains are immediately visible and the circulation is clear. By treating the walls of the station as mirrored surfaces reflecting the natural light coming into the station, the space becomes much more generous.

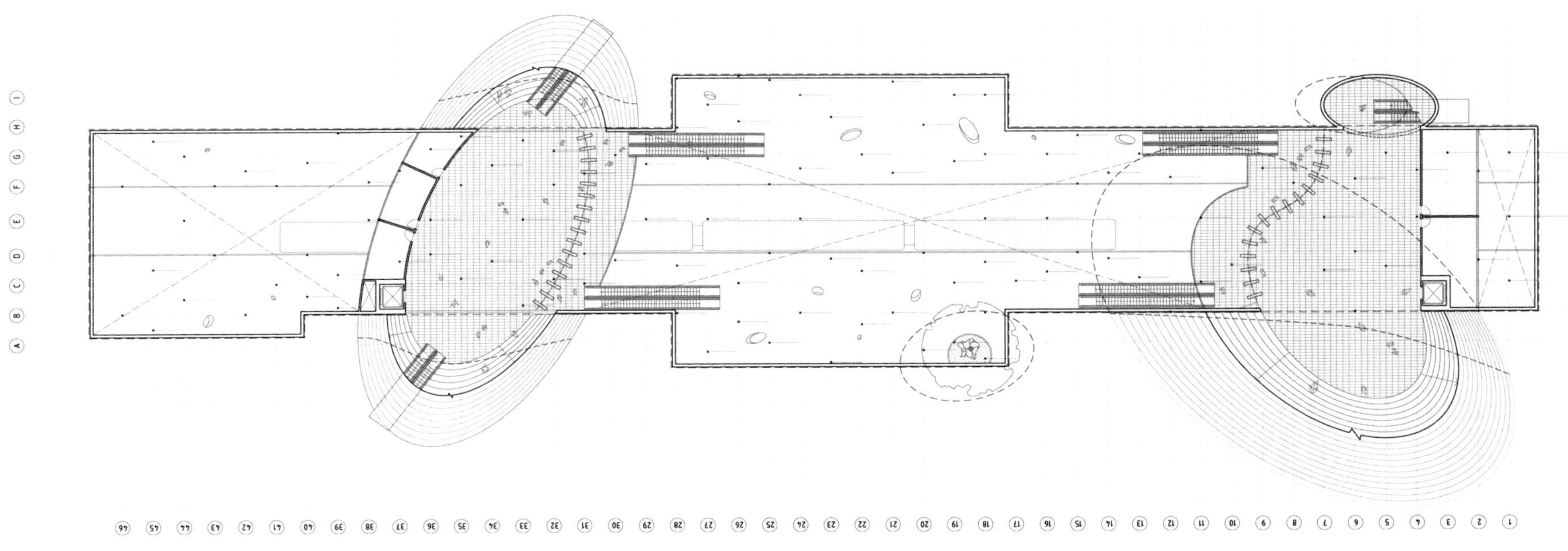

底层平面图 PLANTA NIVEL 0 FLOOR PLAN LEVEL 0

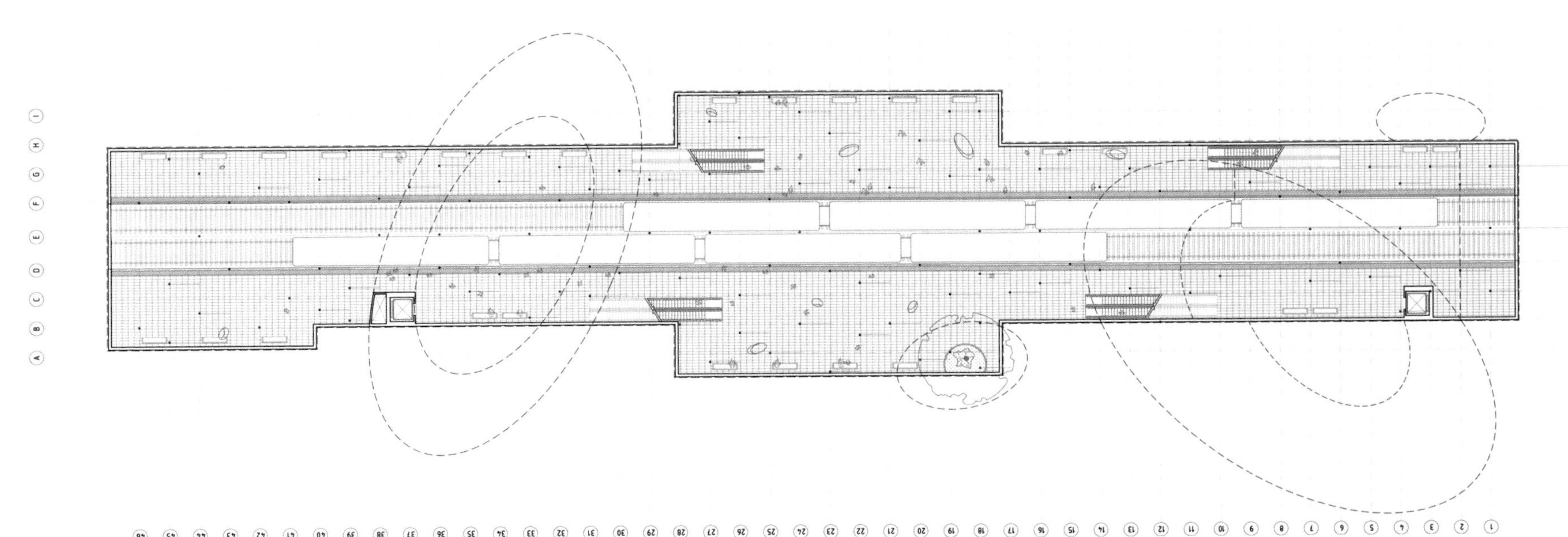

地下一层平面图 PLANTA NIVEL -1 FLOOR PLAN LEVEL -1

剖面图 SECCIÓN SECTION

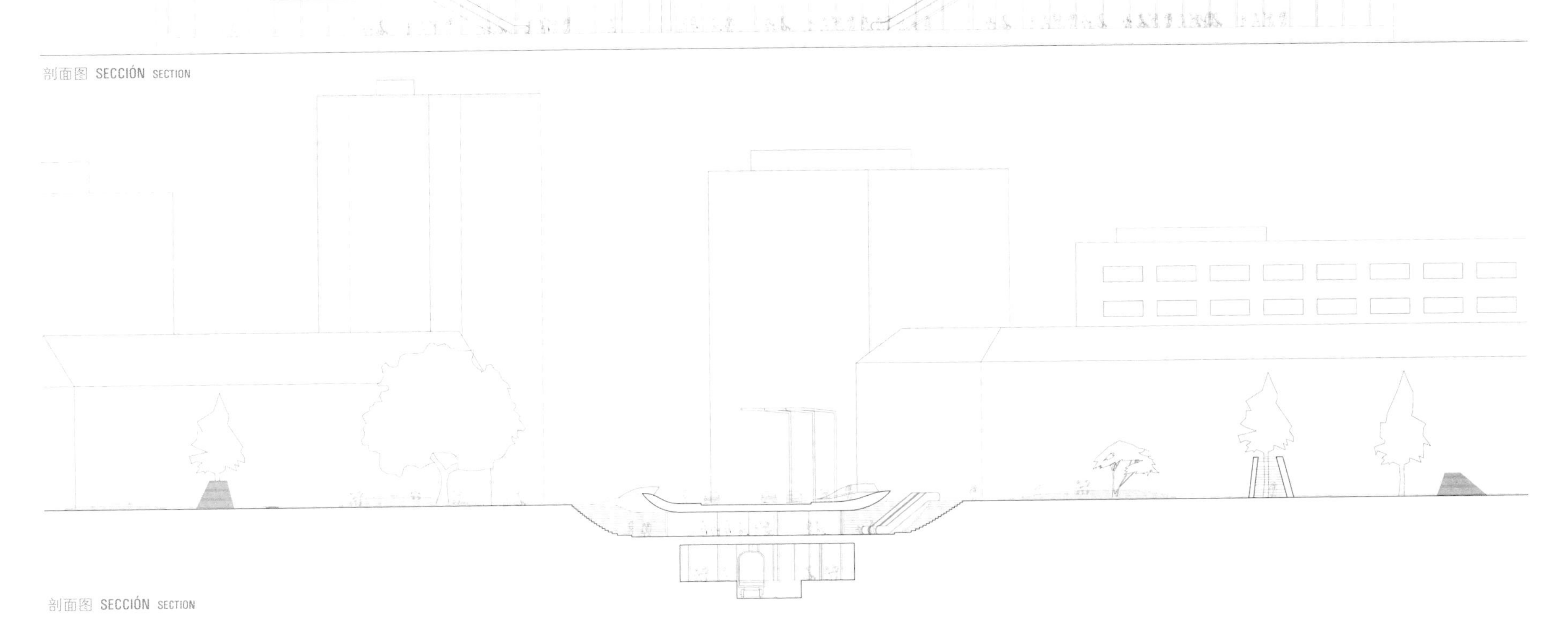

剖面图 SECCIÓN SECTION

20#地铁站·索非亚

Estación de Metro 20 · Sofia

Metro Station 20 · Bulgaria

荣誉提名奖 · **Mención Honorífica** · Honourable Mention

001002 (竞标代码)

Jose Manuel Jimenez Cao (建筑师)

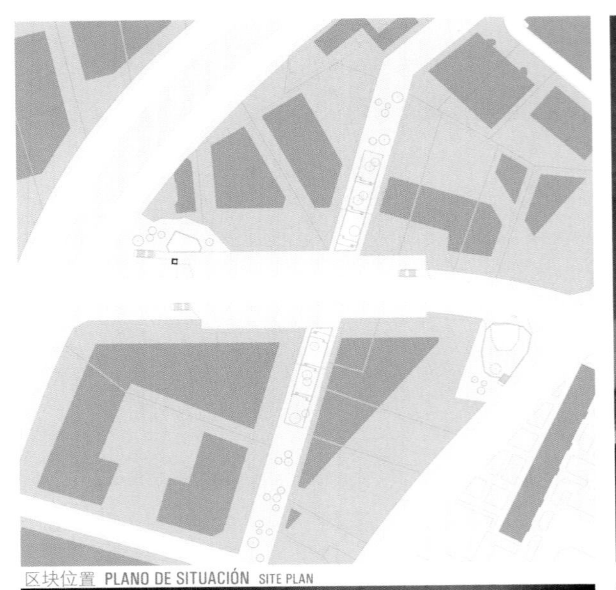

区块位置 PLANO DE SITUACIÓN SITE PLAN

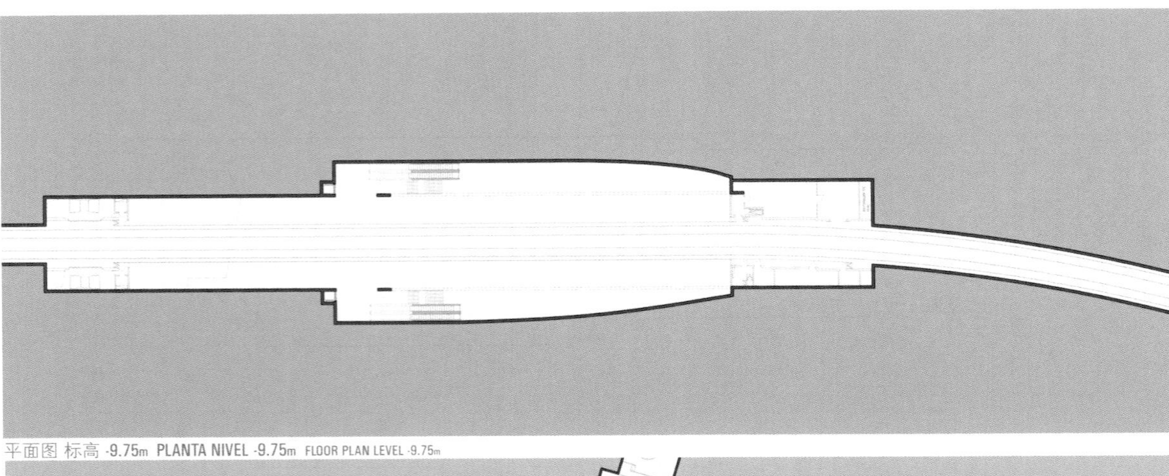

平面图 标高 -9.75m PLANTA NIVEL -9.75m FLOOR PLAN LEVEL -9.75m

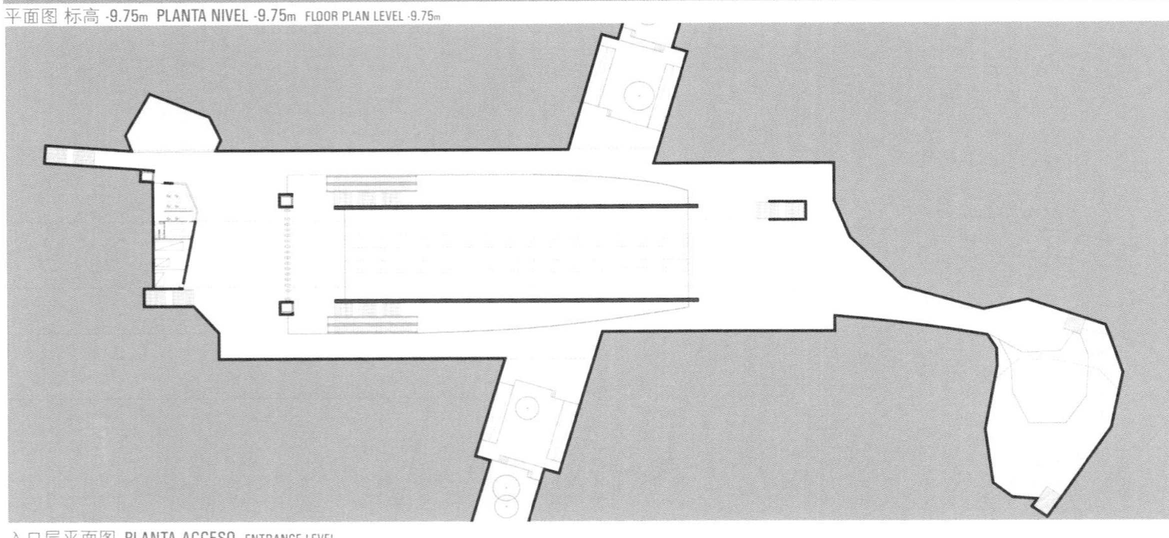

入口层平面图 PLANTA ACCESO ENTRANCE LEVEL

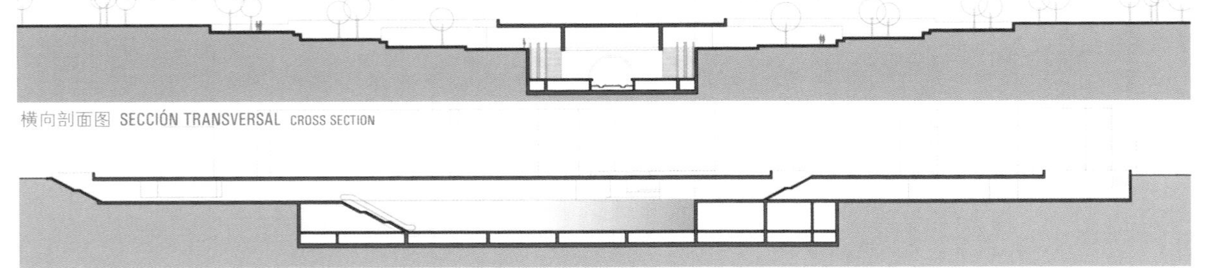

横向剖面图 SECCIÓN TRANSVERSAL CROSS SECTION

纵向剖面图 SECCIÓN LONGITUDINAL LONGITUDINAL SECTION

不同的出口

该项目的目的在于建造不同的路径和空间，使之成为疏通乘客、欣赏雕塑以及进行各种活动的场所。对地面层结构进行处理，在通往站台的地方开设窗口，使得阳光进入站内。从技术上看，还有两处重点就是沿着站台方向的两个大型横梁和安全疏导人员流动的玻璃表面，两者均位于入口水平位置。

DISTINTAS SALIDAS

La idea del proyecto es la de generar diferentes caminos y espacios donde la gente circula y contempla exposiciones de esculturas y otras actividades. La forma del nivel de planta baja, nos permite abrir ventanas abiertas al nivel de andenes para que la luz penetre en el interior de la estación. Técnicamente, es importante remarcar dos grandes vigas a lo largo de la dirección de los andenes, y una fachada de vidrio que protege un movimiento seguro de la gente, ambos en el nivel de acceso.

DIFFERENT EXITS

The project idea is about generating different routes and spaces where people circulate and contemplate sculpture exhibitions, as well as other activities. Shaping the ground level, we can open windows to the platform level allowing the light to come inside the station. Technically, it is important to remark on two big beams along the platform direction, and a glass façade that protects the safe movement of the people, both at the entrance level.

20#地铁站 · 索非亚
Estación de Metro 20 · Sofia
Metro Station 20 · Bulgaria
荣誉提名奖 · **Mención Honorífica** · Honourable Mention

021201 (竞标代码)

BETAPLAN

Ioannis Ventourakis · Thomas Amargianos · Igor Stipac · Marousso Chatiou

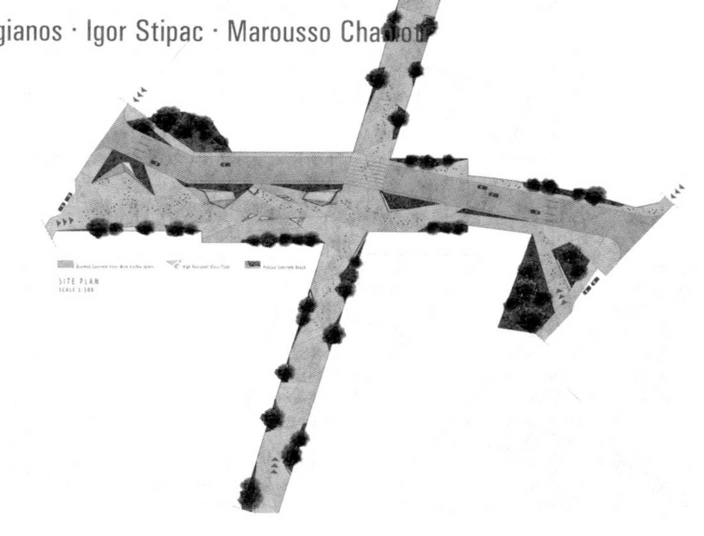

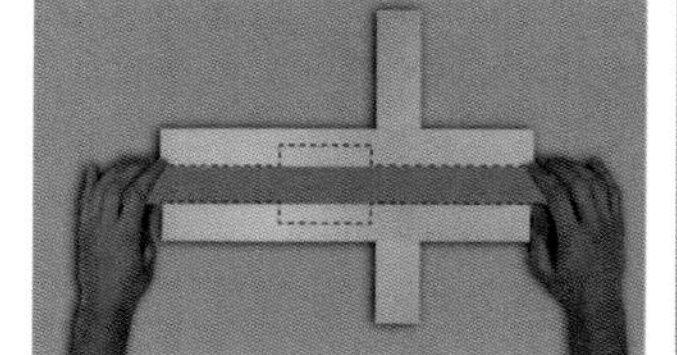

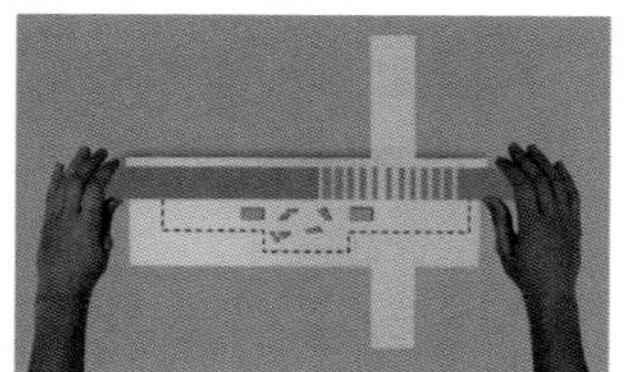

概念 CONCEPTO CONCEPT

...from circulation diagram ...to spatial organisation

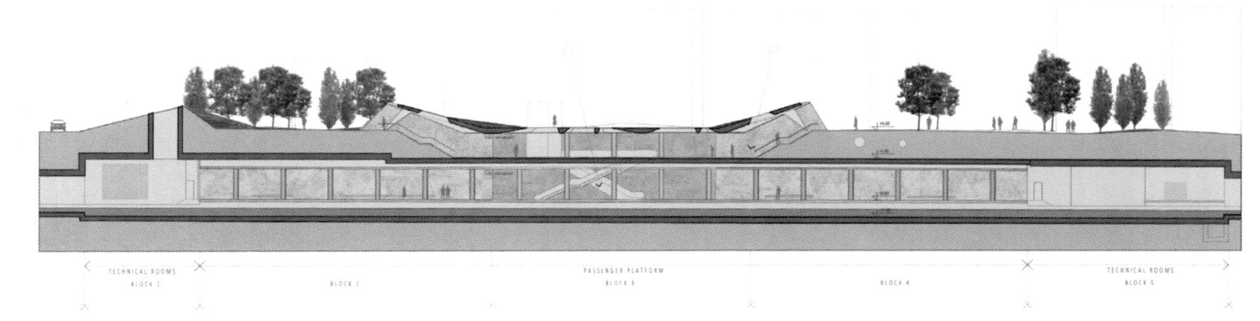

剖面图 AA SECCIÓN AA SECTION AA

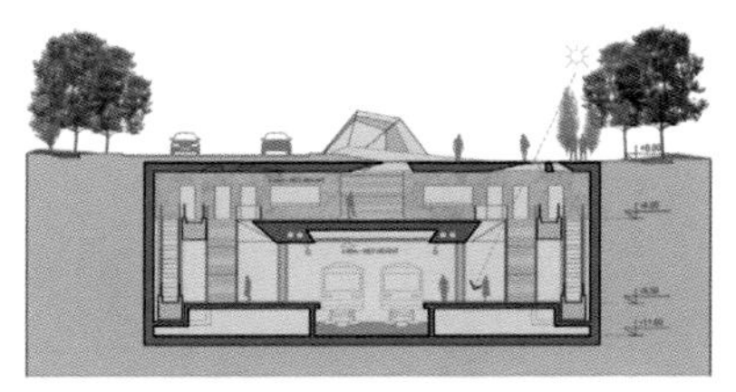

剖面图 BB SECCIÓN BB SECTION BB

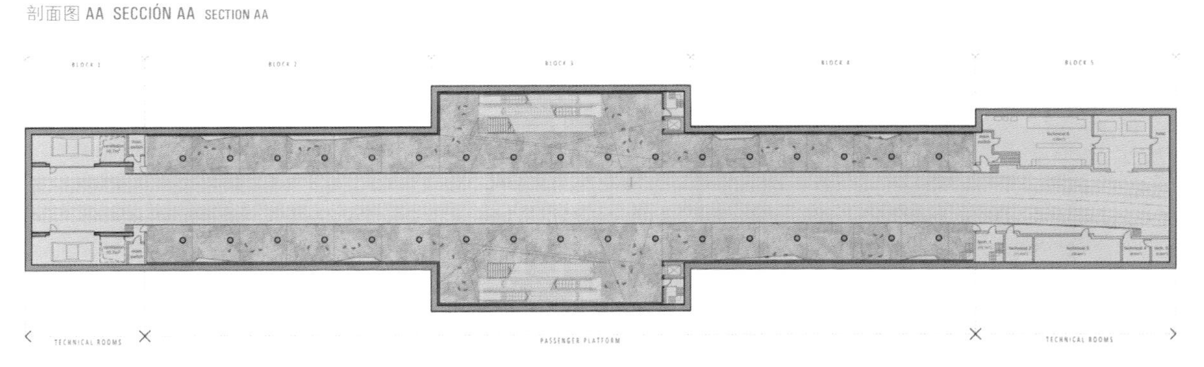

站台层平面图 PLANTA ANDENES PLATFORM FLOOR PLAN

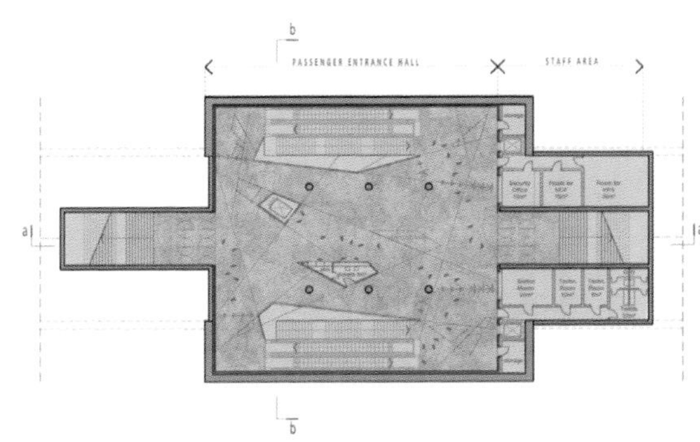

入口层平面图 PLANTA ACCESO ENTRANCE FLOOR PLAN

一个统一的城市实体

这个概念基于下面的原则而立：
1. 重新搬移连接两处居住区的道路，建造一个广场，以其作为地铁站的出入口。
2. 使用通用的融合审美、功能于一体的建筑语言，在地上、地下层建造公共空间。
3. 周围区域的设计也采用相同的建筑风格。

UNA IDENTIDAD URBANA UNIFICADA

El concepto se basa en los siguientes principios:
1. Reubicación y realineación de la calle que une los dos barrios residenciales, para crear una plaza donde se localizarán la estación y accesos – salidas.
2. Creación de un espacio común encima y debajo del nivel de planta baja utilizando un lenguaje estético y funcional común.
3. Diseño de las áreas urbanas con el mismo estilo arquitectónico que el entorno.

A UNIFIED URBAN ENTITY

The concept is based on the following principles:
1. Relocation and re-alignment of the road linking the two residential quarters, to enable the creation of a square where the station, entrances-exits, will be located.
2. Creation of a common space above and below ground level using a common esthetic and functional language.
3. Urban design for the surrounding areas with the same architectural style.

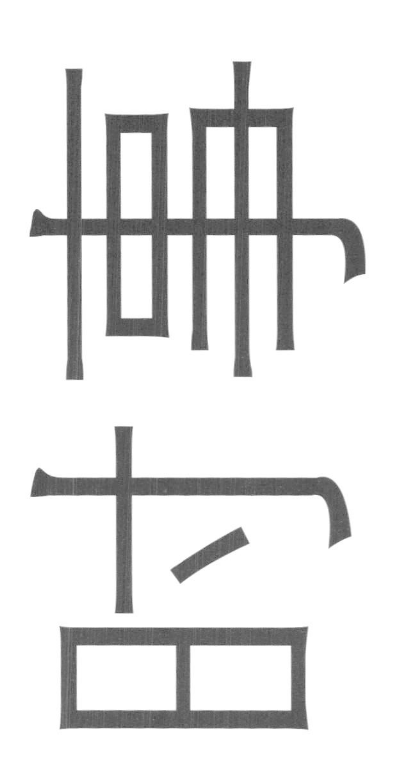

Cascina Merlata的住宅公寓 · 米兰
Complejo residencial en el área Cascina Merlata · Milan
Housing complex in Cascina Merlata area · Italy

B22 (Sergio Coll、Mikel Martínez、Stefano Tropea)在AAA architetticercasi 2010年竞赛中折桂。该竞赛面向35岁以下的建筑师，旨在根据由Antonio Citterio & Partner和Caputo合伙企业设计的总体规划的框架，为位于米兰的Cascina Merlata建造一座新的合作社住宅公寓。

B22 (Sergio Coll, Mikel Martínez, Stefano Tropea) han ganado el concurso AAA architetticercasi 2010, abierto a arquitectos menores de 35, para diseñar un complejo residencial de cooperativas en el área Cascina Merlata en Milán, que será construido en el marco del plan director de Antonio Citterio & Partners y Caputo Partnership.

B22 (Sergio Coll, Mikel Martínez, Stefano Tropea) have won AAA architetticercasi 2010 competition, addressed to architects under 35, for a new co-operative housing complex in Cascina Merlata area in Milan to be built within the frame of a master-plan designed by Antonio Citterio & Partners and Caputo Partnership.

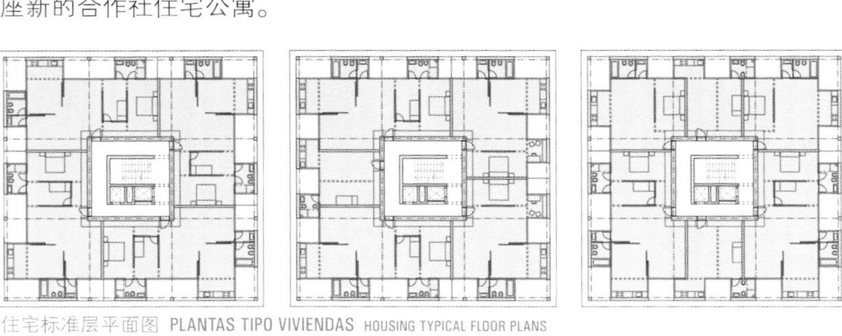

住宅标准层平面图 PLANTAS TIPO VIVIENDAS HOUSING TYPICAL FLOOR PLANS

国银–民生金融大厦
Torre CDB y Torre Financiera Minsheng · Shenzhen
CDB Tower and Minsheng Financial Tower · China

被甄选来对位于深圳的、10万平方米的新地标性建筑进行设计的团队是ADEPT(丹麦)和都市实践(中国)。该项目由两座塔构成，分别是国银金融大厦(150米)和民生金融大厦(120米)，作为两个金融机构的新的总部所在地。

El equipo seleccionado para proyectar este nuevo icono para Shenzhen de 100.000 metros cuadrados es **ADEPT (DK)** y **Urbanus (CHN)**. El proyecto se compone de dos torres, la Torre CDB (150 Metros) y la Torre Financiera Minsheng (120 metros), y funcionará como nueva sede para las instituciones financieras.

The team selected to design this new Shenzhen landmark comprising 100,000 square meters in total is **ADEPT (DK)** and **Urbanus (CHN)**. The project is comprised of two towers, the CDB Tower (150 meters) and the Minsheng Financial Tower (120 meters), functioning as new headquarters for the two financial institutions.

滑雪胜地·拉普兰德
Resort de ski · Lapland
Ski Resort · Finland

BIG在芬兰拉普兰4.7万平方米的滑雪胜地和休闲区——考塔拉基滑雪村的招商竞标中脱颖而出。BIG提议，建造一系列房间，并从中心广场向四周辐射，以建造四座独体式建筑。

BIG ha ganado el concurso por invitación para el pueblo de ski de Koutalaki, un resort y área recreativa de 47.000 m² en Lapland, Finlandia. BIG propone crear una serie de edificios que se irradia desde una plaza central para crear cuatro edificios impresionantes.

BIG has won an invited competition for Koutalaki Ski Village, a 47,000 m² ski resort and recreational area in Lapland, Finland. BIG proposes to create a series of buildings that radiate out from a central square to create four freestanding buildings.

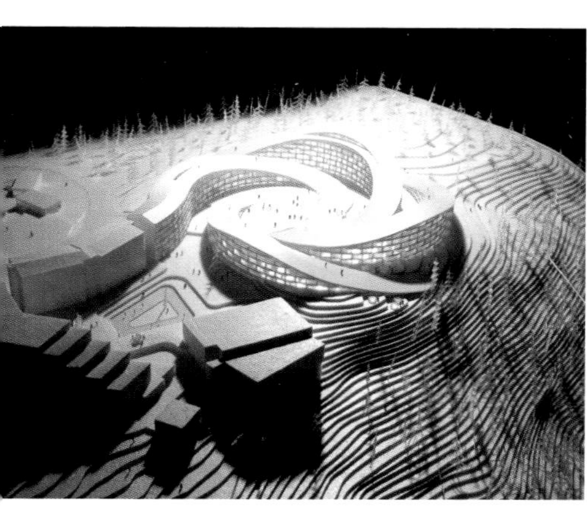

洛克博物馆、罗斯基勒音乐节民众学校+学生公寓·罗斯基勒
Museo del Rock, Escuela popular del Festival de Roskilde + Viviendas de Estudiantes · Roskilde
Rock Museum, The Roskilde Festival Folkschool + Student Housing · Denmark

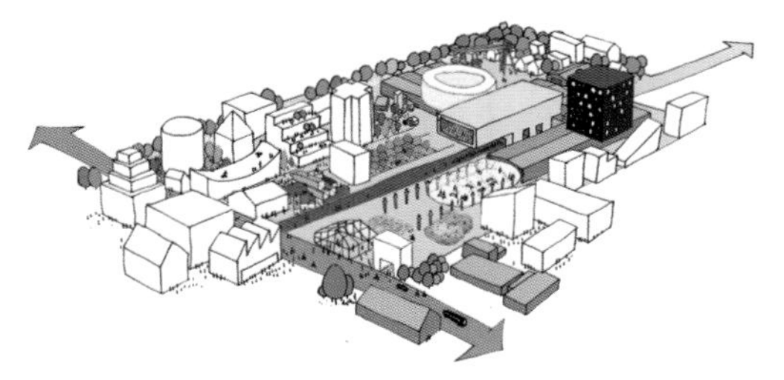

MVRDV和COBE提出的将原混凝土工厂改造成多功能创意中心的方案，成为该国际设计竞赛的冠军。

El plan de MVRDV y COBE para la transformación de una antigua factoría de hormigón en un centro creativo multifuncional ha sido elegido como ganador de un concurso internacional.

The **MVRDV** and **COBE** scheme for the transformation of a former concrete factory into a multi-functional creative hub was chosen winner of an international design competition.

剧院 · 纽约
Teatro · New York
Theater · USA

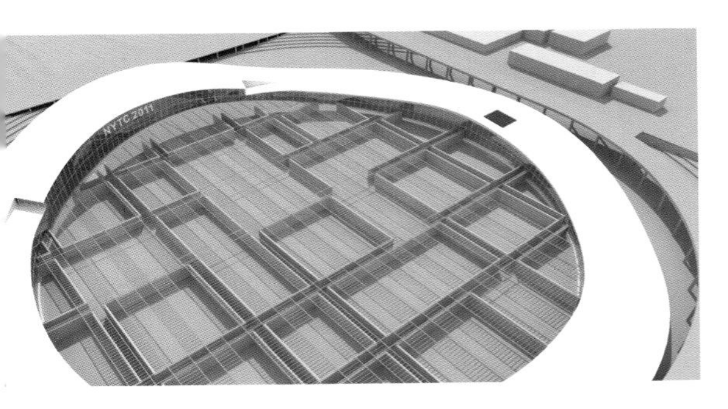

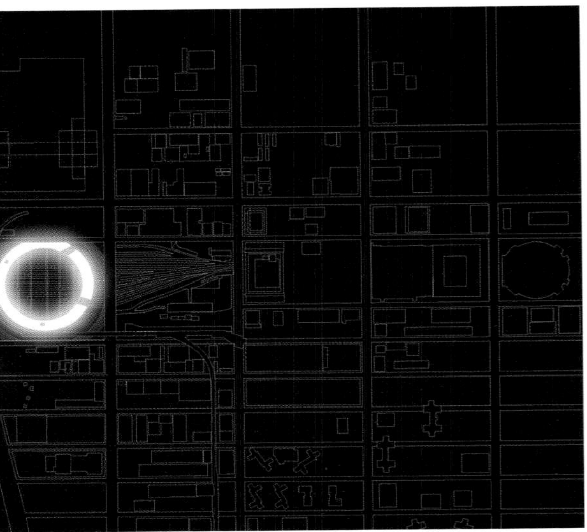

区块位置 PLANO DE SITUACIÓN SITE PLAN

剖面图 SECCIÓN SECTION

"ArchMedium.com" 网站公布了面向学生的 "纽约剧院" 国际建筑竞赛的获奖者名单。评判委员会宣布由**ph4 Studio** (韩国) (Junyoung Park、Joongha Park、Changbum Park、Changseok Han、Suehwan Kwun)设计的作品为获胜者。

ArchMedium.com ha anunciado los ganadores de su concurso internacional para estudiantes "Teatro de la Ciudad de Nueva York". El jurado seleccionó la propuesta de **ph4 Studio (Korea)** (Junyoung Park, Joongha Park, Changbum Park, Changseok Han, Suehwan Kwun) como ganadora.

ArchMedium.com announced the winners of their "New York Theater City" international architecture competition for students. The jury selected the entry by **ph4 Studio (Korea)** (Junyoung Park, Joongha Park, Changbum Park, Changseok Han, Suehwan Kwun) as the winner.

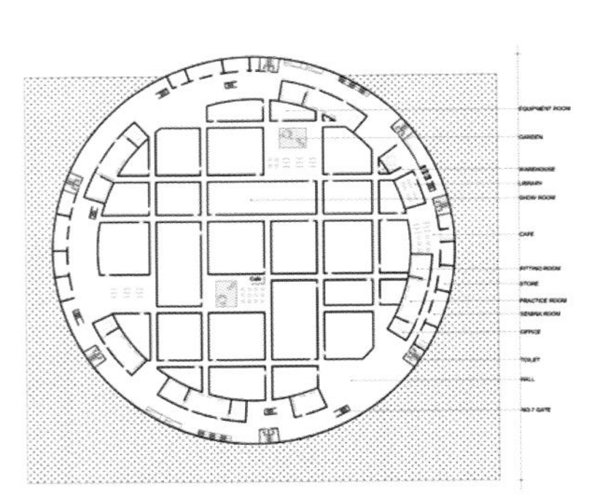

平面图 标高 -8.00米 LEVEL -8.00 NIVEL -8.00

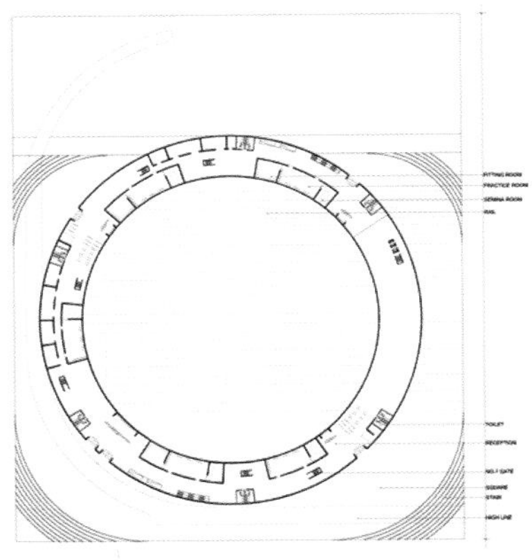

平面图 标高 -3.00米 LEVEL -3.00 NIVEL -3.00

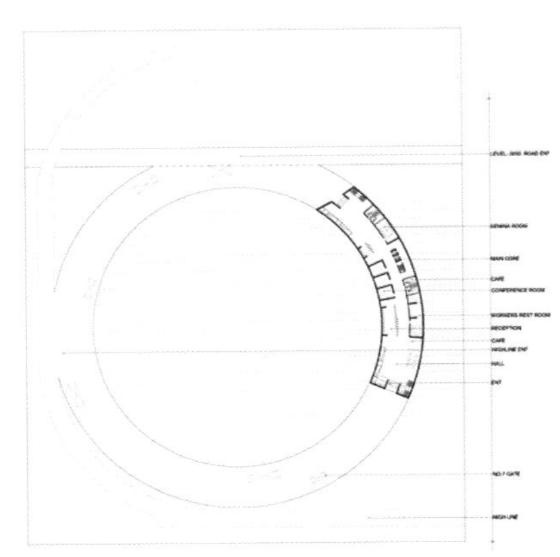

平面图 标高 +6.00米 LEVEL +6.00 NIVEL +6.00

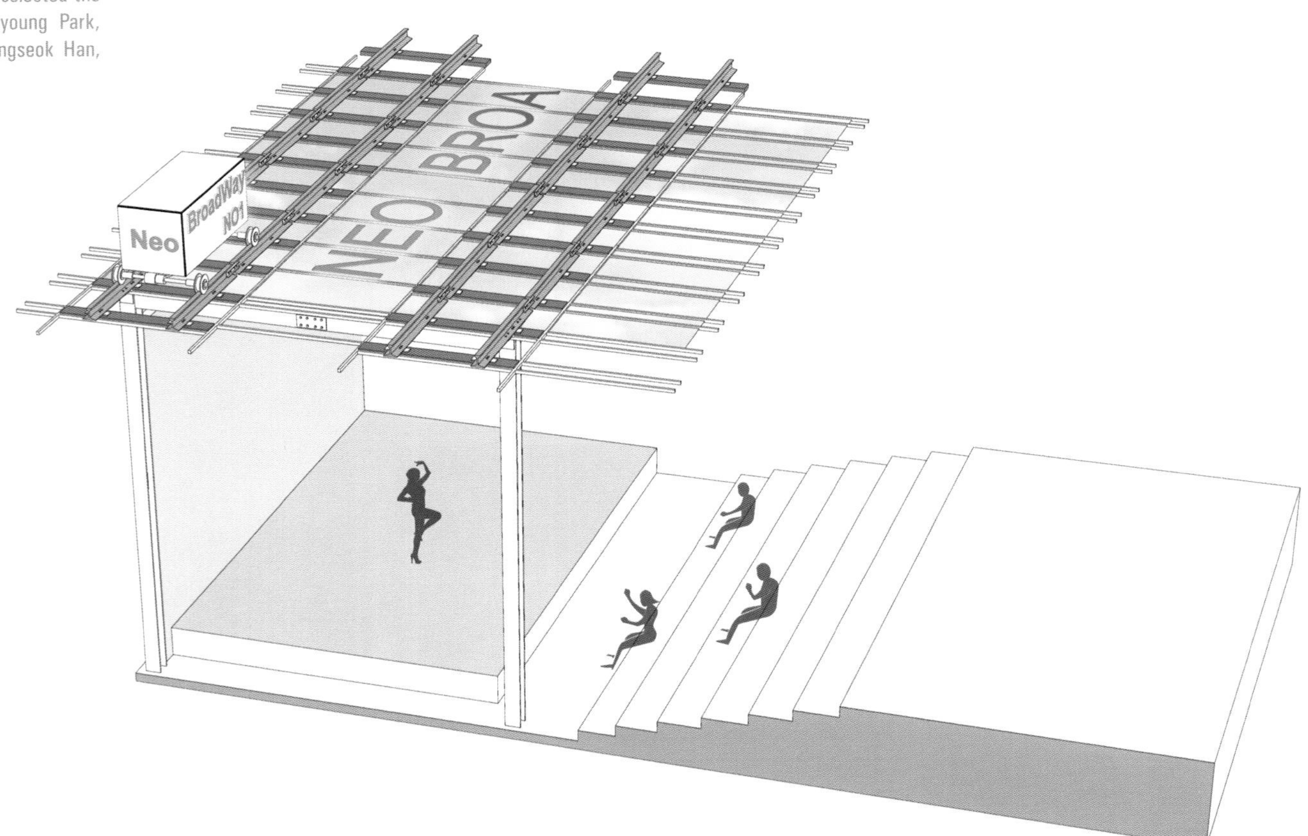

二等奖 segundo premio second prize **LOUISE SCANNELL (UK) (建筑师)**

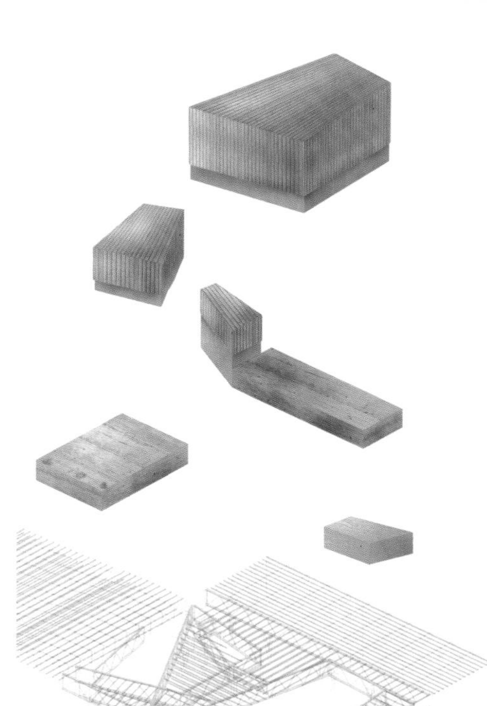

剧院 1 TEATRO 1 THEATER 1

剧院 2 TEATRO 2 THEATER 2

制作 PRODUCCIÓN PRODUCTION

工作室 TALLER WORKSHOP

彩排 ENSAYOS REHEARSAL

办公室 OFICINAS OFFICES

三等奖 tercer premio third prize **A2GP (GUILLEM PONS ROS, PAU VILLALONGA MUNAR, ALBERT SABÁS SERRALLONGA, GERARDO PÉREZ DE AMEZAGA) (SPAIN) (建筑师)**

秀台 PASARELA CATWALK

彩排 ENSAYO REHEARSAL

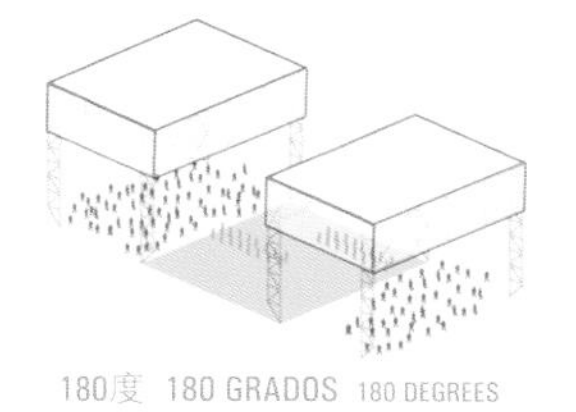

180度 180 GRADOS 180 DEGREES

室外 EXTERIOR EXTERIOR

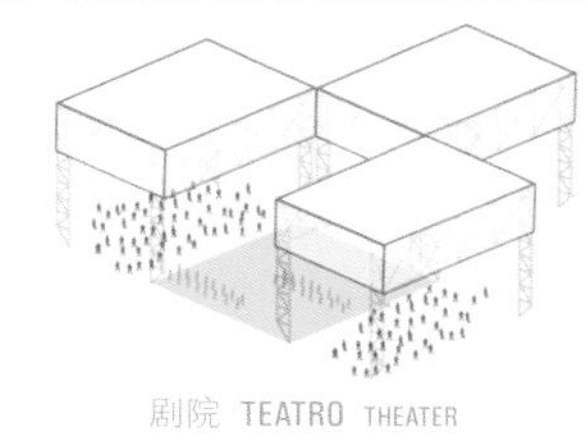

剧院 TEATRO THEATER

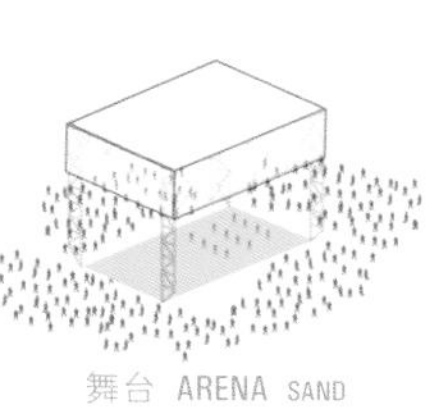

舞台 ARENA SAND

可能的布局 ORGANIZACIONES POSIBLES POSSIBLE LAYOUTS

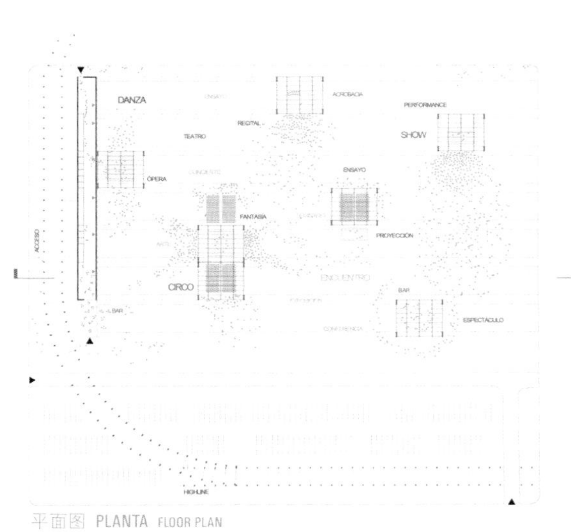

平面图 PLANTA FLOOR PLAN